정치지리학

정치지리학

최병두 지음

한울
아카데미

∞ 자료 ∞

☙ 표 ❧

๛ 그림 ๛

　정치지리학은 흥미롭고 재미있는 지리학의 주요 전공 분야이다. 정치지리학에서 다루는 주제들은 매우 다양하다. '이순신 장군과 세종대왕 동상은 왜 광화문 광장에 조성되어 있는가, 그리고 이 광장에서는 왜 시민사회운동이 빈번하게 발생하고 있는가'라는 의문에서부터 '러시아가 왜 우크라이나를 침공했으며 미국과 중국 간 무역분쟁이 왜 타이완 문제를 둘러싼 긴장의 수준을 높이고 있는가' 등은 모두 정치지리학의 주요 주제들이다. 이러한 정치적 현상은 어떠한 의미에서든 공간환경적 측면을 내포하며, 또한 이에 함의된 공간환경적 요소들은 정치적 과정에 영향을 미친다.

　이러한 주제들을 다루는 정치지리학의 개념 규정도 다양하다. 정치지리학은 지표공간에서 발생하는 온갖 정치적 현상에 관심을 가지고 지역적으로 어떤 차이가 있는지를 고찰한다. 정치지리학은 현실 정치가 공간에 미치는 영향을 규명하고 다시 이를 조건지우는 정치공간을 다루는 학문이다. 또한 정치지리학은 지역, 영토, 지구 차원에서 발생하는 정치공간적 현상들의 문제점을 파악하고 그 해결 방안을 모색하면서 미래를 전망한다. 규범적 측면에서 보면, 정치지리학은 현실 정치공간의 권력 관계를 비판하고 대안을 모색하는 학문이기도 하다. 이 책 『정치지리학』은 국지적 생활공간에서부터 지구적 정치공간에 이르기까지 다규모적으로 이루어지는 다양한 정치지리적 현상들을 이해하기 위한 개념과 이론들을 제시하고, 현실의 정치공간적 문제들을 이해하며, 나아가 대안적 정치공간을 모색하는 데 기여하고자 한다.

　이 책은 2012년 중등 1급 정교사 자격연수 강의를 하면서 처음 구상했다. 현실세계에서 정치와 그 공간적 배경은 이에 관한 지식이 따라가지 못할 정도로 급속하고 역동적으로 변화하고 있다. 최근 상황은 더욱 그러하다. 이를 반영해 2000~2010년대 영미권에서는 10여 종의 새로운 정치지리학 교과서들이 출간되었다. 그러나 우리나라에서는 정치지리학의 제1세대 원로 교수이신 임덕순 교수께서 돌아가시고 1997년 개정판이 출간된『정치지리학 원리』가 절판되면서, 새로운 교과서가 절실히 필요하게 되었다. 이 점에 공감하는 몇몇 교수들과 함께 2013년 지리학대회에 특별 분과를 구성해 '정치지리학의 재구성'을 통한 교과서 집필의 필요성을 부각하고자 했다.

그러나 관심을 가지고 있는 교수들이 전공 주제들에 대한 보다 심층적인 연구와 논문 발표 및 전문 저서 출간에 몰두하면서, 교과서 집필은 차일피일 미루게 되었다. 필자도 거의 매년 학부 전공과목으로 정치지리학 수업을 했음에도 불구하고 다른 연구들을 핑계로 교과서 집필을 위한 시간은 내지 못했다. 그래도 그동안 진행한 정치지리학 수업을 통해 조금씩 내용 서술을 추가하면서 교과서 집필 의지를 놓지는 않았다. 정년퇴임 후 몇 년이 지나는 동안 서술 내용을 수정·보완하면서 일단 책을 완성하게 되었다. 교과서 집필 구상을 한 후 10년이 훌쩍 지나서야 이 책『정치지리학』을 미흡하나마 출판하게 된 것이다.

『정치지리학』의 집필이 어려웠던 여러 이유들 가운데 하나는 전통적 정치지리학에서 구축된 기존 교과서 체계를 대체할 새로운 틀이 마련되지 않았기 때문이다. 영미권에서 많은 정치지리학 교과서들이 출간되었지만, 각기 상당히 다른 집필 체계에 따라 다양한 주제를 다루고 있다. 1990년대 비판적 지정학의 등장 이후 정치지리학의 개념이 많이 바뀌었고 새로운 주제들이 쏟아져 나왔지만, 전통적 정치지리학이 국가와 영토 환경을 중심으로 다루고자 했던 주제들에 관한 논의가 완전히 무의미해졌다고 판단되지는 않았다. 그뿐만 아니라 시간이 경과하면서 새로운 주제들에 관한 연구들이 누적적으로 늘어났다.

이와 같이 전통적 정치지리학과 새로운 정치지리학에서 다루어진 두 가지 범주의 많은 주제들과 서술 체계를 어떻게 해서든 결합시켜야 한다는 생각에서 우선 제1장에서는 정치지리학의 개념과 발달 과정을 살펴보고, 여러 연구 방법들과 주제들을 정리했다. 그리고 제2장에서 제5장까지는 전통적 정치지리학에서 많이 다루었던 국가 영토에 근거한 자연적 및 인문적 공간환경과 정치 간의 관계를 살펴보고 이와 관련해 발생하는 영토 관리와 분쟁의 문제를 서술하고 있다. 반면 제6장의 국가 및 지방정부 그리고 시민사회에 관한 내용은 대부분 정치학 일반에서 체계화된 개념 및 이론들로 구성되었기 때문에 정치지리학의 기본 바탕인 공간적 측면과 그 함의들에 대한 서술이 다소 미흡한 것처럼 보이지만, 이들에 관한 논의는 정치지리학에서도 필수적으로 전제된다고 할 수 있다.

제7장의 주제들, 즉 수도, 행정구역, 선거 등은 서구 정치지리학에서 1960~1970년대에 많이 다루어졌던 것들이라면, 제8장 식민주의, 제국주의, 그리고 식민정책과 독립에 관한 주제들은 전통적 정치지리학의 주요 논제들이다. 제9장과 제10장은 냉전/탈냉전과 신자유주의적 지구화 과정 속에서 전개된 세계정치와 동아시아 및 한반도의 정치지리에 관해 서술한다. 이를 위해 전통적 지정학과 비판적 지정학을 각 장에서 논의하는 한편, 이와 관련된 지

경학 및 안보 이론을 소개한다. 그 연장선상에서 세계정치와 동북아 및 한반도의 정치지리적 전개 과정을 기술했고, 한반도의 정치지리에 관해서는 북한 및 통일에 관한 국내 연구의 동향과 발달 과정을 서술하면서, 특히 남북관계와 통일 과정 및 그 이후 정책에 관한 접근법으로서 관계적-다규모적 공간 개념을 강조하고자 했다.

이렇게 해서 이 책은 모두 10개의 장으로 구성되었다. 구상 단계부터 고려했던 '정체성과 젠더의 정치 및 이주와 시민권'에 관한 서술, 그리고 집필 과정에서 깨닫게 된 주제로 '기후변화, 코로나 팬데믹 등 지구적 생태위기'를 둘러싼 정치지리적 논의는 포함하지 않았다. 이 주제들은 각각 사회문화지리학과 환경지리학에서 다룰 수 있지만, 정치지리학에서도 당연히 논의되어야 할 핵심 이슈들이다. 이 주제들에 관해 필자도 많은 관심을 가지고 연구하고 있지만, 이 책에서는 다루지 않았다. 앞으로 개정판을 내게 된다면, 이 2가지 주제를 꼭 다루려 한다.

어떤 학문 분야가 아무리 흥미롭고 재미있다 할지라도 그에 관한 교과서가 없다면 대학에서의 강의 개설이나 수업이 어렵고, 이로 인해 관련 주제들을 학습하고 논의할 기회가 줄어들 것이다. 교과서 저술에는 많은 시간이 소요되지만, 교수들의 업적평가 체계가 표준화되면서 상대적으로 낮은 평가를 받기 때문에 전공 분야별 기본 교과서 출판은 어려운 상황에 처해 있다. 많이 지연되었지만, 이 책 『정치지리학』의 출판을 정치지리학을 전공하는 교수들과 함께 자축하면서, 이 책이 정치지리학에 관한 연구와 논의를 이어갈 지리학계의 연구자나 학생들뿐만 아니라 관련 학문 분야에서도 많은 관심을 받아 현실 정치에 대한 지리학적 분석과 대안 모색에 기여할 수 있기를 기대한다.

2024년 9월
최병두

제 1 장

정치지리학의 개념과 발달

1. 정치지리학의 개념과 인접 학문

1) 정치지리학의 개념

우리는 정치지리학의 개념 정의를 위해 전형적 연구 주제라고 할 수 있는 독도를 둘러싼 영토 갈등을 고려해 볼 수 있다(임덕순, 2010). 독도는 동해에 위치한 작은 섬으로 울릉도에서 동남쪽으로 약 87.4km 떨어져 있다. 이 섬은 화산섬으로 난류의 영향을 받아 전형적인 해양성 기후를 나타낸다. 섬 주변에는 다양한 생물종이 살고 있을 뿐만 아니라 근해 해저에는 효용 가치가 큰 자원인 메탄 하이드레이트(고체 천연가스)가 대량 매장되어 있는 것으로 알려져 있다(이문원 외, 2010). 우리나라는 이 섬을 실효적으로 지배하면서 지리적·역사적으로나 국제법상으로도 우리의 고유 영토이며, 따라서 한·일 간 분쟁의 대상이 될 수 없다는 입장을 확고히 견지하고 있다. 그러나 일본은 독도에 관한 지리적·역사적 사실을 왜곡 해석하고 이 섬을 영유권 분쟁 지역으로 만들고자 한다.

독도를 둘러싼 한국과 일본 간 정치적 갈등은 이 섬의 지리적 특성(좁은 의미)이 양국에 미치는 이해관계에 의해 유발된 것이지만, 또한 사회적 측면에서 보면 경제적 가치가 큰 부존자원의 소유권 문제, 양국 국민 간 사회문화적 정체성의 대립, 그리고 이 섬에 관한 역사적 사실에 대한 해석의 차이 등으로 인해 발생한 것으로 이해된다. 우리나라는 독도의 영유권을 손상시키려는 일본의 주장에 대해 단호하게 대처하고 있지만, 일본은 점점 더 집요하게 독도를 '분쟁지역화'하려는 시도를 이어가고 있다. 독도라는 국지적 실체를 둘러싸고 발생하고 있는 한·일 간의 이러한 갈등은 국가 간 긴장과 대립을 유발하고 있을 뿐만 아니라, 이에 따른 동아시아 나아가 지구 차원에서 작동하는 다양한 세력들의 역동적 관계를 다규모적으로 반영하면서, '독도의 정치지리학'을 만들어내고 있다.

이와 같이 독도의 영유권을 둘러싸고 전개되고 있는 독도의 정치지리학은 기본적으로 정치지리학이 지리와 정치 간 상호관계를 다루는 학문임을 알 수 있도록 한다. 즉, 정치지리학은 지표면에서 발생하는 사물이나 사건들의 공간환경적 특성(형태적 및 자연·인문환경적 특성들)과 이들에 함의된 정치적 과정(또는 권력 관계) 간 관계를 고찰한다. 나아가 정치지리학은 지리적 실체의 공간환경적 특성들이 정치에 미치는 영향에 대한 고려와 더불어 경제적·사회문화적·역사적 사실들에 대한 해석과 이를 둘러싼 이해관계의 갈등, 그리고 이들이 국지적·국가적·지구적 차원에서 다규모적으로 작동함에 따른 지리적 과정의 복합적 변화를 이해할

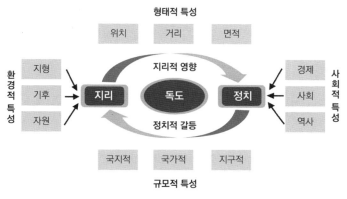

그림 1-1. 독도의 정치지리학

것을 요청하고 있다.

독도를 둘러싼 영토 문제에 관한 연구에서 도출될 수 있는 바와 같이, 이러한 정치지리학의 개념 정의는 실제 지리학의 발달 과정에서 제시된 학문적 개념 정의를 반영하고 있다. 국내 정치지리학의 발달에 주요한 기여를 한 임덕순의 저서 『정치지리학 원리』(1997: 5)에 의하면, 정치지리학은 가장 포괄적으로 "정치(사실·현상·구조)와 지리(사실·현상·구조) 간의 관계에 대해 일차적으로 관심"을 두는 학문으로 정의된다. 이러한 정의는 물론 서구 정치지리학에서도 이미 오래전부터 일반적으로 합의된 것이다. 즉, "정치지리학이란 정치적 현상과 지리적 현상 간의 상호작용에 관심을 두는 학문"(Muir, 1975) 또는 "지리와 정치 간의 상호관계를 분석하는 학문"(Prescott, 1972)으로 정의되어 왔다.

물론 이러한 정의에서 '지리'와 '정치'가 무엇을 의미하는지, 그리고 '지리와 정치 간의 상호관계'는 어떤 내용으로 구성되는지에 대해 구체적이면서도 이론적으로 논의되어야 할 것이다. 또한 이와 같은 개념 정의는 대체로 1970년대 정치지리학의 발달 단계를 반영한 것이라는 점에서 최근 정치지리학의 개념 정의도 살펴보아야 한다. 한 학문의 개념 정의는 그 학문의 발달 과정과 현실의 변화와 더불어 전환하기 때문이다. 따라서 정치지리학의 개념 정의가 역사적으로 어떻게 변해왔는지를 이해할 필요가 있다(임덕순, 1997: 4~8). 학문의 발달과정으로 보면, 정치지리학은 19세기 말 프리드리히 라첼(F. Ratzel)에 의해 근대적 학문 체계를 갖춘 이후 다음과 같은 3단계를 거치면서 개념적 전환을 이루어왔으며, 각 시기 지리학의 개념 정의는 다소 다르게 정의되었다.

- **전통적 지역연구로서의 정치지리학**(1950년대 이전): 20세기 초에서 제2차 세계대전 전까지, 정치지리학은 국가 및 세계 정치에 관한 지리학적 및 지정학적 관점에서 정의되었다. 근대 정치지리학의 토대를 구축했던 라첼은 정치지리학을 국가의 지리학으로 이해했지만, 그의 영향하에서 발달한 고전적 정치지리학 및 지정학은 국가와 세계정치에 관한 지리학적 연구로 간주되었다. 또한 1900년대 전반 주류를 이루었던 지역지리학적 패러다임 속에서, 정치지리학은 대체로 특정 지역으로서의 국가에 관한 연구(Hartshorne, 1935), 정치 현상의 지역적 차이 규명(Whittlesey, 1939), 국가 및 국제관계의 지리적 해석(Valkenburg, 1939) 등으로 정의되었다. 즉, 이 시기 정치지리학자들은 주로 국가의 지리학 및 정치 현상의 정치적 차이 등에 관심을 두었고, 대체로 형태적이고 정태적 측면을 다루었다. 이러한 정치지리학의 개념 정의와 관점은 대체로 이 시기 지리학의 일반적 경향이었던 '지역지리학'을 배경으로 형성된 것으로, 이에 따라 정치지리학은 국가의 지역(지리)적 연구 또는 정치 현상의 지역 차 연구로 이해되었다.

- **지리와 정치 간 기능적 상호관계에 관한 정치지리학**(1950~1980년대): 제2차 세계대전 이후 정치공간의 재구성과 복잡한 국제관계의 변화에 따라, 정치지리학의 개념 정의와 연구 동향도 변화했다. 이 시기 정치지리학은 지리적 요인과 정치적 현실 간의 관계 연구(Weigert, 1957), 지역적 맥락에서 정치 현상의 연구(Jackson, 1964), 지리적 지역과 정치적 과정 간의 상호작용 연구 또는 정치적 과정의 공간적 분포와 공간과의 관계 연구(AAG 지리학 임시위원회), 정치적 과정과 체계들 간 공간적 및 지역적 구조와 상호작용 연구(Kasperson and Minghi, 1969), 정치와 지리 간의 상호관계 분석(Prescott, 1972; Muir, 1975), 정치적 현상의 공간적 분석(Dikshit, 1982) 등으로 정의되었다. 이 시기 정치지리학은 다소 부진했으나 정치와 지리의 상호관계 또는 정치적 과정의 공간적 분포와 유형을 기능적·동태적 측면에서 다루고자 했다. 이러한 개념 정의와 관점은 이 시기 지리학의 주류를 이루었던 실증주의에 직간접적으로 영향을 받은 것으로 이해된다.

- **최근 포스트모던 관점에서의 정치지리학**(1990년대 이후): 1990년대 초 냉전체제가 해체되고, 자본주의 경제·정치의 지구화 과정이 촉진되면서 그 영향이 일상생활의 모든 영역에 미치게 됨에 따라, 정치지리학의 개념 정의와 연구 동향도 크게 변화했다. 정치지리학의 개념은 더욱 다양해져서, 지리학의 모든 주제에 관한 정치적 고찰(Short, 1993/2002), 국지적 경

정치지리학의 시기별 개념 정의

(1) 고전적(지역지리적·환경론적) 정의

- **하트숀**(Hartshorne, 1935): 정치지리학이란 다른 특정 지역과 관련해 한 특정 지역으로서 국가에 관한 연구를 하는 학문이다.
- **위틀지**(Whittlesey, 1939): 정치지리학은 지구상의 장소에 따라 달리 나타나는 정치 현상의 차이를 규명하는 학문이다.
- **발켄버그**(Valkenburg, 1939): 정치지리학은 국가의 지리학으로서 국제관계의 지리적 해석을 내려주는 것이다.

(2) 현대적 (실증주의/기능주의적) 정의

- **웨이거트**(Weigert, 1957): 정치지리학은 지구-인간관계의 특정한 일면을 이루는 지리적 요인과 정치적 현실 간의 관계에 관심을 둔다.
- **잭슨**(Jackson, 1964): 정치지리학은 지역적 맥락에서 정치적 현상을 연구하는 학문이다.
- **캐스퍼슨·밍히**(Kasperson and Minghi, 1969): 정치지리학은 정치적 과정과 체계들 간 공간적 및 지역적 구조와 상호작용에 관한 연구, 또는 간단히 정치적 현상의 공간적 분석이다.
- **프레스콧**(Prescott, 1972): 정치지리학은 지리와 정치 간의 상호관계를 분석하는 것이다. 또한 이 상호관계-작용에서 생기는 정치적 패턴을 기술하는 것이다.
- **뮤어**(Muir, 1975): 정치지리학은 정치적 현상과 지리적 현상 간 상호작용에 관심을 두는 학문이다.
- **딕시트**(Dikshit, 1982): 정치지리학은 정치적 현상의 공간적 분석, 또는 정치의 공간적 동반물을 연구하는 것이다.

(3) 최근 (포스트모던/신지정학적) 정의

- **쇼트**[Short, 2002(2nd ed.)/1993]: 정치지리학은 지리학의 전통적 주제(인간과 자연, 인간과 공간, 인간과 장소들 간 관계)를 정치적으로 고찰한다.
- **테일러·플린트**[Taylor and Flint, 2018(7th ed.)/1987]: (세계체계론적 관점에서) 정치지리학은 국지적 경험과 국가적 이데올로기와의 관계 속에서 세계경제의 발전 과정을 고찰한다.
- **애그뉴·무스카라**[Agnew and Muscara, 2012(2nd eds.)/2002]: 정치지리학은 지리와 정치 간 관계에 관한 일단의 사고이다.
- **콕스**(Cox, 2002): 정치지리학은 영토와 영토성이라는 쌍생적 사고에 초점을 둔다.
- **존스 외**(Jones et al., 2004): 정치지리학은 정치와 지리 간의 다중적 상호관계를 다루는 사회과학 내 일단의 연구이다.
- **블랙셀**(Blacksell, 2006): 정치지리학은 다양한 자원 갈등과 이들의 해결 방안에 관한 학술적 연구이다.
- **페인터·제프리**(Painter and Jeffrey, 2009): 정치지리학은 내적 논쟁, 새로운 사고의 채택, 역동적 경계로 특징지워지는 세계에 관한 특정한 이해를 만들어내는 '담론' 또는 일단의 지식이다.
- **스미스**(Smith, 2020): 정치지리학은 권력이 어떻게 공간적인가에 관해 연구한다.
- **오쿠네프**(Okunev, 2020): 정치지리학은 정치의 공간적 차원들에 관한 학문이다.

주: 1980년대까지의 개념 정의는 임덕순(1997) 참조. 여기서 제시된 개념 정의들의 일부는 Glassner(1992/1996)에서 재인용한 것으로, 이를 참조해 약간 수정했다. 그 이후 개념 정의는 해당 저서에서 발췌했다.

험과 국가적 이데올로기 및 세계경제에 관한 정치적 고찰(Taylor and Flint, 1987/2018), 영토와 영토성에 관한 일단의 사고(Cox, 2002/2021), 정치와 지리 간의 다중적 상호관계 연구(Agnew and Muscara, 2002; Jones et al., 2004/2015), 자원 갈등과 해결 방안 연구(Blacksell, 2006), 세계(공간)에 관한 정치적 담론 또는 지식(Painter and Jeffrey, 2009), 국가 및 국지적·초국가적 차원의 정치공간적 연구(Gallaher et al., 2009), 권력의 공간적 측면에 관한 연구(Smith, 2020) 등으로 정의되었다. 이 시기 정치지리학은 미시적(또는 비판적) 신지정학의 부활과 더불어 새로운 관심을 끌게 되었고, 전통적 연구 주제였던 국가 차원과 더불어 국지적 차원과 초국가적(지구적) 차원의 공간정치로 연구 주제를 확장시키게 되었다.

2) 정치지리학과 인접 학문

(1) 정치지리학과 지정학

정치지리학은 인문지리학의 한 전공 분야이며, 넓게는 사회과학의 한 부문이다. 정치지리학은 지리와 정치 간 상호관계를 다룬다는 점에서 특히 정치학 또는 지정학과 밀접한 관계를 가진다. 좁은 의미의 정치학은 권력관계와 통치의 문제를 다루는 학문이며, 이와 관련해 정치지리학은 권력의 공간적 관계를 다루는 것으로 이해될 수 있다. 물론 정치학에서도 정치를 지리적 또는 공간적 관점에서 다룰 수 있으며, 이러한 관점에서의 정치학적 논의는 지정학(geopolitics)이라고 불린다. 제2차 세계대전 전 독일에서 출간된 ≪지정학 잡지(Zeitschrift für Geopolitik)≫에 의하면 지정학은 '정치적 사건의 공간적 의존성'(임덕순, 1997: 10), 즉 지리적 영향에 의한 정치적 현상의 발생을 다루는 학문이라고 정의되었다.

역사적으로 지정학은 라첼의 『정치지리학』으로부터 영향을 받은 스웨덴 정치학자, 첼렌(Kjellen: 1864~1922)이 1899년 창안했다. 그는 "살아 있는 유기체로서 국가에 미치는 자연지리적 요인들의 효과"를 연구하기 위해 라첼의 '국가 유기체론'을 체계화해 지정학이라고 명명했다(Gallaher et al., 2009: 87). 이러한 사고는 독일의 나치 정권하에서 육군 장군이었던 하우스호퍼(Haushofer: 1869~1946)에 의해 활용되면서, 지정학은 20세기 전반 나치 독일에서 발달했던 정치(공간)적 이데올로기로 기여했다. 그러나 제2차 세계대전 이후 나치 정권이 패망하면서 지정학의 고전적 전통은 강한 비판을 받았지만, 현재까지 완전히 사라지지 않고 현실 정치에서 나타나기도 한다.

전후에 학문적으로도 정치지리학과 지정학 간 차이를 둘러싸고 많은 논의들이 있었다.

독일 지정학파 계열의 정치지리학자 마울(Maull, 1956)에 의하면, 정치지리학은 정태적인 '공간적 조건'에 관심을 가지는 반면, 지정학은 동태적인 '공간적 요구'(불가피성)에 관심을 가지는 것으로 구분되었다. 특히 현상을 분석하고자 하는 정치지리학과는 달리, 지정학은 공간과의 관계에서 생기는 정치적 문제를 해결하는 데 더 많은 관심을 가진다고 주장했다. 또한 지정학이라는 용어의 부활을 주장했던 크리스토프(Kristof, 1960)에 의하면, 정치지리학과 지정학을 구분하기란 사실 어렵지만, 지정학은 자연환경이 정치에 미치는 영향을 분석하는 반면, 정치지리학은 지리적 현상의 정치적 측면을 연구하는 학문으로 구분된다.

정치지리학과 지정학을 둘러싼 이러한 논의는 국내 지리학자(임덕순)와 정치학자(차윤) 간 논의에도 반영되었다(차윤·임덕순, 1976). 차윤에 의하면 정치지리학은 인간(정치)이 자연(환경)에 미치는 영향을 밝히며, 정치 지역을 연구 대상으로 설정해 공간적 현상에 관심을 두고 정적으로 고찰하는 것으로 간주된다. 이러한 정치지리학은 분류·분석·비교 방법으로 연구하는 순수과학이며, 특정 목적이 있을 수 없고 문제 진단에 머문다. 그러나 지정학은 자연(환경)이 인간(정치)에 대한 영향을 구명하며, 정치 현상을 연구 대상으로 설정해 공간적 필요에 관심을 두고 동태적으로 고찰한다. 따라서 지정학은 응용과학으로 평가·판단·예측을 중시하며, 특정 목적을 가지고 문제의 해결 방안을 모색한다.

차윤의 주장에 대해 임덕순은 이러한 구분의 타당성이 매우 약하다고 조목조목 지적하며, 지정학과 정치지리학 간에는 큰 차이가 없고, 실제 최근 "양 학문을 같은 것으로 보는 경향이 강해져 가고 있다"라고 주장했다(임덕순, 1997: 13). 사실 전통적 입장에서 보면, 지정학은 공간(환경)이 정치에 미치는 영향을, 정치지리학은 정치가 공간에 미치는 영향(또는 정치적 사건의 공간적 분포와 유형)을 고찰하는 학문으로 구분되었지만, 공간과 정치 간 관계는 한쪽에서 다른 쪽으로의 일방적 관계가 아니라 상호관계라는 점이 강조되면서, 사실 정치지리학과 지정학을 구분하는 것은 별 의미가 없다고 하겠다.

특히 1990년대 이후 새로운 지정학이 강조되면서, 정치지리학은 이를 적극 도입해 발전시켜 나가고 있다. 예로 토알(O'Tuathail, 1996) 등은 프랑스 철학자 미셸 푸코(Michel Foucault)를 중심으로 발달한 포스트모더니즘에 영향을 받고(최병두, 1987; 이대희, 2002 참조), 고전적 지정학에 대한 문제 제기를 통해 지정학을 비판적 관점에서 재구성하고자 했다. 비판적 지정학은 국가 중심의 기술에서 벗어나 정치적 주체들이 다층위 공간 속에서 지정학을 어떻게 전략적으로 이용했는지를 분석한다(최병두, 2003b; 지상현·플린트, 2009). 이러한 비판적 지정학의 연구자들은 대부분 정치지리학자이며, 이들에 의하면 비판적 지정학과 정치지리학은 사실 같은 것으로 이해된다.

(2) 정치지리학의 인접 학문들

어떤 학문 또는 전공 분야는 분석적 목적으로 다른 학문, 전공 분야로부터 상대적으로 분리될 수 있지만, '학제적 접근'이나 '학문적 통섭'이라는 용어에서 강조되고 있는 것처럼, 인접한 전공 분야 및 학문들과 긴밀한 관계를 가지고 있다. 또한 정치지리학의 연구 주제인 '지리와 정치 간의 관계'는 좁은 의미의 지리 및 정치에서 나아가 이에 영향을 미치는 다양한 요소들을 포괄하며, 따라서 이러한 요소들에 대한 깊이 있는 이해를 위해 인접한 학문들과 관련 전공 분야들에 대한 관심이 필요하다. 앞서 논의한 정치학 및 지정학 외에도 정치지리학은 다음과 같이 지리학 내 다른 전공 분야들과 나아가 사회과학 및 인문학의 다양한 학문들과 연계된다.

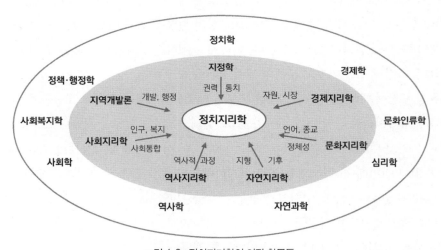

그림 1-2. 정치지리학의 인접 학문들

- **자연지리학과 자연과학**: 자연지리학의 주요 연구 주제인 지형(육지의 기복, 하천이나 산맥의 지형적 특성, 해양의 구분, 도서 형태, 해저 지형 등)이나 기후(기후 및 이와 관련된 식생의 분포) 등은 인구 분포와 생활양식뿐 아니라 지표면의 정치적 이용과 지배에 다양한 영향을 미치며, 또한 이들과 관련된 정치적·정책적 의사결정과 이의 시행은 다시 이러한 자연지리적 요소들을 재구조화한다. 또한 최근 관심의 초점이 되고 있는 자연환경의 파괴와 다양한

유형의 환경오염 등은 정치적으로 심각한 문제들을 유발할 수 있으며, 이에 대한 통제는 최근 정치지리학의 주요 이슈가 되고 있다. 이러한 요소들을 둘러싼 정치적 사건의 정당화 또는 정치적 갈등의 해결을 위해 흔히 자연지리적 또는 자연과학적 지식들이 동원되기도 한다.

- **역사지리학과 역사학**: 공간적으로 표출되는 모든 현상들과 마찬가지로 정치적 현상이나 사건들의 발생은 '경로 의존적'이라는 점에서 역사적 전개 과정 속에서 이해되어야 한다. 즉, 지리와 정치, 그리고 이들 간 상호관계는 정적으로 주어진 것이 아니라 역동적으로 변화하며, 따라서 시간적 과정이라는 점에서 역사지리적으로 분석될 수 있다. 또한 현재 발생하고 있는 정치공간적 사건은 과거의 사건들과 일정한 연계를 가진다는 점에서, 이와 관련된 문제의 해석과 해결을 위해 역사학에서 제시된 사실이나 자료들을 원용하고, 이들을 공간적으로 (재)해석하거나 증거로 삼아서 대안을 모색해야 한다.

- **경제지리학과 경제학**: 정치지리학적 사건이나 문제들은 좁은 의미의 정치적 목적이나 배경 속에서 발생하지만, 보다 넓게 보면 경제적 이해관계와 직간접적으로 밀접한 관계를 가지고 있다. 즉, 영토의 침탈이나 지배를 둘러싸고 발생하는 정치적 갈등은 흔히 필요한 자원의 확보나 시장의 확대를 위한 경제지리적 필요에서 비롯된다. 오늘날 자본주의 사회에서 경제학의 주요 주제가 되고 있는 초국적 기업의 등장과 자본의 지구적 작동은 다양하고 다규모적인 정치적 갈등과 협력 관계의 모색을 강구하도록 한다. 전통적 의미의 제국주의나 식민주의의 발달은 사실 경제적 측면과 밀접하게 관계되며, 오늘날 자본주의적 지구-지방화 과정을 배경으로 전개되는 세계 정치는 자본주의 경제의 지구적 불균등발전을 전제하고 있다.

- **지역개발론과 정책·행정학**: 정치지리학이 국가 간 관계뿐만 아니라 국내 상황에 대한 정부의 역할과 이와 관련된 정치 활동에 대한 관심을 증대시킴에 따라, 지역개발론과 정책·행정학 등의 주요 주제들(예: 정책의 의사결정 및 시행 과정, 행정구역의 관리와 거버넌스 등)은 최근 정치지리학에서 주요하게 다루어지고 있다. 이 주제들은 그 자체로서 정치지리학의 관심사일 뿐만 아니라 정책 결정 과정에의 주민 참여, 이의 시행을 위해 개발 과정에서 발생하는 지역적 갈등과 해결 방안의 모색 등은 정치지리학의 주요 과제가 되고 있다. 또한 지방자치제의

시행 이후 부각된 중앙정부와 지방정부 간 관계나 행정구역의 조정 등의 문제도 정치지리학의 주요 이슈라고 할 수 있으며, 이들에 관한 정책·행정학 지식을 필요로 한다.

- **사회지리학과 사회학 및 사회복지학**: 정치지리학의 전통적 연구 주제인 국가는 영토와 주권뿐만 아니라 국민(즉, 인구)으로 구성된다는 점에서 인구의 전반적 특성 및 사회공간적 구성과 통합 과정은 정치지리학의 주요 세부 주제가 된다. 국민의 사회적 통합은 단지 정치적 상징(아이코노그래피)의 성공적 구축이나 헤게모니적 담론의 형성뿐만 아니라 더 직접적으로 이들에 대한 복지 정책과 관련된다. 국민들의 필요와 욕구를 충족시킬 수 있는 복지(특히 국가가 제공할 의무가 있다고 간주되는 집합적 소비재, 예: 주거, 교육, 의료보건, 교통 등)가 제공되지 않을 경우 지배적 정치권력은 국민들의 저항, 즉 시민사회운동 또는 지역주민운동에 직면하게 된다. 특히 신자유주의적 정책으로 인해 확대되고 있는 양극화로 인해 계층뿐만 아니라 지역 간 사회공간적 갈등 및 이의 해결 방안을 강구하고자 하는 정치지리학은 사회지리학 및 사회학, 사회복지학 등을 필요로 한다.

- **문화지리학과 문화인류학 및 심리학**: 정치에 영향을 미치는 공간적 조건은 단지 자연환경적 요소들뿐만 아니라 인문환경적 요소(인종, 언어, 종교 등)를 포함한다. 한 국가나 사회의 인구가 2개 이상의 인종으로 구성되거나 서로 다른 언어를 사용하고 종교도 상이하다면 이들 간 갈등은 표면화되지 않는다고 할지라도 항상 잠재되어 있다고 할 수 있다. 따라서 정치지리학은 이러한 문화적 요소들을 이해하기 위해 문화지리학 및 문화인류학 지식을 필요로 한다. 또한 최근 강조되고 있는 '담론의 정치'는 물질적 관계로 기초한 권력관계에서 나아가 이러한 관계를 매개하는 담론에 관한 분석을 요한다. 또한 정치지리학은 전통적으로 공간적 형상에 대한 지각 등이 어떻게 정치적으로 활용되어 왔는지, 그 의문에 답하기 위해 심리학을 동원하고자 했다. 보다 최근 정치지리학이 미시적으로 개인이나 집단의 정체성 구축과 이와 관련된 긴장 관계에 관심을 가지게 됨에 따라, 사회심리학에 대한 관심이 새롭게 증대하고 있다.

2. 정치지리학의 발달 과정

정치지리학의 발달 과정은 3시기, 즉 19세기 말에서 20세기 전반 라첼에 의한 근대적 학문 체계의 구축과 그 영향하에 있었던 시기, 제2차 세계대전 이후 지정학의 몰락과 국내 정치지리에 대한 관심으로 유지되었던 현대 정치지리학의 상대적 침체 시기, 1990년대 이후 세계체계론에 따른 정치지리학의 재구성과 새로운 지정학의 등장에 의한 학문적 부활 시기로 구분된다. 그러나 라첼에 의한 근대 정치지리학의 성립 시기와 1930년대 지역지리학적 정치지리학의 시기를 분리하여 4단계로 구분하기도 한다(Blacksell, 2006: 5). 이러한 구분은 근대 인문지리학의 성립 이후 발달 단계, 즉 지역지리적 지리학, 기능주의적 지리학, 포스트 모던 지리학과 밀접한 관계를 가질 뿐만 아니라 현실 정치의 전개 과정, 즉 근대 자유주의적 및 식민주의적 정치의 발달, 제2차 세계대전 후 냉전체제의 구축과 국내외 정치의 발달, 그리고 1990년대에서 현재에 이르는 탈냉전 이후 세계 정치의 재편과 상응한다.

1) 근대 정치지리학의 성립

지식이 곧 권력이라는 푸코의 주장처럼, 모든 지식은 권력과 내적 관련성을 가지며 따라서 지리학적 지식의 생산은 바로 권력의 생산이라고 할 수 있다. 특히 지리학은 전통적으로 국가의 내적 통치와 외적 팽창을 뒷받침하는 주요한 지식으로 간주되었다. 이러한 점에서 고대 그리스, 로마 시대의 지리학자 스트라본(Strabo)은 그의 저서 『지리학(Geographika)』

표 1-1. 근대 이후 정치지리학의 발달 과정

	근대 정치지리학의 성립	현대 정치지리학으로 전환	최근 정치지리학의 부활
시기	19세기 말~20세기 전반	1960년대~1980년대	1990년대 이후
현실 배경	제1차 세계대전 전후에서 제2차 세계대전 이전	제2차 세계대전 이후에서 냉전체제의 붕괴 이전	냉전체제의 붕괴 이후 신자유주의적 지구지방화
이론 배경	인문지리학의 성립 및 지역연구로서의 지리학	공간과학으로서의 실증주의적·기능주의적 지리학	포스트모던 지리학 및 사회이론과 지리학의 결합
주요 주제	국가, 영토, 세계정치 지도, 지정학적 전략	국가의 공간적 통합, 국가 공간조직, 행정구역, 선거	세계체계, 비판적 지정학, 거버넌스, 생활정치, 정체성
주요 학자	라첼, 하우스호퍼, 마울, 매킨더, 보우만, 위틀지 등	하트숀, 고트먼, 존스, 파운즈, 버그만, 존스턴 등	테일러, 토알, 쇼트, 애그뉴, 콕스, 플린트 등

라첼의 정치지리학과 국가의 공간적 성장 법칙

그림 1-3. 프리드리히 라첼
자료: Glassner(1996: 13).

라첼(Friedrich Ratzel: 1844~1904)은 독일의 하이델베르크, 예나, 베를린대학 등에서 자연지리학을 공부한 후 1886년부터 라이프치히대학 교수를 지낸 지리학자로, 근대 정치지리학뿐만 아니라 인문지리학의 계통적 연구 토대를 구축했다. 라첼은 저널리스트로서 1874~1875년 북아메리카, 쿠바, 멕시코 등을 여행하면서 지리학에 더 큰 관심을 가지게 되었다. 그는 대표적 저서로 잘 알려진 『인류지리학(Anthropo Geographie)』(1권 1882년 발행, 2권 1891년 발행)과 특히 『정치지리학』의 주요(1897)뿐만 아니라 『북미 합중국(Die Vereinigten Staaten von Nordamerika)』(전 2권, 1878~1880), 『멕시코(Aus Mexico)』(1878) 등의 지지서를 포함해 많은 저서와 논문을 출간했다. 심지어 그는 '한국, 류큐열도, 그리고 동아시아의 두 강대국(Korea, die Liukiu-Inseln und die zwei ostasiatischen Grossmächte)'에 관한 단보(1879)를 서술할 정도로 세밀한 지지적 지식을 갖춘 학자였다.

라첼의 지리학은 이미 당대에 큰 영향력을 미쳤으며, 저서와 논문들은 독일어뿐만 아니라 영어로 발표 또는 번역되었다. 특히 『정치지리학(Politische Geographie)』의 주요 부분들은 영어로 번역되어 ≪미국사회학회지(The American Journal of Sociology)≫에 1897년부터 3회에 걸쳐 게재되었고, 1898년 프랑스의 저명한 사회학자 뒤르켐(Durkheim)에 의해 『사회학 연보(L'Année Sociologique)』에 장문의 서평이 게재되기도 했다(Ratzel, 1897/1898, 1898/1899).

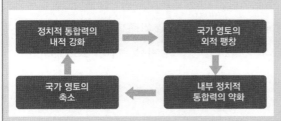

그림 1-4. 라첼의 '국가의 공간적 성장 법칙'

라첼의 『정치지리학』의 각 장은 1. 국가와 토양, 2. 국가의 역사적 운동과 발전, 3. 국가 공간발전의 기본 법칙, 4. 위치, 5. 공간, 6. 경계, 7. 토양과 물 간의 관계, 8. 산맥과 평야로 구성되어 있으며, 이들에 관한 서술은 기본적으로 국가유기체 이론에 근거를 두고 있다. 그가 다윈(C. Darwin)의 진화론이나 스펜서(H. Spencer)의 사회유기체설에 직접 영향을 받았는지는 확실하지 않지만, 국가를 하나의 유기체로 보고 그 발달 과정을 진화적 필요성의 관점에서 서술했다. 특히 그의 이러한 관점은 단순히 환경결정론으로 간주되고 있지만, 사실 당시 허더(R. Herder) 등의 역사학파의 사유와 유사하게 국가나 사회제도의 생성 발전을 인간 행동의 결과물이라기보다는 외적 환경과 역사적 전통의 산물로 이해하기 위한 것이었다.

라첼의 국가유기체적 관점은 『정치지리학』이 출간되기 1년 전에 발표된 그의 유명한 논문, 「국가의 공간적 성장 법칙(Die Gesetze des Raumlichen Wachstums der Staaten)」에 서술되어 있다(Ratzel, 1896).[1] 그의 주장에 의하면, "국가는 그것이 자리 잡고 있는 토지와 결합되어 있는 하나의 유기체적 실체"이며, 이러한 국가의 영토적 성장에 관한 7가지 법칙은 다음과 같다. 즉, ① 국가의 공간은 동일 문화를 가진 인구의 팽창에 따라 성장한다, ② 영토의 성장은 다른 측면들(특히 국가 결속력과 관련된 측면들)의 발달에 따라 이루어진다, ③ 국가는 소지역들을 흡수함으로써 성장한다, ④ 전선은 국가의 주변적 기관이고 국가의 힘과 성장을 반영한다, ⑤ 국가는 성장 과정에서 가치 있는 영토를 흡수하고자 한다, ⑥ 원시적 국가에게 성장의 자극은 보다 발전한 문명으로부터 온다, ⑦ 영토 성장의 경향은 전염성이 있고, 전승 과정을 통해 증대한다.

이러한 관점에 의하면, 국가라는 유기체는 환경과의 부단한 관계에서 성공적으로 적용하면 존속·발전하고 그렇지 않을 경우 쇠퇴하게 된다. 이러한 국가유기체적 관점은 국가 내부의 구성 요소들이나 국가들 간 복잡한 상호관계를 무시하고 단지 하나의 유기체로 간주하는 것은 논리적 및 현실적으로 문제점을 안고 있다고 할 수 있다. 그러나 이러한 그의 관점은 국가의 성장을 일정한 공간적 법칙에 따라 전개되는 것으로 서술하고자 했다는 점에서, 정치지리학의 계통적 근대 학문 체계를 수립하는 데 크게 기여한 것으로 평가된다. 이러한 라첼의 관점은 첼렌(Kjellen)의 지정학 주창, 발켄버그의 국가발전 단계설 등에 영향을 미쳤다.

주: 1) 이 논문은 1969년 영어로 번역되었는데, 이와 거의 비슷한 내용을 담고 있는 논문(Ratzel, 1897b)이 『정치지리학』을 출간한 해에 영어로 발표되기도 했다.

에서 지리학은 "로마 시민이 갖추어야 할 기본적 지식"이며, "지리학의 보다 큰 부분은 국가의 필요성에 부응하며, 전체로서 지리학은 통치자의 활동과 직접 연결되어 있음을 지적"했다. 이러한 주장은 19세기 중반 근대 지리학의 성립기에 리터(C. Ritter)가 국가의 발전과 지리 간의 관계에 관심을 두었다는 점으로 이어진다. 이뿐만 아니라 지리학의 외부에서도 정치에 미치는 공간환경의 영향에 관한 논의는 고대의 아리스토텔레스(Aristoteles)나 중세 이슬람의 역사학자 이븐할둔(Ibn-Khaldun), 근대 초 서구의 정치철학자 보뎅(J. Bodin), 몽테스키외(Montesquieu) 등에서 찾아볼 수 있다.

그러나 근대 정치지리학은 19세기 중반 이후 인문지리학이 근대적 학문 체계를 구축하는 과정에서 성립되었다고 할 수 있으며, 이에 절대적으로 기여한 학자는 독일 지리학자 라첼이다. 1897년 독일에서 출판된 그의 저서 『정치지리학』은 국가를 중심으로 지리적 요소 간의 상호작용, 영토와 국가 간 상호의존성, 국가의 공간적 성장, 영토의 지리적 위치와 경계, 국가의 성장에서 육지, 해양, 산지, 평야의 역할 등을 계통적으로 논의했다. 특히 그는 정치적 통합력과 국가 영토의 팽창/축소의 관계를 강조하는 '국가 성장의 공간적 법칙'을 제시하고 이에 바탕을 두고 관련 자료들을 분류하고 비교·분석했다. 이러한 점에서 그의 『정치지리학』은 근대 정치지리학을 체계적으로 구축한 역작이며, 라첼은 이로써 '근대 정치지리학의 아버지'로 불리게 되었고, 그 이후 많은 지리학자들과 다른 분야의 학자들에게 큰 영향을 미쳤다.

정치학자 첼렌(R. Kjellén)과 독일 지정학파의 하우스호퍼(K. E. Haushofer) 등과 다른 한 편으로 영국의 지리학자 매킨더(H. Mackinder) 등으로 이어졌다. 특히 첼렌은 『생명체로서의 국가(Staten som Lifsform)』(1916)에서 '지정학'이라는 용어를 처음 사용하면서, 이를 "공간에 있어서 지리적 유기체 내지 지리적 현상으로서의 국가에 대한 이론"이라고 정의했다. 그는 국가를 '개개인을 초월한 생명체'로 규정하고, '생존경쟁과 힘의 논리'에 의해 운명이 좌우되는 것으로 간주했다. 라첼과 첼렌의 국가유기체설(또한 매킨더의 심장지역이론 등)에 영향을 받은 하우스호퍼(Haushofer, 1869~1946)는 1920년대 중반 이후 독일의 ≪지정학 잡지(Zeitschrift fur Geopolitik)≫ 발간을 주도했고, 『태평양의 지정학(Geopolitik des Pazifischen Ozeans)』(1924)을 저술하기도 했다. 특히 그는 라첼의 '생활공간(Lebensraum)' 개념, 즉 동식물들이 생존에 필요한 공간 점유를 위해 투쟁하는 것처럼 국가도 영역을 위해 투쟁할 필요가 있다는 사고를 원용해, 독일 나치정권의 팽창주의를 합리화하는 데 이바지했다. 그는 세계를 몇 개의 거대지역(pan-region)으로 구분하고, 미국은 남북아메리카 대륙을, 독일은 유라시아와 아프리카를 지배하는 세력 재편을 주장했다. 하우스호퍼의 지정학은 국가의 '공간적 요구'(필요)를 정당화하고자 했던 마울(O. Maull) 등으로 이어졌다.

이러한 독일의 지정학 발달과는 달리, 영국 옥스퍼드대학교의 저명한 지리학자 매킨더 (1861~1947)는 라첼의 정치지리학적 영향하에서 그의 유명한 논문, 「역사의 지리적 추축(The geographical pivot of history)」(1904)과 그의 명저 『민주주의적 이상과 현실(Democratic Ideals and Reality)』(1919)을 통해 국가 권력의 세계적 구조의 공간적 모형을 제시했다. 1901년 하원의원으로 선출되기도 했던 매킨더는 특히 세계지배에 관한 정치적 시도들을 역사적으로 분석하면서, 유라시아의 중심부(추축지역)를 세계지배에서 가장 중요한 곳으로 부각시켰고, 이러한 사고를 발전시켜 심장지역(heartland)이론을 제시했다. 9장에서 자세히 논의하겠지만, 추축지역은 세계 역사의 추축(pivot)이 되는 지역으로, 그 외곽에는 내측 및 외측 초승달(crescent) 지역이 자리 잡고 있다. 이러한 추축지역의 범위를 확장시킨 심장지역을 지배하는 자가 유라시아 대륙, 나아가 세계를 지배하는 것으로 모형화된다. 이 이론은 양차 세계대전을 거치면서 세계 강대국들 간 갈등을 설명하는 틀로 응용되었으며, 제2차 세계대전 이후에는 스파이크만(Spykman)의 주변지역(rimland)이론과 함께 냉전체제하에서 세계 지배를 둘러싼 미소의 주도권 경쟁에 원용되기도 했다.

이 시기 미국의 정치지리학은 보우만(I. Bowman, 1878~1950)과 위틀지(D. S. Whittlesey, 1890~1956) 등에 의해 학문 체계가 정립되면서 영향력을 가지게 되었다. 보우만은 하버드대학에서 자연지리학을 연구했으나, 『새로운 세계: 정치지리의 문제들(New World: Problems in Political Geography)』(1921)의 출간을 통해 미국의 초기 지정학적 정치지리학의 발전에 기여했다. 이 저서는 그가 제1차 세계대전 후 파리평화회담의 전문 자문관 활동으로 얻은 경험과 지식을 저술한 것으로, 제1차 세계대전 및 그 이후 제기되었던 영토 및 경계 설정에 관한 다양한 문제들을 다루었다. 그는 오랫동안 미국지리학회의 이사를 지냈으며, 존스 홉킨스 대학 총장, 제2차 세계대전 동안 미 국무성 영토자문관 등을 맡아 직접 정치에 참여하기도 했다.

하버드대학 교수였던 위틀지는 보우만의 영향을 받았고, 『토지와 국가: 정치지리학 연구(The Earth and the State: A Study of Political Geography)』(1939)를 집필했다. 그는 보우만과 함께 미국의 초기 정치지리학을 이끌었다. 그는 그의 저서에서 정치적 지역연구를 위해 중핵지, 문제지역, 수도, 전략적 요충지, 경계지대 등을 다루면서 역사적 방법을 중시했고, 또한 다른 논문들을 통해 정치권력이 경관에 미치는 영향에 관심을 가지기도 했다. 하트숀(Hartshorne, 1964)이 제시한 지역으로서 국가에 관한 정치지리학 연구도 이 시기 미국의 정치지리학에서 중요한 의미가 있지만, 실상 제2차 세계대전 이후 체계화된 그의 정치지리학은 지역지리학적 방법론이라기보다는 기능주의적 입장에 더 의존하고 있었다.

2) 현대 정치지리학의 발달

제2차 세계대전이 끝나면서 독일, 이탈리아, 일본 등 패전국들의 지배하에 있었던 지역들뿐만 아니라 영국, 프랑스 등의 승전국들이 지배했던 식민지들은 거의 대부분 해방되었고, 새로운 국민국가로 독립함에 따라 국가적·국제적 정치 현상들과 이 국가들의 상호관계도 과거와는 달리 복잡해졌다. 특히 전후 세계질서는 미국을 중심으로 한 자유주의 진영과 소련을 중심으로 한 사회주의 진영 간 군사적·이념적 대립 관계를 첨예화함에 따라 이른바 냉전체제에 돌입했다. 개별 국가도 정치공간적 통합을 위한 다양한 전략을 강구했다. 그러나 다른 한편, 20세기 전반부에 독일을 중심으로 발달했던 전통적 지정학은 나치정권의 침략전쟁을 정당화하는 데 기여했다는 점에서 비판을 받으면서 지리학자나 정치학자들의 관심에서 멀어졌다. 그 대신 세계 정치공간에서 국가의 역할에 초점을 두었던 정치지리학은 국내의 정치공간적 문제들, 예로 국가의 공간적 통합, 공간조직과 행정구역, 국가의 공간정책, 선거 등을 주요 주제로 다루게 되었다. 이러한 주제들은 일반적으로 실증주의적 지리학, 특히 기능주의적 입장에서 주로 연구되었다.

1939년 『지리학의 본질(The Nature of Geography)』(1939)의 저술을 통해 지리학 전반에 이미 상당한 영향력을 가지고 있었던 하트숀은 「정치지리학의 최근 발전」(1935), 「국가의 존재 이유와 성숙」(1940) 등의 논문을 발표한 정치지리학자였다. 특히 미국지리학회 회장 취임 연설문 「정치지리학에 있어 기능적 접근」(1950)은 정태적 형태 연구에서 기능적 과정 연구로의 전환을 강조함으로써 제2차 세계대전 이후 정치지리학의 연구방법을 크게 바꿔놓았다. 특히 그는 국가의 존재 이유(raison d'etre)와 생존 능력, 존재 이유로서의 국가 이념(state-idea), 정치공간적 통합과 관련된 원심력과 구심력의 개념 등을 제시했다. 그는 정치단위(특히 국가)를 정치체계로 간주하고 구성 요소들 간 상호관계와 정치적 과정의 결과물을 분석했다(Hartshorne, 1960). 이러한 기능주의적 방법론은 제2차 세계대전 이후 영미 정치지리학에 강력한 영향을 미쳤다.

다른 한편, 우크라이나 출신의 프랑스 지리학자 고트먼(J. Gottmann)은 메갈로폴리스 연구로 잘 알려져 있지만 현대 정치지리학의 발달에도 많은 기여를 했다. 특히 영미 지리학에는 잘 알려지지 않았던 그의 저서 『국가의 정치와 지리(La politique des Etats et leur géographie)』(1952)에서 세계의 정치적 분할을 사람, 재화, 사고 및 정보, 정체성, 신념과 상징 등을 움직이는 외적 변화의 힘들 간 상호작용의 결과로 간주했다. 이러한 일단의 힘들 간의 상대적 균형은 국가의 '체계'의 개방 또는 폐쇄의 정도를 결정한다고 주장하면서, 이에 대한 역사적 접근을 제시했다. 1961년 출간된 『메갈로폴리스』에서 그는 이러한 균형이 정치지리학의 바탕으로서 국민국가로부터 도시 네트워크로 역사적으로 전환하게 되었다고 주장한다(Agnew and Muscara, 2002: 17).

하트숀과 같은 시기에 기능주의적 관점을 강조한 정치지리학자로 발켄버그와 존스 등을 들 수 있다. 발켄버그(Valkanburg, 1942)는 『정치지리학의 요소들(Elements of Political Geography)』(1939)에서 순수 정치지리학적 입장에서 정치지리의 주요 요소들을 제시하는 한편, 라첼의 국가유기체설에 바탕을 두고 국가의 발전단계를 유년기, 청년기, 장년기, 노년기로 구분했다. 존스(S. B. Jones)는 예일대학 지리학과 교수를 지내면서 하트숀과 함께 1950~1960년대 미국의 기능주의적 정치지리학을 주도한 학자로, '통일장 이론(unified field theory)'으로 잘 알려져 있다. 위틀지, 하트숀, 고트먼 등 지리학자뿐만 아니라 아인슈타인(A. Einstein)과 정치학자 도이치(K. Deustch) 등으로부터 영향을 받고 개발된 이 이론은 어떤 정치적 사고가 정치적 결정 → 정치적 운동 → 정치적 장의 발견 → 정치적 지역의 구축으로 연결되는 과정을 모형화하고자 했다. 그는 이의 사례로서 신세계에 관한 콜럼버스의 사고 → 이사벨라 여왕의 정치적 결정 → 신세계를 찾기 위해 항해하는 운동 → 새로운 정치 지역으로서 신제국의 건설로 이어지는 과정을 제시했다. 이러한 통일장 이론은 인접 학문으로부터 주요 사상이나 개념을 원용하고 나아가 정치적 결정 과정 및 운동과 이에 따른 공간 구조의 변화에 관한 연구를 촉진시켰다.

1960~1970년대 정치지리학은 이러한 기능주의적 방법론의 연장선상에서 정치적 현상들의 지리적 유형들을 고찰하면서 연구 주제들도 다양화하고자 했지만, 지정학적 시각을 드러내기도 했다. 이 시기 대표적인 정치지리학자로서 파운즈(N. Pounds)는 기존의 주요한 정치 지리적 사고와 개념, 원리들을 체계적으로 정리한 『정치지리학(Political Geography)』(1963)을 저술했다. 이 책에서 그는 체계이론, 경향 면과 같은 새로운 개념을 제시했으며 행정구역, 해수역 관할, 국제기구, 선거, 후진지역 등과 같은 새로운 주제도 다루고자 했다. 다른 한편, 코헨(S. Cohen)은 지정학적 시각에서 『분열된 세계의 지리와 정치(Geography and Politics in a World Divided)』(1973)를 저술하면서, 제2차 세계대전 이후 이념적 대립을 안고 있는 세계정치에서 국가 간 또는 지역 간 관계의 역동적 균형을 고찰하고, 지전략적 또는 지정학적 지역의 개념을 제시했다(Cohen, 2002). 이스트와 프레스콧(East and Prescott)도 『파편화된 세계: 정치지리학 입문(Our Fragmented World: An Introduction to Political Geography)』(1975)에서 지정학적 관점에서 세계의 정치 지도와 국가의 영토, 변경과 경계, 해양 등을 고찰했고, 이에 더해 국가의 경제구조, 국가 행정의 영토적 구조 등도 다루었다.

1970년대 중반 이후 정치지리학자들은 국내의 정치지리를 구성하는 여러 요인에 많은 관심을 두고 연구 주제를 확대시켰다. 예로 버그만(E. Bergman)은 『현대 정치지리학(Modern Political Geography)』(1975)을 통해 국토 공간의 정치적 조직에 대해 지리학자들의 관심을 촉구하고, 도시를 포함한 지방행정 구역을 정치지리학적으로 분석고자 했다. 뮤어는 『현대 정치지리학(Modern Political Geography)』(1975)을 출간해 정치적 현상의 공간적 분석을 위해 수학적 공식화를 시도하는 한편, 정치, 지리, 인간 행동 간의 관계를 통한 정책적 의사결정 과정과 행태를 부각시켰다. 인문지리학의 다양한 전공 분야에 관심을 가졌던 존스턴(R. Johnston)은 정치지리학 분야에서도 테일러(P. Taylor)와 공동으로 『선거의 지리학(Geography of Elections)』(1979)을 출간하고 또한 『지리학과 국가(Geography and the State)』(1982) 등을 저술해 국가, 지방행정 그리고 선거의 지리학에 관한 많은 연구 업적을 남겼다.

3) 최근 정치지리학의 연구 동향

1990년대에 들어와서 세계정치 질서는 새롭게 재편되었다. 1989년 동유럽의 민주화운동이 확산되면서 베를린 장벽이 무너졌고 독일은 통일을 이루었으며, 1991년 말 구소련도 독립국가연합을 전제로 15개 국가로 해체되었다. 중국 역시 1980년대 개혁개방 과정을 거치면서 1989년 천안문 사태를 통해 자유화의 물결이 요동쳤고 시장경제체제로 전환했다. 이과정에서 제2차 세계대전 이후 구축되었던 냉전체제가 해체되고, 1970년대 서구 선진국들의 경제 침체 이후 등장한 신자유주의적 경제정치체제가 지구적으로 파급되었다. 특히 교통 및 정보통신기술의 발달과 더불어 자본주의의 지구지방화 과정은 상품과 자본, 정보와 기술뿐만 아니라 노동력의 국제적 이동을 촉진했다. 초국적 기업들과 국제금융자본, 그리고 초국적 제도들[예: 세계은행, 국제통화기금(IMF), 세계무역기구(WTO) 등]의 영향력 확대로 전통적 의미의 국가 기능은 상대적으로 약화되는 것처럼 보였지만, 실제 지구적 및 지방적 차원으로 다규모화된 것으로 이해되고 있다. 다른 한편, 자본과 권력이 지구적 규모로 탈영토화(지구화)되고, 또한 동시에 특정 도시나 지역들에 뿌리를 내리고 재영토화(지방화)되는 과정에서 지방정부는 기업주의적 전략과 거버넌스 체제를 갖추었고, 반지구화 운동, 환경운동 등 다양한 시민사회운동이 세계 도처에서 전개되었다.

이러한 현실 정치의 지구적·국가적·지방적 변화와 더불어 이들을 고찰하고자 하는 정치지리학의 분석틀과 방법론도 전환하면서, 비판적 지정학에 대한 관심이 새롭게 제기되었다. 이러한 전환 과정과 관련해, 우선 제시될 수 있는 정치지리학자는 테일러이다. 그는 1985년 초판 발행 후 여러 차례 개정판으로 출간된 저서 『정치지리학: 세계경제, 국민국가, 국지성(Political Geography: World-Economy, National-State, Locality)』을 통해 월러스타인(I. Wallerstein)의 세계체계론에 바탕을 둔 새로운 정치지리학을 제시하고자 했다. 그는 자본주의 생산양식이 지배하는 세계경제는 단일의 체계를 이루고 있기 때문에, 기존의 정치지리학이 초점을 두었던 국가에서 벗어나 하나의 체계로서 세계에 우선 관심을 두어야 한다고 주장한다. 그리고 이러한 자본주의 세계경제체제는 생산품의 다양성과 기술수준 등의 생산과정 및 노동력의 통제양식에 의해 중심, 반주변, 주변이라는 3단 구조의 분업체계를 이루며 역사적으로 유지·변모해 왔다고 서술했다. 또한 그는 이러한 세계경제의 수평적 3단 분석 규모에서 수직적 3단 분석 규모(세계경제-국가-지방)를 유도해 이른바 세계체제론적 정치지리학의 분석틀을 제시했다. 자본주의 경제의 지구지방화 과정이 심화되면서 지구적·국

(가) 세계경제의 수평적 3단 구조 　　　 (나) 세계경제의 수직적 3단 규모

그림 1-5. 테일러의 세계체계론적 정치지리 분석 모형
자료: Taylor(1982: 25); Taylor(1985).

가적·지역적(또는 지방적) 규모로 구성된 3단계 분석은 정치지리학뿐만 아니라 지리학 전반에 일반화되었다. 또한 그가 오로린(J. O'Loughlin)과 함께 1982년 창간했던 『계간 정치지리학(Political Geography Quarterly)』은 그 이후 정치지리학의 발달에 크게 기여했다.

다른 한편, 1980년대 철학 및 사회이론 전반에 영향력을 미친 포스트모더니즘은 지리학에도 지대한 영향을 미치면서, 정치지리학에서 새로운 비판적 지정학을 등장시켰다. 아일랜드 출신 정치지리학자 토알은 1992년 애그뉴와 공저로 발표한 논문 「지정학과 담론: 미국 외교정책에서 실천적 지정학적 추론(Geopolitics and discourse: practical geopolitical reasoning in American foreign policy)」에서 비판적 지정학을 제시했다. 이 논문에서 그는 '비판적 지정학'을 담론적 실천으로 재규정하고, 국제정치와 관련된 지리가 기록되는 사회문화적 자원과 규범을 연구하는 학문으로 정의한다. 특히 그는 지리학적 지식을 권력관계로 이해하고, 지리를 단순히 기술의 대상이 아니라 의도와 목적을 가지고 현상을 기술하는 행위로 규정한다. 예로 심지어 "전쟁도 실천에 속하는 것이지만, 이러한 실천은 담론을 통해서 이루어진다"라고 주장한다. 토알은 그의 저서 『비판적 지정학(Critical Geopolitics)』(1996)에서 이러한 주장을 더욱 확대시켜 지정학이란 국제정치를 공간화하는 담론이며, 특정한 장소, 사람, 사건들을 특정한 정치적 목적으로 재현해 내는 담론이라고 주장한다. 토알의 비판적 지정학은 정치지리학 담론과 권력 관계에 초점을 맞춘 포스트모던 관점을 도입했을 뿐만 아니라 연구 주제들을 확장하는 데 기여했다.

1980년대 후반에서 1990년대의 정치지리학에 대한 새로운 관심은 2000년대 들어 정치지리학의 연구 확대와 더불어 저변 확장을 위한 다양한 정치지리학 교재 출간으로 이어졌다. 테일러와 플린트(Taylor and Flint, 1985)의『정치지리학: 세계경제, 국민국가, 국지성』, 쇼트 (Short, 1993)의 『정치지리학 입문(An Introduction to Political Geography)』, 글래스너 (Glassner, 1996)의『정치지리학(Political Geography)』은 2000년대 이후 개정판 또는 전자 판으로 출간되었다. 또한 애그뉴와 무스카라(Agnew and Muscara, 2002)의『정치지리학 만 들기(Making Political Geography)』, 콕스(Cox, 2002)의 『정치지리학: 영토, 국가, 사회 (Political Geography: Territory, State and Society)』, 존스 등(Jones et al., 2004)의『정치지리 학 입문(An Introduction to Political Geography)』, 블랙셀(Blacksell, 2006)의 『정치지리학 (Political Geography)』, 페인터와 제프리(Painter and Jeffrey, 2009)의『정치지리학(Political Geography)』등이 새로 출간되었을 뿐만 아니라, 정치지리학에 관한 관심과 발전을 촉진한 다양한 저서들, 예로 애그뉴 외(Agnew et al., 2017)의『정치지리학 독해(A Companion to Political Geography)』, 콕스 외(Cox et al., 2008)의『정치지리학 핸드북(The SAGE Handbook of Political Geography)』, 갤러허 등(Gallaher et al., 2009)의『정치지리학의 주요 개념들(Key Concepts in Political Geography)』이 출간되었다.

1980년대 후반에서 1990년대 출간된 저서들은 대체로 테일러가 제시한 정치지리학의 체 계에 따라 3층위의 공간구성, 즉 지구적·국가적·지역적 규모로 구성되었으나, 2000~2010 년대 출간된 정치지리학 교과서들은 이러한 체계에서 점차 벗어나면서 다양한 구성을 보여 주고 있다. 예로 콕스가 저술한『정치지리학: 영토, 국가, 사회』는 기본적으로 3층위의 구성 체계를 유지하지만, 지구적 차원의 정치지리학을 전통적인 관점보다는 정치경제학적 관점 과 자본주의의 발전에 따른 정치지리의 변화를 다루고 있으며, 존스 등이 저술한『정치지리 학 입문』은 지구적 차원이 완전히 빠져 있고, 그 대신 민주주의와 시민성 그리고 공공정책 과 정치지리 등이 추가되어 있다. 이처럼 저자에 따라 정치지리학의 구성 체계가 점차 상이 해지면서 정치지리학을 구성하는 개념들도 매우 다양해졌다.

2010년대에 들어와서도 정치지리학에 대한 이러한 관심과 연구는 계속되어, 기존의 정치 지리학 교과서들에 대한 개정판 작업이 활발히 이루어졌고, 특히 테일러와 프린터의 정치지 리학 교과서는 내용이 상당히 어려움에도 불구하고, 2018년 7차 개정판이 출간될 정도로 지 속적인 관심을 끌고 있다. 또한 2010년대 이후 새로 출간된 정치지리학 교과서로 스미스(S. Smith, 2020)의『정치지리학(Political Geography: A Critical Introduction)』, 오쿠네프(I. Okunev, 2020)의『정치지리학(Political Geography)』, 스콰이어와 재크먼(R. Squire and A. Jackman, 2023)

국내 정치지리학의 발달 과정

지리학을 포함해 우리나라의 근대 학문은 대체로 해방 이후 미국의 영향하에서 시작되었으며, 정치지리학도 예외는 아니었다. 국내 정치지리학의 발달도 세 시기, 즉 해방 이후 1950년대 중반 전통적 정치지리학의 도입기, 1960년대 후반에서 1980년대 근대 정치지리학의 성립기, 1990년대에서 오늘날에 이르는 현대 정치지리학의 발달 시기로 구분해 볼 수 있다(임덕순, 1996).[1]

국내에서 정치지리학과 관련된 첫 단행본은 1947년 미군정하에서 표문화가 출간한 『조선 지정학 개관: 조선의 과거 현재와 장래』이다. 표문화(일명 표해운)는 수산경제학 전공 교수(국학대, 중앙여대, 동국대)로 지리학자는 아니었지만, 한반도를 육지와 해양의 이중적 위치로 파악하고 이와 관련된 완충국적 관점에서 한국사를 논의했다는 점에서 한국 정치지리학에서 중요한 자리를 차지한다(임덕순, 1996). 특히 "자연지리와 인문지리의 조화, 각 지방들의 유기적 통합체로서의 국토에 대한 인식과 감각, 그리고 자연 환경과 민족 심리, 나아가 민족문화"를 연결함으로써 "해방 직후 다양하고 이질적인 주체들의 조선에 대한 지리적 상상을 단일화"하고자 했다(오태영, 2015).

그 이후 표문화는 대학용 체계적 개론서로 『정치지리학 개요: 지정학적 고찰』(1955)을 출간했다. 이 시기 지리학자로서 최복현(1959)은 당시 미국 지리학을 연구하고 귀국한 후 처음으로 『정치지리학』(유인물 형태)에 관해 체계적으로 서술했으며, 홍시환(1962)은 육사 교수로서 『국방지리』를 출간했다. 또한 형기주(1963)는 국내에서 지리학을 연구하면서 세계 지전략이라는 개념을 원용해 「국토 통일: 지정학상의 가능성」이라는 논문을 발표했다.

1960년대 종반에 들어와서 국내 정치지리학은 본격적인 체계를 갖추게 되었고, 연구물도 양적으로 증가하면서 논쟁이 유발되기도 했다. 이 시기 주요 업적으로 김대경은 「한국의 정치지리학적 국경선과 국가론」(1967)에 관한 논문을 발표했다. 홍종혁(일명 홍성은)은 지리학자가 아니지만 『정치지리학: 지정학적 고찰』(1968)을 출간해 지전략 이론들을 체계적으로 소개했다. 임덕순(1969)은 미국의 기능주의적 정치지리학의 관점에서 '한국의 정치적 공간 변화'에 관한 석사논문을 발표했다. 또한 그는 차윤(당시 미국 메릴랜드대학 한국 분교 교수)과 한반도의 지정학적 구조를 둘러싼 지정학/정치지리학 논쟁을 벌이기도 했다. 그 후 임덕순은 『정치지리학 원론』(1973)을 출간하고 휴전선, 독도, 동남아 국제정치, 한반도 안전보장, 통일, 수도, 부산의 정치지리 등에 관한 정치지리학 관련 논문들을 집필했다.

그 외에도 1970년대 여러 지리학자들은 한반도 정치지리 구조, 미국의 연방정부 세출 분석, 조선시대 서울-상주 정치적 대로(大路), 하우스호퍼의 지정학, 행정구역, 3·1운동, 일제 식민지 정책 등에 관해 연구했다. 1980년대 들어와서도 수도에 관한 정치지리적 연구가 비교적 두드러졌지만, 한반도의 지정적 구조, 행정구역, 성곽 등에 관한 연구도 이어졌다. 1980년대 후반에는 선거에 관한 정치지리학적 논문들이 발표되었고, 1990년대에는 지정학적 관점에서 동북아권 및 통일 국토 구상이 제시되기도 했다(류우익, 1993; 1996).

1990년대 이후 국내 정치지리학은 새로운 사회이론, 특히 정치경제학과 포스트모던 이론 등을 도입하면서, 연구 주제의 범위가 넓어지고 관점도 크게 변하게 되었다. 이 시기에도 전통적 정치지리학 관점에서 관련 주제들에 관한 연구는 지속·발전해 나가는 한편, 새로운 관점과 주제들이 부각되었다. 예로 안재학(1995)은 기능주의적 관점에서 저술된 『정치지리학』(K. Boesler)을 번역·출간했고, 주요 주제들로 휴전선과 주변 접경지역 연구, 선거와 지역감정 및 지역 갈등, 행정구역과 지방재정 등에 관한 지리학자들의 연구와 더불어, 도시 재개발과 도시정치, 지방자치제와 지방정부 등에 관한 연구가 제시되었다.

2000년대 들어와서 국내 정치지리학은 다소 침체된 분위기 속에서 접경지역에 관한 연구를 본격화했지만, 정치지리학 전공 연구자들이 주류를 이루지는 못했다(박삼옥 외, 2005). 이러한 상황에서 이정록·구동회(2005)는 세계분쟁지역에 관한 사례를 모아 교과서류의 책을 출판하고 그 후 몇 차례에 걸쳐 개정판을 냈다. 이정록·송예나(2019)는 세계분쟁지역을 지도화하고자 했다. 다른 한편, 박배균과 여러 공동 연구자들(박배균, 2001; 김동완, 2013 등)은 정치지리의 개념적 재구성과 더불어 다중 스케일의 관점에서 한국의 국가와 지역의 정치경제 및 공간 재편에 관해 연구하고, 이를 편집한 『국가와 지역』(2013)을 출간했다. 또한 최병두(2002; 2003a; 2003b; 2006 등)는 여러 정치지리학적 주제들에 관해 정치경제학과 함께 새로운 비판지정학의 관점을 원용한 논문들을 발표했다.

2010년대로 넘어오면서 정치지리학을 전공하는 새로운 지리학자들이 활발한 연구를 전개했다. 지상현은 콜린 플린트(2009)와 함께 서구 정치지리학에서 전개된 지정학의 비판적 재구성에 관한 논문을 제시하고, 그 이후 관련 주제들에 관한 연구들을 발표했다(지상현, 2013, 2016; 지상현 외, 2017 등). 이승욱은 영토성, 예외 공간 개념 등에 준거해 개성공단과 북한에 관한 지정치적/지경제적 전략 등을 연구하고 있다(Lee et al., 2014; Doucette and Lee, 2015 등). 또한 박배균과 공동 연구자들은 '포스트영토주의'의 관점에서 여러 논문을 발표했고(박배균, 2017; 황진태, 2018; 박배균·백일순, 2019 등), 편집서 『한반도의 신지정학: 경계, 분단, 통일』(2019)을 출간했다.

주: 1) 임덕순은 저서 부록(1997: 491~503)으로 1900년대 전반부터 1990년대 중반까지 발표된 국내 정치지리학 분야의 주요 저서 및 논문을 연대순으로 정리했다. 임덕순(1996)은 1980년대 후반에서 1990년대 중반까지를 그 앞 시기와 구분했지만, 두 시기의 연구 주제는 크게 구분되지 않는다.

의 『정치지리학: 접근법, 개념, 미래(Political Geography: Approaches, Concepts, Futures)』 등이 있다. 특히 스미스는 비판적 관점에서 정치지리학의 주요 주제들, 예로 시민권, 민족, 권력/영토, 국가/경계, 도시 정치, 사회운동, 탈식민화, 지정학, 안보, 생명정치 등에 관해 다규모적으로 접근하고 있다. 오쿠네프는 정치의 공간적 차원들 또는 정치적 과정의 공간적 차원에 관한 관점에서 국가, 초국적 연합, 지정학 체계, 지역, 국경, 수도 등을 다루고 있다. 스콰이어와 재크먼은 전통적인 정치지리학의 주제들에 더하여 페미니스트 지정학, 사물이 아니라 생명체로서의 동물, 이동성, 폭력과 감시, 평화와 저항 등을 장별 주제로 설정하고 있다.

이와 같은 정치지리학 교과서 외에도 여러 저명한 정치지리학자들은 '지정학' 관련 제목을 붙인 저서들을 출간했다. 예로, 테일러와 『정치지리학』을 공동 저술한 플린트는 2006년 『지정학 입문(Introduction to Geopolitics)』을 출간했는데 이 책은 2007년에 『지정학이란 무엇인가』라는 제목으로 번역·출판되었다. 2021년 출간된 4차 개정판에서는 코로나 19(COVID-19)의

지정학적 함의와 더불어 세계에서 중국의 역할과 미국의 상대적 쇠퇴 등을 다루고 있다. 정치지리학자 애그뉴는 1998년 『지정학: 세계 정치의 재검토(Geopolitics: Re-visioning World Politics)』를 출간하면서, 세계정치에서 지정학의 중요성을 강조했다. 2003년 개정판에서는 9·11테러와 같은 세계적 사건의 함의, 유럽연합(EU)과 나토(NATO)의 지속적 팽창에 대한 우려, 여러 국가의 파산 위기, 이스라엘-팔레스타인 분쟁의 재점화 등을 다루고 있다. 또한 애그뉴는 2022년에는 신자유주의적 지구화와 '숨겨진' 지정학 간의 관계를 다룬 『숨겨진 지정학: 지구화된 세계에서 거버넌스(Hidden Geopolitics: Governance in a Globalized World)』를 출간했다. 그리고 『정치지리학 입문』 등을 출간한 쇼트는 2021년 『지정학: 변화하는 세계를 이해하기(Geopolitics: Making Sense of a Changing World)』를 출간하면서 지정학의 기본 주제들에 대한 이해와 세계적인 지정학적 이슈에 대한 개괄적 논의를 제공하고자 했다.

3. 주요 연구방법론과 주제

1) 정치지리학의 주요 연구방법론

정치지리학은 1960년대 이후 지역연구의 전통에서 벗어나 다양한 연구방법론을 새롭게 도입해, 관심을 모은 경험적 주제들을 고찰할 뿐만 아니라 개념적 이론들을 발전시키게 되었다. 갤러허 등(Gallaher et al., 2009)은 최근 정치지리학에 영향을 미친 주요 이론으로 정치경제학, 세계체계론, 조절이론, 정치생태학, 탈구조주의, 페미니즘, 비판적 지정학 등을 열거하고 있다. 이 책에서 정치지리학에 영향을 미친 주요 연구방법론이나 이론들은 실증주의 지리학과 관련해 정치지리학에서 도입된 기능주의와 체계이론, 그리고 급진주의적 지리학 이후 발전한 정치경제학 또는 마르크스주의, 그리고 정치지리학의 새로운 틀을 구축하도록 한 세계체계론, 최근 포스트모더니즘과 비판적 지정학, 그 외 여러 이론으로 구성된 페미니즘, 정치생태학 등을 간략히 소개하고자 한다.

• **기능주의와 체계이론**: 기능주의란 사회를 내적 결속과 안정성을 증진시키기 위한 복합적인 체계로 파악하는 이론이다. 기능주의는 사물의 주요 구성 요소들이 정적·고정적인 것이 아니라 상호관계 속에서 동적·과정적인 것으로 파악한다. 1960년대 이후 정치지리학

은 과거의 정태적 형태주의에 기초한 분류와 비교 위주의 접근 방법에서 벗어나 동태적 기능주의에 기초한 개념 및 이론 중심의 접근 방법으로 점차 전환했다. 정치지리학에서 기능주의적 입장은 영토나 공간의 기능, 역할, 변화, 운동(작동), 지역의 결절 조직, 순환 및 유동 등에 관심을 두었다. 기능주의적 입장에서 보면, 정치는 국가라는 조직체가 기능 수행을 통해 사회공간적 질서와 통합을 유지하는 것으로 이해된다(예: 인디언들의 기우제는 그들의 사회적 결속력을 증진시키기 위한 행사로 해석된다).

이러한 기능주의적 접근은 1960년대 후반에 강조된 체계이론적 정치체계 분석과도 밀접한 관계가 있다. 체계란 상호 작용하는 부분들로 구성된 기능적 조합체로서, 하나의 체계는 부단히 주위 환경의 영향이나 요구를 받아가는 가운데 이에 적응하기 위해 그 구조를 변경·재조직하면서 존속하는 것으로 이해된다. 체계이론적 방법론은 예로 국가라는 어떤 정치적 대상을 하나의 체계 또는 기능적 조합체로 보고, 이를 구성하는 주요 요소들 간의 기능적 관계 또는 그 체계와 외적 환경 간의 상호관계를 분석하면서 전체 구조의 변화를 고찰하고자 한다. 체계이론적 접근은 특히 어떤 조직체의 외부로부터의 영향(투입), 요소 간 상호작용 또는 기능적 관계, 상호 작용의 결과(또는 산출) 등에 주목한다.

- 세계체계론: 월러스타인이 제시한 이 이론은 세계적 규모로 작동하는 자본주의를 고찰하기 위해 국가를 분석 단위로 하는 대신 세계적 차원에서 중심부, 반주변부, 주변부의 개념에 근거하고자 한다. 왜냐하면 개별 국민국가는 고유의 발전 과정을 거치기보다는 지리적으로 분화된 분업에 바탕을 둔 세계경제 속에 편입되어 통합적으로 발전하기 때문이다. 세계적인 불균등교환을 통해 공간적으로 서열화된 체계, 즉 중심부, 주변부, 반주변부로 구성된 세계체계는 기본적으로 종속이론에서도 제시된 바 있지만, 월러스타인의 세계체계론에서 특이한 점은 '반주변부' 개념이다. 이 지역은 주변부를 착취하면서도 중심부에 착취당하는 국가들로 구성되며, 중심-주변으로 양극화되는 세계경제를 안정시켜 주는 완충 역할을 한다.

이러한 세계체계론은 자본주의적 세계경제의 자본 축적 과정과 세계적 규모의 불균등성을 고찰하고자 한다는 점에서 의의가 있다. 특히 이 이론을 정치지리학에 도입한 테일러는 국가 중심의 전통적 지리학의 틀을 벗어나기 위해 세계체계론에 바탕을 두고 정치지리학을 재구성해야 한다고 주장하는 한편, 세계체계론적 정치지리학을 마르크스나 하비의 유물론적(정치경제학적)지리학과 연결시킬 수 있는 가능성을 모색하기도 했다(Taylor,

1982). 플린트와 테일러(Flint and Taylor, 2018)에 의하면 세계체계이론은 정치지리학뿐만 아니라 세계도시체계의 구성 등에 주요하게 원용되고 있으며, 지리학자들은 이 이론이 지구적 불균등 유형을 창출하는 세계적 경제 관계를 공간적 차원에서 이해하며, 또한 지구적·국가적·국지적 차원이라는 공간적 스케일을 전제로 하고 있다는 점에서 이 이론에 관심을 가지고 발전시켜 왔다고 주장한다.

- **정치경제학**(마르크스주의): 정치경제학 또는 마르크스주의는 흔히 자본의 순환 및 축적과정으로 자본주의 경제 발달 과정을 분석하고자 하는 학문이나 이론으로 이해된다. 정치경제학은 좁은 의미로 마르크스의 이론에 바탕을 두지만, 애덤 스미스나 리카도, 밀의 고전경제학 일반을 지칭하기도 하며, 마르크스주의로부터 부분적으로 영향을 받고 최근 발달한 조절이론이나 정치생태학 등 다양한 분야의 진보적 이론들도 포함한다. 정치경제학적 정치지리학은 이러한 정치경제학적 이론이나 연구방법론을 도입해 정치 영역의 분석에서 경제구조와 이의 공간적 측면(예: 지역불균등 발전)을 강조한다. 이러한 정치경제학적 관점에 의하면 국가는 자본 또는 지배계급의 이해관계를 직간접적으로 반영하며, 국가의 국내 정책 및 국제 전략들은 기본적으로 이러한 이해관계의 실현을 위한 것으로 이해된다. 또한 정치경제학적 정치지리학은 정치공간적 갈등의 기원이 노동과 자본 간 계급관계에 있다고 인식하고, 생산 현장뿐만 아니라 시민사회에서 발생하는 모든 사회운동은 기본적으로 계급성을 담지한 것으로 파악한다.

　　지리학 및 공간 관련 학문 분야에서 이러한 정치경제학적 이론이나 방법론의 발달은 프랑스 철학자 르페브르(H. Lefebvre)와 영국 출신 지리학자 하비(D. Harvey)의 연구에서 많은 영향을 받고 있다. 르페브르는 1930년대부터 마르크스이론에 관심을 가지고 연구를 했으며, 특히 1960년대 후반부터 공간과 도시 문제에 주목해 관련된 저서들을 남겼다. 특히 1974년 완성된 『공간의 생산』(르페브르, 2011)은 도시와 공간에 관한 기념비적 저서로 인정되며, 그 이후 그의 관심의 초점이었던 『국가론(De L'État)』(Lefebvre, 1976~1978)도 사실 국가의 공간성에 주목한 저서이다. 하비는 『자본의 한계』(하비, 1995)에서 마르크스의 이론 중 공백으로 남아 있는 공간적 측면에 주목하고, 자본의 순환 과정에서 공간의 역할을 강조하면서 자본 축적과 건조 환경의 역할, 지역불균등발전, 지대론 등을 새롭게 이론화한 '역사지리유물론'을 주창했다. 그 외 다양한 저서 가운데, 예로 『신제국주의』(하비, 2005)는 자본의 논리와 영토의 논리의 모순 및 탈취에 의한 축적의 개념을 통해 미국의 신제국주의 성향을 비판적으로 분석하고자 했다. 이러한 하비의 정치경제학적 지리학은 지리학에서 나아가 사회이론 전반에 영향을 미치고 있다.

• **포스트모더니즘과 비판적 지정학**: 포스트모더니즘(또는 포스트구조주의)는 1970년대 이후 프랑스 철학 및 사회이론에서 등장한 일련의 사조로, 사회적 관계의 분석에서 언어의 역할과 의미의 생산을 강조한다. 라캉(J. Lacan), 데리다(J. Derrida), 푸코, 들뢰즈(G. Deleuze)와 가타리(F. Guattari) 등으로 대표되는 포스트모던 이론가들은 각각 매우 독특한 사상 체계를 가지고 있기 때문에 쉽게 설명할 수 없지만, 공통적으로 기존의 고전적 이론들(주류 이론뿐만 아니라 마르크스주의까지)은 이원론에 근거해 있으며, 지식-권력을 전제로 한다는 점에서 해체되어야 한다고 주장한다. 이들은 또한 사회의 물질적 측면이나 경제구조 또는 계급문제만으로 모든 현실을 설명할 수 없고 젠더, 인종, 성 등과 관련된 사회공간적 착취와 차별의 문제도 중요하다고 강조한다. 특히 이들 가운데 푸코는 지리를 이데올로기나 정치와 무관한 객관적 사실이 아니라 지식의 생산과 유통을 둘러싼 권력관계가 반영된 실체로 이해한다는 점에서 새로운 지정학의 단초를 제시했다.

비판적 지정학은 1980년대 이후 전통적 지정학의 접근 방법에 대한 비판적 시각으로 접근하는 다양한 조류의 지정학적 관심을 통칭하지만, 좁은 의미로는 토알을 비롯한 일부 정치지리학자들이 포스트모던 이론에 기초해 기존의 지정학과 국제정치학의 담론을 해체하고 새로운 대안적 지정학을 제시하고자 하는 학문적 동향을 말한다. 토알에 의하면, 지정학은 단순히 지리와 정치의 상호관계를 설명하는 학문이 아니라, 국가 통치에서 담론의 실천으로 규정한다(지상현·플린트, 2009). 비판적 지정학은 과거 지정학적 외교정책이나 국가 통치전략에 대한 서술에서 벗어나 지정학의 영역을 지구적으로 작동하는 세계정치에 대한 거시적 접근에서부터 일상생활에서 발생하는 국지적 권력의 행사에 대한 미시적 접근에 이르기까지 다양한 규모로 확대시키고 있다(예: 박윤하·이승욱, 2021 등).

• **기타 새로운 이론들**(페미니즘, 정치생태학): 정치지리학이 포스트모더니즘과 비판적 지정학에서 나아가 일상생활에서 작동하는 권력관계에 관심을 가지게 됨에 따라 정체성, 시민성, 인종, 타자 등에 대한 관심과 더불어 젠더와 섹슈얼리티를 포함해 여성이나 성소수자의 권리와 성평등과 관련된 문제들이 주요 주제로 등장했다. 이에 관한 문제를 고찰하기 위해 발달한 페미니즘은 자유주의에서 급진주의에 이르는 매우 폭넓은 관점과 이론체계

나 사상들을 포함한다. 정치지리학에서 페미니즘적 연구는 일상생활에서 젠더에 따른 차별화와 정체성의 억압 등이 공간의 생산 및 재생산과 어떻게 연계되어 있는지를 고찰하고자 한다(예: 정현주, 2015 등).

또한 산업화와 도시화로 인해 점점 심화되고 있는 자원과 환경문제가 지역 간, 국가 간 갈등을 유발함에 따라, 이에 관한 정치생태학적 연구가 정치지리학의 주요 분야로 부각되고 있다. 인구 증가와 경제성장으로 식량 및 에너지 자원의 소비량과 국가 간 교역량이 급증함에 따라, 이러한 자원을 둘러싼 갈등과 자원 민족주의 및 국가안보 문제가 대두하고 에너지원의 생산 및 유통과 관련된 외교적 노력이 강화되게 되었다. 또한 물의 이용을 둘러싼 국가 간, 지역 간 갈등은 오래된 정치지리학적 문제이지만, 최근 수질 오염의 심화와 물의 상품화 등으로 인해 더욱 고조되고 있다. 또한 점점 더 심각해지고 있는 기후위기와 더불어 지난 몇 년 동안 겪었던 코로나 19 위기 상황은 이에 대처할 수 있는 정치체제의 변화를 요구한다. 국경을 넘어서 확산되는 미세먼지, 방사능오염 물질 등으로 인해 유발되는 정치적 갈등도 심화되고 있다. 이러한 자원·환경 문제를 정치적 관점에서 조명하는 정치생태학은 자연환경과 인간사회 간 관계에 초점을 두고 관련된 문제들을 분석하기 위한 다양한 이론들을 제공한다(권상철, 2019; 황진태·박배균, 2013).

2) 정치지리학의 주요 연구 주제

정치지리학의 가장 주요한 연구 주제는 물론 정치, 공간 그리고 이와 관련된 여러 개념들(예: 권력, 국가, 영토, 국경 등)이라고 할 수 있지만, 좀 더 세부적으로 보면 주요 연구 주제들은 정치지리학의 발전 과정에 따라 상당히 변화해 왔다. 갤러허 등(Gallaher et al., 2009)이 제시한 정치지리학의 주요 연구 주제들은 〈표 1-2〉와 같이 28개로 구성되며, 이들은 6가지 중분류로 묶을 수 있다. 이러한 점에서 정치지리학의 주요 연구 주제들은 개별보다는 이들을 묶은 개념군으로 우선 간략히 살펴볼 수 있다. 여기서는 갤러허 등의 제안을 재조정하여, 현대 정치지리학의 주요 연구주제로 총 20개의 개념들을 선정하고 이를 5가지 중분류 개념군으로 나누어 설명하고자 한다.

• **정치, 공간, 권력, 민주주의**: 정치는 일반적으로 어떤 행위자(개인이나 집단)가 권력을 획득·유지·행사하는 활동을 통해 사회공간적 질서와 통합을 추구하는 과정을 의미한다. 학문

표 1-2. 갤러허 등(Gallaher et al.)이 제시한 정치지리학의 주요 개념들

제1부 국가 통치술	제3부 근대성	제4부 공간 범위	제6부 정체성
1. 국민국가 2. 주권 3. 거버넌스 4. 민주주의	9. 식민주의/제국주의 10. 정치경제학 11. 이데올로기 12. 사회주의 13. 신자유주의 14. 지구화 15. 이주	16. 스케일 17. 경계 18. 지역주의	23. 민족주의 24. 시민성 25. 탈식민주의 26. 재현 27. 젠더 28. 타자
제2부 권력의 양식		**제5부 폭력**	
5. 헤게모니 6. 영토 7. 지정학 8. 초강대국		19. 갈등 20. 탈갈등 21. 테러주의 22. 반국가주의	

자료: Gallaher et al.(2009).

적으로 통용되는 의미로 정치는 '권위적 자원 또는 가치의 배분'으로 이해된다. 근대사회에서 이러한 권위적 자원의 배분은 기본적으로 국가에 의해 이루어진다는 점에서, 정치는 국가의 운영 또는 이에 영향을 미치는 활동으로 규정된다. 하지만 정치는 국가에 의해서만 행사되는 것이 아니라 세계적 및 국지적 차원에서도 이루어진다. 이러한 점에서 정치는 모든 인간관계에 내재된 권력관계로 정의되기도 한다. 이러한 정치의 개념을 좀 더 쉽게 서술하면, '누가 무엇을, 언제, 어떻게 갖는가'의 문제와 관련된다. 그러나 여기에는 분명 '어디서'라는 공간의 문제도 포함되어야 할 것이다. 정치지리학은 정치적 자원이나 권력이 공간적으로 어떻게 분포하며, 또한 공간(장소, 영토 등)이 이러한 정치적 자원이나 권력을 위해 어떻게 전략적으로 동원되는가에 관한 연구라고 할 수 있다.

정치의 핵심을 구성하는 권력은 몇 가지 유형으로 정의될 수 있다. 우선 막스 베버에 의하면, 권력은 사회관계에서 한 행위자(개인이나 집단)가 다른 행위자의 저항에도 불구하고 자신의 의지를 실행할 수 있는 능력을 의미한다. 이러한 권력의 개념은 도구적·위계적·억압적 관점에서 소유와 측정 가능한 것으로 규정한 것이라는 점에서 한계가 있다. 둘째, 아렌트나 하버마스의 권력 개념처럼 참여와 의사소통을 통한 합의와 실천(또는 협력)에 근거한 개념이다. 셋째, 푸코는 권력의 개념을 직접 정의하지는 않지만 권력의 행사 방식에 관심을 가지고, 역사적 변화 과정을 고찰했다. 그에 의하면, 근대 사회에서 권력은 주권 권력(인구와 영토에 대한 배타적 주권을 가진 국가 주권, 예: 교수형), 규율 권력(지배력을 전제로 하지만 처벌이 아니라 교정을 통해 작동하는 권력, 예: 원형감옥), 생명 권력(개인의 신체에서 나아가 인구 전체에 대한 통제를 위한 권력의 행사, 예: 공중위생, 가족계획 등)으로 전환해 왔다. 민주주의는 하버마스의 권력 개념과 관련해 이해될 수 있다. 즉, 민주주의는 권력(예: 국가

주권)은 국민에게 있으며, 국민이 스스로 그 권력을 행사해 국민을 위한 정치를 행하는 제도를 의미한다. 공간적 측면에서, 이러한 민주주의는 공론의 장으로서 민주적 공간의 구성과 발전을 전제로 한다.

• 국가, 영토, 국민국가, 민족주의: 국가는 조직된 정치 형태(즉 정부)를 가지고 일정한 영토를 관리하면서 대내외적으로 자주권을 행사하는 정치적 실체이다. 베버에 의하면, 국가는 일정 영토 내에서 물리력을 합법적으로 소유하고 행사할 수 있는 유일한 집단을 의미한다. 그러나 국가는 내외적인 적으로부터 인구와 영토를 지키고 유지하려는 목적을 가진 조직이다. 이러한 국가를 구성하는 3요소로 흔히 영토, 인구, 주권이 거론된다. 영토는 특정한 권력이 행사되는 공간적 범위를 말하며, 특히 국가와 관련해 영토는 주권이 미치는 공간적 범위를 의미한다. 한 국가를 구성할 수 있는 인구와 정치적 조직체가 있다고 할지라도, 영토가 없다면 이를 국가라고 지칭하지 않는다.

국가는 다양한 형태가 있으며, 이 가운데 국민국가(nation state)는 국민공동체에 바탕을 두고 형성된 국가를 의미하며, 역사적으로 1648년 체결된 베스트팔렌조약을 계기로 확립되어, 여러 시민혁명을 거치면서 오늘날 일반적인 국가 형태가 되었다. 오늘날 세계적으로 약 220개의 국민국가가 존재하지만, 이 가운데 약 3/4은 제2차 세계대전 이후에 형성·발달했다. 자본주의의 지구화 과정에서 국민국가의 주권이나 경계가 상당히 완화될 것으로 추정되었으나, 실제 그렇지 않았음이 판명되었다. 민족주의란 동일한 민족적 정체성(소속감이나 애착심 등)을 공유한 집단을 의미하며, 하나의 민족이 하나의 국가를 구성하기 위한 기준과 이를 위한 이념 및 실천운동의 기반이 된다. 그러나 내셔널리즘(nationalism)은 국가에 대한 충성심이나 통합성을 강조하기 위한 이념으로서 국가주의(또는 국민주의)를 의미하기도 한다.

• 자본주의, 불균등발전, 제국주의/식민주의, 지구화: 자본주의는 좁은 의미로 사적 소유권과 임노동을 전제로 자본의 축적 과정을 지속시키는 경제체제를 의미한다. 그러나 자본주의는 경제적 측면뿐만 아니라 현재 우리가 살아가는 사회의 정치, 사회문화, 환경문제 등 모든 부분에 직간접적으로 영향을 미치고 있다. 이러한 자본주의가 지리학적으로 가지는 주요한 특성들 가운데 하나는 지역불균등발전을 심화하고 또한 이를 통해 유지·발전하고 있다는 점이다. 이러한 지역불균등발전은 계급적·계층적 불균등성을 반영하지만, 또한

다른 메커니즘(예: 하비의 '공간적 조정'이나 닐 스미스의 '균등화와 차별화의 변증법 등)을 통해 전개되는 것으로 이해된다. 이러한 지역불균등발전은 국지적·국가적·지구적 차원 등 다 규모적으로 이루어지며, 경제적·정치적 갈등을 야기한다.

자본주의는 기본적으로 자본의 순환 과정을 통해 이해될 수 있지만 그 발전 과정에 따라 상업자본주의, 산업자본주의, 금융자본주의 등으로 구분될 수 있다. 또한 자본주의의 발전 과정은 초기 단계에 서구의 몇몇 도시에 거점을 두고 성장했지만 점차 발전하면서 국가적 차원, 나아가 세계적 차원으로 확장되었다. 자본주의 초기 단계에 서구 도시들에 거점을 둔 상업자본주의는 장거리 무역을 통해 자본을 축적하고자 했으며, 이 과정에서 자원 확보와 영토 확장을 위한 식민주의가 강화되었다. 제국주의는 흔히 식민주의와 같은 의미로 사용되기도 하지만, 엄격한 의미로 제국주의는 19세기 후반 국가 산업자본주의 이후 대두한 국가 간 경쟁과 관련된다. 하비의 주장에 의하면, 오늘날 신자유주의적 지구화 과정은 이러한 제국주의의 새로운 유형으로 간주된다.

• **지방정부, 지방자치, 거버넌스, 지역사회운동**: 일반적으로 지방정부란 중앙정부에 대해 상대적 자율성을 가지는 지방의 자치 정부를 말한다. 우리나라에서 지방정부는 1995년 본격적인 지방자치제의 시행 이후 구성된 지방자치단체(광역 및 기초)를 의미한다. 완전한 자율권을 가지는 중앙정부와는 달리, 지방정부는 중앙정부로부터 자치권을 부여받아 지역의 경제적·행정적·사회문화적 업무들을 담당한다. 지방정부는 기본적으로 민주주의와 지방 분권을 기반으로 한 상향식(풀뿌리) 지방자치를 추구하지만, 현실적으로 지방정부는 중앙 정부의 하향식 관리와 통제를 크게 벗어나지 못하고 있다. 신자유주의의 발달 과정 속에서 지방정부의 특성은 기존에 중앙정부의 권한을 위임 받아 지역사회의 복지를 주로 추진했던 관리주의에서 지역경제의 성장을 촉진하고자 하는 기업(가)주의로 전환한 것으로 이해된다.

거버넌스(governance)란 과거 정부 주도적 의사결정과 업무 추진 방식에서 벗어나 정부, 기업, 시민과 비정부기구 활동가 등 다양한 행위자들이 공동의 이해관계에 대해 논의하고 합의한 결과를 추진하는 방식을 의미한다. 이러한 점에서 '협치'라고 번역되기도 하는 거버넌스의 개념은 정책의 입안 및 시행 과정에 시민들의 참여를 확대하는 민주적 과정으로 이해된다. 그러나 실제 거버넌스의 구축과 시행 과정은 정부가 주도적으로 추진하는 정책이나 기업이 자신의 이해관계를 반영하는 사업에 형식적인 시민 참여를 통해 정당화하려는 수단이 되었다고 비판되기도 한다. 지역사회운동은 지역사회에서 발생하는 다양한 문제들(지역복지, 문화, 환경 등)을 지역주민의 관점에서 해결하고, 나아가 지역 공동체를 구축하고자 하는 활동으로 간주된다.

- **정체성, 타자, 젠더, 시민성**: 정체성이란 자신의 존재와 타자와의 관계 그리고 이들로 구성된 사회공간 속에서 수행하는 역할에 관한 인식의 집합체로 정의될 수 있다. 한 개인은 사회공간적 상호관계를 통해 정체성을 형성하고 자신이 속한 집단에의 소속감을 가지고 동일시하게 된다. 전통사회에서 정체성은 생활하는 공동체나 장소를 통해 형성되는 것으로 간주되지만, 오늘날 정체성은 개방된 사회공간에서 타자와의 부단한 관계 속에서 경쟁적·갈등적 투쟁을 통해 구성·재구성되는 것으로 이해된다. 이러한 정체성은 타자와의 관계 속에서 형성되지만, 또한 동시에 한 사회의 지배적 정체성은 타자화된 집단들을 억압하고 배제하는 경향을 가지며, 이러한 점에서 타자화된 집단들은 억압된 정체성을 유지·복원하기 위한 정체성의 정치를 추구하게 된다.

젠더(gender)는 사회적으로 구조화된 남성 및 여성의 역할, 신념체계 및 가치 등을 말한다. 즉, 젠더는 여성 또는 남성의 이분적 구분 속에서 각기 달리 요구되는 사회적 역할이나 정체성을 지칭하며, 이로 인한 사회공간적 차별과 억압을 정당화하는 기준이 되기도 한다. 현대사회는 자본주의에 내재된 계급문제 외에도 젠더, 성, 인종 등에 의한 차별과 이로 인한 갈등이 가시적으로 드러나면서 사회공간적 정치의 주요 논제가 되고 있다. 이와 같이 사회문화적 소수집단들과 관련된 새로운 논제들은 일상생활에서 이들의 정체성과 권리가 보장되어야 한다는 점에서 흔히 시민성의 문제로 간주되기도 한다.

제 2 장

국가의 형성과 영토 결속

1. 국가의 개념과 구성

1) 국가의 개념

19세기 말 독일의 지리학자 라첼이 국가를 '살아 있는 유기체'로 규정하고 근대 정치지리학의 체계를 확립한 이후, 국가는 정치지리학의 핵심적 개념이 되었다(Johnston, 1982). 예비적 개념 정의로 국가는 일정한 영토를 차지하고 있는 하나의 통일된 정치적 조직체 또는 일단의 제도들의 집합체로 규정된다. 그러나 실제 국가가 무엇을 의미하는지를 규정하기는 어렵거나 불가능하다고 할 수 있다. 왜냐하면, 국가는 항상적으로 변화하는 다양한 구성 요소들을 포함하고 있으며, 오늘날에도 국가의 형태는 매우 다양하게 변화하고 있기 때문이다. 즉, 국가는 하나의 고정된 실체라기보다 지속적으로 구성·변화·소멸하는 과정에 있으며, 이에 따라 국가의 개념 정의도 계속 바뀌고 있다.

전통적인 정치지리학에서 국가는 기본적으로 영토의 단위 또는 일단의 인간(국민)과 영토로 구성된 정치적 조직체로 정의된다. 예로 라첼은 인간과 토지의 결합을 강조하면서, 국가를 "일단의 인간과 일단의 조직된 토지"라고 정의했다. 그 이후 국가는 "자기 지역을 효과적으로 통치하는 정부를 가진 현지 주민들에 의해서 실효 있도록 정치적으로 조직된 지역"(Pounds, 1963) 또는 "인민과 영토로 구성된 하나의 정치적 조직 형태"(Muir, 1975)로 정의되었다. 이러한 개념 정의에 의하면, 영토적 형태로서 국가는 세계 정치지도를 구성하는 기본 요소로 간주된다. 이에 따라, 전통적인 정치지리학자들은 절대적 공간 형태로서 국가의 지리적 특성을 강조하면서 국가의 경계, 면적, 위치, 형태 등을 주요 관심 주제로 설정했다(임덕순, 1997: 46 재인용).

국가에 관한 이러한 전통적인 정치지리학적 개념 정의는 국가의 이념과 기능을 강조하는 개념 정의로 이어졌다. 예로 임덕순(1997: 46~47)은 영토적 형태에 초점을 둔 기존의 국가 개념은 "국토와 국민을 정서적으로나 이성적으로 결합하고 국민을 결속시켜 주며, 나아가 타국에 대해서 떳떳하게 내세울 수 있는 국가 이념"이 결핍되어 있다고 지적되고, 대안적으로 "국가란 인민, 영토 그리고 특수한 정치 이념으로 구성된 하나의 정치적 조직 형태"라고 주장했다. 이에 따라, 정치지리학은 국가의 영토적 통합을 촉진하거나 또는 저해하는 힘들, 즉 구심력과 원심력에 관심을 가졌다. 그러나 국가에 관한 이러한 개념 정의는 '인민과 영토의 정치적 조직 형태'로서의 국가 개념에 '국가 이념'을 결합시키고자 했지만, 실제 고전적 개념 정의를 크게 벗어나지 못했다.

1950년대 이후 정치지리학에서 기능주의적 관점이 강조되면서, 국가는 국가가 수행하는 특정 기능에 따라 정의되었다. 예로 국가는 국토보전을 위한 군사력 유지, 국내 안정을 위한 경찰력 유지, 국제관계를 유지하기 위한 외교 전개, 재판 운영과 국민 형성을 위한 교육 서비스 제공 등의 기능을 담당하는 기관(Jacobsen and Lipman, 1956), 국민과 재산의 보호, 갈등의 중재-조정, 국민 결속, 편리 제공, 투자 그리고 관리-행정 등의 역할을 수행하는 기관(Johnston, 1982)으로 정의되기도 했다. 임덕순(1997: 46)은 야콥센(Jacobsen)이 제시한 국가의 5대 기능에 더해 6대 기능으로 국토 보전을 위한 군사력 유지, 국내 안정을 위한 경찰력 유지, 국가 이익을 위한 외교 전개, 재판 운영, 국민 형성을 위한 교육 운영, 자원(화폐 포함) 및 편익의 분포와 배분의 통제를 제시했다. 이러한 국가 개념은 흔히 경제정책이나 국민 복지 제공을 담당하는 정부(중앙 및 지방 정부)의 개념과 동일시된다.

그러나 이와 같이 국가가 제공하는 기능 또는 담당하는 역할로 정의하는 것은 많은 문제점을 가진다. 왜냐하면, 국가의 기능은 시대와 지역에 따라 국가별로 매우 상이하기 때문이다. 특히 오늘날 신자유주의적 국가 정책이 부각되면서, 기존의 국가들이 수행했던 기능들의 대부분은 다른 조직이나 행위자들에 의해 수행되고 있기 때문이다. 예로, 과거에는 군사력 유지와 전쟁 수행과 국가 안보, 감옥과 범죄자의 관리와 같은 국내 치안은 물론이고, 대규모 도로와 항만의 건설이나 교육과 보건과 같은 사회적 서비스의 제공은 국가가 당연히 해야 할 기능으로 인식되었다. 그러나 최근 이러한 기능 가운데 상당 부분은 민간 자본에 의한 사적 활동에 개방되었다.

이처럼 오늘날 국가와 시장(또는 정치와 경제) 그리고 국가와 시민사회(또는 정치와 사회문화) 간 경계가 모호해졌으며, 이들의 기능은 중첩되었다. 하버마스(J. Habermas)에 의하면, 포괄적 의미에서의 사회를 구성하는 이러한 3영역(또는 체계)과 이들의 기능이 중첩된 것은 자본주의의 발전 과정(특히 신자유주의화 과정)에서 물신화된 정치권력과 자본의 힘이 시민사회(또는 생활세계)를 '식민화'하고 있기 때문인 것으로 설명된다(하버마스, 2013). 다른 한편, 자본주의 경제의 신자유주의적 지구화 과정은 기존의 국가가 담당하던 역할이나 기능을 (약화하기보다) 전환한 것으로 이해된다(예: 국가 재정의 축소, 시장지향적 정책, 탈규제 등). 그러나 이러한 상황에도 불구하고, 이들 간의 분석적·규범적 구분은 여전히 중요한 의미를 가진다. 왜냐하면 이러한 구분은 각 영역의 특성과 지향성을 규정하기 때문이다. 즉, 분석적으로 국가의 영역(정치체계)은 시장의 영역(경제체계) 및 시민사회의 영역(사회문화 또는 생활세계)과 구분될 수 있으며,

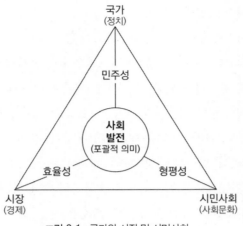

국가
(정치)

민주성

사회
발전
(포괄적 의미)

효율성   형평성

시장   시민사회
(경제)   (사회문화)

그림 2-1. 국가와 시장 및 시민사회

규범적 측면에서 이들 각 영역은 민주성, 효율성, 형평성을 지향하는 것으로 이해될 수 있다. 이러한 이해의 틀은 지속가능한 발전 개념에도 함의되어 있다.

현실적으로 자본주의 경제체제의 발달과 더불어 국가는 시장의 작동에 점점 더 중요한 역할을 하게 되었을 뿐만 아니라 역으로 시장의 기능이 국가의 역할을 상당 부분 대신하거나 또는 서로 중첩되었고, 이에 따라 이러한 관계 속에서 발생하는 문제를 다루기 위해 1980년대 이후 국가의 개념은 새롭게 정의되었다. 예로 존스 등(Jones et al., 2004)은 국가의 형태 및 기능 변화를 조절이론의 관점에서 논의하면서, 국가 정책, 국가 엘리트, 국가 재정 등은 자본 축적 과정과 자본주의적 조절 양식과 밀접하게 관련된다는 점을 강조했다. 특히 정치경제학(특히 마르크스주의나 조절이론 등)에서 도출된 개념이나 사고들이 국가의 개념과 역할 규정에 관한 분석에 대해 중요한 영향을 미치게 되었다. 이에 따라, 국가는 사회를 구성하는 다양한 이해관계 집단들 또는 사회의 엘리트 계층에 의해 구성된다는 이론과 더불어 국가는 자본가들의 이해관계 실현을 위한 도구이거나 또는 개별 자본가들과는 상대적 자율성을 가지면서도 전반적으로 자본가 계급의 이해관계를 실현하기 위한 조직체로 이해되기도 했다(제6장 참조).

다른 한편, 이러한 물리적 실체로서 국가의 개념 정의와는 대조적으로, 국가를 어떤 사물이나 대상이 아니라 이념, 신화, 상징적 구성물로 이해해야 한다는 주장이 제기되었다. 예로 세계체계론적 관점에서 정치지리학을 재구성한 테일러와 플린트(Taylor and Flint, 2018)에 의하면, 세계경제체계는 하나로 통합된 실체이며, 국지성은 인간의 직접적 경험이 이루어지는 장소인 반면, 국가는 이러한 실체와 경험을 분리시키는 이데올로기라고 주장한다. 페인터(Painter, 2006)는 보다 명시적으로 국가를 사회의 다른 부분들과 분리된 실제적 실체로 이해해서는 안 되며, '상상된 집합적 행위자'로 정의해야 한다고 주장한다. 국가를 이렇게 상상된 공동체로 이해하는 것은 국가란 물신화된 영토와 그 속에서 살아가는 국민을 통치하기 위해 특정한 사회공간적 집단에게 정치적 권위를 이데올로기적으로 부여한 것이라고 보기 때문이다. 국가를 실제 존재하는 것이라기보다 어떤 환상 또는 이데올로기적 상상, 상징적 구성물로 이해하는 것은 나름대로 의미가 있다. 왜냐하면 실제 국가란 가시적 실체라기보다 물질적 및 담론적 과정을 통해 일단의 기능들을 수행하는 과정으로 이해할 수 있기 때문이다. 이러한 국가의 기능은 특정한 지배집단의 이해관계를 실현하고 대변하는 수단으로 간주된다.

그러나 국가를 하나의 실체가 아니라 단순한 환상이나 이데올로기로 파악할 경우, 실제 우리 주변에서 이루어지는 국가의 다양한 정치적 활동이나 현상들을 설명하기 어렵게 된다는 반론도 제기된다. 예로 한 국가의 영토에서 다른 국가의 영토로 여행하거나 이주할 경우, 우리는 여러 국면에서 '국가'의 실체를 드러내는 현상들을 경험한다. 우선 국경을 통과하면서 여권에 출입국 도장이 찍힌다. 통과 이후에는 상이한 법을 준수하고, 상이한 화폐를 사용한다. 만약 우리가 해당 국가의 법을 준수하지 않는다면 체포될 것이고, 우리가 해당 국가의 화폐를 사용하지 않는다면 물건을 구입하는 데 어려움을 겪게 될 것이다. 이러한 점에서, "공동의 이데올로기적 및 문화적 구성물로서 국가의 중요성은 실제 국가와 관련된 현상들을 무시하기 위한 것이 아니라 이들을 보다 신중하게 고려하기 위한 것으로 이해되어야 한다"라는 점이 강조될 수 있다(Painter and Jeffrey, 2009: 52).

이상에서 논의한 바와 같이, 국가를 하나의 통합된 개념이나 실체로 정의하기 어렵다는 점에서 제숩(Jessop, 2001)은 모든 국가들을 하나의 통합된 개념으로 규정하는 '강한' 이론과 특정 국가를 분석하기 위해 필요한 일단의 원칙이나 특성으로 이해하는 '약한' 이론을 구분한다. 물론 국가를 후자의 관점에서 규정하는 작업은 기존의 정치지리학에서도 흔히 찾아볼 수 있다. 예로 임덕순(1997: 46~47)은 국가의 정치지리학적 특성으로 다음과 같이 제시했다. 첫째, 국가는 각기 특정한 지리적 환경 또는 지리적 구조 내에서 만들어졌다. 둘째, 국가는 당대의 구체적이고도 특유한 (역사적) 환경 내에서 이루어진 제도이다. 셋째, 국가는 특유의 지리적·사회-경제적·역사적 환경 내에서 일정한 시공간 속에서 인간이 만들어낸 고안물이다.

국가에 관한 이러한 특성 규정은 보다 최근 예로 페인터와 제프리(Painter and Jeffrey, 2009: 22)의 저서에서도 확인된다. 즉, 그들은 "국가를 일단의 제도들과 사회집단들로 구성된 관계들의 복잡한 네트워크이며, 또한 제도적 발달과 역사적 변화 과정의 산물"로 정의하고 근대국가의 지리적 특성으로 5가지 사항을 제시했다.

첫째, 근대국가의 영토는 비교적 정확한 경계로 구분된다. 오늘날에도 여전히 영토 분쟁이 있지만, 이러한 분쟁은 근대국가가 선형 경계로 정의될 수 있다는 원칙을 와해시키기보다는 더욱 명확히 만들고 있다.

둘째, 대부분의 근대국가는 영토를 조직하는 다양한 제도들과 행정체계를 통해 통치하고자 하며, 그 형태는 연방제 국가에서부터 중앙집권적 국가에 이르기까지 다양하다.

셋째, 국가는 영토와 국민을 통치하기 위해 다양한 국가 장치들(예: 정부, 법원, 의회, 군사력 등)을 가지며, 이들은 지리적 입지와 물리적 경관을 이룰 뿐만 아니라 국가 권력이나 통치 이념 등에 관한 다양한 담론을 구성한다.

넷째, 이러한 국가 장치들은 모든 국민들과 영토 전반에 걸쳐 영향력을 행사하면서 국가의 관리 및 통치를 위한 사회공간적 통합의 강도, 즉 '국가 통치 메커니즘과 실행의 공간적 밀도'를 결정한다.

다섯째, 국가는 국민과 영토의 관리 및 통치를 위해 필요한 자료의 수집, 보관 및 활용의 기술(예: 주민등록, 감시 카메라 등)을 고도화하지만, 절대적 통치란 불가능하며 항상 다양한 형태의 저항이 이루어질 수 있는 간극을 내재하고 있다.

이와 같은 근대국가 특성에 관한 규정은 영토에 바탕을 정치지리학적 관점에서 의의가 있지만, 기존의 정치지리학이 강조한 국가 간 관계 및 국내 경제적·사회문화적 발달 과정과 관련시키지 못했다는 점에서 한계가 있다. 따라서 국가의 특성 역시 시대와 지역에 따라 상이할 뿐만 아니라 경제와 시민사회와도 상이하다는 점에서 변화하는 것으로 이해해야 할 것이다.

2) 국가의 구성

전통적으로 국가는 주권, 국민, 영토로 구성된다. 예로 임덕순(1997: 47)은 국가의 주요한 구성 요소로서 국가의 기능을 수행하는 정부, 정부의 결정-집행 능력의 근거가 되는 주권, 국가의 기능이 미치는 공간적 범위로서 영토, 그리고 실효적 혜택을 받아야 할 사람들로서의 국민을 제시했으며, 이에 더해 어떤 철학 또는 이념으로 국민을 주도해 가고 국토를 관리하기 위해 필요한 국가 이념을 포함시켰다. 여기서 정부는 국가의 구성 요소라기보다 국가 기능을 수행하는 행정단위로 이해될 수 있다. 또한 국가 이념은 담론적 관점에서 매우 중요한 요소이지만, 이는 국가의 구성 요소라기보다 국민과 영토에 대한 주권적 통치를 정당화하고 국가를 유지·통합시키기 위한 수단으로 간주될 수 있다.

이러한 국가 구성의 3대 요소로서 주권, 국민, 영토에 관한 규정은 대부분의 국가에서 법적으로 명시된다. 예로 우리나라 헌법의 제1조, 2조, 3조는 이와 같은 국가 구성의 3대 요소인 주권, 국민, 영토를 각각 명시하고 있다. 즉,

제1조: ① 대한민국은 민주공화국이다.

② 대한민국의 주권은 국민에게 있고, 모든 권력은 국민으로부터 나온다.

제2조: ① 대한민국의 국민이 되는 요건은 법률로 정한다.

② 국가는 법률이 정하는 바에 의하여 재외국민을 보호할 의무를 진다.

제3조: 대한민국의 영토는 한반도와 그 부속도서로 한다.

이러한 점에서 국가 구성의 3대 요소로서 주권, 국민, 영토의 개념을 우선 살펴볼 수 있다.

(1) 주권

주권은 국가의 궁극적 권력이며 영토 내에서 물리적 강제를 행사하는 유일한 권리가 있음을 정당화하는 법적 근거이다(Taylor and Flinter, 2018). 근대 세계에서 국가는 정치적 단위체 가운데 최고의 권위, 즉 주권을 가지는 것으로 가정된다. 특히 국가는 그들의 영토 내 거주자들에게 특정한 방법으로 행동하고 어떤 활동은 금지할 수 있는 권리를 가진다고 주장한다. 대부분의 국가에서 보편적으로 인정되고 있는 이러한 국가의 '권리'는 물론 절대적·영구적인 것은 아니다. 카밀러리(J. Camilleri)와 포크(J. Falk)에 의하면, "주권은 국가적 및 국제적 활동에 관한 우리의 이해를 지배하는 사고이다. 이의 역사는 근대국가의 진화와 병행한다. 특히 주권은 국가와 시민사회 간, 정치적 권위와 공동체 간 관계를 반영한다. 주권이 획득되는 방법에 대한 논의가 별로 없지만, 주권은 역사적으로 주어진 사실(fact)이라기보다 정치적 권력이 행사되는 방식에 대한 개념 또는 주장이라고 할 수 있다"(Painter and Jeffrey, 2009: 30에서 재인용).

주권은 단지 선언하는 것이 아니라, 국제적으로 다른 국가들이 인정해야 한다. 예를 들면,

키프로스에서 1974년 그리스계 군부가 쿠데타를 일으키자, 튀르키예는 주민 보호를 명분으로 군사적으로 개입하여 키프로스 북부 지역을 점령하고 1983년 자치정부의 수립을 선포했다. 그 후 북키프로스(Northern Cyprus)는 다른 국가들처럼 정치적 활동을 하고 있다. 그러나 유엔은 튀르키예군의 철수를 요구하면서 1999년 남북 키프로스에 조정 교섭을 시도했지만, 합의되지 못했다. 이로 인해 북키프로스는 튀르키예를 제외하고 국제적으로 승인을 받지 못한 미승인국으로 남아 있다. 때로 한 국가의 주권은 다른 국가(특히 세계적 강대국)에 의해 제한되거나 유보되기도 한다. 예로 미국이 테러와의 전쟁을 명분으로 2003년 3월 영국과 합동으로 이라크를 침공한 후, 2004년 6월 미국이 주도한 '임시연합정부(Coalition Provisional Authority)'가 다시 주권을 양도하기 전까지 이라크의 주권은 일시적으로 유보되었다.

다른 한편, 최근 자본주의 경제의 지구화는 대부분의 국가로 하여금 '국민'경제를 운영하고 통제할 수 있는 힘으로서 국가 주권을 변화시키고 있는 것으로 이해된다. 세계의 거의 모든 국가들이 가입하고 있는 유엔과 다자간 협상의 결과로 효력을 가지게 된 다양한 국제협약 그리고 다국적 기업과 세계은행, 국제통화기금(IMF) 등 국제 금융기관들의 활동, 그리고 이들이 강조하는 자유시장과 자유무역의 담론은 개별 국민국가들이 그동안 그들의 국민과 영토를 보호하기 위해 강구해 왔던 경제적·정치적 정책들에 큰 변화를 초래했다. 그러나 보다 최근 세계금융위기와 국가 간 무역 갈등, 코로나 대유행에 대한 국가의 역할 증대로 다시 국가의 주권이 부각되고 있다.

(2) 국민

국민이란 국가의 영토 안에 거주하며, 일정한 법적 권리와 의무를 가지는 것으로 인정되는 일단의 사람들을 의미한다. 이들 개개인은 전체로서 국민을 구성한다. 즉, 국민은 한 국가의 구성원으로서, 성별이나 연령 등과 무관하게 전체적 또는 이념적 통일체로서의 국민을 의미한다. 특히 좁은 의미에서 근대적 국민의 개념은 국적을 가진 자연인을 지칭하며 주권자로서의 지위를 가진다는 점에서 외국인과는 구분되는 법적 개념이다. 그러나 국민의 개념은 한 국가에 소속감을 가지고, 이에 대한 정체성을 가진다는 점에서 사회문화적 의미이기도 하다. 이러한 점에서 국민은 민족의 개념과 동일시되기도 하고 구분되기도 한다.

민족이란 같은 인종적·지역적 기원을 가지는 역사적 운명 공동체 의식을 가지고 문화적 전통, 특히 언어·종교·생활양식·가치관 등을 공유하는 사회문화적 집단을 뜻한다. 국민이 국가의 구성원이라는 법적 개념인 데 반해, 민족은 혈연과 지연에 바탕을 둔 사회문화적 개

넘이라는 점에서 이들은 구분된다. 그러나 민족의 개념에는 역사적 및 문화적 기준에 따라 하나의 정치적 공동체를 구성하며, 따라서 그들 자신의 주권국가를 가져야 한다고 믿는 일단의 집단이라는 의미가 내포되어 있다. 이러한 점에서 민족(주의)에 근거를 둔 국가 형성의 당위성이 주장되기도 한다. 그러나 국민주권에 근거한 근대적 '국민국가'의 발달은 민족과 국민의 개념을 분리시키고, 법적 의미로서 국민의 개념을 우선하고 있다.

그러나 최근 이러한 국민의 개념은 '나'와 '타자'를 구분해 나의 외부에 있는 타자를 배제해 왔던 서구의 식민지배 권력의 본질에 근거한다고 비판되기도 한다. 즉, 국민의 개념도 민족의 개념과 마찬가지로 불변의 실체가 아니라, 정치적 이데올로기 또는 사회문화적 서사의 산물이라는 점이 강조된다. 이러한 점에서 바바(2011)는『국민과 서사(Nation and Narrative)』에서 국민(또는 국민국가)의 개념은 자기 완결적으로 완전히 폐쇄된 개념이 아니라 내부와 외부의 경계선 위에서 끊임없이 뒤섞이는 불안정하고 열려 있는 개념이라고 주장한다. 이와는 다소 다른 맥락이긴 하지만, 최근 지구화 과정 속에서 부각된 세계시민주의의 관점에 의하면, 배타적 국민국가의 소속감 또는 정체성을 가진 국민의 개념에서 '세계시민성'이 강조될 수 있다(조철기, 2015).

(3) 영토

영토는 그곳에 살아가는 사람들에게 생존과 생활의 터전이 되며, 또한 해당 국가에는 정치-행정체계가 작동하는 공간적 바탕이 된다. 즉, 한 국가의 정치적 활동이나 정부의 행정 업무는 그 국가의 영토 내에서 이루어진다. 또한 국가의 영토는 다양한 자연 자원을 확보하고 이를 통해 경제·정치적 활동들을 조건지우는 외적 환경이 될 뿐 아니라 정치적 공동체의 영역으로서 국민 결속의 상징적 기능 수행자가 된다(임덕순, 1997; 64). 이러한 영토가 가지는 물리적 및 자연환경적 특성들(규모와 형상, 위치, 그리고 지형과 하천, 해양, 상공 등)과 인문환경적 특성들(인종, 언어, 종교 분포 및 경제활동의 수준 등)은 국가의 영토 내에서 이루어진다는 점에서, 영토는 해당 국가의 정치-행정체계가 작동하는 공간적 기초라고 할 수 있다.

또한 한 국가의 영토가 가지는 공간환경적 특성들은 중요한 의미가 있다. 즉, 한 국가가 점유하고 있는 영토는 규모, 형상, 위치 등과 같은 물리적 특성, 그 영토를 구성하고 있는 지형과 하천, 해양, 상공 등과 관련된 자연환경적 특성, 그리고 영토 내에서 살아가는 사람들의 인종, 언어, 종교 등과 영토 내에서 이루어지고 있는 경제적 활동 등을 포함한 인문환경적 특성 등을 가진다. 이러한 영토적 특성들은 국가의 정치적 활동을 직간접적으로 조건지울 뿐만 아니라 가능하게 하는 배경을 이룬다. 그러나 한 국가의 영토는 고정불변의 공간이 아니라 가변적으로 변화한다. 또한 영토는 그곳에 살아가는 국민과 이를 관리·통치하는 국가의 권력과 분리될 수 없다는 점에서 관계론적 관점으로 이해할 필요가 있다. 이러한 점에서 근대적 국민국가의 영토성은 이동성과 고착성 사이의 모순적 경향을 내재하고 있다고 주장되기도 한다(박배균, 2017).

국가를 구성하는 3가지 핵심 요소로서 주권, 국민, 영토에 관한 이러한 개념적 논의는 고정불변이라기보다 가변적이다. 물론 국가의 주권과 이의 주체로서 국민 그리고 주권이 현실적으로 행사되는 지리적 공간으로서 영토는 국가 중심적 국제정치에서 매우 큰 의미를 갖는다. 예로 대부분의 국제분쟁이 영토의 영유권이나 경계 획정과 관련된다는 점은 영토의 개념적·현실적 중요성을 보여준다. 그러나 이러한 주권, 국민, 영토의 개념은 근대국가 제도가 발달한 뒤 형성된 것이며, 그 이전에는 오늘날과 같은 주권이나 국민 개념은 없었을 것이고, 선으로 명확하게 구성된 국경도 없었다고 할 수 있다(김성원, 2018). 이러한 점에서 근대 이전에 제작된 지도에 근거해 오늘날 영토 및 국경 분쟁을 해석하기 위한 근거로 삼는 것은 의미가 없는 것은 아닐지라도 상당히 역설적이라고 할 수 있다.

다른 한편, 지난 몇십 년간 전개된 신자유주의적 지구화 과정에서 국가 차원의 배타적 주권이 약화되는 양상을 보였고, 또한 상품과 자본뿐만 아니라 노동력과 문화, 관광의 이동성 급증으로 국민의 탈영토화와 더불어 국경의 통제와 관리는 크게 완화되었다. 이러한 점에서 부각되고 있는 '포스트영토주의'에 의하면(박배균, 2017) 주권, 국민, 영토의 개념은 불변적이고 고정된 것이 아니라 정치구조의 변화에 따라 변할 수 있는 유동적 개념으로 인식되어야 한다. 물론 현실적으로 전통적 의미의 주권, 국민, 영토의 개념은 여전히 국내외 정치에서 매우 중요한 의미가 있으며, 신자유주의적 지구화 과정에서도 국가적 영토 개념과 관련 정책(전략)들은 여전히 실질적 효과를 가진다(김성주, 2006).

2. 국가의 형성과 발달

1) 국민국가 이전의 국가 형성

인류가 이 지구상에 등장한 것은 백만 년 정도 되지만, 우리가 국가라고 부를 수 있는 정치적 조직체가 등장한 것은 만 년이 채 되지 않는다. 특히 근대 '국민국가(nation-state)'라고 부를 수 있는 정치적 조직체의 형성은 300년 정도의 역사를 가지며, 이러한 근대 국민국가가 지구적으로 보편화된 것은 제2차 세계대전 이후이다. 이처럼 고대국가의 형성에서부터 오늘날 국가로 이어오기까지 국가의 (재)형성은 '사회·정치적 과정'으로 이해될 수 있다. 사회·정치적 과정으로서 국가의 형성을 이해하는 것은 국가를 끊임없이 변화하는 유기체적 산물이며, 시간의 경과에 따라 국가의 개념이 지속적으로 재구성되어 왔음을 강조하기 위함이다(Jessop, 2001). 이러한 국가의 형성 또는 재구성 과정은 부분적으로 이를 위한 의도적 전략의 산물이지만 일부는 다른 비의도적 행위의 결과라고 할 수 있다. 그러나 일단 국가 체계가 안정되고 그 제도들이 실행되면, 국가는 전략적으로 자신을 재구성 또는 전환시키기 위해 노력하게 된다.

국가는 고대사회에서 출현해 현재까지 지속되고 있다. 물론 국가의 발달 과정은 오늘날과 같은 근대적 국가로 선형적으로 이루어진 것이 아니라, 다른 다양한 형태도 많이 있었으며, 때로 비효율적이며 비민주적인 방법으로 전개되기도 했다. 그 기원을 이루는 고대사회에서 국가는 그 이전의 씨족사회, 부족사회, 군장사회 등을 거치면서 출현했지만, 형성 과정을 정확히 서술하기는 쉽지 않다. 고대국가의 형성을 촉진시킨 조건은 여러 가지가 있으며 학자에 따라 이견이 있을 수 있다. 정치지리학자 존스턴(Jonston, 1982)은 고대국가를 포함해 국가 일반의 형성 조건으로 인구압, 잉여 생산, 이데올로기, 전쟁 및 침공, 정복, 기타 요인 등 6가지를 제시했다.

- 인구의 증가에 따라 발생하는 인구압은 식량 및 이의 생산 공간의 확장을 요구한다. 인구압을 해소하기 위해 주어진 영토 내에서 식량 증산을 위한 기술과 경제를 발전시키거나 이것이 여의치 않을 경우 인접 지역을 침공해 합병하거나 식민화하고자 한다.
- 잉여 생산은 보다 유리한 자연환경(지형, 기후, 토양)이나 노동조직의 효율성으로 발생한다. 잉여물의 생산 또는 수탈을 통해 부를 축적한 집단의 구성원은 생산에 종사하는 일반 구성원들로부터 점차 분화되어 지배계급을 형성한다. 잉여물의 생산은 또한 전문가(예: 군대, 성직자, 학자, 정치집단 등)의 분화와 도시의 출현을 가능하게 한다.
- 이데올로기는 특정한 정치적 이념이나 신념으로, 국가 형성을 위한 의식과 담론을 구성한다. 국가 이념은 국민을 결속시키고 고난을 극복하도록 자극하며, 타국과의 전쟁에서 승리할 수 있도록 고무하기도 한다.

- 전쟁과 침공은 고대사회뿐만 아니라 현대사회에도 흔히 나타나는 국가 형성의 주요 과정으로, 국가 간 갈등뿐만 아니라 국내 사정의 악화나 문제의 발생(가능성)을 해소하기 위한 최후의 수단으로 간주된다.
- 정복은 주로 전쟁과 침공을 통해 이루어지지만, 근대국가의 성립 초기만 하더라도 아직 특정 국가에 속하지 않는 땅의 점유 또는 심지어 국가 간 영토 일부의 할양을 통해 이루어지기도 했다. 전쟁이나 정복을 통한 영토의 확장은 새로운 자원과 인구의 확보를 통해 국력을 증진시키지만, 현대사회에서는 명목상 법적으로 제한된다.

고대국가의 형성은 근대 이후의 국가처럼 영토를 바탕으로 한다. 그러나 고대국가의 영토는 전체적으로 일시에 점유된 것이 아니며 또한 점유된 영토 전체가 균등한 영향력으로 통치된 것은 아니었다. 이러한 점에서, 정치지리학자 위틀지는 그가 '중핵지(core area)'라고 명명한 것으로부터 국가가 형성되었다고 주장한다. 중핵지란 다른 지역에 비해 지형, 기후, 자원 등이 국가의 형성에 보다 유리한 곳을 말한다. 이 개념과 관련해, 임덕순(1997: 56)은 국가 형성을 "국가가 그의 중핵지로부터 확대되어 가면서 기존의 독립적인 지방 권력 체제들을 흡수하고 표준화함으로써 하나의 국가적인 체제로 되어가는 과정"이라고 정의한다.

중핵지는 한 국가의 수도일 수도 있고 그렇지 않을 수도 있으며, 한 곳에 고정될 수도 있지만 국가의 발전 과정이나 새로운 형성에 따라 옮겨지기도 한다. 예로 프랑스는 파리지역을 중핵지로, 러시아는 모스크바를 중핵지로 삼아 국가를 형성해 나갔다. 이와는 달리 중국은 황허강 중상류(서안 일대) 지역을 중핵지 삼아 고대국가를 형성했으나, 그 이후 중핵지를 옮겨 가면서 새로운 왕조를 건설했다. 이와 같이 국가는 중핵지를 중심으로 국내외 제반 환경의 조건하에서 국가 영토를 넓혀 나갈 수도 있고, 중핵지를 옮겨 새로운 중핵지를 중심으로 국가를 형성할 수도 있다(이 경우 기존의 중핵지는 역사적 중핵지 또는 본원적 중핵지라고 불린다).

일단 형성된 국가들은 그 이후 일정한 방향으로 동일하게 발전하는 것이 아니라 다양한 형태로 나아가게 된다. 그러나 서구의 대부분 국가들은 시기가 서로 다르고 영토 안정성에서 차이가 있지만, 대체로 '봉건국가'에서 '근대국가'라고 부를 수 있는 형태로 발전해 왔다. 봉건 유럽에서 국가의 규범적 및 법적 틀은 만들어지거나 소유된 것이 아니라 신성하게 주어진 것으로 간주되었지만, 실제 권력은 매우 분산되어 있었다. 왕국은 신적 권리에 의해 통치되었고, 군주는 궁극적인 권위로 인정되었다. 그러나 이들의 권력은 영주들에게는 일정한 영향력을 발휘하지만, 일반인들의 일상적 생활과는 거의 전적으로 분리되어 있었다. 반

그림 2-2. 홉스의 저서 『리바이어던(Leviathan)』(1651) 표지 그림

영토를 살펴보고 있는 거인 군주는 철갑옷을 입고 있는 것처럼 보이지만,
자세히 보면 이 철갑옷은 백성의 작은 얼굴들로 구성되어 있으며, 왕권의 절대성을 묘사하고 있다.

면 지방의 영주들은 그들이 소유하는 영지를 통해 농노들을 지배하는 계층적 지배구조를 형성하고 있었다. 즉, 서구의 봉건국가는 봉건 영주들과 이들이 소유한 영지 및 이에 부속된 농노들 간의 주종관계, 즉 영주제도(또는 농노제도)에 바탕을 두고 영지들 간 질서를 유지하기 위해 느슨한 정치체계로 구성되어 있었다.

2) 근대 국민국가의 등장 배경

'근대국가'란 일정한 영토와 국민에 대해 절대적인 주권을 가지는 정치적 조직체로서 근대 세계의 우선적 정치 단위이며, 이들 간에 국제적 정치체계를 구성하고 있다. 서구 봉건국가에서 근대국가로의 전환은 봉건적 경제체제의 해체와 밀접하게 관계된다. 즉, 봉건제에 근거했던 봉건국가는 상업적 자본주의에 바탕을 둔 도시국가의 등장과 더불어 기존의 봉건제도를 이용해 왕권을 강화하고자 한 절대주의 국가로 전환했다. 부르주아적 도시국가의 등장과 더불어 봉건 영주의 세력이 점차 쇠퇴함에 따라, 국왕은 봉건 영주의 약화된 권리를 장악해 중앙집권적 체제를 구축했다. 이와 같이 16~17세기 유럽은 절대 권력을 장악한 국왕들을 정점으로 한 절대군주제로 전환했다.

유럽에서 절대왕정 등장 초기에는 왕권신수설이 뒷받침했지만, 시민의식이 발달하면서 자연법에 근거한 사회계약설이 일반화되었다. 홉스, 로크, 루소 등이 제안한 사회계약설은 국가가 그 구성원들의 계약으로 성립했다고 주장하면서, 국가와 개인 간의 관계를 설정하고자 한다. 예로 홉스는 국가가 없다면 '만인에 대한 만인의 투쟁' 상태에 빠지게 될 것이기 때문에, 개인의 생명과 재산을 보호하기 위한 제도로 국가에 권력을 양도해야 하며, 국가 권력은 절대적이어야 한다고 주장한다. 반면 로크는 사회계약설을 인정하지만 절대 권력은 부정했다. 즉, 개인이 생명과 재산, 자유 등을 보호받기 위해 권리를 국가에 위탁하지만, 국가가 의무를 다하지 못하면 시민이 그 권력을 바꿀 수 있다고 주장했다. 루소는 개인이 공공의 이익을 전제로 국가의 일반의지에 따를 것을 약속하는 것이 사회계약이라고 주장하고, 일반의지의 표현으로 주권을 강조하면서 직접민주주의를 옹호했다. 이러한 로크와 루소의 사상은 영국의 명예혁명, 미국독립혁명, 프랑스혁명에 많은 영향을 미쳤다.

국민국가(nation-state)라는 용어에서 네이션(nation)은 흔히 민족으로 번역되지만, 국민이라는 의미도 있다. 특히 국민국가라고 번역할 때 '국민'은 한 국가의 구성원을 지칭하지만, 또한 국가 주권의 주체라는 뜻도 있다(제3절 참조). 이러한 개념 설명에 근거해, 우선 근대 국민국가의 역사적 발전 과정을 살펴볼 수 있다. 물론 근대국가의 발달 과정은 한 방향으로 이루어진 것이 아니다. 즉, 근대 이후 국가의 형성은 대체로 오늘날과 같은 근대국가로의 발전을 전제로 하지만, 그 외 다양한 형태들 즉 잔재적 봉건국가, 법왕국가, 도시국가, 영토 없는 국가 단위 등의 형태도 보여주고 있다(임덕순, 1997: 52~53). '잔재적 봉건국가'란 중세의 봉건국가 형태가 시대 변화에 적응해 잔존해 있는 형태로, 리히텐슈타인, 모나코, 산마리노와 같은 공국의 형태나 아랍에미리트 연방과 같은 토후국을 포함한다. 법왕국가는 로마에 위치한 바티칸과 같이 가톨릭 교황과 같이 특정 종교의 대표가 지배하는 국가를 말한다. 도시국가는 하나의 도시로 구성된 아테네, 스파르타와 같은 고대 도시국가나 베니스, 제노아 등과 같은 중세 말기의 도시국가, 그리고 오늘날 싱가포르와 같은 국가가 이에 해당된다.

3) 국민국가로의 전환과 확산

절대왕정에서 근대 국민국가로의 전환에 가장 앞장선 나라는 영국이었다. 영국에서는 15세기말 튜더 왕조라는 절대왕정이 성립했고, 종교개혁(헨리 8세)을 단행한 이후 16세기 후반(엘리자베스 여왕)에 전성기를 누렸다. 이러한 정치적 과정과 더불어 영국에서는 봉건적 장원제도가 붕괴되면서 근대적 산업체계로 전환했다. 또한 영국은 1588년 스페인의 무적함대를 격파함으로써 해외 진출을 도모하면서 세계경제체계의 구축을 선도했다. 그러나 17세기 초에 들어선 스튜어트 왕조는 전제 정치를 강화하면서 의회의 승인 없이 세금을 징수하고, 종교적으로 국교회를 우선하면서 청교도를 압박했다. 이로 인해 왕당파와 의회파 간 갈등으

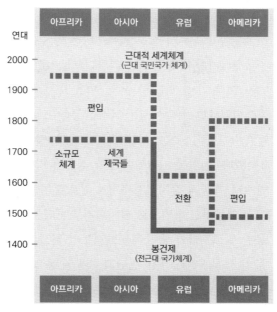

그림 2-3. 근대 세계체계(또는 근대 국민국가 체계)로의 시·공간적 편입

자료: Terlouw(1992: 56); Flint and Taylor(2011, 6th ed.) 재인용.

로 청교도혁명과 명예혁명이 있었고, 그 결과로 입헌의회 정치의 전통이 구축되면서 근대 국민국가 체계의 형성을 완성하게 되었다. 영국에서 전개된 이러한 정치적 과정은 그 이후 유럽뿐 아니라 아메리카, 아시아, 아프리카 대륙들로 근대 국민국가 체계의 형성과 확산에 지대한 영향을 미쳤다. 또한 이러한 근대 국민국가 체계의 형성과 발전은 세계체계론적 관점에서 보면 근대적 세계체계의 구축 및 편입 과정으로 이해될 수 있다.

영국의 정치적 전환은 우선 북아메리카의 영국 식민지에 영향을 미침에 따라, 18세기 미국은 독립혁명을 통해 민주공화국으로 국가를 형성하고 발달하기 시작했다. 프랑스에서는 시민혁명이 일어나 구체제가 무너지고 공화정이 수립되었다. 1789년 프랑스혁명 당시 발표된 인권선언과 뒤이은 헌법 제정을 통해 국민 통합의 이데올로기로서 국민의 개념이 등장했다. 그러나 프랑스의 공화정은 나폴레옹의 쿠데타로 무너졌고, 권력을 장악한 나폴레옹은 황제에 즉위한 후 유럽 정복에 나섰으나 러시아원정에 실패하면서 몰락했다. 이처럼 17~18세기 영국, 미국, 프랑스 등에서는 시민혁명을 통해 구질서가 무너지고 시민계급을 중심으로 한 근대 국민국가가 형성되기 시작했다. 서구 국가들에서 절대왕정의 해체와 의회제 정부로의 전환에 기반을 둔 근대 국민국가의 등장은 오늘날 국민주권에 근거한 민주주의 정치체제의 발달로 이어지고 있다.

물론 오늘날 서구 선진국들이라고 해서 모두 일찍부터 국민국가를 형성한 것은 아니다. 예로 독일 지역에서 근대 국민국가가 탄생한 것은 역사적으로 1871년 독일제국의 성립에서 찾을 수 있으며, 이는 프랑스보다 약 100년 뒤늦은 것이다. 또한 프랑스에서는 시민혁명을 통해 근대 국민 국가가 형성되었다면, 독일에서는 전쟁을 통해 프로이센이라는 국가를 중심으로 통일 국가가 형성되었다(장명학, 2011). 이탈리아, 스페인, 러시아 등도 통일된 국민국가의 형성이 상대적으로 늦었다. 여기서 지적되어야 할 점은 국민국가의 형성과 발달 과정은 보편적으로 효율적·민주적·계몽적 정치행정체계의 경로로 나아가는 것이 아니라, 때로 비효율적이고 독재적이고 비계몽적인 방법으로 전개되기도 했다는 점이다. 이러한 점은 예로 독일의 경우 전쟁을 통한 위로부터의 통일 과정에서부터 전쟁과 패전, 실패한 공화국의 경험과 독재, 제1차 및 제2차 세계대전과 패전, 분단과 재통일 등으로 이어지는 발달 과정을 경험했다.

다른 한편, 제1차 및 제2차 세계대전 이후 제3세계 국가들도 서구 국가들과는 다른 경로로 국민국가로 전환하게 되었다. 서구의 국민국가들은 서로 다른 계기에 따라 형성되었다고 할지라도 기본적으로 침략민족주의에 발판을 두고 제국주의로 발달했다면, 제3세계 국가들은 대부분 이러한 서구 제국주의 식민지로부터 해방을 추구하는 저항민족주의에 의해 추동되었다. 라틴아메리카의 일부 국가들(예: 멕시코, 칠레, 베네수엘라, 콜롬비아, 아르헨티나 등)은 이미 200여 년 전에 스페인으로부터 독립해 개별 국가를 형성했고 각 지역의 지정학적 요소에 따라 다소 차이는 있지만 대부분 19세기 중반 국민국가로 나아갔다. 그러나 이 국가들은 독립된 정치 형태를 확보했지만 국민국가로서 필요한 구성원들의 귀속감(또는 정체성)은 낮았기 때문에, 식민 이전의 원주민 이미지가 차용되거나 또는 크리오요(Criollo: 유럽인의 후손으로 식민지에서 태어난 사람)의 영웅담이 강조되기도 했다(이성훈, 2008).

아시아에서 근대 국민국가의 건설운동은 다양한 배경과 과정을 통해 전개되었다. 중국(청)은 19세기 서구 열강들과 무역 과정에서 발생한 아편전쟁을 겪었으며, 철도와 광산, 전신 등의 이권을 빼앗겼고 영토의 일부가 분할되었을 뿐만 아니라 중국의 전통 관습이 무시되면서 외세에 대해 반감을 품게 되었으며, 이들에 반대하는 의화단사건 등이 있었다. 의화단사건이 실패로 끝나고 열강의 영향력이 더욱 커지는 한편, 청 정부가 보수적 개혁을 추진할 무렵 삼민주의를 내세운 쑨원을 중심으로 청을 타도하자는 혁명사상(신해혁명)이 확산되어 1912년 민주공화국을 표방한 중화민국이 수립되었다. 일본은 19세기 후반 개항 과정에서 서

자료 2-1:

한국의 국민국가 개념의 형성

우리나라에서 전통적으로 특정 영토와 국민 그리고 주권(통치권)을 기반으로 정치공동체를 지칭하는 용어로 '나라'라는 개념이 있었고, 이에 해당하는 한자어로 '국(國)'이 있었다. 그러나 한국의 전통적 국가 관념은 왕조국가에 근거를 두었고, 서구적 관점에서 안과 밖이 엄격히 구분되는 국가 개념은 19세기 중후반 서양의 근대국가 개념이 도입되면서 시작되었다. 특히 1880년대 이후 개화파에 의해 서양의 주권국가 또는 국민국가 개념이 수용되었으며, 20세기 초반 국가유기체설 등 독일 국가학의 영향으로 실체적 국가 개념이 추가되었다(김성배, 2012). 그러나 이러한 근대국가의 개념 인식은 국가 형성의 실제 과정과 조응하지 못했다.

한국의 근대국가 개념은 서구처럼 주권체로서 근대 국민의 창출을 전제로 한 것이 아니라 외세의 충격을 잇달아 겪으면서 일단 '국가'라는 용어부터 도입하는 비정상적 과정을 거쳤다고 할 수 있다(김동택, 2009). 일제 강점기 초기에 국가를 지칭하는 말로 '국가' 및 '제국'이라는 용어가 많이 사용되었지만, 한국인들에게는 '근대 (국민)국가'에 해당하는 국가는 없었다고 할 수 있다. 이뿐만 아니라 영토가 강점되고, 주권을 박탈당한 한민족에게 '국민'이라는 혼란스러운 허상적 개념이었다. 일제에 의해 강요된 '(일본) 국민'은 주권과 영토가 없는 일제의 '신민'을 의미할 뿐이었다. 한반도를 영토적으로 통합한 일제가 한민족에 대한 식민통치를 위해 '(일본)국가' 정체성을 폭력적으로 강요했기 때문이다.

그림 2-4. 1919년 성립된 임시정부

3·1운동은 일제 강점기에 한국의 독립을 요구한 반제국주의적 민족주의 운동이면서 또한 국민주권의 주체가 되고자 하는 반봉건주의적 민주주의 운동이라고 할 수 있다. 3·1운동은 한국의 근대 국민국가 형성 과정에서 과거의 단절을 의미하는 정치적·사회적 혁명의 의미를 함축하고 있다고 할 수 있다. 급진적 단절로서 3·1운동은 근대국가 형성 과정에서 권력이 특정한 지배계급으로부터 국가를 구성하는 국민들로 전유되는 과정, 즉 국민의 형성, 나아가 국민국가의 형성을 의미한다(한승연, 2010). 3·1운동은 한국인이 근대 국민국가의 국민으로 태어날 수 있는 새로운 시공간의 가능성을 열었으며, 그 가능성이 현실화된 것이 바로 대한민국 임시정부의 수립이다.

1919년 4월 11일 상하이에 설립된 대한민국 임시정부는 당시 한반도의 13도 대표회의를 통해 결성된 한성 임시정부의 법통을 계승하면서도 해외 각지에 설립되었던 임시정부들을 통합해 9월 11일 대한민국 단일 임시정부로 출범했다(유준기, 2009). 임시정부의 수립일이 4월 11일인지, 또는 9월 11일인지는 논란의 여지가 있지만, 분명한 점은 이러한 대한민국 임시정부가 완전한 근대국가를 구축한 것은 아니라고 할지라도, 국민국가의 개념을 구현하고자 한 시도이며 과정이라는 점이다. 임시정부는 해방된 이후에도 일정한 활동을 하다가 1948년 대한민국의 정부 수립에 따라 해체되었다.

　　대한민국 임시정부가 한국 국가 형성의 역사에서 근대국가의 정부로 인정되느냐 또는 독립운동 단체의 하나로 규정되느냐에 대한 논란이 있었다. 그러나 임시정부는 1919년 4월 발표한 임시헌장을 바탕으로 1919년 9월 임시헌법 개정을 통해 일본 제국주의로부터의 독립을 쟁취할 의지를 표명할 뿐만 아니라 대한민국의 주권이 국민에게 있음을 천명함으로써 근대 국민국가로서 한국 국가의 탄생을 공식적으로 천명한 것임은 분명하다고 하겠다.

구 열강에 굴복한 에도막부를 타도하고 천황 중심의 신정부인 메이지 정부가 수립되었다. 메이지 정부는 서구 근대국가를 모델로 이른바 '메이지 유신'을 통해 부국강병을 위한 개혁 정책을 실시하면서 근대화를 촉진했다.

　　동남아시아에서는 시기별·지역별로 다르다 해도 오랜 왕조를 구축해 왔지만 대부분 국가들이 서구의 식민지가 되었고, 19세기 말에서 20세기 초반 반식민 저항운동이 활성화되면서 근대적 민족주의가 작동했다. 다인종, 다언어, 다종교 등으로 분화된 인도이지만 영국의 식민지배에 저항하는 인도 민족운동이 간디와 네루 등에 의해 주도되면서 근대적 국민국가 건설로 이어졌다. 호찌민의 지도하에 베트남, 수카르노를 중심으로 한 인도네시아 등에서도 20세기 전반 민족주의 운동이 일어났다. 동남아시아의 민족주의 운동은 대부분 종교(불교, 이슬람, 유교, 힌두교 등)에 호소해 민중의 결합과 지지를 동원하고자 했다. 이러한 반식민 민족주의 운동을 통해 근대적 의미의 국민적 정체성이 형성되었고 제2차 세계대전 직후 대부분 정치적으로 독립된 국민국가를 구성하게 되었다.

　　아프리카에서는 제2차 세계대전 이전 독립국이 3개국(백인의 지배하에 있었던 남아프리카공화국, 에티오피아, 라이베리아)에 불과했으나 2024년 현재 총 55개국(유엔 회원국 54개국)과 9개의 속령이 있다. 아프리카 전역에 산재한 수천 개의 부족(종족과 정체성)들이 서구 열강의 점령과 통치하에서 50여 개의 국가가 된 것이다. 이로 인해 제2차 세계대전 이후 많은 국가들이 독립했지만 식민지배하에서 구축된 국경을 이어받아 유럽적 국민국가와는 상당히 다른 다부족사회를 구성하고 있다. 1960년대 초반 독립한 대부분 국가들은 국경의 범위 내 국민을 구성하는 여러 부족들 간 통합을 이루기 위해 노력했으나, 부족(그리고 이에 기반한 정당이나 세력) 간 갈등과 배타적 권력 행사로 내전이 빈번하게 발생했다.

그림 2-5. 구소련의 해체로 형성된 독립국가들

    구소련의 붕괴와 이에 따라 분리·독립된 국가들은 보다 최근 탄생한 국민국가들이다. 1980년 중반 이후 구소련이 개혁·개방을 추진하고, 동유럽 국가들에서도 민주화 운동이 전개되면서, 소련 내 각 공화국들도 민주주의와 더 많은 자치권을 요구하게 되었다. 결국 1991년 말 발트3국(에스토니아, 라트비아, 리투아니아)을 제외한 12개 독립공화국이 독립국가연합(CIS)을 형성함에 따라 소련은 정식으로 해체되었다. 이에 따라 독립한 국가는 15개국으로, 이들은 구소련연방으로 통합되기 이전 각기 다른 역사를 형성해 왔고, 또한 공용어로 러시아어를 사용하지만, 모두 각기 다른 고유 언어를 사용하고 있다. 이러한 점에서 구소련에서 분리된 신생 국가들은 국가성과 국민의 정체성을 회복하고 새롭게 정립하기 위해 노력하고 있다(우준모, 2011; 정경택, 2011 등).

    이처럼 역사지리적으로 지구상의 대부분 민족들은 국민국가를 형성했지만 아직도 '국가 없는 민족' 또는 '영토 없는 정치 단위'로 남아 있는 민족들이 있다. 이들은 국가를 이룰 수 있는 정치체계를 갖추지 못했거나, 불완전한 정치기구를 갖추고 상당한 인구를 구성하고 있지만 국가 형성의 주요 요소인 영토를 갖지 못한 경우를 말한다. 유대민족은 1945년 이스라엘을 건국하기 전까지 국가 없는 민족이었다. 그러나 이스라엘의 건국으로 인해 밀려난 팔레스타인(자치정부)은 2012년 말 유엔의 옵서버 국가로 인정되었지만 아직 이스라엘과 심각한 전쟁 상태에 있다. 그 외에도 세계적으로 여전히 독립을 승인받지 못한 국가들이 많고, 국경이 불확정된 상태로 남아 있는 지역도 많이 있다.

    대표적인 사례로, 약 3000만 명의 인구를 가진 쿠르드족은 대부분 수니파 무슬림인으로 중동에서 네 번째로 많은 민족이며, 고유 정서, 문화, 언어를 가졌음에도 단 한 번도 자체 국가를 세우지 못했다. 이들은 아리안계 단일 민족으로 튀르키예 남동부와 시리아 북동부, 이라크 북부, 이란 남서부 등지에 흩어져 살고 있다. 제1차 세계대전 당시 독립국 보장을 약속받고 서방 국가들과 함께 싸웠지만, 조약의 파기로 독립하지 못했다. 그 이후 최근까지도 독립을 위해 많은 희생을 치렀지만, 아직 독립된 국가를 건설하지 못한 채 거주지역의 국가들과 갈등을 겪고 있다(김성례, 2021). 그 외에도 중국의 티베트족이나 위구르족 등은 중국으로부터 분리 독립을 위해 노력하고 있으며(이민자, 2009), 영국의 스코틀랜드인, 스페인의 카탈루냐인 등은 기존의 국민국가 내에서 분리 독립을 요구하는 운동을 전개하고 있다.

3. 민족주의와 국가의 영토 결속

1) 민족과 민족주의

근대국가의 형성에서 중요한 의미를 가지는 개념은 국민/민족과 민족주의이다. 영어 단어 nation은 한 국가를 구성하는 인구를 지칭하는 국민의 의미 또는 혈연적이거나 역사적으로 공동체 의식을 가지는 민족을 의미한다. 국민국가는 이러한 국민/민족(공동체)과 국가(영토)라는 2가지 개념이 연계되어 형성된 용어이다. nation이 민족이라는 의미를 가질 경우, 이는 공유된 역사, 언어, 종교 여타 문화적 실천이나 특정 장소에 대한 연계 등에 기반을 두고 함께 연결되어 있다는 믿음을 가진 사람들의 집단으로 이해된다. 이러한 민족의 개념과 부분적으로 중첩되는 개념인 국민은 역사적 영토성, 공동의 신화와 역사적 기억, 대중적 공적 문화, 공통의 경제, 모든 구성원들을 위한 법적 권리와 의무를 공유하는 인구 집단을 의미한다(Jones et al., 2004: 83). 국가는 보통 경계 내에 살고 있는 사람들, 즉 국민을 보호하고 영토를 보전하기 위해 권력을 행사할 수 있는 법적·정치적 실체라고 정의할 수 있다. 이러한 국민국가의 형성에서 주요한 역할을 담당한 민족주의는 동일한 민족이라는 공동체 의식을 이념화한 것으로, 국가의 형성 그 자체뿐만 아니라 국가의 유지를 위해 필요한 국민들 간의 결속이나 영토적 통합에 매우 중요한 역할을 담당한다.

이와 같은 민족 및 민족주의 개념의 정의는 이들이 어떤 본질적 성질을 가진다는 점을 전제로 한다. 즉, 민족/국민에 대한 본질주의적 이해는 국민이 항상 존재하며 변하지 않는 어떤 중심이나 영토를 가지고 있다는 점을 전제로 한다. 전통적 정치지리학에서 민족의 개념은 주로 이러한 본질주의적 견해에 근거한다. 예로 하트숀은 민족을 "특정한 가치의 공통적 수용이라는 점에서 자신들이 함께 결합되어 있다고 느끼면서 특정 지역을 점하고 있는 사람들의 집단으로 규정"했으며, 이와 유사하게 제임스(James)는 민족을 "같은 전통을 가지고 같이 결연되어 있다는 의식을 가진 사람들의 단체"로 규정한다(임덕순, 1997: 215 재인용). 이러한 규정의 연장선상에서 임덕순(1997: 47, 215)은 민족(nation)이란 "동일한 언어, 역사적 경험, 습관, 전통, 전설, 조상을 갖고 있으면서, 어떤 결연 의식 내지 결속 의식을 갖고 있는 사람들의 집단"이라고 규정한다. 동일한 언어, 습관, 신화, 전설, 조상을 가진다는 사실은 해당 민족을 구성하는 사람들의 의식, 사고, 가치관, 행동 등을 하나의 공동체로 묶는 힘을 가지는 것으로 이해된다.

특히 과거의 물질적 및 문화적 유산을 공유할 뿐만 아니라 고통스러운 역사적 경험을 공동으로 체험한 사람들과 그 후손들은 서로 강한 유대감이나 일체감으로서 '민족의식'(또는 민족 감정, 민족정신)을 가지면서, 미래에 대한 공동의 전망을 실현하기 위해 힘을 합치게 된다. 민족의식은 이러한 내적 결속력과 더불어 외적 배타성에 바탕을 두고 집단의 독립성과 자율성을 확보하고자 한다. 즉, 민족 감정은 내적 결속과 국민 통합을 강화시키지만, 다른 민족에 대해 원천적으로 배타적이라고 할 수 있다. 한 민족이 한 국가를 이루고 있을 때, 즉 자기 민족으로 자기 국가를 형성하고 있을 때, 국가를 민족국가(nation-state)라고 한다. 이러한 민족국가의 개념은 '국민국가'의 의미와 많은 부분이 겹치며 영어 단어도 동일하다. 그러나 국민국가라는 개념에서 국민은 주권의 주체로서 국민을 의미하며 왕이나 귀족 또는 관료들과 대립적 관계를 가지는 반면, 민족국가라는 개념에서 민족은 외적 배타성을 강조해 독립적·자율적 정치체제를 구성할 수 있는 정치사회적 단위를 의미한다.

하나의 민족이 독립된 국가를 구성해 발전시켜 나가고자 하는 욕망 또는 이념은 민족주의(nationalism)라고 일컬어진다. 민족주의란 현실적 또는 잠재적 '민족'을 구성한다고 믿는 사람들이 자율성, 통일성, 정체성을 가지는 국가를 형성·유지하려는 이데올로기 또는 이에 기반한 운동을 의미한다. 민족주의는 흔히 민족 단위와 국가 단위가 일치해야 한다는 이념으로 간주되며, 국민국가와 민족국가는 동일한 의미를 가지고 혼용되기도 한다. 이와 같이 국가 형성과 관련된 민족주의는 국가 전 민족주의, 국가 후 민족주의, 제3세계 민족주의, 범민족주의, 공동체 갈등 민족주의, 전체주의적 민족주의 등으로 다양하게 구분된다. 이 가운데 국가 형성에 지대한 영향을 미치는 유형은 국가 전 민족주의 및 제3세계 민족주의이다.

민족주의에 바탕을 두고 국가가 형성되는 과정, 즉 이른바 민족주의 운동의 4단계는 민족주의 운동의 형성 → 민족주의 운동의 승리 → 독립국가 조직 → 국가 내 다양한 관계의 안정화로 구분될 수 있다(임덕순, 1997: 216).

이와 같은 민족과 민족주의에 대한 본질주의적 견해와는 달리 민족을 사회적으로 구성된 집단으로 이해하고, 국민국가의 형성과 관련된 민족주의는 '상상'을 통해 국가라는 정치적 공동체를 구성하는 과정에서 핵심적 역할을 했다는 점이 강조된다. 이러한 점에서 국민국가는 '상상의 공동체'로 불리기도 한다(앤더슨, 2018). 여기서 상상은 국경이라는 영토적 경계에 대한 공간적 상상, 국민이 모두 가족의 확대라는 혈연적 연대에 대한 상상, 이러한 공동체가 오랜 역사를 통해 형성되었고 앞으로도 영속될 것이라는 시간적 영속성에 대한 상상 등을 의미한다. 이러한 상상의 공동체를 결집시키는 정치적 구성체로서 국가는 국민주권이라는 정치철학적 개념에 기반한 국민국가가 된다. 근대적 정치체로서 국민국가의 영속성은 주권자인 민족/국민의 영속성을 통해 보장되며, 민족주의는 공동체 구성원의 연대를 위한 이데올로기로 작동한다(Gilmartin, 2009).

그러나 이러한 민족이 '상상의 공동체'라는 주장은 비판을 받기도 한다. 예로 상상의 공동체론은 사회사적 인과관계 분석부터 잘못된 것이라고 지적하며, 민족주의가 먼저 형성되어 그 결과로 민족이 출현한 것이 아니라, 먼저 민족이 형성되고 그다음에 민족주의가 출현했다고 주장되기도 한다. 이러한 주장에 따르면 민족은 인간이 동일한 언어, 지역, 문화, 혈연, 정치, 경제생활, 역사, 민족의식을 공동으로 해 오랜 기간 사회생활 과정을 통해 공고하게 결합해서 형성된 구체적 실재의 인간 공동체라는 점이 강조된다(신용하, 2006). 이러한 주장은 민족과 민족주의에 대한 본질주의적 견해를 다시 옹호하는 것으로, 결국 근대국가의 성격을 둘러싼 논쟁들에 대한 어떤 합의점이 도출되기보다는 기존의 두 가지 입장, 즉 상상의 민족과 실재의 민족을 상호배타적 관점에서 유지하는 것이라고 할 수 있다.

이러한 논쟁을 어느 정도 봉합한 견해로, 국민국가를 어떤 '이념형'으로 이해할 수 있다. 즉, 이념형적으로 국민국가는 민족의 경계와 국가의 경계가 일치해 한 민족의 모든 구성원들이 동일한 국가의 구성원이 됨을 의미한다. 그러나 실제 이러한 국민국가의 달성은 거의 불가능하다. 현실적으로 한 국가는 다양한 민족으로 구성되거나, 한 민족이 여러 국가에 흩어져 살아가기도 한다. 따라서 민족의 구성원과 한 국가를 구성하는 국민은 서로 다르게 된다. 이러한 점에서 내셔널리즘은 흔히 민족주의로 번역되지만 또한 국민주의로 번역되기도 하고, 이를 구분하기 위해 종족적(ethnic) 국민주의와 시민적(civic) 국민주의라는 다른 용어가 사용되기도 한다. 전자의 개념은 민족주의에서도 특히 혈연에 중점을 둔다면, 후자는 문화적·정치적 제도들에 초점을 맞춘다. 또한 내셔널리즘은 민족 또는 국민을 우선하기보다는 이들의 구성체로서 국가를 강조하는 경우 국가주의로 번역되기도 한다.

이와 같은 민족/국민, 민족주의/국가주의 개념의 이중성, 그리고 실제 국민국가의 형성이 어떤 불변의 본질적 요소들을 가지는지의 문제는 최근 세계화 과정에서 국민국가의 성격 변화를 통해 살펴볼 수 있다. 1990년대 구소련의 붕괴와 냉전의 종식과 더불어 자본주의 경제의 세계화 과정에서 국가의 역할이 축소되면서, 세계적 자유시장 통합을 추구하는 신자유주의의 등장과 함께 민족주의 개념이 사라질 것으로 예상되었다. 초국적 생산체계와 자본 및 노동력의 세계적 이동 등으로 인해 국민국가의 경계가 완화되고, 국민국가의 위상도 축소되며, 심지어 국가의 종말이 예언되기도 했다. 그러나 신자유주의화 과정에서 국가는 시장 메커니즘의 복원을 명분으로 오히려 더 많은 역할을 했다. 또한 2001년 미국에서 발생했던 9·11사건 이후 부시 행정부가 추진했던 테러와의 전쟁을 위한 애국법의 제정이나 2008년 글로벌 금융위기 이후 최근에 이르기까지 자유시장 메커니즘에 대한 국가의 개입 확대는 신자유주의의 퇴조 조짐을 보였고, 최근 트럼프 행정부뿐 아니라 바이든 행정부의 미국 우선주의는 국가가 다시 전면에 등장하도록 만들었다. 물론 이러한 국가의 복귀에 작동한 이념은 전통적 의미의 민족주의라기보다는 국가주의라고 할 수 있을 것이다.

우리나라에서도 민족주의는 국가 형성과 발전 과정에서부터 최근에 이르기까지 그 역할과 위상에 있어 주요한 변화를 보이고 있다. 한국 사회에서 민족과 민족주의는 식민지 지배에 대한 저항운동 과정에서 형성되었고, 해방과 더불어 보수적 민족주의를 강조하면서 개인의 자유에 대해 상대적으로 소홀히 하는 지배체제를 구축했다. 1960년대 이후 권위주의 독재정권하에서 민족의 개념은 지배를 정당화하기 위한 수단(특히 반공주의적 민족/국민 강조)으로 작동하거나 경제성장의 주체(즉, 경제적 민족주의)로서 의미가 있다. 그러나 1980년대 후반 민주화운동과 더불어 세계 냉전체제의 해체와 신자유주의적 세계화 과정으로 인해 민족과 민족주의에 대한 관심이 점차 축소되었고, 심지어 민족에 대한 개념은 개인의 자유를 억압하거나 또는 분단체제하에서 북한을 한민족으로 포용 또는 배제하고자 하는 이념으로 간주되기도 했다. 이러한 탈민족주의 현상은 신자유주의의 영향과 함께 과거 역사에 대한 반작용이라고 볼 수 있다. 또한 외국인 이주자들의 급속한 유입으로 단일민족 의식보다 다문화주의가 점차 강조되고 있지만, 다른 한편 한국문화를 세계화하고자 하는 한류 열풍 등은 또 다른 민족주의에 근거한 것이라고 할 수 있다.

베스트팔렌조약과 근대 국민국가의 형성 배경

　서구의 절대주의 국가에서 중요한 점은 국가의 형성이 국가 간 관계의 체계화와 국제정치의 발달을 전제로 했다는 점이다. 즉, 근대국가의 주권은 봉건국가들과는 달리 어떤 절대적 힘에 의해 주어지는 것이 아니라, 국가들 간 상호 인정의 체계를 통한 합의에 바탕을 두었다. 한 국가의 국왕은 다른 국가의 국왕들의 주권을 인정함으로써 자신의 주권도 인정받고자 했다는 점에서 국가 간 관계의 구축은 필수적이었다.

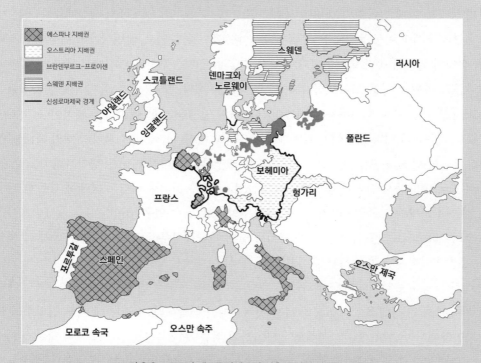

그림 2-6. 1648년 베스트팔렌조약 이후 유럽의 간단한 지도

　특히 이러한 상호 인정의 주요한 계기들 가운데 하나는 1648년 30년 전쟁(신성로마제국에서 개신교와 로마 가톨릭 간의 대립으로 발생)을 종결지었던 베스트팔렌조약이다. 이 조약은 제국이 아니라 개별 영토 국가들이 다른 국가들과의 외교적 관계를 수행할 수 있는 권리를 가지고, 궁극적으로 국가들은 그들의 경계 내에서 주권을 가진다는 점을 합의함으로써, 근대 국민국가의 기반을 만들었다. 이 조약은 포르투갈 및 네덜란드의 독립을 포함해 유럽 국가들의 경계를 인정했으며, 또한 발칸반도로 오스만 튀르크의 진출을 인정했다.

　베스트팔렌조약에 근거를 둔 이러한 국가 간 체계의 발달은 근대국가의 영토적 행정을 위한 강력한 내적 체계의 발달을 전제 조건으로 했고, 이에 따라 근대국가들은 일정하게 경계 지어진 영토를 통치하기 위해 (외적 강제가 아니라 보다 규범적인 내적 상황 속에서) 필요한 정치적 장치와 복잡한 행정적 실무를 발전시킬 수 있었다. 특히 절대주의 국가들 간의 전쟁은 이를 치르기 위한 국가의 내적 통치력 강화와 더불어 엄청난 자원을 필요로 했다. 전쟁은 생산에 종사하지 않는 대규모 군대의 유지를 요구했고, 이에 부응하기 위해 국민들에게 조세를 부과할 수 있는 체계 구축이 필요했다.

절대 권력을 장악한 국왕과 지배 귀족들은 이러한 체계 구축과 유지를 위해 강제를 하기도 했지만, 때로는 다른 사회집단(특히 신흥부르주아 집단)과 전략적으로 제휴하고 타협했다. 즉, 절대주의 국가에서 국왕은 국가 간 관계에서 주권을 행사하고 전쟁을 치르기 위해 대규모 관료 조직과 상비군이 필요했으며, 이를 위해 봉건제로부터 물려받은 토지 자산의 소유와 더불어 신흥 시민계급의 경제적 부에도 의존했다. 이 과정에서 신흥 시민계급은 국왕과의 타협뿐만 아니라 2가지 유형의 혁명, 즉 시민혁명과 산업혁명을 통해 근대 국민국가를 형성했다.

2) 국가의 영토 안정과 결속

영토는 특정 정치적 집단이나 실체에 의해 주장되거나 이들과 관련된 지표면의 일부라고 할 수 있다. 영토의 개념은 고대국가에서부터 있었지만, 근대적 의미의 영토, 즉 한 국가의 주권이 미치는 경계 내의 토지라는 공식적 의미는 베스트팔렌조약 이후라고 할 수 있다. 즉, 영토는 국제법에 근거해 주권이 미치는 공간적 한계를 의미하며, 여기에는 단지 땅만 아니라 바다와 공중도 포함된다. 이러한 영토는 외적으로 국가 간 갈등이나 침략에 의해, 국가 내적으로는 사회적 불안이나 내전으로 인해 불안정한 상황에 처할 수 있다. 역사적으로 보면 베스트팔렌조약 이후 국가의 영토적 안정은 내적으로 꾸준히 향상되어 왔으나, 외적으로는 국가 간 영토 경쟁과 갈등, 나아가 크고 작은 여러 국지적 또는 세계적 전쟁으로 인해 매우 불규칙하게 변동해 왔다.

특히 유럽에서는 베스트팔렌조약 체결 후 약 100년 동안 각국의 영토 관리는 상당히 안정적·효율적으로 이루어졌지만, 1740년 프러시아(프로이센)의 오스트리아 슐레지엔 지역 침공으로 시작된 오스트리아 왕위계승전쟁과 그 이후 7년전쟁 등에서부터 나폴레옹전쟁에 이르는 시기는 유럽의 거의 모든 열강들이 참여해 유럽뿐만 아니라 인도, 북아메리카에까지 이르는 세계대전 규모의 큰 전쟁으로 국경과 영토의 큰 변화가 있었다. 나폴레옹전쟁의 전후 처리를 위해 1815년 열린 빈 회의에서 빈체제가 성립해 약 30년은 다소 평온했으나 이러한 빈체제에 대한 전 유럽적 반항과 자유주의운동은 프랑스 2월 혁명을 포함하여 유럽 전역

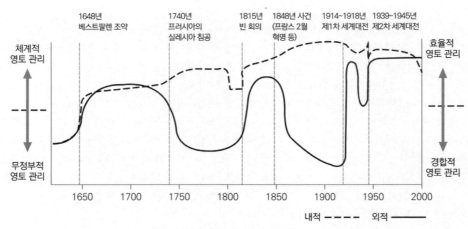

그림 2-7. 서구 국가의 영토 안정성의 변화

자료: Murphy(1996); Jones et al.(2004: 29) 재인용.

에 1848년 혁명 또는 이른바 '국민국가들의 봄(spring of nations)'을 초래해 독일, 이탈리아 등의 통일 또는 독립운동을 촉진했고, 이로 인해 유럽에서 영토의 외적 안정성은 크게 약화되었다. 또한 오스만제국이 지배했던 발칸반도에서 발생한 전쟁과 뒤이은 제1차 세계대전 시기는 유럽 국가들의 영토에 커다란 혼란을 초래했다.

이와 같은 내외적 요인들에 의한 영토의 불안정 문제를 해소하고 영토와 그곳에서 살아가는 국민들을 보호·통제 및 통합하려는 노력은 근대국가의 의무로 간주된다. 전통적 정치지리에서 국가의 기능 또는 존재 이유(raison d'être)는 이러한 영토의 보존과 국민의 보호에 있다는 점이 강조된다. 즉, 국가는 외적 갈등이나 침략으로부터 영토를 보전하기 위해 주권의 외적 행사(외교 및 군대 동원 등)의 대표성을 가지며, 또한 내적으로는 영토를 효과적으로 관리하기 위해 하위지역(행정구역)을 나누어 각 지자체 또는 지방정부로 하여금 이를 관장하도록 한다. 그뿐만 아니라 국가는 외적 침략이나 개입으로부터 영토와 국민을 보호하기 위해 민족주의를 지속적으로 고취하면서 다양한 전략적 방법을 동원해 영토적 결속을 추구하게 된다.

전통적 정치지리학에서는 이러한 영토적 통합 전략과 관련된 개념으로 구심력과 원심력 그리고 아이코노그래피(iconography) 등이 강조된다. 국가가 영속적으로 존재하려면, 그 국가를 강화하고 결속시킬 수 있는 힘, 즉 구심력(centripetal forces)을 필요로 한다. 그러나 실제 국가가 존속해 있는 동안에도 부단히 국가를 약화시키고 분열시키려는 힘, 즉 원심력(centrifugal forces)이 작용한다. 이러한 원심력은 국가의 영토가 너무 크거나, 형상이 통치에 불리하도록 생겼거나 또는 교통 및 통신망이 제대로 정비되지 않아 주변지역들과의 의사소통이 되지 않거나 언어, 문화, 종교 등의 차이가 커서 서로 갈등하게 될 때 작동할 수 있으며, 이러한 원심력을 극복하지 못할 경우 국가는 해체된다.

반면 구심력은 우월한 경제체제, 탁월한 정치능력, 국가에의 충성심, 통치자의 좋은 신념, 국가적 가치, 민족적 영웅이나 이에 관한 전설, 동상, 국기와 국가 등, 국민을 결속시키는 힘으로 작용하는 여러 유형 및 무형의 요소들을 포함한다. 하트숀에 의하면, 구심력은 국가의 존엄한 존재 이유(국가를 존재하도록 하는 그 무엇)들 가운데 하나로 간주된다(임덕순, 1997: 32, 410). 국민을 결속시키는 힘, 즉 구심력이 원심력보다 강하게 작동할 때, 국가는 지속적으로 통합을 유지·발전시킬 수 있다.

이러한 구심력의 요소들 가운데 특히, 국기·영웅·동상·신념처럼 국민들이 믿도록 하고 국민의 감정을 지도·지배할 수 있는 상징들이 모여서 하나의 체제를 이루는 상징체제를 아이코노그래피라고 한다. 아이코노그래피는 미술사의 한 분야로 도상학으로 번역되지만, 정치지리학에서는 이와 같이 국가적 통합과 관련된 특정한 신념, 민족적이고 영웅적인 전설, 옛 영웅의 동상, 국기 등으로 구성된 상징체제로, 국민을 결속시키는 힘을 갖는다. 예를 들어 광화문광장에 세워져 있는 세종대왕과 이순신 장군 동상 등이나 화폐에 국가적으로 존경받는 인물을 그려 넣는 것은 이러한 아이코노그래피 전략이라고 할 수 있다. 아이코노그래피가 거국적으로 잘 형성되면, 국민을 결속·통합시키는 힘을 발휘하게 된다. 그러나 이러한 상징 조작은 일종의 장소 정치라는 관점에서 비판적으로 해석되기도 한다. 예로 이순신 장군 동상은 국민이 존경하는 인물의 상징적 기념물이지만, 박정희 전 대통령이 자신의 군부독재 정치를 정당화하기 위해 만든 조형물이기도 하다. 또한 세종대왕상은 어질고 추앙받는 성군의 모습을 하고 있지만, 왕조 시대의 권위적 형상을 답습하고 있다.

근대국가는 아이코노그래피라는 상징체계를 동원해 국민과 영토의 통합성을 추구하는 이러한 전략과 더불어, 물적 하부구조의 구축과 사회복지체제의 동원 등을 통해 통합을 추구한다. 즉, 국가는 전국을 연결하는 교통 및 통신망의 구축을 통해 원활한 공간적 순환으로 영토적 통합을 도모한다. 또한 교육, 보건복지, 여타 사회문화적 정책과 제도 구축을 통해 영토적·사회적 통합을 추구한다. 그뿐만 아니라 사회공간적 통합에서 가장 중요한 요소들 가운데 하나는 국토균형발전 전략이라고 할 수 있다. 국가를 구성하는 각 지역들 간에 경제적 격차가 상대적으로 심각해 낙후된 지역이거나 또는 산업 입지나 재정 배분 등에 관한 정치적 의사결정 과정에서 소외된 지역일수록, 국가에 대한 구심력보다는 원심력이 더 강하게 작용할 수 있다. 이러한 문제를 해소하기 위해 국가는 흔히 전략적 계획의 수립과 시행을 통

싱가포르의 인구 구성과 국가 만들기

싱가포르는 인구밀도가 아주 높은 도시국가로 법 집행이 매우 엄격하지만 경제적으로 부유한 나라로 잘 알려져 있다. 싱가포르는 1963년 말레이시아 연방의 일원으로 영국으로부터 독립했고, 2년 뒤 1965년 말레이시아 연방에서 탈퇴해 독립국가가 되었다. 싱가포르의 인구는 2020년 기준 총 569만 명이지만 이 가운데 싱가포르 국적 소유 국민은 350만 명이고, 영주권자 53만 명, 재류 외국인 168만 명이다. 싱가포르 국민의 민족 구성비를 보면 중국인이 76.2%, 말레이인이 15.0%, 인도인이 7.4%로 중국인이 가장 많지만, 증가율은 말레이계가 가장 높다. 이처럼 싱가포르에는 외국인 영주권자와 재류자들이 많으며, 또한 민족 구성도 다양해 다문화·다인종 국가라고 할 수 있다.

그림 2-8. 머라이언 조각상
주: 위키미디어커먼스, CC BY-SA 4.0, ⓒ Marcin Konsek.

이로 인해, 싱가포르는 말레이시아로부터 분리 독립한 이후, 다양한 민족들로 구성된 국민들을 통합하고 국가의 정체성을 물질적으로뿐만 아니라 상징적으로 확립하기 위해 다양한 노력을 했다. 즉, 민족적·문화적 공동체로서 국가의 형성 과정이 짧고, 국민을 구성하는 민족들이 다양하다는 사실은 국가 형성의 약점이었다. 이러한 약점을 극복하고 국가 만들기를 촉진하기 위해, 싱가포르는 여러 국가적 상징물과 박물관을 활용해 국가 정체성을 구축하고 국민들을 통합하고자 했다.

특히 1972년 처음 세워진 머라이언 조각상은 이러한 국가적 시각 상징물을 대표한다. 상반신은 사자, 하반신은 물고기 형상을 한 이 조각상은 한 수족관의 큐레이터에 의해 고안되었는데, 싱가포르 발견 설화와 그 지향점을 결합시킨 상상의 동물을 표현한 것이다. 그 이후 이 조각상은 싱가포르의 국가적 정체성을 드러내는 상징물로 간주되었으며, 관광 상품으로도 인기를 끌게 되었다. 머라이언 조각상들과 이의 복제품들은 내적으로 싱가포르 국민들의 유대감을 공고히 하고, 외적으로 싱가포르라는 나라를 연상시키는 역할을 한다.

다른 한편, 싱가포르의 다양한 박물관들 역시 국가 정체성을 보여주고 다민족 공동체 의식을 고양시킴으로써 국가 형성 과정에 기여하고 있다. 국가 형성의 역사가 짧은 싱가포르의 박물관은 시간에 따라 역사적 대표 유물들을 전시하는 것이 아니라, 국가 통합과 정체성 확립에 중요한 역할을 해줄 공간에 대한 필요성에 따라 전시하고 있다(강희정, 2011). 예로 아시아문명박물관은 싱가포르의 다민족 사회를 구성하는 풍부한 문화를 잘 이해할 수 있는 기반으로 범아시아 문화와 문명을 폭넓게 조망할 수 있도록 함으로써, 다양한 민족 구성을 단일한 공동체로 환원시키고자 한다.

그림 2-9.
광화문 광장의 동상
자료: 위키미디어커먼스,
ⓒ YellowTurtle9

해 영토적 통합을 추구해 왔다.

이러한 영토적 통합 정책은 원심력이 가장 강하게 작동하기 때문에 이를 약화시키고 구심력을 증대시키기 위한 통제와 관리가 필요한 지역, 즉 국경에 인접한 접경지역에 보다 적극적으로 수행될 수 있다. 접경지역에는 원심력을 약화시키면서 구심력을 증대시킬 수 있는 다양한 지원정책과 이를 상징적으로 강화시키기 위한 접경 경관들이 형성된다. 예로 강원도 접경지역은 북한의 위협이 상존하면서 '군사시설보호구역'에 따른 개발제한구역이며, 이로 인해 중앙의 국토개발에서도 소외·방치된 지역으로 인식되어 왔다. 하지만 최근 중앙정보와 지자체는 이러한 문제점을 불식시키기 위해 접경지역이라는 명칭을 '평화지역'으로 바꾸고 이를 가시적으로 드러내기 위한 경관 조성 계획을 수립하고 실행하고자 한다. 세계적으로도 제한된 영토 내 폐쇄적·배타적 통합에서 국가 간 관계를 배경으로 개방적·호혜적 통합으로 나아가는 경향이 있다. 예로, 그동안 국가 단위로 폐쇄되어 있던 유럽의 접경지역은 유럽연합의 형성을 계기로 개방 공간으로 전환하면서 기존의 국가 중심의 공간구조를 탈피하고 새로운 방향의 초국경적 통합을 모색하고 있다(이현주, 2002).

전통적 정치지리학의 관점에서 이러한 정책 및 연구 동향은 접경지역에 작동하는 원심력/구심력의 개념으로 이해했겠지만, 이에 관한 최근 연구는 접경지역의 특성을 이러한 개념과 관련시키기보다는 국경과 접경을 영토성과 이동성의 복합적 교차공간으로 인식하면서, 접경지역이 영토성에 기반한 '안보'의 논리와 이동성을 지향하는 '경제'의 논리가 서로 경합하면서 결합된 '안보-경제 연계'를 바탕으로 사회적으로 구성 또는 생산되는 공간으로 이해한다(박배균·백일순, 2019). 여기서 안보의 논리는 기존의 구심력으로, 경제의 논리는 원심력으로 작동하는 것으로 이해할 수 있지만, 정확하게 동일한 개념이나 논리는 아니다. 전통적 정치지리학의 관점에서 기존의 영토적 통합 논리는 영토를 배타적·폐쇄적 공간으로 이해하는 반면, 새로운 '포스트영토주의적' 관점에서 보면, 영토는 다양한 사람들과 행위자들의 복잡한 상호작용과 역동적 실천으로 구성되고, 항상 새롭게 형성되는 사회적 구성물로 이해하고자 한다.

제 3 장

국가의 자연환경과 정치

1. 국가의 자연환경과 환경결정론

전통적 정치지리학 또는 지정학에서 한 국가의 영토가 가지는 공간환경적 특성은 정치에 큰 영향을 미치는 것으로 강조된다. 예컨대 국가 영토의 위치는 흔히 그 국가의 운명을 좌우하는 것처럼 간주된다. 그러나 국가 영토의 자연환경적·물리적 특성이 정치에 미치는 영향에 관한 연구는 흔히 환경결정론적 논리에 빠지는 경향이 있다. 우리나라의 경우 한반도의 위치적 특성 때문에 우리 민족은 끊임없이 외세의 침략을 받았으며, 심지어 민족의 운명이 마치 외부 세력들 간 힘 관계에 달려 있다는 논리가 명시적으로 또는 은연중에 인정되는 것처럼 보인다. 예로 이상준(2008)의 서술에 의하면 "아시아 대륙의 최동단에 위치하고 있는 한반도는 지정학적으로 대륙세력과 해양세력이 상호 충돌하는 전략적 요충지에 위치하고 있기 때문에 주변 강대국에 의한 수많은 침략을 받아야만 했다. 한반도 주변의 대륙세력이 강성할 때에는 해양 진출의 도약대로 이용하려 했으며, 해양세력이 강성할 때에는 우리 한반도를 대륙 진출의 교두로로 활용하려 했기 때문에 민족의 수난은 가중되었다". 그러나 역사적으로 반도에 위치한 국가가 그렇지 않은 국가에 비해 대륙세력과 해양세력에 의해 더 빈번한 침략을 받은 것은 아니다(지상현, 2013). 즉, 반도에 위치한 국가가 외부 세력의 침략이나 영향력에 더 많이 노출되어 있다는 반도의 숙명론은 근거가 미약하다.

이러한 환경결정론적 사고는 라첼 이후 전통적 정치지리학에서 체계화된 것으로, 자연환경이나 물리적 특성이 인간의 생활양식과 사회체제를 결정한다는 주장을 당연한 것처럼 여기도록 했다. 이러한 사고의 기원은 오랜 역사를 가지며, 고대 로마시대까지 소급된다. 예로 기후 조건이 인류의 지리적 분포와 이동 과정 그리고 문명의 발전에 영향을 미쳤다는 설명은 지리학자 스트라본뿐만 아니라 플라톤(Plato)이나 아리스토텔레스의 저술에서도 나타난다. 이러한 환경결정론적 사고는 라첼과 근대 초기의 지리학자들, 예로 셈플(E. Semple)이나 헌팅턴(E. Huntington)도 환경결정론 또는 위치결정론을 논리화하는 데 기여했다(Peet, 1985; Harvey, 2009: 213~220). 1900년대 초 헌팅턴은 국가의 경제발전 정도는 적도에서의 거리에 따라 예측 가능한 것처럼 주장했다. 온대 지방에서 짧은 성장 계절을 가진 온화한 기후는 인간 활동의 효율성과 성취를 자극해 경제성장을 촉진하는 한편, 열대 지방에서 사철 농작물 재배가 가능한 기후 조건은 오히려 능동적인 환경 이용과 발전을 방해했다는 것이다.

이 같은 환경결정론적 사고는 최근에도 학술적 및 대중적으로 많은 관심을 끌고 있다. 제레드 다이아몬드(J. Diamond)의 책 『총 균 쇠(Guns, Germs, and Steel)』(1997)는 출간되자마자 선풍적인 인기를 끌었다. 이 책은 왜 구대륙에서 먼저 문명이 발달했고, 신대륙이나 그 외 지역에서는 일정 수준 이상으로 문명이 발달하지 못했는지를 고찰했다. 그의 주장에 따르면 유라시아의 지리와 환경 때문에 농업이 발달해 인구가 증가하면서 인구압이 높아졌고, 이로 인해 국가나 집단 간 경쟁이 심화되어 총기와 철제무기가 개발되었다. 그뿐만 아니라 가축 사육으로 인해 전염병 균이 발생하게 되었는데, 이로 인해 질병이 유행하면서 수많은 사망자를 발생시켰지만, 또한 이로 인해 내성이 없는 신대륙을 쉽게 정복할 수 있었다는 것이다. 이러한 주장은 문명의 기원과 전파, 불균등한 발전 등에 대해 거시적이고 포괄적인 설명을 제시한다는 점에서 관심을 끌었지만, 환경결정론적 사고에 기반을 두고 문화의 발전에 대한 단선적 도식과 인류 문명에 대한 환원주의적 접근 또는 지나친 일반화의 오류 등을 범한 것으로 비판받았다.

구체적 사례로 다이아몬드는 유럽의 해안선이 중국의 해안선에 비해 훨씬 들쑥날쑥하고 쉽게 구획될 수 있는 형태와 지형임을 지적하고, 이에 따라 두 지역에서 각기 다른 국가 형태 및 정치체제가 구축되었음을 설명하고자 한다. 유럽대륙의 육지 면적은 1018만 km^2(한반도의 46배)로, 미국(983만 km^2)이나 중국(960만 km^2)보다 약간 더 크다. 그러나 육지의 형상 때문에, 중국은 역사적으로 기존 왕국의 멸망과 새로운 왕국의 등장을 거듭하면서도 통일된 단일국가체제를 구축해 온 반면, 유럽은 끊임없이 수많은 왕조의 멸망과 새로운 등장이 있었지만 계속 분리된 수십 개의 국가들로 구성되어 있다고 설명한다. 심지어 그는 중국이 정치적 및 기술적 우월성을 상실하게 된 것은 중국의 곧은 해안선에 따른 국가 권력의 과잉 집중에 기인한 것으로 서술한다.

그러나 그는 해안선이 정치조직이나 기술 발달에 어떻게 영향을 미치는지에 대해서는 아무런 설명도 하지 않았다. 만약 중국의 단조로운 해안선 때문에 국가 권력이 과잉 집중되었다면, 비슷한 면적이면서도 해안선이 더욱 단조로운 미국은 중국보다 더 집중화되어야 할 것이다. 이러한 설명에 대해 하비(Harvey, 2009: 206)는 매우 단순한 환경결정론이라고 지적하면서, "절대적 공간에서 특정 축적의 지도에 바탕을 두고 엄청나게 단순화된 재현"이 마치 "물질적인 사회적 실행 및 역사와 직접 관련된 인과력"이 있는 것처럼 설명하는 것이라고 비판하고, "해안선의 인과적 효과에 관한 그의 주장은 어떤 '과학적' 기반은 고사하고 전혀 아무런 설득력도 없다. 요컨대 그의 주장은 터무니없는 것"이라고 단언한다.

이러한 환경결정론적 사고는 전통적 정치지리학이나 지정학의 기저에 고질적으로 깔려 있다. 매킨더의 심장지역이론은 이러한 사고를 전형적으로 도식화한 것이라고 할 수 있다.

어떤 지역이나 국가, 대륙의 영토 위치나 면적, 형태와 같은 물리적 특성, 기후·지형과 같은 자연지리적 특성이 그곳에서 이루어지는 정치나 여타 활동, 나아가 전반적인 사회 발전에 결정적 영향을 미친다는 사고는 매우 비현실적이고 피상적이다. 이러한 사고는 영토의 물리적·자연환경적 특성이 고정불변이며 마치 그 자체로 어떤 영향력을 발휘한다고 인식하는 '공간 물신론'에 빠지는 것이다. 그곳에서 살아가는 사람들의 상이한 적응 능력이나 창의성은 배제된다. 이러한 점에서 환경결정론적 사고는 정치지리적 현실과 경험적으로 부합하지 않을 뿐만 아니라 규범적인 측면에서도 정당화될 수 없다. 왜냐하면 이러한 사고는 해당 지역에서 실제 거주하는 사람들의 관점이 아니라 거의 대부분 외적 관찰자의 입장 또는 외부 세력의 전략에 의해 조장된 것이기 때문이다.

그럼에도 불구하고, 정치지리학에서 한 국가 영토의 물리적·자연환경적 특성들에 관해 논의하는 것은 이러한 특성들을 완전히 무시할 수 없기 때문이다. 예컨대 한반도가 중국과 일본 사이에 위치해 있음을 강조하고 이로 인해 반도의 숙명이 주어진 것처럼 인식하는 것은 잘못되었다. 그러나 한반도가 중국과 일본 사이에 위치해 있는 것은 명백한 사실이며, 이로 인해 많은 영향을 받을 뿐만 아니라 이에 대처하기 위해 각국이 다양한 전략을 구사하고 있다는 것은 의문의 여지가 없다. 문제는 기존의 정치지리학이나 전통적 지정학에서 이러한 위치가 반도의 숙명론을 정당화하는 인과력이 있는 것처럼 주장하거나 믿도록 한다는 점이다. 또 다른 사례로 겨울이 춥고 긴 지역에서 가옥은 폐쇄적으로 구조되며 온돌과 같은 난방 시설을 갖추고 있다는 설명은 환경결정론적이라기보다는 그러한 기후 조건에 맞추어 살아가는 지역 주민들의 생활양식을 이해하기 위한 것이다. 지형이나 기후와 같은 자연지리적 요소들은 분명 인간의 생활양식과 사회발전에 지대한 영향을 미치는 것은 분명하다. 물론 다른 한편, 이러한 설명은 정치적 과정에서 전략적으로 활용되는 물리적 도구이며 또한 이러한 전략적 활용을 정당화하는 담론적 수단이 될 수 있음은 부정할 수 없다.

이러한 환경결정론의 한계 또는 오류를 해소하기 위하여, 지리학 일반에서는 블라슈(Vidal de la Blache)의 가능론이 강조되기도 했다. 특히 이와 관련하여 정치지리학은 '인간의 자연에 대한 영향'(즉, 가능론)을 연구하는 한편, 지정학은 '자연의 인간에 대한 영향'(즉, 결정론)을 고찰하는 학문으로 구분되기도 했다. 그러나 임덕순(1997: 11~12)은 기술 발달과 인간 능력에 따라 '가능'과 '결정' 간 관계가 달라질 수 있다는 점에서 이러한 이원론적 구분은 타당성이 없다고 주장한다. 사실 해방 후 초기 지리학자들은 한반도의 지리적 위치로 인해 역사적으로 주변 강대국의 침략이 야기되었다고 설명하면서도, 환경의 과잉결정성을 회피하면서 그 위치를 적절하게 활용하는 한국(인)의 역량을 강조하기도 했다(이진수·지상현, 2022).

실제 어떤 자연지리적 특성이 그곳에서 이루어지는 정치나 사회 활동에 어느 정도 인과력을 가지고 영향을 미치는지, 그리고 어떤 지정학적 전략을 정당화하기 위한 수단으로 동원되는 자연지리적 특성들이 어느 정도 이데올로기적·담론적 수사라고 할 수 있는지를 추정하기는 매우 복잡하고 모호한 문제라고 할 수 있다. 사실 환경결정론의 주창자로 알려진 라첼도 영토(환경)가 국가(권력)에 일방적으로 영향을 미친다고 주장하지 않았으며, 오히려 이들 간의 상호관련성을 설명하고자 했다. 이러한 점에서 환경결정론의 문제를 해결하기 위해, 다음과 같은 사항들이 강조될 수 있다.

첫째, 특정 영토 그 자체와 이의 물리적·자연환경적 특성은 그곳에서 이루어지는 정치적 활동을 결정하는 고정불변의 요소가 아니라, 이러한 활동들과 상호관계 속에서 역동적으로 변화하는 가변적 요소로 이해되어야 한다. 둘째, 영토, 공간, 환경 등 지리적 요소들은 절대적 특성이 아닌 관계적 관점에서 이해해야 한다. 예로 영토의 위치와 그곳에서 이루어지는 정치적 활동은 그 위치의 경위도 좌표체계에 의해 결정되는 기하학적 또는 절대적 공간에 의해 좌우되는 것이 아니라 다른 위치에 있는 정치지리적 현상들과의 관련성 속에서 그 특성이 형성·변화하는 것으로 이해되어야 한다. 셋째, 영토와 그 물리적·자연환경적 특성은 물질적으로 주어진 것이 아니라 그곳에서 이루어지는 인간 활동과의 관계에서 담론적으로 구성된 것이다. 따라서 한 국가 영토의 특성은 이를 주장하는 행위자의 권력이나 이해관계와 내재적으로 관련되며, 항상 달리 해석될 수 있는 가능성을 내포한다.

2. 국가의 물리적 환경

1) 영토의 규모

한 국가의 영토가 가지는 공간환경적 특성 가운데 물리적 특성은 영토의 규모(크기), 형상, 위치 등의 측면에서 살펴볼 수 있다. 영토의 물리적(또는 기하학적) 특성은 그 자체로서 정치적 활동을 결정지우는 것은 결코 아니지만, 특정한 정치적 기능과 결합하게 되면, 전략적 가치와 정치적 의의를 가지게 된다. 특히 영토의 규모는 해당 국가의 국내 통치와 국제관계에 상당한 영향을 미친다. 물론 영토가 넓다고 해서 항상 유리한 효과만 있고, 이에 따라

표 3-1. 각 국가의 영토 규모

(단위: 만 km²)

국명	면적	국명	면적	국명	면적	국명	면적
거대국 (600만 km² 이상)		극대국 (125~250만 km²)		중국 (25~65만 km²)		극소국 (2.5~12.5만 km²)	
1. 러시아	1709.8	10. 알제리	238.2	42. 소말리아	63.8	98. 북한	12.1
2. 캐나다	988.0	11. 콩고공화국	234.5	45. 우크라이나	60.4	106. 쿠바	11.0
3. 미국	983.2	12. 그린란드	216.6	49. 프랑스	54.9	109. 남한	10.0
4. 중국	960.0	13. 사우디아라비아	215.0	51. 태국	51.3	111. 포르투갈	9.2
5. 브라질	851.6	14. 멕시코	196.4	62. 일본	37.8	115. 네덜란드	4.2
6. 오스트레일리아	774.1	대국 (65~125만 km²)		소국 (12.5~25만 km²)		세미국 (2.5만 km² 이하)	
특대국 (250~600만 km²)		23. 앙골라	124.7	80. 영국	24.4	155. 슬로베니아	2.04
7. 인도	328.7	25. 남아프리카공화국	121.9	83. 루마니아	23.8	158. 쿠웨이트	1.78
8. 아르헨티나	278.0	30. 이집트	100.2	한반도	22.1	177. 룩셈부르크	0.26
9. 카자흐스탄	272.5	37. 튀르키예	78.5	94. 네팔	14.7	237. 모나코	0.007
-	-	41. 아프가니스탄	65.3	97. 그리스	13.2	238. 바티칸시국	0.001

자료: KOSIS 국제통계(2019).

강대국으로 발전하는 것만은 아니다. 영토가 상대적으로 좁다고 하더라고 이에 따른 이점이 있을 수 있으며 특히 다른 요인들에 따라 작지만 강한 국가(이른바 '강소국')로 발전할 수 있다.

전통적 정치지리학에서 영토의 규모는 국가의 국력을 좌우하는 주요 요인으로 간주된다. 이러한 점에서 라첼과 그 이후 정치지리학자들은 면적을 기준으로 국가를 분류하고, 이에 따른 국가의 특성을 논의해 왔다. 예로 라첼은 대륙국(500만 km² 이상), 중국(20~500만 km²), 소국(20만 km² 이하)으로 분류했으며, 라인하르트(R. Reinhard)는 대국(100만 km² 이상), 중국(10~100만 km²), 소국(1~10만 km²), 극소국(1만 km² 이하)으로 분류했다. 또한 발켄버그나 파운즈는 이를 더욱 세분해 7등분 또는 8등분으로 구분하고 있다. 파운즈의 분류 기준에 따라 국가를 영토 규모별로 나열하면 〈표 3-1〉과 같다.

한 국가의 영토가 어느 정도이면 적정한가라는 의문에 답하기란 어렵다. 예로 아리스토텔레스는 그의 『정치학(Politica)』에서 제시한 이상국가의 적정한 영토 규모로 주변 높은 산 위에 올라가서 "한눈에 보아 헤아릴 수 있는 정도"라고 말했고, 경제적으로 완전한 자급이 이루어질 수 있으면서 또한 구성원들이 한곳에 모여서 직접 정치를 논의할 수 있는 규모를 제시했다. 그러나 이러한 영토 및 인구의 규모는 당시 도시국가의 정치경제적 상황의 한계를 반영한 것이라고 하겠다. 이와 관련해 임덕순(1997: 76)은 현대적 상황에서 적정 규모의 영토는 "생존할 수 있을 만큼 넓고, 중앙정부의 효율적인 통제와 조정이 가능하도록 좁은 것이 바람직하다"라고 제시했다. 즉, 통제를 위해 크지도 않고, 생존을 위해 작지도 않은 규모의 영토가 적정하다고 하지만, 그 구체적인 기준이 어디에 있는지는 여전히 의문이다. 그러나 인구 규모와 면적 간에 균형이 이루어진다면, 인구도 많고 영토도 넓은 국가가 몇 가지 난점은 있지만 더 좋은 것이라고 주장했다.

이와 같이 한 국가의 영토로서 어느 정도의 규모가 적정한지의 문제는 결국 국력과 관련된다고 할 수 있다. 전통적 의미로, 국력은 "한 국가가 타국가의 행동에 영향을 주거나 타국의 행동을 지배 내지 결정하는 능력"을 말한다(임덕순, 1997: 49). 국력은 국가 존속이나 우월한 국가 지위의 유지뿐만 아니라 내외에 걸친 국가 행동에 영향을 준다. 즉, 국력은 국가 간의 정치적 관계를 통어하는 기초적인 힘을 의미하며, 근원상 해당 국가의 지리적 특성에 의존한다. 국력을 구성하는 요소는 영토의 물리적 환경(영토의 크기, 위치, 자연 자원, 토지의 비옥도 등), 사회경제적 환경(인구 규모, 인구의 질, 연령구조, 공업발전 정도, 고급 첨단기술, 인구의 교육 정도, 국민의 사기 형성 등), 그리고 정치적 환경(군사적 능력, 정치적 구조, 정부의 질, 외교 기술 등)에 좌우된다.

대체로 한 국가의 국력은 물질적 힘에 바탕을 둔다는 점에서, 국력을 측정 및 평가하기 위한 지표로 흔히 국민총생산(GNP)이 사용된다. 〈그림 3-1〉은 세계에서 상대적으로 큰 국력을 가진 국가들로 구성된 G20 국가들의 면적과 인구, 면적과 GDP 간 관계를 나타낸 것으로, 각 국가의 영토의 면적과 인구 및 GDP 간에 높은 상관관계가 있는 것은 아니다. 그러나 상대적으로 큰 인구를 유지하고 생산을 위해 많은 자원을 확보하기 위해서도 면적이 큰 국가들이 유리하고, 따라서 국력도 실제 또는 잠재적으로 강하다고 할 수 있다. 물론 영토가 큰 국가들은 이처럼 여러 이점이 있지만 또한 불리한 점도 있다.

영토가 넓은 국가는 경제적 이점, 독립 보존의 이점, 심리적 이점, 국력의 기본으로서 이점, 국가 정책 수립상의 이점 등을 가질 수 있다(임덕순, 1997: 65~69).

- **경제적 이점**: 영토가 넓으면, 각종 유용 자원들이 분포할 가능성이 높다. 영토가 넓을 경우 기후의 차이로 다양한 식생이 분포하고, 농작물도 다양하게 재배할 수 있다. 또한 영토가 넓으면 지하 광물자원의 종류와 양도 많이 부존할 것으로 추정해 볼 수 있다. 식량 및 각종

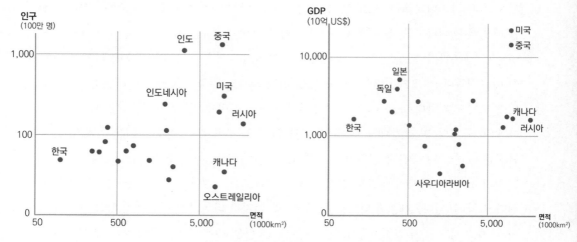

그림 3-1. G20 국가들의 면적, 인구, GDP 간 관계(로그 그래프)
주: 인구는 2020년, GDP는 2019년 자료이다.
자료: KOSIS 국제통계.

지하자원이 풍부하게 산출되면 필요한 자원의 자급도가 높고, 따라서 다른 국가들로부터 이들을 수입함으로써 유발될 수 있는 자원의 해외 의존도를 줄이고 자원 안보를 보장받을 수 있다. 또한 영토가 넓은 국가는 상대적으로 많은 인구를 부양할 수 있기 때문에, 막대한 노동력의 확보와 더불어 큰 내수시장을 형성할 수 있다. 예로 오늘날 미국, 캐나다의 경제 발전은 기술 발전과 자본주의 시장의 발달에 기인하지만 또한 동시에 지리적으로 광대한 영토에 부존된 풍부한 각종 자원들의 덕택이기도 하다. 또한 2000년대 전후해 빠른 경제 성장을 보이고 있는 브라질, 러시아, 인도, 중국, 남아프리카공화국 등의 이른바 브릭스 (BRICs) 국가들은 공통적으로 거대한 영토와 인구, 풍부한 지하자원 등을 보유한 거대국 가들이다.

• **독립 보존의 이점**: 영토가 넓으면 외부의 침략을 받더라도 변방의 일부가 함락될 수 있지 만, 넓은 후방이 남아 있기 때문에 침공을 격퇴하고 영토를 회복할 가능성이 높다. 임덕순 (1977: 67)에 의하면, "넓은 후방은 소위 '칼을 갈 수 있는' 여유의 땅이 되는 것이다. 또한 '공간을 팔아서 시간을 살 수 있는' 그러한 땅"이라고 할 수 있다. 물론 오늘날 전쟁 무기의 고도화로 물리적 거리는 크게 문제가 되지 않는 것처럼 보이지만, 실제 군사력의 지리적 이동은 여전히 중요한 의미가 있다. 권력의 중심부는 대체로 국경에서 상대적으로 먼 거

리에 위치하기 때문에 이 지역까지 침공하기 전에 시간적(작전상, 군수품 생산, 외교상) 여유를 가질 수 있다. 이처럼 영토가 넓은 국가는 외부의 침략이 있더라도 전쟁 중에 자국의 국방력을 정비해 대응할 수 있으며, 나아가 전쟁 중에도 경제·정치 활동을 지속할 수 있다. 역사적으로 대표적 사례로, 나폴레옹이 1812년 40만 명의 병력을 이끌고 러시아 원정에 올랐으나 군대가 모스크바에 접근하기 전에 동사와 아사, 전사 등으로 거의 대부분의 병력이 소진되고 2만 명 정도만 생환했던 사건을 들 수 있다. 유사한 사례로는 제2차 세계대전에서 독일군이 소련을 침공하기 위해 1941년 모스크바에 접근하면서 패배한 경우와 1943년 스탈린그라드(현재 볼고그라드) 대회전에서 다시 참패한 경우를 들 수 있다.

- **심리적 이점**: 영토가 넓고 자원이 풍부하면, 국민들은 생활이 풍족해질 수 있고, 경제성장과 사회발전의 잠재력이 크고, 국제적으로도 다른 국가들에 비해 우월한 지위에 있는 것처럼 인식할 수 있다. 이러한 사례로, 중국인들의 전통적 사고방식인 대국인 심리 또는 대국 의식을 들 수 있다. 중국인들은 중국이 세계의 중심이라는 '중화사상'을 가지고 있었으며, 주변 국가나 민족을 오랑캐(夷)로 간주하는 경향이 있었다. 미국인들 역시 유럽 국가들과의 관계에서 자국의 우월성을 강조하기 위해 '영광스러운' 고립을 강조하면서 '고립주의'를 유지했고, 제2차 세계대전 이후에도 자국을 초강대국으로 인식하면서 세계경제 및 정치질서를 위해 기여하는 것으로 인식해 왔다.

- **국력의 기본으로서 이점**: 영토의 규모가 바로 국력으로 이어지는 것은 아니지만, 영토가 좁을 경우 국력을 발전시키는 데는 일정한 한계가 있다. 광대한 영토를 유지·보전하는 것 자체가 국력을 보여주는 것이기 때문에, 영토가 넓은 국가들은 국제적으로도 무시할 수 없는 지위를 가지게 된다. 예로 영토가 상대적으로 좁은 룩셈부르크, 벨기에, 스위스 등이 비록 1인당 국민소득이 높고 경제가 발전한 국가들이지만, 세계적으로 국력이 큰 강대국으로 인정되지는 않는다. 반면 러시아, 중국, 브라질, 인도 등은 영토가 광대하고 또한 인구가 많다는 점에서 국제적 정치 무대에서 일정한 힘을 가지고 영향력을 행사하고 있다.

- **국가 정책 수립상의 이점**: 국가의 영토가 넓으면, 국가의 경제정책 수립이나 정치적 전략의 마련에서 여유를 가질 수 있다. 정치적으로 넓은 영토를 가진 국가는 긴급하게 물자 통제를 하지 않아도 되고, 침공자들에 대해 화급하게 대응하지 않아도 되기 때문에 정책 결정

자에게 유연성을 가질 수 있도록 한다. 또한 경제적으로 영토가 넓은 국가들은 자원의 자립도가 높을 뿐만 아니라 산업의 배치도 비교적 자유롭다. 이러한 점에서 영토가 넓은 국가들은 좁은 나라들보다 국가 전반에 있어 정책 수립에 융통성과 여유를 가지게 된다. 미국이나 중국의 경우 이와 같이 국가 정책이나 전략 수립에 상대적으로 유리한 조건을 갖추고 있는 것으로 이해될 수 있다.

그러나 영토가 넓은 국가는 통치상의 불리점, 변경 잠식의 불리점, 운송기구 유지를 위한 고비용의 불리점(임덕순, 1997: 69~71)과 다양한 인구 구성으로 인한 불리점 등을 가질 수 있다.

• **통치상의 불리점**: 영토가 넓으면, 중앙정부의 관리 구역이 커지기 때문에, 행정력이나 정치적 의사결정이 권력의 중심부에서부터 변방에까지 전달되기가 쉽지 않다. 광대국들이 안고 있는 어려움은 강력한 중앙집권제 및 교통통신망의 구축을 통해 극복되거나 또는 권력을 지방에 분산시키는 연방제를 통해 극복할 수 있다. 광대국이 겪는 통치상의 어려움은 예로 과거 중국(특히 몽골제국)이나 오늘날의 브라질과 인도에서 찾아볼 수 있다. 과거 로마제국은 이러한 통치상의 불리점을 해소하기 위해 스스로 동서 두 로마로 분할해서 통치했으나, 서로마제국은 곧 멸망했다. 미국은 연방제의 채택을 통해 이러한 불리점을 해결했다고 할 수 있다. 반면 구소련은 연방 대국을 구성하고 있었지만, 변방지역의 통치 불능으로 인해 붕괴되었다.

• **다양한 인구 구성으로 인한 불리점**: 영토가 넓은 국가는 대체로 다양한 언어와 종교를 가진 다양한 민족으로 구성될 가능성이 높고, 이에 따라 이들을 통합시킬 수 있는 정책이나 전략이 미흡할 경우 민족 간 갈등과 분열이 발생하기 쉽다. 즉, 영토가 넓고 인구가 많은 국가는 다양한 인종과 문화로 구성될 가능성이 높지만, 이들을 통합하기 어려울 경우 다민족·다문화로 인한 분열의 가능성을 잠재하고 있다. 예로 구소련은 176개의 언어(방언 포함)를 사용했고, 인도는 780여 종의 언어(방언 포함)를 사용하기 때문에, 국민들 간 의사소통이 제대로 이루어지지 않고, 이로 인해 상호 이질적 감정이나 사고가 발생한다. 사용 언어들이 많지 않다고 할지라도 캐나다의 퀘벡주처럼 사용 언어가 뚜렷하게 구분될 경우 해당 지역 주민들은 분리 독립을 요구하기도 한다.

• **변경 잠식의 불리점**: 영토가 넓으면, 국경이 길고 상대적으로 많은 국가들과 인접하게 된다. 이에 따라 적대적 관계를 가지는 인접국들과 흔히 마찰과 긴장 관계에 빠지면서 때로 군사적 대립을 경험하게 된다. 특히 많은 병력을 변경에 배치하지 못할 경우, 변경이 약해지고, 인접한 국가들로부터 변경 잠식이나 침투, 인접국의 국민이나 오염 물질들의 월경 등으로 인해 많은 문제가 발생할 수 있다. 이러한 문제를 해소하기 위해, 대부분 국가들은 국경지대에 성을 구축하거나 특정한 군사적 시설과 병력을 배치하는 제도를 마련했다. 예로 중국은 오랜 시일에 걸쳐 만리장성을 구축했으며, 변경지방에 특수한 행정조직으로 도호부를 설치하기도 했다.

• **변방 유지 비용의 불리점**: 영토가 넓고 변방이 멀 경우, 이 변방지역을 관리·유지하기 위한 비용이 많이 들어가게 된다. 변방지역에는 인구가 대체로 희박하고 편중해 분포하기 때문에, 이들을 교통로로 연결하기 위해서는 막대한 비용이 투입된다. 또한 변방지역의 인구는 상대적으로 희소하기 때문에 이들로부터 거두어들일 수 있는 세금도 상대적으로 적다. 이뿐만 아니라 변방지역은 권력의 중심지에 비해 상대적으로 경제적 투자가 미흡하고 산업의 발달이 느리기 때문에 불균등발전에 빠지게 된다. 이로 인해 변방지역에 거주하는 인구집단은 때로 중앙정부의 관심과 투자의 부족 그리고 이에 따른 지역 불균등발전으로 인한 불만족과 저항을 드러내면서, 분리주의 운동을 일으킬 가능성을 가지게 된다.

2) 영토의 형상

국가 영토의 물리적 형상은 해안선이나 인접국과의 경계에 의해 구체적으로 결정된다. 영토의 형상은 흔히 '단괴형(圓형)인가 신장형(長형)인가, 그리고 분리형인가 연속형인가'라는 점에서 구분되고 있다. 영토의 형상은 해당 국가의 자연환경적 산물이며 또한 동시에 국제정치, 전쟁, 개척과 합병 등 역사적으로 이루어진 정치적 산물이다. 또한 물리적 형상만으로 국가의 정치적 특성을 설명하는 것은 적절하지 못하지만, 이러한 형상이 다른 여러 요인들과 결합하면서 특정한 정치적 결과를 초래할 수 있다. 예로 국가가 신장형일 경우, 국내 통치나 국방에 불리하다고 할 수 있다. 그러나 예로 노르웨이나 칠레의 경우 대표적인 신장국이지만 상당히 오랫동안 국경을 유지하면서 영토적 결속을 보여주고 있다.

영토의 형상은 우선 원형에 가까운가, 또는 긴 모양을 가지는가, 즉 단괴형인가, 신장형인

가로 구분된다. 단괴형 국가는 기하학적으로 원형에 가까운 국가를 말한다. 이 유형의 국가는 원형의 논리상 중심에서 주변 경계까지 거리가 비슷하다. 그러나 완전한 원형에 가까운 국가는 없고, 대체로 타원형, 오각형, 육각형 등의 형상을 보여준다. 단괴형 국가는 면적에 비해 상대적으로 국경선은 짧고, 중심에서 변방까지 거리도 짧다. 따라서 국경 방어 비용이 적게 들고 국내 통치에도 비용이 적게 들기 때문에 국가의 영토적 통합에 유리하다. 반면 신장형 국가는 단괴형 국가에 비해 상대적으로 불리한 점들을 안게 되고, 특히 자연환경(지형 및 기후)이 좋지 않고 다양한 민족들이 산재해 있을 경우 이들을 통합시키기 위해 더 많은 비용이 요구된다.

그림 3-2. 칠레와 우루과이의 형상

어떤 국가의 영토 형상이 단괴형인가 신장형인가를 구분하기 위해 흔히 신장도 지수가 사용된다. 신장도 지수(degree of elongatedness)는 해당 국가의 면적과 동일한 면적의 원을 그렸을 때 나타나는 원둘레의 길이에 대비해 그 국가의 실제 둘레(즉, 국경선)의 길이의 비율로 나타낸다. 신장도 지수가 100이면 완전 원형이며, 100보다 많아질수록 신장도가 높아지고 상대적으로 단괴도는 낮아진다. 예로 우루과이는 신장도 지수가 105로 대표적인 단괴국이며, 칠레(남북 4,000km, 동서 평균 170km)는 310으로 대표적인 신장국이다. 그 외에도 루마니아, 프랑스, 헝가리, 스페인, 크메르, 오스트레일리아 등은 단괴형 국가에 속하고, 이탈리아, 노르웨이, 일본, 베트남, 인도네시아 등은 신장형 국가로 분류될 수 있다.

다른 한편, 국가 영토의 형상은 연속형인가 비연속형인가에 따라 구분할 수 있다. 그리고 비연속형 국가의 특정한 형상으로 엑스클레이브와 엔클레이브를 확인할 수 있고, 또한 지정학적 전략에 의해 형성된 특수 형상들을 볼 수 있다.

연속국은 한 국가의 영토가 한 덩어리로 연속된 형상을 가진 국가이다. 대부분의 국가들은 이 유형에 속한다. 연속국은 비연속국에 비해 일반적으로 통치 및 안보에서 유리하며, 통치·행정, 사회적 및 영토적 통합, 국경 안보 등에서 비용이 적게 든다. 비연속국(분리국, 분절국 또는 복수 영토국이라고도 한다)은 국가의 영토가 연속되어 있지 않고, 두 덩어리 이상으로 분리되어 있는 국가를 말한다. 비연속국은 자연지형적으로 분리되거나(특히 해양과 도서로 분리) 또는 정치적 과정(국경의 설정, 분리된 지역의 정복이나 합병, 분리된 상태로 독립 등)을 통해 인위적으로 분리되기도 한다. 비연속국은 형태상 통치와 안보에서 취약하다. 분리된 영토들 간 불균등발전이나 차별 대우가 발생할 수 있고, 이로 인해 분리된 지역들 간에 갈등이 발생할 수 있다. 과거 방글라데시가 독립하기 이전 동·서 파키스탄으로 분리되어 있었던 상황은 대표적 사례라고 할 수 있다.

비연속국의 복수 영토의 형상을 가진 국가들 가운데, 작은 영토 부분이 다른 국가에 의해 완전히 포위 또는 차단되어 고립되어 있는 지역을 엑스클레이브(exclave)라 한다. 엑스클레이브는 본토로부터 떨어져 있을 뿐만 아니라 다른 국가에 의해 포위된 '정치적 섬'이기 때문에, 접근도 쉽지 않다. 특히 적대적 국가에 의해 포위되어 있을 경우, 접근로가 제한되거나 통제된다. 예로 1990년 독일이 통일되기 전 서베를린은 서독의 엑스클레이브였다. 과거의 동파키스탄은 파키스탄의 엑스클레이브였고, 과거 동프러시아도 독일의 분리된 영토로 엑스클레이브였다. 1991년 구소련의 해체 이후 발트해안의 리투아니아, 라트비아, 벨라루스 등이 분리 독립하게 됨에 따라, 칼리닌그라드는 이들 국가와 폴란드 등에 의해 둘러싸인 러시아의 엑스클레이브가 되었다. 이러한 엑스클레이브들은 차단 또는 포위 국가들이 적대적일 경우 정치적·경제적 곤란을 겪게 된다. 예로 1948~1949년 서베를린은 동독에 의해 육로 접근이 차단됨에 따라, 물자 운송과 사람들의 왕래가 불가능하게 되었고 이로 인해 미국 및 영국의 공군이 서베를린 주민들의 생존을 위해 물자를 공수했다.

이러한 엑스클레이브들은 포위하고 있는 국가의 입장에서 보면 엔클레이브(enclave)라고 불린다. 과거 서베를린은 서독의 입장에서는 엑스클레이브이지만, 동독의 입장에서 보면 엔클레이브이다. 또한 비연속국의 일부 영토가 아니라고 할지라도, 한 국가의 영토 전체가 다른 국가에 의해 완전히 포위되어 있을 경우에도, 포위하고 있는 국가는 포위된 국가를 엔클레이브라고 부른다. 예로 이탈리아 영토 내의 산마리노, 바티칸시국, 남아프리카공화국의 영토 내에 있는 레소토가 이러한 경우이다. 또한 인도-방글라데시 국경지역에는 과거 17~18세기 무굴제국과 쿠치비하르 간의 분쟁의 유물로 200여 개에 달하는 많은 엑스클레이

그림 3-3 칼리닌그라드: 러시아의 엑스클레이브　　　그림 3-4 레소토: 남아프리카공화국의 엔클레이브

브와 엔클레이브가 있었는데, 양국은 2015년 협상을 통해 마을 162곳의 영토를 상호 교환함으로써 복잡한 국경문제를 상당히 정리했다.

엔클레이브도 국가의 정치적 활동에 여러 제약을 받게 된다. 예로 남아프리카공화국에 포위된 레소토의 경우 좋든 싫든 남아공화국과 친밀한 외교정책을 수립해야만 국가 존립이 가능해진다. 이 외에도 타국을 통해서 도달할 수 있는 자국의 영토를 준엑스클레이브(pene-exclave)라고 부를 수 있는데, 미국 북서부(밴쿠버 남쪽)에 있는 포인트 로버츠가 이에 해당된다. 포인트 로버츠는 양국 간 기하학적 국경(49°N) 설정으로 인해 준엑스클레이브가 된 지역으로, 학생들이 캐나다 영토를 지나 매일 50마일 정도의 거리를 통학한다. 또한 독일과 벨기에가 접하고 있는 몬샤우 지역에서는 엑스클레이브의 주민들이 일상적으로 독일 영토인 집에서 나와 벨기에 영토인 도로를 통과해 독일로 왕래를 한다. 이러한 특이한 형상은 독일이 제1차 세계대전 당시 군수품 수송에 중요한 역할을 했던 철도와 인근 지역의 영토를 베르사유조약에 따라 벨기에에 할양하면서 만들어졌다.

다른 한편, 영토의 형상은 때로 특정한 사물로 이미지화해, 그 사물의 특성으로 규정되기도 한다. 특히 영토의 형상을 특정한 사물로 비교하거나 이미지화하는 지정학적 조작은 제국적 침략이나 식민지배를 정당화하는 데 동원되기도 했다. 예로 제2차 세계대전 이전 히틀러와 그 주변 지정학자들은 체코슬로바키아의 형상과 위치가 자국의 안전을 위해 매우 위험한 것으로 이미지화했다. 즉, 체코슬로바키아의 영토 형상이 독일 영토 내로 깊게 뻗어 있는

과거 팽창주의의 영토적 유산: 촉수지대와 완충지

오늘날 세계 정치지도에는 과거 팽창주의(expansionalism)의 유산으로 기묘한 형상을 가진 지대들이 상당히 많이 남아 있다. 이들 가운데 특히 과거 제국주의 국가들의 영토 팽창을 위한 수단으로 채택된 촉수지대(proruption)와 이들 간의 직접적 충돌을 막기 위한 완충지를 찾아볼 수 있다. 독일 정치지리학자 수판(G. A. Supan)은 카프리비 핑거와 와칸 회랑(또는 협장지)을 19세기 말 제국주의적 국제외교의 2대 걸작품으로 평가하기도 했다.

그림 3-5. 카프리비 핑거(Caprivi-finger)
과거 독일이 남서아프리카(현재 나미비아)에서 잠베지강 유역의 내륙으로 팽창하기 위해 1890년 영국과의 협상으로 얻은 촉수 지역.

그림 3-6. 와칸 회랑(Wakhan corridor)
과거 인도를 지배했던 영국과 구소련 사이에 직접 충돌을 막기 위해 1895년 아프가니스탄 북동부와 중국 신장을 잇는 회랑에 개설된 완충지.

촉수지대는 그 형상과 크기에 따라 핑거(finger)와 팬핸들(panhandle)로 구분된다. 예로 남서아프리카(현재 나미비아)의 북동부에는 내륙을 향해 '손가락'처럼 좁고 길게 뻗친 지대가 있는데, 카프리비 핑거(Caprivi-finger)라고 불린다. 이 지대는 독일 제국이 남서아프리카로부터 잠베지강 유역의 내륙 방향으로 진출하기 위해 1870년대 보불전쟁 승리 이후 1890년 영국과의 협상을 통해 얻어 낸 곳이다. 이와 유사한 형상이 모잠비크의 서부에서도 찾아볼 수 있는데, 이곳은 포르투갈이 자국 식민지였던 앙골라와 모잠비크를 연결하기 위해 잠베지강을 따라 확보한 곳이다.

핑거보다도 규모가 크고 '냄비의 긴 손잡이' 모양을 한 지대를 팬핸들(panhandle)이라고 한다. 이러한 형상은 알래스카 남부 해안의 알래스카 팬핸들, 러시아의 연해주, 미얀마 남부해안의 테나세림(Tenasserim) 지대 등에서 찾아볼 수 있다. 알래스카는 1867년 미국이 러시아로부터 720만 달러에 구입한 땅으로, 알래스카 팬핸들은 그 이전에 러시아가 캘리포니아로 촉수적 팽창을 위해 확보했던 땅이다. 러시아 연해주는 부동항 획득 및 부동해로의 전출과 관련되며, 테나세림 지대는 영국이 이곳을 말레이 북부와 연결시키려고 했던 곳이다. 핑거나 팬핸들 지대가 목표 지점과 완전히 연결되어 마치 복도와 같은 구실을 할 경우, 이 연결된 땅을 회랑(corridor)이라고 한다. 예로 양차 세계대전 사이 형성되어 있었던 폴란드 회랑(Polish corridor)은 폴란드가 독일이 패전해 약화됨에 따라 독일과 동프러시아(독일령) 사이에 발트해로 통하기 위해 확보한 땅이다.

다른 한편, 형상은 촉수지대와 유사하지만 목적이 다른 지대로 완충지대가 있다. 회랑형 완충지대
는 강대국 사이에 좁고 길게 삽입되어 이들의 충돌을 막아주는 역할을 한다. 와칸 회랑(Wakhan
corridor)은 아프가니스탄 북동부와 중국 신장을 잇는 길이 350km, 폭 16~30km, 고도 약 2700m의 협
곡으로, 과거 인도를 지배하고 있었던 영국과 인도양 진출을 노렸던 구소련 사이에 완충지로 설정되
었다. 영국은 이곳을 장악하려 했으나 구소련과의 충돌을 우려하여 포기했고 1895년 영·러조약을 통
해 비무장지대화되었다. 이 협곡은 오래전 현장, 혜초, 고선지, 마르코 폴로 등이 다녔던 실크로드의 일
부로, 현재 아프가니스탄의 영토이다. 최근 중국은 와칸 회랑을 통해 신장 위구르 자치구 분리 독립 세
력이 침투할 것을 우려하여 경계하고 있다.

칼 모양을 하고 있다고 해석하고, 이 칼이 독일 영토를 침공할 수 있기 때문에, 위험을 사전
에 제거하기 위해 이를 점령·합병해야 한다고 주장되었다. 이러한 영토 형상의 이미지화와
같은 맥락에서, 일본 정한론자들은 한반도를 유라시아대륙에서 불쑥 튀어나온 주먹을 쥔 팔
뚝에 비유해, 일본을 위협하는 한반도를 점령·합병해야 한다고 주장했다. 이러한 초역사적
지정학적 결정론은 최근 일본의 역사 왜곡 교과서에도 서술되어 있다(허동현, 2005).

또 다른 영토 형상의 이미지화로 잘 알려진 예는 한반도의 형상을 호랑이 모습과 토끼의
모습으로 비유하는 것이다. 과거 선조들은 한반도의 형상을 대륙을 향해 포효하는 호랑이
에 비유했고, 조선의 천문지리학자 남사고(南師古, 1509~1571)는 포항의 호미곶 형상을 호랑
이 꼬리로 묘사했다. 그러나 이곳은 2001년 지명이 호미곶으로 변경되기 전까지 일제가 고
친 장기갑으로 불렸다. 한반도의 형상을 토끼에 비유한 견해는 1908년에 발간된 잡지 ≪소
년≫에 게재된 일본 지리·지질학자 고토분지로(小藤文次郎)의 한반도 풍수형국도(風水形局
圖)에서 비롯되었다. 풍수지리사상의 형국론에 의하면, 땅은 그 외관 모양이 어떤 형상을 보
이는가에 따라 상응하는 기운을 가진다고 해석된다. 일제는 한반도의 형상을 토끼로 묘사
하면서, 나약한 기운을 가진 한반도를 일본이 보호해야 한다는 사고로 식민지배를 정당화하
고자 했다. 그러나 같은 ≪소년≫에 최남선은 이러한 일제의 지정학적 전략에 반대해 한반
도의 호랑이 형태론을 제시하여, 한국인의 진취적 기상을 역설하면서 애국 계몽사상을 고취
시키고자 했다(목수현, 2014).

3) 영토의 위치

위치는 영토의 공간적 관계에서 우선적으로 고려되어야 할 중요한 기능을 한다. 위치는

한 국가의 일차적 환경을 구성하는 기본 요소이며, 영토의 규모와 더불어 국가의 정치적 전략이나 정책 입안에서 우선적으로 고려되는 요인이다. 공간적 위치는 흔히 절대 좌표로 확인되는 절대적 위치, 다른 대상물과 비교해 설정되는 상대적 위치, 그리고 상호관계 속에서 각 실체들의 위치와 특성들이 규정되는 관계적 위치로 구분된다. 정치지리학에서 중요시되는 위치는 절대적 위치와 더불어 다른 특정 대상물과 비교해 설정된 상대적 위치이다. 예로 어떤 국가가 가지는 대륙 내의 위치, 바다와의 접촉 정도, 다른 국가들과의 인접성 정도, 또는 다른 지리적 대상물과의 관련성 등이 중요하게 고려된다. 그러나 두 실체들(집단이나 지역들) 간의 관계성(예: 중심/주변 관계)으로 규정되는 관계적 위치는 흔히 간과되지만, 매우 중요한 의미를 가진다.

물리적 위치(특히 절대적 위치)는 이와 관련된 기후와 밀접한 관계를 가지며, 이에 따라 정치 활동과 나아가 국민 생활에 지대한 영향을 미친다는 점에서, 흔히 위치결정론적 입장을 가지도록 한다. 그러나 한 국가의 경제나 주민생활은 단순히 물리적 위치와 이에 따른 기후 등에 의해 완전히 결정되기보다는 해당 국가의 기술 수준이나 기존의 산업구조, 국가의 정치적 이념과 활동 등에 의해 크게 영향을 받는다는 점에서, 위치결정론적 사고는 현실을 제대로 반영하지 못한다. 그러나 한 국가의 위치와 이에 따른 기후환경은 해당 국가와 관련된 정치적 활동에 지대한 영향을 미친다는 점은 부정하기 어렵다. 예로 유럽 열강이 아프리카 열대지역을 식민지배하면서, 더운 열대지역은 직접 상주하기보다는 원주민을 통해 간접 지배했던 반면, 기후가 온난한 지역은 유럽인들의 이주 식민지로 지배했다(임덕순, 1997: 109).

영토의 위치는 전통적 정치지리학자들의 주요 논의 주제였다. 이들에 의한 위치의 유형 구분 사례를 보면, 절대적/상대적 위치(Pounds, East, Prescott), 수리적/지리적/정치적 위치(Supan), 천문학적/수륙배치적/관계적/인접적 위치(Valkenburg), 수리적/자연적/관계적 위치(Bradley), 수리적/수륙배치적/타국관계적/인접적/전략적 위치(Dikshit) 등이 있다. 이러한 유형 구분을 참조해 임덕순(1997: 110)은 수리적(천문학적)/수륙배치적/관계적 위치로 구분해 설명했다. 여기서는 수리적 위치, 수륙배치적 위치, 인접적 위치, 기능적 위치로 구분해 제시하고자 한다.

• **수리적 위치**(절대 위치): 수리적 위치는 절대좌표 체계에 따라 설정된 위치로, 흔히 경도와 위도로 표시된다. 이러한 지표면의 절대 위치는 지구 자체의 천문적 운행 질서에 근거를 둔다는 점에서 천문학적 위치라고도 한다. 지구상의 모든 국가 영토는 경도와 위도에

따른 수리적 위치로 표시될 수 있다. 이러한 위치는 해당 국가의 기후와 이에 따른 식생 및 농업 활동, 나아가 경제 활동 전반과 국민들의 생활양식과 습관에도 영향을 미치는 것으로 인식될 수 있다. 예로 중위도 온대지방에 위치한 국가들은 기후적 조건이 다른 위도 지역보다도 유리해 경제가 발전하고 국가적 부를 축적시켰다고 주장될 수 있다.

- **수륙배치적 위치**(대륙과 비교한 상대적 위치): 국가의 위치는 대륙과 해양, 그리고 반도, 도서 등과 비교해 설정될 수 있다. 해양적 위치(또는 임해적 위치)는 국가의 영토가 1면 이상 바다와 접해 있는 경우를 말한다. 예로 벨기에와 네덜란드는 1면이, 이집트와 포르투갈은 2면이, 한국과 같은 반도국은 대체로 2~3면이 해양에 접해 있다. 그 외 여러 면에서 바다와 접한 경우 다해양적 위치라고 하며 미국, 스페인 등이 이에 해당한다. 해양적 위치의 국가들은 해양을 이용해 자원을 확보할 수 있을 뿐만 아니라 바다를 통해 해양으로 진출하기에 유리하다. 그러나 반도적 위치의 국가들은 대체로 대륙의 주변에 위치해 대륙의 중심부에서 보면 주변적 위치가 된다.

  반면 한 국가의 영토 일부분만 해양에 접해 있는 경우 또는 영토가 바다와 직접 접하지 않은 경우, 이런 국가의 영토는 대륙적 위치(또는 특히 후자의 경우, 내륙적 위치)라고 불린다. 대륙적 위치의 국가로는 러시아, 수단, 루마니아, 이라크 등을 들 수 있고, 내륙적 위치의 국가로는 헝가리, 오스트리아, 스위스, 몽골, 아프가니스탄, 볼리비아, 파라과이 등을 들 수 있다. 특히 내륙국의 경우 외국과의 교통상의 장애로 문제를 안고 있다. 대부분의 내륙국은 1921년 바르셀로나 협정과 유엔 협정(1965)에 따라 인접 해안국의 영토를 지나 외부세계와 통행할 수 있는 권리, 즉 통과권을 가지지만, 무한한 권리로 인정되는 것은 아니다(임덕순, 1997: 112).

- **인접적 위치**(인접국들과 비교한 상대적 위치): 인접적 위치는 영토를 인접하고 있는 다른 국가들과의 관계로 설정된 위치를 의미한다. 인접적 위치는 때로 '관계적(relative)' 위치로 불리지만, 절대적이 아니라 타국과의 관계적 입장, 즉 '상대적'이라는 의미에서 그러하다. 인접적 위치는 국경을 접하고 있는 국가의 수에 따라, 1면적 인접관계, 2면적 인접관계, 다면적 인접관계 등으로 분류된다. 포르투갈은 스페인과 1면만 접해 있는 1면적 인접관계 위치이고, 러시아와 중국은 각각 14면, 12면 인접관계의 위치에 있다.

  어떤 국가가 다면적 인접관계에 있고, 특히 그 인접국이 적대적 국가라면 국경 부근에서 항상 압박감을 느끼게 된다. 한 나라가 인접국으로부터 받는 압력의 정도는 인접한 국가들의 힘의 크기, 정치 이념 및 민족 감정의 대립성-적대성 정도, 생활권(라첼의 의미에서 '생활공간')의 확대 의도, 그리고 유용 자원의 부족, 유용 진출로의 부재 여부 등에 따라 달라진다. 이러한 문제를 해소하기 위한 전략의 일환으로, 냉전시대 구소련은 인접국들을 친소련적 위성국으로 만들었다.

• **기능적 위치**(기능적 관련성에 근거한 관계적 위치): 어떤 한 국가의 영토(또는 그 일부 지역)는 정치지리적 전략에 따라 다른 영토나 지점과의 관계 속에서 특정한 기능을 부여 받거나 역할을 담당할 수 있다. 이 경우, 해당 지역은 다른 지역과의 관계 속에서 상호 특성을 가지게 되기 때문에 '관계적(relational)' 위치로 규정된다고 할 수 있다. 예로 국가의 영토가 중심부 또는 주변부에 위치해 있다고 할 경우, 이 위치는 절대적 또는 상대적으로 규정된 것일 뿐만 아니라 관련적으로 규정되었다고 할 수 있다. 왜냐하면, '중심부'란 주변부가 없을 경우 중심부라는 명칭을 가질 수 없으며 '주변부' 역시 그러하다.

고전적인 지정학의 분류에 따르면, 기능적 위치는 해당 지역이 기능적으로 수행하는 역할에 따라 병참지적 위치, 기지적 위치, 육교적 위치, 디딤돌적 위치, 완충적 위치, 중간적 위치 등의 세부 유형으로 구분된다. 이러한 구분은 특정 위치가 이러한 기능을 가진다는 것이 아니라, 전략적으로 이러한 기능이 부여될 수 있음을 의미한다. 또한 특정 위치에 부여된 이러한 기능은 다른 위치들 간의 관계에 따라 결정된 것으로 이해할 수 있다. 예로 육교적 위치, 디딤돌적 위치, 완충적 위치, 중간적 위치 등은 모두 이러한 기능을 통해 다른 위치들을 연결하는 관계적 역할을 수행한다는 점을 알 수 있다.

3. 국가의 자연지리적 환경

1) 지형과 기복

한 국가의 영토를 구성하는 자연환경은 해당 국가의 국토 방어, 영토 관리와 통치, 지역감정 등과 같은 정치적 활동에 직접 영향을 미칠 뿐만 아니라 인구의 분포, 자원 확보, 경제활동, 교통로의 확충 등을 통해 간접적으로 영향을 미칠 수 있다. 예로 평야지역이 넓을 경우,

식량 및 공산품의 생산이 용이하고, 인구 거주가능 공간이 넓고, 교통로의 확충에도 상대적으로 적은 비용이 들 것이며, 통치 행정이 신속하게 이루어지고, 지역 간에도 상대적으로 쉽게 통합될 수 있다. 물론 평야지대는 개방된 공간이기 때문에 국토 방어에는 불리하게 작용할 수 있다. 예로 파키스탄은 인더스 평야를 삶의 주요 터전으로 유지해 왔고, 노르웨이는 해안의 상대적으로 좁은 저지대를 활동 무대로 기반을 두고 발전해 왔다.

반면 한 국가의 영토에서 산지 지역이 넓을 경우, 지하 광물자원, 동력자원, 임산자원 등의 확보와 국토 방어 및 지역 간 개성 유지 등에는 유리하겠지만, 식량 및 공산품 생산과 같은 경제활동이나 국내 통치, 지역 간 교통과 소통, 이에 따른 결속력 유지 등에는 불리할 것이다. 예로 고대 그리스는 산지 지형, 특히 기복의 복잡성으로 인해 많은 도시국가들로 구성되었고, 통일 전 이탈리아 내 여러 국가들이 분리되어 있었던 이유들 가운데 하나로 산지 기복의 영향을 들 수 있다. 제1차 대전 당시 과거 유고슬라비아는 산지에서의 방어를 위해 다뉴브 분지를 내주었다. 구소련에서 독립한 캅카스(영어 코카서스)산맥 주변 국가들, 즉 아르메니아와 아제르바이잔 간에는 역사적으로 오랜 갈등이 계속되고, 조지아 내에서도 압하지야, 남오세티아, 아자리아 지역 등이 분리 독립을 주장하고 있다. 이러한 갈등의 상당 부분은 석유와 천연가스 등의 생산 및 수송문제와 주변 강대국의 개입뿐 아니라 산지 지형에 따른 민족 분포와 종교적 차이에 연유한다.

이러한 지형 고저나 기복(relief)의 중요성은 근대 교통 및 통신의 발달, 국토 방어 능력의 향상, 생산기술의 고도화 등으로 점차 줄어들고 있지만, 상황에 따라 여전히 다소간의 영향력을 미치고 있다. 한 국가의 영토 지형은 평야, 구릉, 고원, 산지 등의 결합으로 구체화된다. 국가의 영토를 이러한 지형-기복에 근거를 두고 유형을 분류하면, 분지국가, 말등형 국가, 사면국가, 지루국가 등으로 구분될 수 있다(임덕순, 1997: 106).

• **분지국가**(basin state): 영토가 3~4 방향으로 둘러싸인 분지에 위치한 국가를 말한다. 이 경우 분지는 대체로 통합된 하천 유역으로 이루어져 있고, 해당 국가의 경제활동 지역이 된다. 헝가리, 파라과이, 이라크 등이 이 유형에 속한다. 분지국가들은 대개 영토 규모가 작은 편이며, 외부로의 통로가 막히면 국가 안보나 대외 교역이 어렵게 된다.

• **말등형 국가**(안상국가, a-cheval state): 영토의 가운데를 산맥이 지나가기 때문에, 마치 말등처럼 높이 솟은 곳에 위치한 국가를 말한다. 루마니아, 불가리아, 스위스, 콜롬비아, 에콰

도르 등이 이 유형에 속한다. 영토의 가운데를 관통하는 산맥이 장애물 역할을 하기 때문에, 통합 정책이 미흡할 경우 양쪽 지역 간 연결이 잘 안되어 갈등이 유발될 수 있다.

• **사면국가**(slope state): 영토의 한쪽 경계가 높은 산맥에서 시작해 그 반대쪽 경계는 낮은 곳 또는 해안으로 이루어져 산록 사면에 위치한 국가를 말한다. 칠레, 스웨덴, 노르웨이 등이 이 유형에 속한다. 이 유형의 국가들은 산록에 위치해 있지만, 다른 한쪽은 바다에 개방되어 해양으로의 진출이 용이하다.

• **지루국가**(둥지형 국가, horst state): 영토의 둘레가 단층으로 경계 지어진 산지, 즉 지형학적으로 지루(horst)처럼 지면의 고도가 높은 탁상형 국가를 말한다. 이란, 아프가니스탄, 멕시코, 에티오피아 등과 고대 잉카제국이 이 유형에 속한다. 영토의 주위가 급경사나 절벽으로 이루어져 있어 육상 외침 시에 방어에 유리하지만, 외국과의 육상교통은 불편해 문화적·경제적 발전에 불리하게 작용할 수 있다.

2) 하천의 정치지리

영토의 지형-기복과 더불어, 하천은 국가의 지형적 조건들 가운데 중요한 역할을 한다. 하천은 인간 생활과 생산에 필수적인 수자원을 공급한다. 또한 하천은 한편으로 하천 유역을 결합시키는 기능, 다른 한편으로 하천 양 연안을 분리시키는 기능을 수행한다. 하천 유역에 발달한 국가나 도시들은 하천의 결합 기능을 잘 활용한 결과라고 할 수 있다. 예로 고대 이집트, 바빌로니아, 인도, 러시아, 프랑스 등은 하천 유역에 발달한 국가들이다. 그러나 하천은 또한 양 연안 간의 교류에 장애가 되거나 외부 침략을 차단·지연시켜 주는 분리 기능을 수행한다. 하천을 따라 국경이 설정된 경우는 이러한 분리 기능을 활용한 결과라고 하겠다. 국경으로 사용되는 주요 하천으로는 압록강과 두만강(북한-중국), 메콩강(라오스-태국), 다뉴브강(루마니아-불가리아), 오데르강과 나이세강(독일-폴란드), 라인강(독일-프랑스), 콩고강(콩고-자이레), 히우그란지강(미국-멕시코), 파라나강(파라과이-아르헨티나) 등이다.

하천은 우선 물길(水道)을 제공함으로써 상·하류 지역을 연결 또는 통합하는 결합 기능을 담당한다. 육상교통이 미비했던 옛날에는 하천이 주요 교통로 구실을 했다. 이러한 점에서 하천은 국가의 생명혈관 또는 중추에 비유된다. 예로 발켄버그(Valkanburg, 1942)는 "나일

하천을 활용한 러시아의 영토 확장

그림 3-7. 러시아의 영토 팽창

자료: 임덕순(1997: 153) 수정.

러시아는 9세기경 바랴그인들이 드네프르강 중류의 비옥한 토지에 키예프공국을 건설하면서 그 역사를 시작하게 되었다. 1240년경부터 약 2세기 반에 걸쳐 몽골·타타르인들의 지배를 받았지만, 1480년 이반 3세가 몽골제국의 분국인 킵차크한국 독립을 선언했다. 그 이후 러시아는 모스크바 시대와 제정시대를 거치면서 20세기 초까지 지속적으로 영토를 확장해 왔다. 특히 16~18세기 동안 본격화된 시베리아로의 영토 확장은 군사적 팽창과 더불어 경제적 목적에서 이루어졌다. 이러한 동진정책과 영토 확장이 가능했던 것은 러시아의 영토 획득을 저지하거나 경쟁하는 세력이 없었기 때문이다. 러시아의 영토 팽창은 다음과 같은 단계로 전개되었으며, 하계망은 이러한 영토 팽창 과정에서 주요 통로, 즉 팽창로의 역할을 했다(임덕순, 1997: 154~156).

1) 1단계: '중심과 주변을 연결하는 계획(hub-and-spoke plan)'을 실행해, 모스크바를 중심으로 그 주변지역을 정복했다. 초기 팽창은 모스크바 부근의 발다이 구릉에서 흘러내리는 하천을 따라 진행되었다. 그 영토는 북쪽으로 발트해, 남쪽으로 흑해, 서쪽으로 카르파티아산맥, 그리고 동쪽으로는 모스크바시에서 약 300km 떨어진 오카강까지 이르렀다.

2) 2단계: '촉수체계(arm system)'를 활용해 자원과 위치적 가치가 있는 곳으로 촉수지대를 구축했다. 이러한 전략을 위해 코사크(카자흐) 족을 활용했으며, 특히 이들로 하여금 중심에서 멀리 떨어진 지역에 이들이 중요시하는 모피 무역의 변경 초소를 만들게 했다. 특히 16세기 말 코사크 추장이 이끄는 기병대가 우랄산맥을 넘어서 몽골계의 시비르한국을 멸망시켰다.[1]

3) 3단계: '변방운동(frontier movement)'을 위해 러시아인들은 16세기 말 우랄산맥을 넘어서 수계망

을 이용해 시베리아로 진출했다. 1604년 오브강 연안에 톰스크(Tomsk), 1632년 야쿠츠크(Yakutsk), 1638년 오호츠크(Okhotsk), 1648년 캄차카(Kamchatka)를 차례로 건설했고, 1649년 태평양 연안에 도착한 직후, 남하해 1666년 만주족의 영토였던 아무르강 유역에 알바진(Albazin)을 건설했다. 이 지역들의 개척에 따라 러시아인들의 이주가 뒤따랐다. 19세기 후반에는 농노제의 폐기로 해방된 농노의 다수가 중앙아시아 및 시베리아로 이주해 개척에 공헌했다.

4) **4단계**: '부착방법(patching method)'을 채용해 국경선을 점점 더 전진시켰다. 이에 따라 우크라이나의 크림반도, 극동의 아무르강-만주 방면, 폴란드 방면 등까지 확장하게 되어, 구소련은 세계에서 영토가 가장 넓은 광대국을 형성하게 되었다. 이 과정에서 17~18세기에는 중국의 청나라가 최강성기였기 때문에 시베리아의 남쪽으로 더 이상 내려올 수는 없었고, 19세기 말 청나라가 쇠약해짐에 따라, 블라디보스토크를 중심으로 한 연해주를 건설했다. 그리고 알래스카를 거쳐 캘리포니아 북부까지 진출해 스페인과 세력 충돌을 하면서 동진 전략을 멈추게 되었다.[2]

주: 1) 임덕순(1997: 153)에 의하면, 코사크 족을 활용한 변경 무역 초소의 건설 등은 3단계 '변방운동'의 내용으로 서술하고 있으나, 오히려 '촉수체계'의 구축으로 이해하는 것이 적절하다고 하겠다.
2) 19세기 말, 러시아는 시베리아로의 동진정책을 활성화하기 위해 철도에 의한 육상 운송의 필요성이 제기되었고, 1891년 프랑스 차관을 이용해 철도건설을 본격적으로 착수했다. 그러나 러일전쟁(1904~1905) 패배와 만주 지역에서 영향력을 상실함에 따라 지연되다가, 1916년 러시아 영토만 통과하는 철도가 완공되었다(윤영미, 2005).

강은 이집트의 생명 동맥이요, 다뉴브강은 오스트로-헝가리 제국의 중추"라고 했다. 또한 하천은 상·하류 지역이나 유역 분지 내 여러 지역들 간 수자원을 공유하거나 하천이 범람해 홍수가 발생할 경우 등에 대한 통제 과정을 통해 하천 유역을 통합시키는 기능을 가진다. 하천의 효과적인 통제는 그 유역뿐만 아니라 주변지역 전체를 지배할 수 있는 능력의 바탕이 되었다. 나아가 하천의 수계망에서 결절점이나 주요 거점에 자리 잡은 지역은 중앙집권적 국가의 형성을 위한 중핵지 역할을 담당했다. 파리, 빈, 모스크바, 바그다드, 서울 등이 이에 해당된다. 하천은 또한 이와 같이 중핵지를 중심으로 형성된 국가가 영토를 팽창시켜 나가는 주요 통로 역할을 한다. 이의 대표적 사례로 러시아를 들 수 있다.

다른 한편, 하천은 육로를 일시적으로 차단시키는 역할을 함으로써 양 연안 간 교류를 막거나 통행을 차단하는 분리 기능을 담당한다. 하천의 이러한 분리 기능을 활용하면, 다른 국가의 침략을 일시적으로 차단할 수 있고, 또한 경계 설정을 위한 명확한 자연적 근거가 될 수 있다. 하천은 분리 기능으로 인해 전쟁 시에 일시적으로 방어선 역할을 담당한다. 오늘날 전쟁수단이 발달했다고 할지라도, 지상군에 의한 실질적 점령은 필수적이다. 하천은 이러한 지상군의 진출을 일시적으로 막아주기 때문에 후방에 시간적 여유를 주는 방어선 역할을 한다. 역사적으로 보면 나폴레옹 전쟁 때 라인강, 제1차 대전 때 마른강(센강의 지류)과 다뉴브강, 중일전쟁 때 황허강, 그리고 6·25전쟁 때 한강과 낙동강, 대동강 등이 이러한 역할을 수행했다.

하천의 분리 기능에 따라 국경을 설정할 경우, 하천은 경계 설정을 위한 자연적 근거를 제공한다. 그러나 장기간에 걸쳐 하천의 유로가 변경되고 이 과정에서 때로 하중도의 상대적 위치가 변하기 때문에, 하천 경계를 둘러싸고 관계 양국 간 갈등이 발생하기도 한다. 하중도를 둘러싸고 양국 간 경계 분쟁이 발생한 대표적 사례로, 소련과 중국 사이 우수리강의 작은 하중도(러시아명 다만스키도 중국명은 전바오섬)로 인한 영토 분쟁을 들 수 있다. 이 문제를 해결하기 위해 1919~1920년 파리조약에서 보편적 원칙이 채택되었다. 이에 따르면 가항하천의 경우 주수도의 중앙선을 국경선으로 설정하고, 비가항하천의 경우는 하천 연안으로부터의 중앙선을 국경선으로 삼는다. 그 외에도 하천의 양안 중 한쪽, 또는 하천의 전환점을 연결하는 선 등도 관계 국가들 간 협의에 따라 국경선으로 채택될 수 있다.

하천은 한 국가의 영토 내에 한정되어 있는 국내 하천과 하천의 본류나 지류가 2개 이상 국가에 걸쳐 있고 이에 따라 하천의 유역 분지가 2개 이상 국가에 의해 분절되어 있는 국제 하천으로 구분된다. 국제법적 규정에 의하면, 국제 하천은 어떤 하천이 항행상 '국제적 관리 하에' 놓여 있는 하천만을 지칭하기도 한다. 그러나 정치지리학에서는 기본적으로 2개 이상의 국가에 속해 있는 하천을 국제 하천이라고 하며, 유럽의 라인강, 다뉴브강, 엘베강, 오데르강 등과 아프리카 내륙의 여러 하천들을 들 수 있다. 이러한 국제 하천은 국제조약 등에 따라 항행의 자유에 관한 결정이 이루어져 왔다. 이러한 국제 하천은 여러 국가를 관통해 흐르거나 여러 국가들이 하천 경계를 이루고 있기 때문에, 하천 이용을 둘러싸고 교통, 무역 기타의 활동을 수행하는 과정에서 흔히 충돌이 발생하기도 한다. 1921년 바르셀로나 회의에서는 국제 하천의 항행 원칙을 규정했다. 이 원칙에 의하면, 조약 당사국의 선박은 국제 하천을 자유항행할 수 있지만 군함, 경찰, 기타 공권의 행사를 목적으로 하는 선박은 제외된다. 또한 국제 하천은 2개 이상의 국가들이 하천의 수자원을 이용하는 과정에서 심각한 마찰을 유발하기도 한다. 이러한 마찰이나 대립은 하천 수계의 소유권을 둘러싼 분쟁 지역들뿐만 아니라 수자원이 부족한 건조 지방이나 상류지역에 일방적으로 댐을 건설할 경우 등에 더욱 심각해진다(제5장 참조).

4. 국가의 영해와 영공

1) 해양의 지배와 관리

해양은 지구 표면의 71%(태평양 32.4%, 대서양 16.1%, 인도양 14.4%)를 차지하며, 정치지리적으로 매우 중요한 역할을 한다. 해양의 정치지리적 중요성은 우선 해상 교통로로서 사람과 물자의 수송에 큰 기여를 하며, 또한 해양 및 해저에는 엄청난 수산자원과 지하 광물자원 등이 부존되어 있기 때문에 자원공급지의 역할을 한다. 이러한 점에서 해양은 특정 국가가 다양한 자원을 확보할 뿐만 아니라 세력을 외적으로 확장해 나가는 데 중요한 공간이 된다. 이와 같이 해양은 해당 국가가 다른 국가나 지역으로 연결·확장해 나갈 수 있는 주요 통로로서의 역할, 즉 결합 기능을 수행한다. 물론 해양은 이로 인해 분리되어 있는 지역이나 국가들 간에 교류를 차단하는 역할, 즉 분리 기능을 담당할 수 있다. 이에 따라 국가들은 흔히 해양을 사이에 두고 국경을 분리하기도 한다. 그러나 오늘날 선박 건조 및 항해 기술의 발달로 해양의 중요성은 더욱 강조되고 있다. 다른 한편, 이러한 해양의 명칭은 이를 지배하는 국가의 역사와 정체성을 반영한다는 점에서 국제적 공인 여부를 둘러싸고 관련국들 간에 분쟁의 대상이 되고 있다. 동해와 일본해를 둘러싼 한국과 일본 간의 갈등은 이의 대표적 사례라고 할 수 있다.

해양의 결합 기능을 활용한 해양의 지배 유형은 다음과 같이 분류될 수 있다.

- **해협 지배**: 해협은 양쪽에 위치한 큰 바다를 연결시켜 주는 역할을 하며, 인공적으로 형성된 운하도 같은 역할을 한다. 해협은 교통의 요충지로 경제적·정치적·군사적으로 중요성을 가지며, 이에 따라 대도시가 발달하기도 한다. 세계적으로 많은 해협 가운데, 정치지리적으로 중요성이 특히 부각되는 해협으로, 우선 발트해 입구의 해협과 흑해 입구의 해협을 들 수 있다. 냉전이 끝나기 전까지 발트해를 통한 구소련의 진출은 카테가트해협과 스카게라크해협을 통과하기 위해 덴마크의 지배하에 있는 사운드해협 또는 대벨트해협의 통과에서 제약을 받았다. 흑해를 통한 구소련의 진출도 역시 튀르키에 지배하에 있는 보스포루스해협 및 다르다넬스해협의 통과 과정에 방해를 받았다. 또한 지중해 입구의 지브롤터해협과 수에즈운하(인공 해협)는 유럽에서 중요한 해협이다. 홍해 입구의 바브엘만데브해협, 페르시아만 입구의 호르무즈해협, 인도양에서 남지나해로 이어지는 믈라카해협

그림 3-8. 구소련의 진출로에 위치한 해협들

그림 3-9. 주요 원유수송 항로에 위치한 해협들

은 최근 원유 수송과 관련해 중요성이 부각되고 있다. 특히 페르시아만과 오만만을 연결하는 호르무즈해협은 전 세계 원유 거래량의 20%가 통과하는 요충지이다. 우리나라의 입장에서 동해 입구의 대한해협 등도 매우 중요한 해협이며, 파나마운하는 북아메리카와 남아메리카 사이를 통과해 대서양과 태평양을 이어주는 해협이다.

자료 3-3:

동해 표기를 둘러싼 한·일 간 갈등

동해는 한반도와 일본 열도, 연해주 및 사할린 섬에 둘러싸인 바다를 칭한다. 유엔 해양법 협약에 의하면 동해 수역은 반폐쇄해(semi-enclosed sea)(즉, 2개국 이상에 의해 둘러싸이고 좁은 출구에서 의해 다른 바다나 대양에 연결되거나 또는 전체나 그 대부분이 2개국 이상 연안국의 영해와 배타적 경제수역으로 이루어진 만 또는 바다)이다.

동해는 한국인이 2000년 이상 사용해 오고 있는 명칭으로『삼국사기』동명왕 편, 광개토대왕릉비, 팔도총도, 아국총도 등 다양한 사료와 고지도에서 이를 확인할 수 있다. 반면 일본은 일본해라는 명칭이 1602년 마테오리치의 '곤여만국전도'에서 처음 사용되었고, 19세기에 이 명칭의 사용이 증가했다고 주장한다. 그러나 '일본변계략도'(1809) 등 일본에서 제작된 여러 지도가 동해 수역을 조선해로 표기하고 있다는 점에서 일본에서조차 일본해라는 명칭이 제대로 확립되지 않았음을 알 수 있다.

한국 정부는 1992년 열린 제6차 유엔지명포준화총회(UNCSGN)에서 동해 표기 문제를 처음 제기했고, 그 이후에도 바다 이름의 국제 표준화를 담당하는 국제수로기구(IHO) 등에 '일본해' 표기의 시정을 요구하면서 동해를 병기해 줄 것을 요구해 왔다. 이에 대해 일본 정부는 한국 정부와는 확연히 다른 해석과 주장을 개진한다. 즉, 한국 정부는 국제 기준에 입각해 '동해'를 병기해 표기해 줄 것을 요구하는 반면, 일본은 '일본해'가 국제적으로 인정된 유일한 지명이라고 주장하면서 '동해' 병기를 요구하는 한국 정부의 주장을 부정하고 있다. 하지만 동해(또는 조선해)의 병기는 과거 지도에서도 적용된 바 있다.

그림 3-10. 일본변계략도(日本邊界略圖, 1809)
자료: 외교부 홈페이지 동해 명칭.

그림 3-11. 일청한삼국전도(일본 홍문관 발행, 1894)
자료: 주성재(2012: 878).

지명 표기의 문제와 지명의 대상인 지리적 실체로서 바다 수역은 서로 분리된 문제가 아니다. 동해 수역은 한국, 북한, 일본, 러시아 4개국에 인접해 있고, 특히 이 국가들의 영해와 배타적 경제수역으로 구성되어 있기 때문에 여러 국가가 '관할권' 또는 '주권적 권리'를 공유하고 있다고 하겠다. 두 개 이상의 국가가 공유하고 있는 지형물에 대한 지명은 일반적으로 관련국들 간의 협의를 통해 결정되며, 만약 지형의 명칭에 대해 합의가 되지 않을 경우, 각각의 국가에서 사용하는 지명을 병기하는 것이 관련 국제 규범이다.

　2020년 11월 국제수로기구는 화상회의를 통해 동해 표기와 관련한 3대 당사자인 남, 북, 일 3개국과 미국, 영국이 '비공식 협의'를 거쳐 도출한 보고서를 만장일치로 잠정 승인했다. 이 보고서를 통해 제안·합의된 안은 국제수로기구가 1929년 펴낸 지침서 '해양과 바다의 경계'(S-23)를 개정하지 않고, 대신 디지털을 기반으로 한 S-130이라는 새 표준을 제정해 지명 대신 '고유 식별 번호'를 도입하기로 한 것이다.

　국제수로기구의 이러한 결과에 대해 한국과 일본은 각각 다른 해석을 내놓으면서 자국의 승리라고 주장한다. 즉, 한국은 일본해 단독 표기를 동해 병기로 바꾸지 못했지만, 장래 도입될 디지털 표준에서 일본해를 포함해 바다의 명칭 자체를 없애는 성과를 거둔 것이라고 주장한다. 반면 일본은 일본해 단독 표기를 수용해 온 S-23을 국제수로기구 출판물로 계속 사용할 수 있다고 주장한다.

　이번 합의로 동해 표기 문제가 어느 정도 해결되었다고 하지만, 문서로 표기할 경우에는 여전히 문제는 남아 있다. 독도 영유권 문제와 더불어 동해 표기 문제는 정치지리적 측면에서 보다 적극적으로 대응해야 할 문제이다(임덕순, 1992). 이와 관련해 주성재(2012)는 동해 표기와 관련된 정치지리학적 연구과제들을 제시하면서, 특히 바다의 정치지리적 특성과 주권 행사, 그리고 명칭 사용을 연계시키는 연구, 그리고 동해 명칭을 사용하는 사람들의 특성에 따른 정서적 밀착에 관한 연구 등을 강조했다. 또한 동해 표기 문제에 관한 한·일 양국의 입장에 대해서도 보다 면밀하게 파악해, 문제를 상호 협력적 관계에서 해결할 수 있어야 할 것이다(김종근, 2020).

- **연해 지배**: 연해(marginal sea)는 대양의 주변에 위치해 반도, 섬, 열도 등으로 일부가 막혀 있는 바다를 말한다. 예로 동해, 남중국해, 오호츠크해, 북해, 그리고 아일랜드와 영국 본섬 사이에 위치한 아이리시해 등이 연해이다. 연해는 출구가 여러 개 있거나 다른 융통성이 있기 때문에 해협만큼 전략적 중요성을 띠지는 않는다. 그러나 섬이나 열도로 둘러싸인 연해는 관련 국가들 가운데 어느 한쪽이 강국일 경우 그 국가의 내해로 되기 쉽다. 또한 연해 지배는 바다 건너 육지의 지배, 즉 대안(對岸) 지배로까지 확대될 가능성이 있다. 과거 영국이 아이리시해를 지배해 대안인 아일랜드의 지배로 이어졌고, 과거 일본의 동해 지배는 대안인 한국 식민지로 이어진 사례 등이 있다. 연안 지배는 인접국들 간 균형을 이룰 수도 있고(예: 영국, 독일, 네덜란드, 덴마크 등에 의한 북해의 균형적 지배), 한 강국의 일방적 지배(예: 중국의 남중국해 지배)로 갈등을 유발하기도 한다.

- **지중해 지배**: 지중해란 대륙들 사이 또는 대륙으로 둘러싸여 있는 비교적 큰 바다를 말한다. 지중해의 지배는 내해화(호수화)와 더불어 대안 지배로 이어지는 마레노스트룸(mare nostrum: 우리의 바다) 운동과 결부된다. 역사적 사례로, 고대 로마 제국이 유럽의 지중해를

지배해 '로마의 호수'로 내해화함에 따라, 유럽과 아시아 아프리카에 위치한 연안을 지배하는 대제국을 형성했다. 발트해는 17~18세기에 스웨덴의 지배하에 있었고, 흑해는 17~18세기에 튀르키예의 지배하에 있었다. 아메리카의 지중해라고 할 수 있는 카리브해는 스페인의 지배하에 있었지만, 현재는 미국의 지배하에 있다고 볼 수 있다. 아시아-호주의 지중해라고 할 수 있는 남중국해는 이곳에 위치한 여러 섬들의 전략적 중요성과 더불어, 자원의 매장 등과 연관해 인접 국가들 간에 분쟁을 초래하고 있다. 비교적 작은 규모의 지중해라고 할 수 있는 페르시아만, 홍해, 발트해, 흑해, 카스피 등도 이들을 지배하고자 하는 강대국들의 각축장이 되기도 했다.

- **대양 지배**: 대양은 태평양, 대서양, 인도양 등 세계적 규모의 해양을 말하며, 대양의 지배는 세계적 패권 국가에 의한 세계적 범위의 지배와 통한다. 대표적 사례로, 대영제국이 19세기 전성기에 인도양을 둘러싸고 있는 지역들, 즉 아프리카 동쪽 해안의 대부분에서 인도, 말레이반도를 거쳐, 오스트레일리아에 이르는 거대한 지역을 장악하여 대양을 호수화해 지배한 경우를 들 수 있다. 제2차 대전 이후, 인도양 주변의 영국 식민지 대부분이 독립하면서 영국의 세력이 약화됨에 따라, 구소련이 강력한 군사력과 다양한 전략을 강구해 인도양을 지배하고자 했으나 실현되지 못했다고 할 수 있다. 대서양은 대양의 양안에 있는 유럽과 미국에 의해 거의 전적으로 지배되고 있다. 태평양은 미국이 지배하기 위해 다양한 전략을 수행하고 있다. 미국은 예로 하와이제도, 괌, 필리핀, 일본, 한국, 오스트레일리아 등에 미군 기지를 구축하고, 군대를 주둔시키고 있다. 미국이 태평양 지배에 전략적으로 큰 관심을 두고 있는 것은 태평양이 미국 서부 변경의 안보와 직결되어 있을 뿐만 아니라 세계 지배를 위한 헤게모니 장악을 위한 것이라고 할 수 있다. 그러나 태평양, 특히 동북아 연안에서 미국은 새로운 패권 국가로 부상하고 있는 중국과 노골적 또는 암묵적 갈등 관계를 드러내고 있다. 특히 최근 중국은 유라시아 대륙의 육로뿐만 아니라 해상으로 진출을 위한 일대일로(一帶一路) 전략을 강구하는 한편, 미국은 기존의 태평양 지배를 넘어서 인도양까지 포괄하는 새로운 지정학적 전략으로 '인도-태평양 구상'을 추진하고 있다.

다른 한편, 해양의 분리 기능은 주로 해양 경계의 설정에 함의되어 있다. 바다에 접한 국가는 이를 사이에 두고 다른 국가들과 경계를 이루게 된다. 그러나 해양은 육지와는 달리 인접국들이 경계를 직접 접하기보다는 상당 부분이 공해로 남아 있거나 관련 국가의 주권이 부분적으로만 미치는 수역들이 존재하게 된다. 이로 인해 관련국의 해안선에서부터 어느 정도의 거리를 경계로 설정할 것인지에 관한 합의가 해양 경계 설정에서 주요 문제가 되었다. 18세기 네덜란드의 법률가 빈케르스후크(C. Bynkershoek)가 "토지의 주권은 병기의 힘이 그치는 곳에서 끝난다"라는 이른바 '착탄거리(cannon-shot)' 원칙을 제시한 후, 세계의 여러 국가들은 당시 대포의 착탄거리, 즉 3해리(1해리=1850m) 정도를 영해의 한계로 삼았다. 이에 따라 미국과 영국 등이 이 원칙에 합의했고, 1930년대 다른 국가들도 영해 밖 12해리까지 규제할 수 있는 '인접 수역' 설정을 전제로 이 원칙을 수용했다. 그 후 1952년 에콰도르와 칠레가 200해리까지의 배타적 어업권을 주장했다. 1970년대 후반에 와서 대다수 국가들은 12해리로 영해를 확장하는 데 동의함에 따라, 유엔 해양법 협약(1982년 채택, 1994년 발효)에 의해 12해리 영해, 12해리 인접수역, 200해리까지의 배타적 경제수역, 최대 350해리까지의 대륙붕 수역을 인정하게 되었다(구체적 내용은 제5장 참조).

이와 같이 해양의 결합 기능 및 분리 기능과 관련해, 국가들은 해양과의 인접/고립 정도에 따라 여러 유형으로 분류될 수 있다.

- **도서국**: 사방이 바다로 둘러싸인 국가, 즉 한 개 이상의 섬들로 이루어진 국가이다. 일본, 영국, 뉴질랜드 등이 대표적인 도서국들이다. 해양 진출의 기회가 주어지며, 해양세력 확대의 근거나 또는 디딤돌 역할을 하기도 한다.

- **환해국**: 바다를 둘러싸고 내해화하고 있는 국가를 말한다. 현재 인도네시아는 여러 섬으로 자바해를 둘러싼 대표적 환해국이다.

- **내륙국**: 대륙 내부에 위치해 다른 국가들로 둘러싸여 바다와 차단되어 있는 국가이다. 몽골, 라오스, 스위스, 헝가리, 차드, 잠비아, 볼리비아, 파라과이 등이 이에 해당한다.

- **반도국**: 3면(특수하게는 2면)이 바다로 이루어진 반도의 나라이다. 한국, 말레이시아, 사우디아라비아, 튀르키예, 이탈리아, 스페인 등이 이에 해당한다. 반도는 해류 관계로 보면 분리 기능과 결합 기능을 모두 가지며, 해당 국가가 결합 기능을 활용하면 강대국이 될 수 있지만, 다른 국가가 이를 활용하고자 할 경우 교량이나 디딤돌 역할을 하기 쉽다.

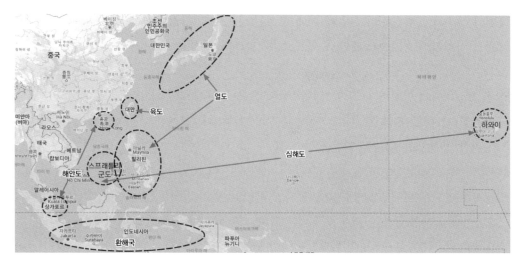

그림 3-12. 동아시아의 해양 및 도서의 유형

• **주변국**: 대륙의 주변에 위치한 국가이다. 모든 반도국은 이에 속하며, 반도국이 아닐지라
도 인도차이나지역의 베트남, 캄보디아, 태국 등과 포르투갈, 모로코, 페루, 칠레 등이 이
에 속한다. 주변국은 대체로 긴 해안선을 가지기 때문에, 한편으로 해양 진출이 용이하지
만 다른 한편, 외부로부터 침략이나 여타 유입에 노출된다.

2) 도서(섬)의 정치지리

해양에 있는 섬(島嶼)은 육지나 다른 섬에서 분리되어 있기 때문에 정치지리적으로 특정
한 성격을 띤다. 주위로부터의 고립성이 강하게 작용하면 해당 섬은 특정 인종이나 민족의
은둔처 역할을 한다. 예로 일본 북해도의 아이누족, 타이완의 타이완 원주민, 실론의 싱갈족
등이 대표적이다. 또한 섬은 외부와 차단되어 있다는 점에서 외부 침략에 저항하거나 후퇴
해 도피하는 지역이 되기도 한다. 섬은 또한 반도에 인접해 있거나 열도를 형성하고 있을 경
우 결합성을 가지는 디딤돌 구실을 하게 된다. 결합성을 가지는 섬이 해양의 결합 기능과 중
첩되면 팽창정책의 주요한 첨단이나 통로 역할을 하게 된다. 예로 이탈리아의 시칠리아나
프랑스의 코르시카, 일본의 류큐열도, 미국의 하와이, 괌 등이 이러한 역할을 한다.

섬은 지형학적으로 그 성인에 따라 육도(陸島)와 양도(洋島)로 구분된다. 육도는 대륙과의
관계, 즉 육지의 침수나 해안의 이수에 따라 형성된 섬으로 인근 바다에 위치하며, 양도는

육지와 무관하게 화산이나 산호에 의해 형성된 섬으로 깊은 바다에 주로 위치한다. 발켄버 그는 정치지리적 관점에서 해안도, 육도, 열도, 심해도 등으로 구분했다.

- **해안도**: 육지에 인접해 주로 인접 육지국에 속하며, 해양 교통의 요지로서 도시가 발달하기도 한다. 예로 홍콩, 싱가포르 등이 대표적인 예이다. 이러한 섬은 대안 육지로 진출하기 위한 거점 또는 디딤돌 역할을 한다.

- **육도**: 해안도에 비해 크고 해안으로부터 거리도 더 멀리 떨어져 있는 섬을 말한다. 시칠리아섬이나 몰타섬 등이 이러한 유형에 속하며, 타이완이나 영국의 그레이트브리튼섬과 같이 하나의 정치 단위를 형성하기도 한다. 이러한 육도 국가들은 대륙으로부터 멀리 떨어져 있어서 독자성을 유지하고 나아가 '영광의 고립'을 누리기도 한다.

- **열도**: 육도보다도 더 대륙으로부터 떨어져 있으며, 흔히 정치적 독립단위를 구성하고 있다. 일본 열도, 필리핀, 뉴질랜드, 쿠바-아이티, 자바-수마트라 등이 대표적이다. 열도는 그 형상이 활(arc) 모양을 이루거나 여러 섬들로 연쇄되어 있기 때문에, 대륙의 봉쇄 등을 위해 주요 군사적·전략적 기능을 가진다.

- **심해도**: 지형학적으로 양도에 해당하며, 대륙으로부터 멀리 떨어져 있고 크기도 비교적 적다. 그러나 때로 해양상의 주요 결절점이 되어 해양 진출의 주요 거점이 되거나 주변 해양의 점유권 주장에 근거가 되기도 한다. 예로 남지나해의 스프래틀리(南沙)군도는 중국, 말레이시아, 필리핀, 타이완, 베트남, 브루나이 등 인접 국가들의 영유권 주장으로 갈등을 빚고 있다. 심해도는 과거 유배지로 사용되거나 오늘날 주요 피난지, 부근 해역의 이용 거점, 전략 기지 등으로 쓰일 수 있다.

3) 상공의 역할과 영공

한 국가가 점유하고 있는 영토와 영해의 상공은 항공교통의 통로가 될 뿐만 아니라 해당 국가의 영토를 안전하게 보호하는 데 중요한 역할을 한다. 이러한 점에서 상공은 해당 국가의 공군 활동의 공역이 되며, 자국의 보호뿐만 아니라 세계 지배에 중요한 공간이 된다. 특히 제1차 세계대전 당시 항공기가 처음 전쟁에 사용되면서 상공으로부터 엄청난 공습과 피해를 입게 됨에 따라, 이러한 경험을 바탕으로 1919년 파리조약(항공조약)에서 영해와 마찬가지로 영공에 대한 하토국(下土國)의 완전하고 배타적인 주권이 인정되었다. 파리조약 이전에는 상공의 자유 이용론, 하토국의 완전 주권론, 제한적 가항공역론, 무해통행론 등 다양한 의견이 제시되면서 합의가 이루어지지 않았으나, 제1차 세계대전을 겪고 난 다음 각국의 입장이 달라진 것이다.

하지만 영토 및 영해의 상공에 대한 하토국의 배타적 주권이 인정되어도, 일반적으로는 평화적 이용을 위해 영공을 개방하거나 높이를 제한하는 것이 바람직한 것으로 인식되고 있다. 이러한 점에서 1944년 시카고 국제회의에서 영공에 대한 주권을 명시한 국제민간항공조약이 의결되었고, 특히 평화 시 민간항공의 무해통행과 비상착륙 등을 위해 다른 국가의 영공을 통과하거나 진입하는 것이 인정되었다. 물론 다른 나라의 항공기가 특정 국가의 영공을 통과하기 위해서는 미리 협정 등을 통해 주권국의 허가를 구해야 하며, 또한 항공사는 다른 나라의 영공을 통과하기 위해 관제 수수료로 통행료를 지불한다. 냉전 시기, 한국과 소련 사이에는 협정이 없었기 때문에 한국 국적기가 소련 영공을 통과할 수 없었고, 이로 인해 앵커리지 등으로 우회해 유럽을 통행했다.

한 국가의 상공에는 이러한 영공의 개념 외에도 여러 유형으로 설정된 구역의 개념이 적용되고 있다(제5장 참조). 해당 당사국들과의 협약이나 민간항공기구(ICAO)의 조정에 따라 설정된 '비행정보구역(FIR: flight information region)'은 관련 국가들 간 비행시간 단축과 안전 비행에 기여하고 있다. 비행정보구역이란 국제 민간항공기구가 각국 근처의 일정 구역을 설정해 그 구역 상공에 들어오는 모든 비행기들에게 기상 상태, 항로 수정, 조난 방지 등을 위해 비행에 관한 정보를 제공함으로써 안전한 운항을 하도록 유도해 주는 구역을 말한다(임덕순, 1997: 193). 그러나 이 구역 안에 사전 통보 없이 타국의 항공기가 들어오면 해당 구역의 국가는 자국의 안전 보장을 위해 공격할 수 있도록 했다. 이와 같이, 무해 통행이나 비상착륙의 원칙적 인정에도 불구하고, 모든 국가들은 사실 자국 영공에 대한 타국 항공기의 무단 통과를 철저히 규제 또는 금지하고 있다. 이러한 점에서 인도주의적으로 완전 차단이 어려울 경우, 상공의 일정 부분만 허가하는 경우가 있는데, 이러한 제한적 통로를 공중회랑(corridor of sky)이라고 한다. 예로 과거 냉전 시대 양 독일 간에 긴장 관계가 고조되었을 때, 동독은 서독-서베를린 사이의 모든 육로를 차단하면서 3개의 공중회랑만 허용한 적이 있었다.

다른 한편, 비행금지구역(no fly zone)은 일정 지역이 주민들이 위험에 처하거나 또는 군

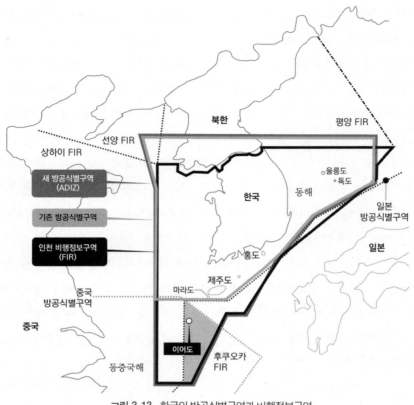

그림 3-13. 한국의 방공식별구역과 비행정보구역
자료: 국방부; 권종필·이영혁(2017: 194)을 참고해 작성.

사적 도발이 우려될 경우 유엔의 안전보장이사회의 결의, 또는 군사적 동맹관계에 있는 특정한 동맹기구(예: 나토)가 설정할 수 있다. 일단 비행금지구역이 설정되면 인도적 지원을 위해 허가된 항공기 외에 어떤 항공기도 이 지역을 통과할 수 없고, 이를 어길 경우 유엔이 지정한 군대는 해당 항공기를 격추할 권리를 가진다. 1991년 걸프전 이후 이라크 북부와 남부 영공에 각각 비행금지구역을 설정해 쿠르드족 보호와 남부 시아파 이슬람교도의 보복 공격을 차단하고자 했으며, 1992~1995년 보스니아에서도 세르비아군이 이슬람계를 대량 학살하는 것을 막기 위해 비행금지구역을 설정한 바 있다. 그 후 2011년 3월 유엔 안전보장이사회가 리비아 국민을 보호하기 위해 필요한 조치를 취하는 것을 허용하면서 리비아 상공에 비행금지구역을 설정한 바 있다.

이와 같이 비행정보구역의 무단 비행 불허, 제한된 통행만 허용하는 공중회랑의 설정, 특정 목적을 위한 비행금지구역의 설정 등은 자국의 영공에 대한 보호 차원을 넘어서 타국에 대한 영향력 행사로 이어지게 된다. 특히 대규모 전쟁의 발생 시, 상공의 지배는 전쟁에서 이기기 위한 중요한 활동이 된다. 이러한 점에서 세버스키(Seversky, 1950)는 세계 지배에서 상공세력의 우위성과 상공 패권의 중요성을 강조했다. 특히 그가 제시했던 '결정지역(area of decision)'(북극을 중심으로 북아메리카와 유라시아 대부분을 포괄하는 지역)의 상공을 지배하는 국가가 세계 상공을 지배하고 세계적으로 최강국이 될 수 있다고 주장했다. 세계적 규모에서의 상공권 장악이 아니라고 할지라도 특정한 목적의 특정 지역 상공 장악은 하토국의 군사력을 규제하기 위한 주요한 수단이 되고 있다.

제 4 장

국가의 인문환경과 정치

1. 인구와 민족

1) 인구

인구는 다양한 의미를 가지며, 특히 정치지리학에서는 국민의 구성과 관련해 중요한 역할을 담당한다. 즉, 국가를 구성하는 3대 요소 가운데 국민은 기본적으로 인구의 정치지리적 특성으로 이해된다. 인구(즉, 국민)가 없는 국가는 상상할 수 없다. 물론 국민이 있다고 할지라도 이들을 함께 결속시킬 수 있는 영토와 주권이 없으면 국가가 형성될 수 없다. 인구는 국가 형성의 기본 요소로서 일반적인 정치지리적 의미를 가질 뿐만 아니라 군사력의 유지, 경제력의 바탕, 문화의 형성·담지자로서 직간접적 중요성을 가진다. 군사력으로서 인구는 전쟁 발발 시 공격 및 방어의 주체일 뿐만 아니라 점령과 통치의 대상이 되기도 한다. 현대 전쟁에서 병력의 규모는 전쟁 무기와 기술의 발달로 중요성이 크게 감소했지만, 여전히 필수적 요소이다. 또한 전쟁은 영토뿐만 아니라 인구에 대한 점거를 목적으로 하며, 이로 인해 엄청난 사상자와 피난민을 유발한다.

인구는 또한 생산을 위한 노동력이며, 소비를 위한 구매력의 주체가 된다. 한 국가의 생산성은 자원과 자본, 기술 등에 의존하지만 또한 노동력의 양과 질에 의해서도 좌우된다. 이뿐만 아니라 인구는 생산된 재화와 서비스를 소비하는 주체로서 인구 규모(그리고 소득수준)에 따라 내수시장의 규모를 결정한다. 물론 국내총생산이 상대적으로 낮은 수준에서 지나친 인구 증가는 국민 1인당 분배 몫을 줄이며, 비생산 인구 또는 부양 인구로서 노인 인구의 증가(즉, 국가의 노령화)는 새로운 사회정치적 문제를 유발할 수 있다. 또한 과거부터 인구는 국가 조세의 대상으로서 중요한 의미가 있다. 이러한 점에서 역사적으로 국가 형성의 바탕으로 인구 조사가 실시되었다. 예로 영국에서는 11세기에 인구, 토지, 기타 사항들에 관한 조사, 기록[둠즈데이 북(Domesday Book)]을 활용했고, 한국에서도 8세기에 인구, 전답 등을 조사 작성한 신라장적[(新羅帳籍) 또는 정창원 문서(正倉院文書)]이 있었으며, 조선시대에는 호구를 조사하기 위한 호패제도를 운영했다. 이러한 점에서 이 두 기록 문헌은 조사 등록 대상, 인적 구성, 지배구조 등의 차원에서 비교 연구되기도 한다(김영학, 2015).

인구는 또한 문화의 형성자이며 담지자이다. 인구는 일정한 장소에 터전을 마련해 살아가면서 장소-특정적으로 고유한 문화를 형성하고, 다른 지역에 이를 전파한다. 특히 한 국가의 인구가 가지는 문화에는 국가에 대한 충성심이나 정체성을 포함하며, 이에 따라 다른 국

표 4-1 1700년 이후 유럽 국가들의 인구변화 추이

(단위: 천 명)

	1700	1820	1870	1913	1950	1973	1998	2020
프랑스	21,471	31,246	38,440	41,463	41,836	52,118	58,805	67,287
독일	15,000	24,905	39,231	65,058	68,371	78,956	82,029	83,191
이탈리아	13,300	20,176	27,888	37,248	47,105	54,751	57,592	59,258
영국	8,565	21,226	31,393	45,649	50,363	56,223	59,237	67,886
스페인	8,770	12,203	16,201	20,263	27,868	34,810	39,371	47,431
서유럽계	81,460	132,888	187,532	261,007	305,060	358,390	388,399	
동유럽계	18,800	36,415	52,182	79,604	87,289	110,490	121,006	
구소련	26,550	54,765	88,672	156,192	180,050	249,748	290,866	
(러시아)					102,833	132,434	147,671	146,171
전 세계	603,410	1,041,092	1,270,014	1,791,020	2,524,531	3,913,482	5,907,680	7,800,000

자료: Maddison(2007) 외; 위키피디아, "유럽의 인구".

가의 인구와는 구분되는 국민의식(또는 민족의식)을 가진다. 또한 한 국가의 국민이 구축한 문화가 다른 국가의 문화에 대해 우월성을 가진다면, 문화뿐만 아니라 정치적으로도 우월한 감정을 가질 수 있다. 이러한 점에서 한 국가의 인구 특성은 정치·경제적으로뿐만 아니라 문화적으로 그 국가의 국력을 좌우하는 주요 요소가 된다.

인구의 정치지리적 의미, 즉 국민으로서 국가 형성의 기본 요소이며 군사력, 경제력, 그리고 문화의 주체, 총체적으로 국력이라는 점에서 인구는 국가의 주요 관심사가 된다. 예로 프랑스는 제1차 세계대전 후 1920년에 산아제한 금지법을 제정해 인구 증가를 촉진하고자 했다. 프랑스는 나폴레옹 전쟁 직전인 1800년경에는 유럽에서 러시아 다음으로 인구가 많았으나, 1900년 이후 출산 기피 경향과 제1차 세계대전에서의 인명 피해로 인해 인구가 일시적으로 감소하거나 상당히 정체되는 양상을 보였다. 이러한 상황에서 프랑스 정부는 출산 장려를 위한 계몽운동과 장려금 지급 등을 통해 인구 증가를 유도했다. 또한 제2차 세계대전을 전후해 독일, 이탈리아, 일본 등도 다산을 장려한 바 있다. 당시 이탈리아의 무솔리니(Mussolini)는 다음과 같이 주장하기도 했다. "국가의 정치력에 영향을 주고 나아가 국가의 경제력 및 정신력에 영향을 주는 것은 인구력이다. 6000만 명의 독일인, 2억 명의 슬라브인에 비해 4000만 명의 이탈리아인이 뭐냐? 이탈리아가 중요국이 되려면 금세기(20세기) 후반까지는 최소 6400

그림 4-1.
1970년대 산아제한 포스터
자료: http://blog.joinsmsn.com.

만 명의 인구를 가져야 한다"(임덕순, 1997: 210에서 인용).

이와 같이 인구의 규모가 국력에 중요한 의미를 가짐에 따라, 라첼과 수판, 파운즈에 이르기까지 많은 정치지리학자들은 인구 규모로 국가를 분류하기도 했다. 또한 인구 성장은 국력의 인구적 기초를 확대시킨다는 점에서 정치지리학의 관심사가 되었다. 물론 인구 증가의 부정적 측면도 국가의 주요 정책 대상이 되기도 한다. 한 국가의 인구가 부양 능력을 넘어서 지나치게 증가하면, 실업과 빈곤이 증가해 사회정치적 문제를 유발한다. 지나친 인구 증가로 인해 발생하는 압력, 즉 인구압은 영토 확장, 식민지 개척, 이민 장려, 국내 경제발전, 출생 억제 등과 관련된 정책을 통해 해결되어야 한다. 특히 과거 한국이나 중국에서처럼 제3세계 개발도상국들이 경제성장의 초기 단계에 산아제한 등 출산억제정책을 시행함으로써 경제성장의 성과가 경제의 확대재생산에 재투자되도록 유도하기도 했다.

미래의 세계 인구 증가 추세는 세계 정치에 주요 관심사라고 할 수 있다. 세계 인구의 절대적 증가도 문제이지만, 국가별로 상이한 인구 증감 추세를 보인다는 점이 문제의 초점이 되고 있다. 즉, 선진국들의 인구 성장은 정체 또는 절대적 감소 추세를 보이는 반면, 아시아, 아프리카, 중남미 국가들의 인구가 지속적으로 증가할 것으로 추정된다. 이에 따라 앞으로 세계 인구의 구성에서 선진국의 인구에 비해 제3세계 국가들의 인구 구성비 증가는 세계경제의 성장을 둔화시킬 뿐만 아니라 국가 간 갈등을 유발할 수 있을 것으로 추정된다. 특히 아프리카 일부 국가들의 절대적 빈곤은 질병 문제를 유발하고 있으며, 국가 내전이나 국가 간 갈등과 관련될 뿐만 아니라 최근에는 기후변화에 따른 식량 감소 등과도 관련된다는 점에서, 선진국들의 관심과 지원 문제는 이미 세계 정치의 주요 이슈가 되고 있다.

다른 한편, 면적에 비해 인구수가 적은 국가들, 즉 인구 과소국들은 인구 부족에 따라 여러 문제를 겪는다. 예로 오스트레일리아, 캐나다 등은 인구가 면적에 비해 적고 대부분 도시를 중심으로 불균등하게 분포함에 따라 국토의 상당 부분은 개발되지 않은 채 남겨져 있다. 이러한 국가들과 더불어 경제력에 비해 인구(특히 저렴한 노동력)가 상대적으로 부족한 국가들(예: 영국, 독일, 프랑스 등과 최근 한국과 일본 등)은 국내 인구의 증가를 유도할 뿐만 아니라 해외로부터 인구를 받아들이게 된다. 특히 경제의 지구화와 교통통신기술의 발달로 상품이

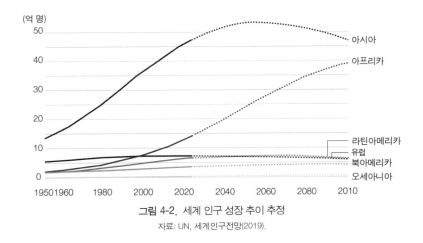

그림 4-2. 세계 인구 성장 추이 추정

자료: UN, 세계인구전망(2019).

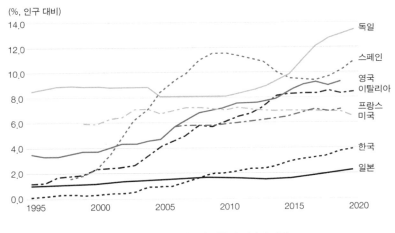

그림 4-3. 유럽 국가들의 외국인 이민자 비중

자료: OECD(2023); 김도원(2023)에서 인용.

나 자본, 기술뿐만 아니라 노동력의 초국적 이동이 급증했다. 이에 따라 상대적 인구 과소
국들은 인구문제를 일시적으로 해소할 수 있게 되었지만, 다양한 민족과 문화들의 혼합을
겪으면서 점차 다문화사회로 전환해 가고 있으며, 이로 인해 새로운 사회공간적 문제들을
경험하게 되었다.

또 다른 문제로, 지난 10여 년간 세계 난민 수가 급격히 증가하여 심각한 국제적 정치문제
로 부각되고 있다. 국제 난민문제는 물론 오랜 역사를 가지며, 제2차 세계대전으로 발생한
난민문제를 통제하기 위하여 1951년 국제난민협약이 체결되고 유엔난민기구(UNHCR)가
구성되어 현재까지 운영되고 있다. 하지만 특히 2010년대로 접어들면서 아프가니스탄의 내

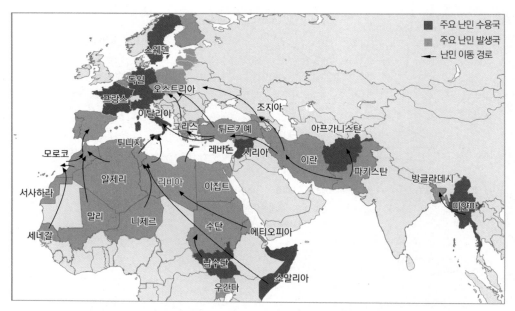

그림 4-4. 주요 난민 발생국과 유럽의 난민 수용국(2017년 말 기준)

주: [주요 난민 발생국] 1. 시리아(630만 명, 2011년 아랍의 봄 이후 내전), 2. 아프가니스탄(260만 명, 나토군 철수 후 탈레반 활동 재개), 3. 남수단(240만 명, 2011년 수단에서 분리 독립 후 내전), 4. 미얀마(120만 명, 이슬람계 로힝야족에 대한 탄압), 5. 소말리아(99만 명, 극단주의 무장 세력의 폭력 사태).

[유럽의 난민 수용국] 1. 독일 141만 명, 2. 프랑스 40만 명, 3. 이탈리아 35만 명, 4. 스웨덴 33만 명, 5. 오스트리아 17만 명.

자료: 유엔난민기구.

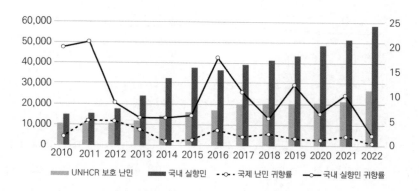

그림 4-5. 세계 난민 및 실향민과 귀향률 추이(단위: 천 명)

주: 2022년 중반 수치. 구체적인 상황에 따라 (미)포함 사항 있음.

자료: UNHCR(2022a), Refugee Data Finder, https://www.unhcr.org/refugee-statistics/download/?url=J4mnTi.

부 혼란과 함께 이른바 '아랍의 봄'으로 일컬어지는 아랍 국가들에서 민주화운동과 이를 통제하는 과정에서 초래된 내부 갈등, 특히 시리아 내전으로 인해 많은 난민들이 발생했다. 또한 남수단에서는 부족들 간 갈등에 따른 내전으로 180만 명에 달하는 난민이 발생했고, 미

표 4-2 세계 난민의 주요 출신국과 수용국(2022)   (단위: 만 명)

출신국		수용국	
국가명	난민 수	국가명	난민 수
시리아	680	튀르키예	370
베네수엘라	560	콜롬비아	250
우크라이나	280	독일	220
아프가니스탄	280	파키스탄	150
남수단	240	우간다	150

자료: UNHCR, 2022b, Mid-Year Trends 2022.
　　 https://www.unhcr.org/statistics/unhcrstats/635a578f4/.

얀마의 군부 쿠데타와 소수민족에 대한 탄압으로 100만 명이 넘는 난민이 발생했으며, 라틴 아메리카의 베네수엘라에서는 정치적 혼란과 경제침체로 전체 인구의 15%에 달하는 500만 명의 난민이 발생했다. 코로나 팬데믹으로 국경 봉쇄가 강화되면서 난민 발생과 이동은 주춤했지만, 2022년 발생한 우크라이나와 러시아 간 전쟁이 장기화되면서 800만 명에 달하는 난민을 유발했다(최병두, 2023).

　이로 인해 2022년 강제적으로 고향을 떠난 이주자 수는 2010년에 비해 4배 정도 증가하여 1억 명을 넘게 되었다. 이들은 유엔난민기구의 보호하에 있는 국제난민 2600만 명, 국내 실향민 5800만 명, 그 외 난민 신청자 491만 명, 무국적자 434만 명 등으로 구성된다. 이들의 출신국은 시리아, 베네수엘라, 우크라이나, 아프가니스탄, 남수단 그리고 미얀마(120만 명)의 순이며, 수용국은 튀르키예, 콜롬비아, 독일, 파키스탄, 우간다의 순이다. 난민의 출신국은 거의 대부분 정치적 혼란과 경험적 어려움을 겪고 있는 국가들이라는 점에서 국제난민의 귀향률은 5% 이하이다. 그뿐만 아니라 세계 난민 가운데 10%정도만 유럽이나 북미 국가들에 수용되어 있고, 그 외 대부분은 저소득 및 중소득 국가들에 머물러 있다는 점에서, 난민의 발생국들뿐만 아니라 난민 수용국들에서도 남북 불균등이 심각하며, 이로 인해 세계적 난민 위기와 난민들의 인권 문제의 취약성이 심화되고 있다.

자료 4-1:

난민 캠프의 공간성과 정치성

영국의 도버와 가장 가까운 거리에 위치한 프랑스의 해안도시 칼레에는 대규모 난민 캠프가 있었다. 이 난민캠프는 이곳 난민들 대부분이 영국으로 이주하기 전에 머무는 장소였다. 이곳에는 30개국 출신의 난민 약 7000~1만 명이 수용되어 있었는데, 식수대나 화장실 같은 기본 시설들의 부족 등 생활환경의 열악성으로 인해 '정글'이라고 불렸다.

2016년 9월 이 난민 캠프 주변에 트럭 운전사, 농부 등 500여 명의 칼레 주민들이 모여 "우리도 힘들다"며 난민 캠프의 철거를 요구하는 시위를 벌였다(Huffpost 뉴스, 2016.9.7.). 이 해 3월에 이미 캠프의 절반 정도가 철거된 상태였지만, 주민들과 프랑스 정부는 이의 완전 철거를 원했다. 일부 난민들의 격렬한 저항에도 불구하고 난민 캠프는 결국 프랑스 당국에 의해 폐쇄되었고, 약 1만 명에 달하는 난민들은 영국 이민의 꿈을 빼앗긴 채 고통과 절망에 빠져 흩어져야만 했다.

이렇게 흩어진 난민들 중 상당수는 프랑스와 접한 벨기에로 넘어갔다. 칼레에서 영국으로 가는 이주자들의 경로가 벨기에의 고속도로로 대체되었고, 파리와 브뤼셀, 칼레를 잇는 삼각형 지역에서 이주자들이 이동이 목격되었다. 해당 정부의 난민 캠프 대책과 경찰의 단속 작전이 이주자들의 경로를 결정한다고 지적되기도 했다(≪한국경제≫, 2019.10.25). 이에 따라 벨기에가 영국으로 가려는 난민과 불법이주자, 알선조직들의 '허브'가 되었다고 지적된다.

또 다른 일부 난민들은 여전히 칼레 주변지역에 남아서 영국으로 갈 기회를 찾고 있다. 최근 영국 해협에서 가장 큰 인명피해 사고가 발생했다. 2021년 11월 프랑스에서 고무보트를 타고 영국 해협을 건너려던 난민 27명이 보트 침몰로 모두 숨진 것이다. 칼레 등 난민 캠프 주변에는 난민들에게 돈을 받고 보트로 영국으로 보내는 불법 알선조직이 활개를 치고 있다. 그럼에도 프랑스와 영국 정부는 책임 공방을 주고받을 뿐이다. 영국 총리는 프랑스가 "문제의 심각성을 인식하지 않아" 발생한 사건이라고 주장하는 한편, 프랑스 대통령은 "양국 모두 책임이 있다"며 비극을 정치적으로 이용하지 말라고 대응했다(≪동아일보≫, 2021.11.25).

유럽 곳곳에는 이러한 난민 캠프들이 국가 또는 지자체에 의해 만들어지고 지역의 자선단체들과 자원봉사자들 또는 국제 비영리기구들에 의해 운영되고 있다. 이들은 난민들의 이주 경로에 따라 며칠 또는 몇 주 후에 사라지게 될 정도로 임시적이고 취약하게 운영되고 있다(문남철, 2017). 최근 코로나 팬데믹으로 인해 이들의 생활과 이동이 언론 등을 통해 잘 알려지지 않고 있지만, 수많은 난민들이 분명 매우 열악한 생활 여건 속에서 어렵게 살아가고 있을 것이다.

난민 캠프는 비단 유럽에만 있는 것이 아니다. 미얀마의 군부 쿠데타로 인해 무슬림 소수민족 로힝야족들이 방글라데시로 유입되면서 형성된 로힝야 난민 캠프에는 세계 최대 규모로 100만이 넘는 난민들이 운집해 있다(옥스팜, 2020). 이 캠프는 코로나19 확진자가 발생해 급속히 확산될 것으로 우려될 뿐만 아니라 폭우와 홍수, 화재 등에 매우 취약한 상황이라고 한다. 옥스팜 등 국제구호개발기구들이 봉사활동을 하고 있지만, 국제사회의 더욱 긴밀한 연대와 협력이 중요하다고 말하고 있다.

이러한 난민들과 난민 캠프들에서 심각한 문제들이 발생하게 됨에 따라, 지리학을 포함해 학계에서도 비상한 관심을 가지고 연구했다. 특히 난민들은 각국에서 사회적 혼란을 초래하는 '바람직하지 못한 사람들(undesirables)', 다른 지역이나 국가로 떠나가야 할 사람으로 묘사된다. "난민들은 모여 있으나 '공동체는 아닌 집단'으로 '어떤 장소에 밀집해 있으나 스스로 생존할 수 없는 무리'"로 규정되기도 한다. 이들은 극도의 불안정으로 깊이를 알 수 없는 심연으로 추락한 인간의 조건을 보여준다(최은주, 2018: 56).

난민 캠프는 이들의 생활이 이루어지는 임시 수용소로서, 한 국가 영토의 내부에 있지만 외부인을 위한 예외적 공간 또는 일시적으로 머물다가 이동하는 통과 공간 등으로 규정된다. 난민 캠프는 정글로 묘사되는 텐트와 컨테이너 그리고 인간 물질, 즉 생물학적 실체로 채워져 있지만, 이들의 인간성이 끊임없이 부정된다는 점에서 '텅 빈' 공간처럼 간주된다. 난민 캠프를 운영하는 정부 당국은 난민들을 '내부에 있는 외부자'로 간주하고 '포용적 배제' 전략을 강구한다. 난민 캠프는 불명확한 정체성과 고정된 주거지가 없는 유동하는 신체를 저지하려는 전략이 구현된 곳이라고 할 수 있다.

이처럼 난민 캠프는 난민을 표면적으로 포용하면서 내재적으로 배제하는 모순에서 성립된 장소이다. 그러나 난민 캠프는 "정치적 억압, 분리, 감금, 폐기, 수감의 장소일 뿐만 아니라 행위, 저항, 연대, 배려, 정체성 그리고 신체의 영구적인 이동, 물질성, 복합적이고 뒤얽힌 관리 실행, 정치적 규정력, 인간 네트워크의 장소"로서 다양하게 작동한다. 이러한 점에서 난민 캠프는 "그 자체로 [독일 나치 정권에서의] 강제수용 캠프의 사례처럼 근대적 정치가 억압되고 버림받은 자들을 다루는 숨겨진 공간일 뿐만 아니라 …… 저항과 정치적 동원의 도구로 사용되는 정치적으로 매우 가시적인 공간으로 이해된다"라고 지적된다(Katz et al., 2017; Minca, 2015).

2) 민족

민족이란 "동일성 의식, 공동운명체적 자각, 결연 내지 결합의식을 바탕으로 형성된 인간의 집단"을 말한다(임덕순, 1997: 215). 같은 민족 집단의 구성원들은 흔히 동일한 언어와 종교를 가지고 동일한 신화와 전설, 전통과 역사를 공유하며, 특히 역사적 경험의 공유는 강력한 민족 감정을 유발함으로써 단순히 과거의 추억이나 유산의 공유에서 나아가 미래에 대한 공동의 희망을 지니도록 한다. 예로 아일랜드인들은 오랫동안 영국에 합병되어 있었으나 자신의 민족 감정을 유지했으며, 체코 및 슬로바키아 인들도 합스부르크 제국에 합병되어 있었으나 민족정신을 잃지 않았다. 민족 감정이나 민족정신을 가진 민족은 멸하지 않고 독립 국가의 재건을 추구하게 된다. 민족 감정이나 의식이 강할수록 민족 집단 내적으로는 결속력이 강하지만, 다른 집단들에 대해서는 배타적이게 된다.

이와 같은 민족의 내적 결속성과 외적 배타성으로 인해 한 국가 내 인구가 여러 민족(인종)으로 이루어져 있다면, 그 국가는 국민 간의 민족적 대립이나 분열이 쉽게 일어나고, 국민들 간 결속의식, 국가의식이 약화되기 쉽다. 대부분 국가는 이상형으로 민족국가를 요구하지만, 실제 많은 경우 한 민족이 여러 국가로 나뉘거나 또는 한 국가도 여러 민족으로 구성되어 있다. 발켄버그는 민족 구조에 근거를 두고, 국가를 단일 구조(비교적 단일민족으로 구성된 국가), 분절 구조(다양한 여러 근원의 민족과 인종으로 구성된 국가. 예: 미국, 라틴아메리카의 여러 국가들), 복합 구조(스위스, 캐나다, 벨기에 등) 등 3가지 유형의 구조로 분류한다. 임덕순 (1997)도 이와 유사하게 민족 구조를 기준으로 국가를 3가지 유형, 즉 문화적 통일국가, 소수민족 내포 국가, 대등한 민족들로 구성된 국가로 구분한다.

• **문화적 통일국가**: 민족과 문화, 특히 생활 문화와 언어 등에서 완전히 통일, 통합되어 있는 국가를 말한다. 이와 같은 문화적 통일국가는 민족문제와 관련된 내분이나 문제는 거의 없고, 강한 민족적 결속력을 가지고 공동체적 삶을 영위한다. 흔히 단일민족·단일문화 국가로 인식되고 있으며, 우리나라, 일본, 몽골, 네덜란드, 이탈리아, 헝가리, 이집트 등이 이에 속한다. 그러나 단일민족·단일문화 국가로 인식되고 있는 국가라고 할지라도, 내부적으로 소수민족을 포함하고 있는 경우(예: 일본)가 있으며, 또한 최근 초국적 이주자의 증대로, 이러한 문화적 통일국가는 점차 다민족·다문화 국가로 변해가고 있다.

• **대등한 민족 구성 국가**: 국민들이 2~3개의 주요 민족으로 형성되어 있는 국가를 말한다. 복수민족 국가로 불리는 국가로, 때로 민족 간 심각한 갈등과 분열 사태를 겪기도 하지만, 다양한 통합정책(예: 연방제)을 채택함으로써 민족 간 대립을 극복 또는 회피하기도 한다. 예로 영국계 인구가 주류를 이루고 있는 캐나다에서 프랑스계 주민들은 퀘벡주의 분리 독립 운동을 전개하기도 했지만, 통합된 상태를 유지하고 있다. 또한 벨기에의 남부 왈룬인과 북부의 플랑드르인, 인도의 인도아리아어계 주민과 드라비다어계 주민 등은 대등한 관계를 이루면서 통합된 국가를 구성하고 있다. 그러나 이러한 국가들은 항상 민족 간 갈등과 분리 독립 요구의 가능성을 잠재하고 있다.

• **소수민족 내포 국가**: 한 민족이 국민의 대부분을 차지하지만, 다른 소수 민족이 포함되어 있는 국가를 말한다. 소수민족은 영토 내에 포함되어 있지만, 이들은 분열적 행동을 할 수 있고, 그렇지 않을 수도 있다. 예로 프랑스의 알자스-로렌 지역은 독일어를 사용하며 생활 습관이 프랑스인들과는 다르지만 이들에 대해 큰 반감이 없다. 반면 한 국가 내 소수민족이 자신의 고유 신화와 전설, 전통 복장, 고유 축제 등을 지키면서 주류 민족과 문화적으로 결합하려 하지 않고, 배타적이거나 심지어 격렬한 분리 운동을 주장할 수 있다. 예로 북이

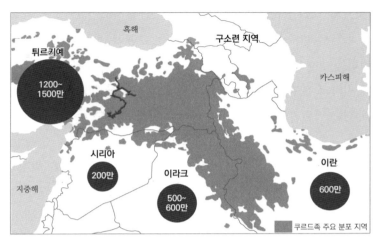

그림 4-6. 쿠르드족의 주요 분포 지역(2019년 추정치)

탈리아의 남티롤 지방은 과거 오스트리아 영토였으나 1919년 이탈리아 영토로 편입된 지역으로, 이곳의 독일어 사용 주민들은 이탈리아에서 벗어나 오스트리아에 합병되기를 바란다. 북아일랜드 가톨릭교도들도 영국으로부터 벗어나 에이레에 재통합되기를 원하고 있다.

최근 민족문제로 인해 발생하고 있는 정치지리적 갈등이나 분쟁의 사례는 매우 다양하다. 대표적인 사례로 쿠르드족 문제를 들 수 있다. 쿠르드족은 튀르키예 동남부와 이란, 이라크, 시라 등이 접경을 이루는 산악지대에 주로 거주하는 민족으로, 인구는 자료에 따라 다소 차이가 있지만 약 2500~3500만 명으로, 투르키예 1200~1500만 명, 이란 600만 명, 이라크 500~600만 명, 시리아 200만 명이 분포하는 것으로 추정된다(연합뉴스, 2019.10.10). 이들은 세계에서 독립 국가를 형성하지 못한 민족 가운데 가장 큰 규모이다. 이들은 종교가 아니라 사용하는 독자적 언어(쿠르드어)와 문화로 정체성을 찾고 있다. 쿠르드족은 중동과 러시아, 유럽 사이에 위치한 지정학적 특성으로 인해 강대국의 영향을 많이 받았다. 이 민족은 자신의 국가가 없기 때문에 역사적으로 강대국의 이해관계와 자민족의 독립 사이에서 협력과 반목을 거듭해 왔다.

이들의 역사를 보면, 제1차 세계대전 당시 독립국을 약속한 영국을 믿고 오스만제국의 붕괴에 협력했지만, 전쟁이 끝난 후 쿠르드족은 영국과 프랑스에 의해 획정된 자의적인 국경선에 의해 튀르키예, 이란, 시리아, 아르메니아 등으로 분산되었다. 그 이후 여러 국가들로 분산된 쿠르드족의 민족주의 세력 내부에서 단합하지 못하고 갈등을 겪었다. 튀르키예는 억압과 동화정책을 병행해 쿠르드 민족주의 부상을 차단한 반면, 이라크 내 쿠르드족은 자치권을 확보해 이라크 정부에 저항하면서 지속적으로 쿠르드 민족주의를 강화해 왔다(정소영, 2018). 2003년 시작된 이라크 전쟁에서 이라크 내 쿠르드족은 미국 편에서 싸웠고 국제사회에서 입지를 강화했지만, 튀르키예는 자국 내 쿠르드족의 동요를 우려해 이라크 전쟁 및 이슬람국가(IS)와의 전쟁에서 소극적 태도를 취하면서 쿠르드 세력의 확장을 억제했다.

아시아 미얀마의 인구는 다수 민족인 버마족(2000년, 3839만 명, 전체 인구의 68%) 외에 소수민족인 아라칸족, 로힝야족, 카렌족, 샨족 등으로 다양한 민족들로 구성되어 있으며, 이들 간 분리 독립을 위해 심한 갈등을 보여왔다. 대부분 기독교도인 카렌족은 불교국인 미얀마(당시 버마)가 1948년 독립할 때부터 분리 독립을 요구해 왔으나 정부군에 의해 진압되어 왔다. 2015년 아웅산 수치의 민간정부가 들어선 직후 11개 소수 민족들이 평화협정을 진행했지만 실패했다. 2021년 2월 쿠데타로 정권을 장악한 군부는 소수민족들의 저항에 대해 '분열을 통한 격퇴' 전략을 구사하면서 억압을 지속하고 있으며, 이로 인해 100만 명에 달하는 난민이 발생하고 있다.

그 외 스리랑카의 경우에도 다수민족인 싱할리족과 언어, 종교가 다른 타밀족(북부 및 동부 거주)이 정치적 독립을 주장했으나 2009년 정부군의 대공세로 일단 종결되었다. 반면 인도네시아에서는 동티모르인들이 오랫동안 분리 독립을 주장한 결과, 1999년 8월 유엔에서 실시한 국민투표를 통해 독립을 결정하고, 2002년 5월 마침내 인도네시아로부터 독립을 달성했다. 아프리카에서도 르완다에서는 소수종족인 투치족이 다수족인 후투족을 통치하다가 1959년 이후 투치족이 실권을 잃자 후투-투치 간 갈등이 계속되어 왔다.

다른 사례이지만, 중국의 건국 이후 소수민족 자치구가 된 티베트는 오랫동안 분리 독립운동을 전개해 왔으나 중국 정부의 억압적 통제정책으로 갈등을 계속하고 있다. 특히 중국의 민족 식별과 자치구역의 설정은 소수민족의 전통적 정체성을 약화시키고 민족을 지역화하기 위한 국가통합 과정의 일부로 이해된다(이강원, 2002). 러시아 내 체첸공화국의 분리 독립운동에 대한 통제도 비슷한 양상을 보이고 있다. 구소련의 여러 민족들이 분리 독립하면서, 체첸족도 1993년 독립정부로 인정해 줄 것을 요구했으나 이에 반대하는 무장 세력이 러시아의 지원을 받아서 체첸의 수도 그로즈니를 공격하면서 문제가 심화되었다. 티베트자치구 및 체첸공화국의 분리 독립운동에 대한 해당 국가의 진압은 이 지역들에 상당한 자원들

그림 4-7. 미얀마의 소수민족 분포
자료: ≪한겨레≫, 2021.4.13 참고해 작성.

이 매장되어 있을 뿐만 아니라 이들의 분리 독립운동이 다른 지역이나 민족들에게 영향을 미칠 수 있기 때문이다.

자국의 영토 내에 다른 소수 민족을 포함하기 때문에 발생하는 갈등과는 달리, 자국 민족이 다른 국가의 영토에 소수 민족으로 분포해 있는 경우에도 문제가 된다. 특히 해외 소수 민족의 분포가 과거 해당 국가가 점유했던 영토라면 자국의 민족뿐만 아니라 영토를 되찾고자 하는 운동을 전개할 수 있다. 이리덴티즘(irredentism)이라고 불리는 이 운동은 "외국 영토 내에 있는 자국계 주민의 생활지역을 탈환(또는 회복)하려는 정치적 운동"을 말한다(임덕순, 1997: 222). 이리덴티즘은 '회복되지 못한 이탈리아'를 뜻하는 'Italia irredenta'라는 이탈리아어에서 유래한 것으로, 일종의 영토회복운동의 의미를 가진다. 이리덴티즘은 주로 민족경계와 국가 경계가 일치하지 않을 경우 발생한다. 이러한 영토회복운동은 19세기 후반 이탈리아가 정치적 통일을 이루었지만, 국민의 일부가 오스트리아 영토에 거주함에 따라 발생했다. 그 후에도 유럽의 여러 지역들에서 이러한 운동이 일어났다.

이처럼 한 국가의 민족이 인접한 다른 국가에 분포함에 따라 발생하는 문제는 영토 분쟁을 유발하고 이의 해결 방법으로 주민투표나 인구 교환 등이 모색되었다. 주민투표는 현지 소수 민족에게 국가를 선택할 의사를 확인해 결정하는 경우이다. 주민투표는 제1차 세계대 전 이후 유럽에서 널리 실시되었는데, 벨기에의 말메디, 덴마크의 남슐레스비히, 오스트리 아의 클라겐푸르트, 동프로시아의 알렌슈타인과 마리엔베르데르, 폴란드의 상부 실레시아, 독일의 자르, 그리고 1960년대 말 지브롤터, 1970년대 초 북아일랜드 등에서 실시되었다. 특히 프랑스 알자스와 로렌 지역의 독일계 주민을 대상으로 한 투표나 북아일랜드에서의 주 민투표는 자신들의 생활지역이 모국으로 회복되는 것을 반대하는 투표 결과를 보였다. 소 수민족의 문제 해결을 위해 인구교환 방법도 가끔 채택되어 왔다. 자국 내 이민족을 타국 내 자국계 주민들과 교환하는 방식은 인접국들 간 마찰을 피하면서, 소수민족 문제를 해결하고 국가의 결속력을 강화시키기 위한 방안이라고 할 수 있다. 예로 1923년 체결된 그리스-튀르 키예 인구교환 상호합의로, 거의 150만 명에 달하는 튀르키예 내 그리스인들이 그리스로, 그리스 내 튀르키예인 약 50만 명이 튀르키예로 이주했다.

그 외 소수민족 문제로, 한 국가 내에서 소수 인종은 흔히 다수 인종에 의한 강압적 통제 로 인해 사회적으로 쇠퇴해져 겉으로는 별문제가 아닌 것처럼 보이는 경우도 있다. 예로 유 럽인들이 아메리카 대륙을 점령한 이후 소멸의 위기에 처하게 된 아메리카 인디언의 소수 인종 문제는 미국이 해결해야 할 주요 인종문제라고 하겠다. 그 외 소수 인종 문제로 스칸디 나비아 반도의 라프족, 스페인과 프랑스 내의 바스크족, 그린란드 및 알래스카의 에스키모 족, 브라질 등 남아메리카의 인디오족, 일본 북해도의 아이누족과 류큐족 등이 거론될 수 있 다. 현재 오키나와로 불리는 류큐는 19세기 중반 이전까지 독립국이었지만, 1879년 일본에 의해 강제 합병되었다. 제2차 세계대전 후 미국은 이 지역을 신탁통치를 하면서 독립국으로 승인할 계획을 가졌지만, 1972년 결국 일본에 반환했다.

민족문제와 중첩된 문제로 인종문제도 같은 맥락에서 이해될 수 있다. 역사적으로 인종 차별과 갈등에서 가장 심각했던 문제는 흑백 갈등이다. 16세기에 본격화되어 19세기 전반 까지 지속되었던 노예무역으로 약 1300만 명의 아프리카인들이 아메리카로 강제 이주했으 며, 아메리카 대륙의 개척과 플랜테이션 농업에 동원되면서 억압적인 인종차별을 겪었다. 이러한 인종차별은 오늘날에도 흔히 심각한 사태를 유발하기도 한다. 2019년 미국의 인종 별 인구 구성은 백인 60.1%, 히스패닉 18.5%, 흑인 13.4%, 아시아계 5.9%, 인디언 등 원주 민 출신 1.3%, 기타 0.8%로 이루어져 있다. 미국은 국가 형성 이후 흑인이 많이 분포한 남부 지방을 중심으로 흑백 충돌을 빈번하게 경험했고, 최근 히스패닉계와 아시아계 인구의 급증

세계적인 민족문제: 화교와 유대인

해외에 거주하지만 중국 국적을 가지고 있는 중국인, 즉 화교(외국 국적을 가진 중국인은 화이라고
함)와 '디아스포라(diaspora)'('흩어진 백성'이라는 뜻)의 원형을 이루는 유대인들은 세계 도처에 분포
해 있다. 이들은 독특한 민족성으로 인해 이주한 국가들에 쉽게 동화되지 못하고 때로 인종 갈등을 유
발하고 있다.

세계 화교의 수는 2017년 약 6000만 명으로 알려졌지만, 2020년에는 5000만 명으로 추산된다. 이
들의 해외 이주는 오랜 역사를 가지며, 1978년 중국의 개혁 개방 이후 이주한 화교도 1000만 명에 이른
다(김판준, 2015). 인구수로 보면 세계 25위 규모이고 자산은 최소 2880조 원에 달해 경제력으로는 세
계 8위 국가 수준이다. 이들 가운데 72.3%(4338만 명)는 동남아 지역에 분포해 있다. 가장 많이 거주하
는 국가는 인도네시아로 812만 명, 그다음 태국 751만 명, 말레이시아 678만 명, 싱가포르 283만 명의
순이다. 인구 비중으로 보면 싱가포르가 53.3%, 말레이시아가 23%이며, 인도네시아와 태국은 인구가
많아서 화교 비중은 3.3%, 11.1%로 상대적으로 적다.

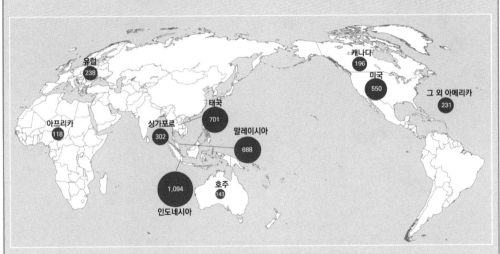

그림 4-8. 세계의 화교분포(2022)(단위: 만 명)
자료: Statista(2022) 참고해 작성.

세계적 데이터플랫폼인 스태티스타(Statista)에 의하면, 해외 거주 중국인 수는 2012년 4136만 명
에서 2022년 4973만 명으로 증가했다. 이들의 해외 이주는 오랜 역사를 가지며, 1978년 중국의 개혁
개방 이후 이주한 화교('신이민'으로 불림)도 2011년 1000만 명을 넘은 것으로 추산된다(김판준,
2015). 2022년 이들 가운데 약 70%(3462만 명)는 동남아 지역에 분포해 있다. 가장 많이 거주하는 국
가는 인도네시아로 1094만 명, 태국 701만 명, 말레이시아 688만 명, 미국 550만 명, 싱가포르 302만 명
의 순이다. 해당 국가의 인구 비중으로 보면 싱가포르가 53.3%, 말레이시아가 23%이며, 인도네시아와
태국은 인구가 많아서 화교 비중은 3.3%, 11.1%로 상대적으로 적다.

세계 도처에 분포하고 있는 화교 인구는 모두 합하면 세계 25위 규모이고, 이들의 자산은 최소 2조 5000억 달러에 달해 경제력 세계 순위는 8위국 수준에 해당한다. 이들은 현지농업, 무역업, 금융업, 부동산업 등 광범위한 분야에서 사업을 하고 있으며, 특히 동남아 경제에서 막강한 영향력을 발휘하고 있다. 화교 자본이 이 지역 국가들의 산업에서 차지하는 비율은 적게는 50% 많게는 80%를 차지하며 대외 무역 규모의 40%를 장악하고 있다(조은상, 2022). 이들은 부지런하고 학구열이 높을 뿐만 아니라, 혈연과 지연 등의 네트워크(화교 사회에서는 이를 방(幇)이라고 함)를 사업에 활용해, 인연과 신뢰를 중시하는 '꽌시 비즈니' 문화를 구축하고 있다. 이러한 화교 특유의 관계망은 세계의 주요 도시 어디에서나 차이나타운을 만들어낼 정도로 강하다.

그러나 화교들은 자민족 중심 네트워크에 근거한 경제적 영향력으로 인해, 타민족들과 갈등을 일으키거나 거주 국가로부터 차별 대우를 받기도 했다. 예로 1960년대 인도네시아의 쿠데타 발생 시 화교 상점들이 공격의 대상이 되었고, 1970년대 베트남 부정 축재자 단속 때도 우선적인 대상이 되었다. 말레이시아에서 1960년대 말 원주민과의 갈등으로 인종 폭동이 발생했고, 1970년 이후부터 국가경제의 화교 편중을 막기 위한 정책이 수립되기도 했으며, 이러한 갈등 분위기는 최근까지 이어지고 있다.

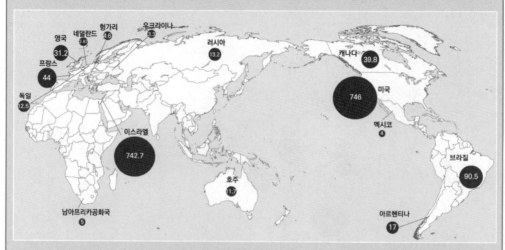

그림 4-9. 세계의 유대인 분포(단위: 만 명)

주: 세계 합계—16,780,000명(2023), 88.8%는 미국과 이스라엘에 거주.
자료: Jewish Virtual library, https://www.jewishvirtuallibrary.org/jewish-population-of-the-world(검색일: 2024년 8월) 참고해 작성.

유대인들은 제2차 세계대전 이후 팔레스타인으로 귀환하기 이전까지 유럽과 러시아, 중동 등지에 흩어져 살았다. 2023년 세계 유대인 수는 1678만 명으로, 이 가운데 88.8%가 이스라엘과 미국에 살고 있고(2020년대에 와서 미국 거주 유대인 수가 이스라엘 거주 유대인 수보다 많아졌다), 그다음 프랑스 44만 명, 캐나다 39.8만 명, 영국 31.2만 명순으로 살고 있으며, 러시아와 우크라이나에도 각각 13.2만 명, 3.3만 명이 살고 있는 것으로 추정된다. 유대인들은 시오니즘(Zionism) 중심의 민족주의에 바탕을 두고 민족적 결속력을 유지해 왔지만 이로 인해 원주민들과 분리된 생활을 하면서 심한 배척을 당해왔다. 특히 독일 나치정권의 인종주의 차별로 인해 홀로코스트 사건을 통해 약 600만 명이 학살된 것으로 추정된다(Jewish Virtual library 자료에 의하면, 1939년 세계 유대인수는 1672.8만 명에서 1945년

1100만 명으로 감소했다). 그러나 유럽 각처에 산재해서 살아가던 유대인들이 팔레스타인 지역에 모여, 이스라엘 국가를 구축하게 되었다. 1948년 이스라엘 독립 당시 이 지역에는 아랍계 주민 197만 명이 살고 있었고, 유대인은 적극적인 이주에도 불구하고 63만 명에 불과했다(≪조선일보≫, 2023, 12.12). 건국 이후 334만 명의 해외 거주 유대인들이 이스라엘로 이주·정착하게 되었고, 이로 인해 이스라엘은 이 지역에서 쫓겨나게 된 팔레스타인들, 나아가 아랍인들과 갈등과 충돌을 일으키게 되었다.

팔레스타인 아랍계는 이스라엘의 영토 내뿐만 아니라 가자지구 217만 명, 서안지구 319만 명 등이 살고 있다. 이들은 그동안 수차례에 걸쳐 발발했던 이스라엘-팔레스타인 전쟁에서 많은 인명과 자산 피해를 입었을 뿐 아니라, 일상생활에서도 직간접적으로 핍박을 받고 있다. 이로 인해 2023년 이슬람 근본주의를 신봉하는 하마스가 이스라엘을 기습공격하면서, 이스라엘-하마스 전쟁이 발발하게 되었다. 그동안 이스라엘은 미국의 지원을 받으면서, 정치·경제적으로 그리고 군사적으로 점차 안정된 국가로 발돋움했지만, 지나친 점령정책으로 팔레스타인을 탄압함으로 인해 유엔 등 국제사회로부터 비판을 받기도 한다.

과 인종별 소득 격차의 확대 등으로 인종차별 문제가 지속되고 있다. 다른 사례로 남아프리카공화국에서 소수 백인에 의한 다수 흑인의 지배는 극심한 흑인 차별로 빈번하게 폭동을 유발했으며, 결국 넬슨 만델라를 중심으로 한 흑인해방운동과 1994년 흑인 대통령의 당선으로 흑백 갈등을 크게 해소되었지만, 그 이후에도 인종차별 문제는 해결되지 않은 채 잔존해 있다.

2. 언어와 종교

1) 언어

세계에는 약 7000여 개의 언어가 사용되고 있다. 2022년 모국어 사용을 기준으로 할 경우, 중국어 사용자 수가 13억 명(세계 인구의 20%)으로 가장 많고, 그다음 스페인어 4.6억 명, 영어 3.8억 명, 힌디어 3.4억 명, 아랍어 3.2억 명의 순이다. 사용하는 국가 수로 보면, 영어가 137개국으로 1위, 아랍어가 59개국 2위이다. 한국어는 15번째로 많이 사용되는 언어로 남북한과 중국 및 일본 거주 동포 등 약 7730만 명이 사용하고 있다. 실제 대화를 위해 사용되는 언어(제1화자 + 제2화자를 합친 사용자 수)로 보면, 영어 15억 명, 표준(Mandarin) 중국어

11억 명, 힌디어 6.0억 명, 스페인어 5.5억 명, 프랑스어 2.7억 명, 표준 아랍어 2.7억 명의 순이다. 반면 세계 언어 통계 자료를 제공하는 에스놀로그(Ethnologue)에 의하면, 8800만 명이 넘는 사람들이 멸종 위기에 처한 언어를 사용하고 있는데 이는 세계 언어들 가운데 43%에 달한다고 한다. 이들은 주로 오세아니아, 아프리카 대륙에서 사용되는 언어들로, 언어의 소멸(위기)은 이를 사용하는 소수 민족의 소멸(위기) 또는 다수 언어 사용 민족으로의 통합을 의미한다.

언어는 사람들 간 정보 전달과 의사소통의 매체이며, 동일 언어의 사용자들 간 의미 체계의 공유를 전제로 한다. 즉, 언어는 이를 사용하는 사람들의 경험을 구성하고 이를 통해 같은 언어 사용자들 간 공통된 세계 또는 사회를 구성하도록 한다. 이러한 점에서 언어는 연결 기능을 가지며, 언어 공동체를 형성하게 된다. 나아가 언어는 공동의 경험을 통해 형성된 의식을 공유하도록 함으로써 동일 언어 사용자들 간 결속과 통합을 유도한다. 또한 언어는 이러한 언어 공동체로서 민족 특유의 문화를 후대에 전승할 수 있도록 해, 민족과 그들의 문화를 영속시키는 역할을 한다. 이러한 점에서 언어는 단순히 의사소통의 수단을 넘어, 특정 민족의 통합적 상징으로서 작동하는 강력한 통합 기능 또는 결속 기능을 가진다.

언어가 가지는 이러한 통합 기능과 관련해 신생 독립국들은 국가의 통합과 결속을 위해 단일 국어의 사용을 강조하며, 전체 국민들에게 이를 보급하고자 한다. 반면 식민주의 국가는 식민지 통치를 위해 기존에 사용되던 원주민 언어를 탄압하고, 그 대신 식민제국의 언어를 식민지에 사용하도록 강제한다. 예로 일제 침탈기에 조선어 말살정책은 대표적 사례라고 할 수 있다. 식민지가 아닐지라도 한 국가 내 다른 언어를 사용하는 소수 민족이 있을 경우 이들의 소수 언어 사용을 억제하고 사회적 통합을 강제하기 위해 표준어를 지정해 사용하도록 한다. 예로 필리핀에는 약 70여 개의 토착-종족어와 식민지 시대에 도입된 외국어(스페인어, 영어)가 사용되고 있지만, 인구의 약 25%가 사용하는 타갈로그어(Tagalog)를 표준어화했다. 인도네시아에서는 말레이어, 네덜란드어, 영어, 아랍어 등을 혼합 절충해 새로 개발한 바하사어를 공용화해 언어의 통합을 도모함으로써 국가적 통합을 추구하고 있다.

다른 한편, 사용 언어가 다르면 사람들 간 집단적 감정, 정신, 사유, 세계관 등이 다를 수 있다. 즉, 언어는 의사소통을 불가능하게 하거나 어렵게 만드는 장애 기능이나 이로 인해 집단들 간 공동의 유대의식의 형성을 어렵게 하는 분열 기능을 가진다. 특히 언어 사용자의 분리, 즉 언어의 분포는 지역 간 이동을 어렵게 하는 지형에 많은 영향을 받는다. 예로 하천이나 산맥, 삼림, 산, 사막 등은 사람들 간 교류를 가로막기 때문에, 민족과 이들이 사용하는 언

그림 4-10. 인도의 언어 분포

주: 주별 공식 언어 기준.

자료: https://www.geeksforgeeks.org/national-languages-of-india-list/.

그림 4-11. 캐나다의 지역별 언어 사용

자료: 2021년 캐나다 인구센서스 통계, todocanada.ca/these-are-the-languages-spoken-in-ca nad a-according-to-2021-census/

어의 경계가 되기도 한다. 또한 언어는 사용자의 특정한 분포에 따라 고립된 형태로 사용되기도 한다. 특정 민족이 특정 지역에 고립된 형태로 거주할 경우 발생하는 '소수 민족의 섬'처럼 '언어의 섬'이 형성될 수 있다. 한 국가 내에서 사용하는 언어가 다양할 경우, 집단이나 지역 간 의사소통이 제대로 되질 않기 때문에 사회적·지리적 갈등이 발생할 수 있으며, 심지어 분리 독립운동이 초래될 수도 있다. 그러나 문화적 다원주의를 인정하는 민주주의의 발달로 여러 언어를 공용어로 사용하거나, 또는 언어 외의 다른 통합적 요소들이 더 강하게 작용할 경우에는 별 어려움 없이 국가적 통합을 유지하기도 한다.

인도는 대표적인 다언어국이다. 이 나라의 언어는 크게 북부의 힌디어 등 인도아리아어족 언어와 남부의 타밀어를 비롯한 드라비다계 언어로 양분되며, 이 두 계통의 언어 사용자가 인구의 95%를 차지한다. 그러나 2001년 인구조사에 따르면, 인도에는 100만 명 이상 사용하는 언어가 30개, 1만 명 이상 사용하는 언어는 122개에 달하는 것으로 파악되었다. 공용어는 힌디어와 영어이며, 헌법에 명시된 주요 언어는 힌디어, 텔루구어, 타밀어, 우르두어, 펀자브어 등 22개이고, 또한 각 주에서도 주 단위의 공용어를 별도로 지정하고 있다. 인도는 영국 식민지배하에서는 영어를 공용어로 사용했다. 그러나 당시 인도국민의회당은 영어 대신 힌디어를 지원했지만, 마하트마 간디는 힌두교도들과 우르두어를 사용하는 이슬람교도 간 마찰을 우려해 이 두 언어의 중간 성격인 힌두스탄어 사용을 원했다. 그러나 1947년 인도와 파키스탄이 분리 독립됨에 따라 간디의 언어정책은 고려할 필요가 없어졌다. 1950년 인도 정부는 힌디어를 헌법상의 국어로 정하고 1965년 이를 공용어화하려 하자, 다른 언어 사용 주민들, 특히 남부의 드라비다 어족 주민들의 강력한 반발에 부딪쳤다. 1968년 인도 교육부는 3개 언어 원칙(각 주 정부는 힌디어, 영어 그리고 한 개의 현대 인도어 또는 지역어를 채택하는 원칙)을 제시했고, 1986년 재확인했으며, 현재도 적용되고 있다.

캐나다는 언어 문제로 국가적 혼란과 갈등을 겪고 있는 또 다른 국가이다. 캐나다의 인구 구성은 영어를 사용하는 영국계 주민이 약 50%이고, 프랑스어를 사용하는 프랑스계 주민이 약 30%이다. 이 양 계통의 주민 간 대립의식은 1760년 프랑스가 영국과의 식민지 전쟁에서 패해 캐나다를 영국에 넘기고 철수하면서부터 시작되었다. 특히 퀘벡주는 전 인구의 80% 이상이 프랑스어를 사용하면서 언어뿐만 아니라 사회적·종교적으로 다른 발전 과정을 거쳐 왔다. 특히 1960년대 중반부터 프랑스계 캐나다인들은 퀘벡의 기치 아래 민족주의를 표방하면서 프랑스어를 중심으로 경쟁력을 기르고 자치력을 확립하려는 시도를 추진했다. 이에 따라 1980년과 1995년 두 차례에 걸쳐 주권 독립과 관련된 투표가 실시되었지만, 반대가 각

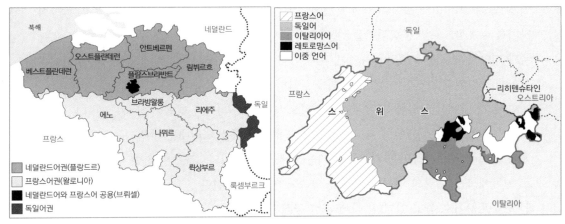

그림 4-12. 벨기에의 지역별 언어 사용	그림 4-13. 스위스의 지역별 언어 사용
자료: https://www.instiz.net/pt/3674594	자료: 스위스 연방 통계청(2008).

각 59.6%, 50.6%로 무산되었다. 2012년에는 퀘벡주의 분리 독립을 주장하는 퀘벡당이 주의회선거에서 승리하기도 했다.

과거 유고슬라비아가 1992년 이후 7개 국가로 해체되어 각각 다른 국가로 분리·독립한 경우도 언어(그리고 민족 및 종교) 갈등의 대표적 사례이다. 구유고슬라비아는 민족과 언어, 종교를 달리하는 세르비아인, 크로아티아인, 보스니아인, 슬로베니아인, 마케도니아인, 알바니아인 등으로 구성되어 있었다. 제2차 세계대전 이후 티토 대통령에 의해 수립된 유고슬라비아(사회주의연방공화국)는 티토의 사망으로 분리 움직임을 보였고, 1990년 동유럽의 개혁·개방과 더불어 해체했다. 갈등과 전쟁을 통한 해체 과정에서 구유고슬라비아는 슬로베니아, 보스니아 헤르체고비나, 세르비아 몬테네그로, 크로아티아, 북마케도니아로 분열되었고, 세르비아 몬테네그로는 2006년 각각 세르비아와 몬테네그로로 분리되었으며, 2008년에는 코소보가 세르비아로부터 독립을 선언해 2018년 유엔 회원국으로부터 독립국가로 승인을 받았다.

그 외 언어와 관련된 주요 사례로, 벨기에는 네덜란드어권, 프랑스어권, 혼용하는 수도 브뤼셀지역, 독일어권 등으로 구성되는데 각 언어권의 구별이 명확해 문화적 동질성이 적기 때문에 일상생활이나 교육의 갈등부터 정치적·안보적 문제까지 유발되고 있다. 이로 인해 1993년에는 언어권으로 구분되는 연방제를 채택하게 되었지만, 최근에도 언어소통과 정보공유가 미흡해 테러에 대한 대응이 제대로 되지 않을 정도이다. 반면 스위스는 독어, 프랑스어, 이탈리아어, 고대 로마어 등 4개 언어를 모두 공용어로 사용하고 있으며, 공통의 국가적 가치를 공유함으로써 문화집단들 간 관용과 타협이 잘 이루어지고 있다(강휘원, 2009). 또한 국가 지향적 애국심과 주민들의 정치적·문화적 성숙 등이 구심력으로 작용함으로써 언어의 상이성으로 인해 발생할 수 있는 문제를 극복하고 있다.

한 국가 내에서 동일한 언어라고 할지라도 지역별로 의미나 발음(특히 악센트)이 다소 다른 사투리(방언)가 사용될 수 있다. 지방의 고유한 특성을 드러내는 사투리는 그 지역 주민들의 정체성을 형성하면서 다른 지역과는 구분되는 지역의식을 형성하는 데 기여한다. 예로 영국에서는 '여왕의 영어'라고 하는 왕족의 언어 또는 런던 중산층의 교양 있는 사람들의 언어를 표준어로 삼고 있지만, 이에 관한 공식 규정은 없고, 각 지역별 특성이 반영된 사투리를 사용하고 있다. 미국도 역시 표준 영어를 규정하지 않고 있다. 이처럼 사투리의 사용은 지역의 고유한 정체성과 문화를 드러내지만, 때로는 지역 간 배타적 의식을 조장하는 근거로 활용될 수 있다는 점에서, 때로 국내 통치와 통합에 문제를 일으킬 수도 있다.

2) 종교

종교는 인종 및 언어와 더불어 정치지리적 현상을 유발하는 주요한 인문환경적 요소들 가운데 하나이다. 미국의 여론조사기관 퓨리서치센터(Pew Research Center)의 자료에 의하면, 기준 세계인구 78.2억 명 가운데 85%가 종교를 가지고 있으며, 기독교 23.8억 명, 이슬람 19.1억 명, 힌두교 11.6억 명, 불교 5.1억 명, 그 외 민속종교 및 여타 종교 5.3억 명 등으로 추산된다(Wikipedia에서 재인용). 이러한 종교 인구는 대체로 지역별로 집적하는 분포 유형을 보인다. 종교는 개인적으로 심리적 안정이나 행복, 인격 도야 등에 기여하며, 또한 사회적 관계성을 통해 연대감과 응집력을 강화함으로써 사회통합에 기여한다. 그러나 특정 종교에 대한 믿음은 다른 종교에 대해 배타적 감정을 유발하고 집단적 정체성의 대립 관계를 촉진한다는 점에서 분리와 갈등을 일으키기도 한다. 이러한 점에서 종교는 다른 인문환경적 요소들처럼 기본적으로 통합 기능과 함께 분리 기능이 있으며, 이들을 보다 구체적으로 살펴보면 지배수단의 기능, 국민결속의 기능 그리고 민족주의적 기능 등으로 구분된다(임덕순, 1997: 242~245).

또한 종교는 원시사회에서부터 문명이 발달한 오늘날에 이르기까지 현실의 복과 미래의 평안을 염원하는 인간의 본능에 근거하지만, 이러한 이유로 정치에 영향을 미치는 주요한 요소로 간주된다. 즉, 종교는 역사적으로 대중이나 국민을 지배하기 위한 수단(이데올로기)으로 활용되었으며, 특정 종교를 국교로 정해 국민들의 종교 생활을 통제함으로써 사회·정치적 통합을 도모하기도 했다. 예로 본래 다신교적 믿음을 가지고 있었던 로마제국은 처음에는 기독교를 배척했지만, 기독교의 승인과 급속한 확산으로 로마제정 시대가 끝나고 종교가 사회정치체제를 지배하는 봉건제로 전환했다. 이에 따라 각 지방의 정치지배자들은 교황에 의해 왕권을 인정받았고 이에 따라 가톨릭교의 정치적 권위에 복종했다. 오늘날에도 바티칸의 교황청은 '영토 없는 제국'으로서 세계 가톨릭교도를 정신적으로 지배하는 강력한 지도력을 발휘하고 있다. 비슷한 맥락에서 이슬람교는 생활의 규범이며 법률로 간주되는 코란을 통해 국가의 정치, 사회, 문화 전반을 사실상 지배했다.

종교를 통한 이러한 정치적 지배는 지배계급의 권위와 권력을 정당화하고, 기존의 사회정치적 조직체계를 유지하며 심지어 일상생활의 의식과 활동 양식까지 규정할 수 있도록 했다. 특히 종교는 그 종교의 발상지를 신성시해 순례하고 보호할 뿐만 아니라 타 종교(민족)에 의해 점령될 경우 이의 탈환을 위한 전쟁을 유발하기도 했다. 예로 11세기에서 13세기 동안 진행되었던 십자군 전쟁은 좁게는 성지를 이슬람 세력으로부터 탈환하기 위해 지중해 동해안 지역에서 발생했던 전쟁들을 지칭하며, 넓은 의미로는 이교도나 이단의 토벌, 집단 내 분쟁과 정치적 갈등 등 여러 종교적 동기에서 유발된 전쟁을 일컫는다. 이슬람교의 성지인 메카(Mecca) 역시 신성시되고, 신자들의 순례를 관례화하고 있다. 즉, 메카는 이슬람 국가들의 사회적 통합을 촉진하는 아이코노그래피의 역할을 하고 있다.

이러한 종교가 민족주의와 결합할 경우, 보다 강력한 영향력을 행사할 수 있다. 특정 민족은 흔히 특정한 문화적 기반(예: 언어)과 생활양식과 더불어 특정한 종교를 가지고 있다. 특정 민족에게 고유한 종교는 이를 신봉하는 민족 내부의 결속력을 강화하고 사회·정치적 통합에 기여하지만, 다른 민족이나 종교에 대해서는 대체로 배타적인 대립을 유발하는 경향, 즉 분리 기능을 수행하게 된다. 민족주의를 강하게 반영하고 있는 민족종교의 사례로 일본의 신도와 이스라엘의 유대교를 들 수 있다. 일본의 신도(神道)는 애니미즘 신앙에 바탕을 둔 토착 신앙에서 출발해, 초자연적인 힘인 가미(kami, 신)를 믿고 신사를 설치해 종교적 의식과 활동을 수행한다. 이 종교는 명치유신 이후 국왕을 신성시하고 충성하는 교리를 강조했지만, 제2차 세계대전 이후 연합군에 의해 그 존속이 폐지된 바 있다.

이처럼 종교가 정치에 중요한 기능을 수행하고, 정치 또한 이러한 종교의 기능을 활용하고 있다. 이러한 점에서 국민들의 종교 구성과 활동은 국가의 통합과 통치에 중요한 의미를 가진다. 물론 오늘날 대부분 국가들은 종교의 자유를 인정하며, 따라서 종교적으로 복합 국가이지만, 종교의 통일을 통해 국가적 이념과 생활양식의 통일을 추구하는 국가들은 국교를 정하고 있다. 예로 라오스, 스리랑카, 캄보디아는 불교, 리비아, 말레이시아, 모로코, 모리타니, 몰디브, 바레인, 방글라데시, 사우디아라비아, 소말리아, 아프가니스탄, 아랍에미리트, 알제리, 예멘, 요르단, 이라크, 아란, 이집트 등은 이슬람교, 모나코, 몰타, 아르헨티나, 리히텐슈타인 등은 가톨릭, 그리스, 키프로스는 정교회, 덴마크(루터교), 아이슬란드(루터교), 잉글랜드(성공회), 핀란드 등은 개신교를 국교로 정하고 있다.

법적으로 국교를 정하고 있다고 할지라도, 다른 종교에 대한 태도는 국가별로 상이하다. 예로 잉글랜드는 성공회를 국교로 정하고 있으며 형식상 국왕은 성공회의 수장이다. 북아일랜드에서 발생한 종교분쟁은 잘 알려져 있지만, 지역 내적으로는 다른 종교에 대해 관대한 편이다. 북유럽 국가들이나 아르헨티나 등도 국교가 있지만, 여러 종교가 활동하고 있으며 갈등을 유발하지 않고 있다. 그러나 예로 사우디아라비아, 수단, 아프가니스탄, 이란, 파키스탄, 브루나이 등은 강성 이슬람 국가로 다른 종교를 이단시해 추방하거나 탄압한다. 이란은 다른 종교에 대해 상대적으로 관대한 편이지만, 대통령 위에 종교지도자가 군림하는 신정국가이다. 모로코는 이슬람교가국교이고 다른 종교를 배제하지 않지만, 선교 활동은 금지한다.

종교의 통합적 기능은 국경을 초월해 동일한 종교에 기반한 초국가적 통합을 주창하고 이를 실행하도록 한다. 우선 사례로 로마 가톨릭교에 근거한 초국적 종교공동체를 들 수 있다. 약 30개 국가의 국교 또는 우월 종교의 지위를 가지고 있는 가톨릭은 바티칸 교황청을 정점으로 강력한 조직체를 구성하고, 위계질서에 근거해 세계에 분포하고 있는 신자들을 정신적으로 통합하고 있다. 가톨릭 신자들은 비숍체제(주교들에 의해 통치되는 조직체계)에 집행되는 교회의 계율에 복종해야 한다는 종교적 믿음에 따르고 있다. 특히 교황청은 재외공관을 두고 외교활동을 벌이고 있으며, 각국의 현지 교도들 가운데 추기경이나 대주교를 임명하며, 가톨릭에 근거한 교육에도 많은 관심을 가지고 실행하고 있다.

또 다른 대표적 사례는 이슬람국가들로, 종교에 바탕을 두고 직접 정치적 결속을 추구하고 있다. 교조 무함마드가 주창한 '알라에게 복종하다'라는 뜻을 가진 '이슬람'교는 한 손에 칼과 다른 한 손에 코란을 들고 세계 각지로 자신의 종교를 전파해 왔다. 이 종교는 메카 예배와 순례, 라마단 월의 단식 등으로 생활에 직접 영향을 미칠 뿐만 아니라 코란 계명에 근거한 법률을 받아들이면서, 공동 소속감과 통치 방식을 통해 결속을 유지·강화하고자 한다.

이러한 점에서 제2차 세계대전 후 아랍 7개국이 아랍연맹을 결성했다. 그 후 이집트 대통령 나세르가 아랍민족주의에 근거해 아랍권의 통합을 제창하기도 했지만, 주도권 다툼으로 실현되지는 않았다. 현재에도 팔레스타인을 포함한 22개 아랍 국가들이 가입한 아랍연맹은 회원국 간 관계를 강화하고 협력을 증진하며 공동의 이익을 추구하고자 한다.

그러나 이슬람교 내에도 200개가 넘는 종파가 있다. 대표적 종파는 전체 이슬람 신자의 80~90%를 차지하는 수니파로 사우디아라비아, 시리아, 이집트, 레바논 등을 중심으로 주류를 이루고 있다. 이란으로 대표되는 시아파는 수적으로 적지만 이라크, 바레인 등을 포함하며 수니파 국가들과 대립을 세우고 있다. 수니파와 시아파의 갈등은 632년 무함마드의 후계자를 놓고 의견이 갈리면서 시작되어 현재까지 이르고 있다. 최근 종파 간의 혼란과 갈등은 원유생산과 관련된 이해관계로 미국과 러시아 등 초강대국들의 개입으로 더욱 가중되었다. 1980년 발발한 이란-이라크전쟁은 이란의 시아파 정부가 이라크 내 수니파의 시아파 박해를 비난하면서 고조된 대표적인 종교전쟁으로, 유엔 안보리의 휴전 명령에도 불구하고 1988년까지 지속되어 백만 명 이상의 사상자를 내었고, 중동지역 및 국제정세에 영향을 주었다.

세계의 화약고라고 불리는 중동지역에서는 다른 종교와의 갈등에 직간접적으로 관련된 걸프전쟁, 미국의 아프가니스탄 및 이라크 침공 등이 있었고, 이스라엘과 팔레스타인 나아가 아랍국들과의 갈등도 종교전쟁의 중요한 사례라고 할 수 있다. 걸프전쟁은 이란-이라크전쟁 후 막대한 부채를 지게 된 이라크가 석유자원의 확보와 더불어 자국 내 불만을 외부로 돌리기 위해 쿠웨이트를 침공하면서 발발했다. 그러나 미군의 개입으로 이라크군은 7만 여명의 사상자를 내면서 패배했다. 미국의 아프가니스탄 및 이라크 침공은 미국에서 발생한 9·11테러와 이를 계기로 미국이 선포한 '테러와의 전쟁'의 일환으로 이루어졌다. 9·11테러 사건의 정확한 원인은 지금도 밝혀지지 않았지만, 기본적으로 미국에 적대적 관계를 가진 이슬람 세력에 의해 초래된 종교적 대립과 정치적 이해의 충돌로 발생한 것으로 이해된다. 또한 이 전쟁은 한편으로 중동지역이 가지는 전통적 의미의 지정학적 측면과 더불어, 다른 한편으로 아무런 선전포고 없이 일상생활 중에 '국가 없는 전쟁'이 발생했다는 점에서 이를 이해하기 위한 초테러리즘의 새로운 지정학적 틀이 필요함을 일깨운다(최병두, 2002: 285~316).

보다 최근 중동지역에서 시작된 심각한 사태로 이른바 '이슬람국가(IS)'라는 무장단체 문제와 유럽 난민 발생의 주요 원인이 되고 있는 시리아 사태도 상당 부분 종교적 갈등에 기인

그림 4-14. 시리아 내전 세력별 장악 지역
자료: ≪한겨레≫, 2018.9.5 참고해 작성.

정부군 · 쿠르드 민병대 · 반군 · 이슬람국가(IS)

한다. 이슬람국가라고 자칭하는 무장단체는 2014년에서 2017년 사이 이라크 북부와 시리아 동부를 점령하고 국가를 자처했던 극단적인 수니파 이슬람 원리주의자들이다. 이 단체는 시아파 세속주의 정권이 장악하고 있는 시리아와 이라크의 영토를 무력으로 정복해 수니파 이슬람 근본주의 국가 건설을 추구하면서, 자신들과 적대적인 정권을 지원하는 서방 국가들에 대해 테러를 유발하기도 했다.

다른 한편, 최근 유럽 난민들 가운데 대부분을 차지하는 시리아 난민은 2011년부터 계속되고 있는 시리아 내전에 기인한 것이다. 시리아 내전은 종교, 인종, 경제 문제 등이 복합적으로 얽혀 있지만, 종교 문제가 강하게 작동하고 있다. 즉, 전체 인구의 약 13%에 불과한 소수 시아파 분파가 장악하고 있는 시리아 정부는 다수 수니파를 견제하기 위한 독재정치를 수행함에 따라, 인구의 73%를 차지하는 수니파의 반정부 시위를 촉발했고, 일부 조직화된 세력과 대립하면서 본격적인 시리아 내전이 발발했다. 이러한 상황에서 극심한 흉작과 이라크 난민들의 유입으로 자국민의 생활이 어려워지면서, 시리아를 떠나는 난민이 발생했다.

3. 경제, 자원, 교통

1) 경제력

좁은 의미로 정치는 경제와는 구분되지만 서로 밀접한 연관성을 가진다. 예로 국제정치에서 한 국가가 가지는 영향력은 그 국가의 경제력에 크게 좌우되며, 전쟁과 같은 비상 상황에서도 경제력이 주요한 수단으로 뒷받침되어야 한다. 일반적으로 경제 규모가 큰 국가들은 국제정치에서 더 큰 발언권을 가지며, 상대적으로 큰 군사력을 유지할 수 있다. 국내적으로도, 정치권력은 흔히 경제성장을 자신의 주요한 집권 의제로 제시하며 실행하고자 한다. 물론 국내 정치에서 경제성장을 집권 이념으로 제시하는 것은 국민의 빈곤 탈피나 물질적 생활 향상을 전제로 지지를 얻기 위한 것이지만, 국제적으로도 더 큰 영향력을 발휘할 수 있는 가능성을 부여한다. 이처럼 한 국가의 경제력 전반은 정치지리적으로 주요한 의미를 가지지만, 국가 경제의 세부 부문들로 구분해 논의해 볼 수 있다.

정치지리에 영향을 미치는 주요한 경제적 측면으로, 산업구조, 특정 집단(계층 및 지역)의 경제 점유, 지역경제의 특성, 자원의 부존 여부, 경제, 산업구조의 국제적 특성과 연계성 등을 들 수 있으며(임덕순, 1997: 259~261), 여기에 교통 및 통신문제도 고려되어야 할 주요 요소이다

우선 산업구조는 농업에서 공업, 서비스업으로 발전하는 경향을 가지며, 한 국가의 국력은 그 국가의 경제가 어떤 산업에 의존하고 있는지에 따라 달라진다. 산업구조는 국가의 경제력과 더불어 고용상태, 자급/대외의존 정도 등을 추정할 수 있도록 한다. 선진국 경제는 대체로 핵심 중화학공업과 첨단기술산업에 바탕을 두고 있으며, 이러한 산업들은 경제력의 확대를 견인하는 한편, 그 자체로 군수산업의 발달로 이어진다. 특히 기계, 제철, 제강, 컴퓨터, 인공지능, 신소재, 통신장비 부문의 발달은 경제발전을 선도할 뿐만 아니라 다양한 전쟁 물자(탱크, 미사일, 군함, 군용기 등)의 공급을 원활하게 한다. 또한 군수산업의 발달은 해외로 군수품의 수출을 통해 경제성장에 이바지할 뿐만 아니라 국가 간 군사적 동맹을 강화하는 데 기여한다(송래찬, 2017). 이러한 점에서 미국 경제는 이른바 군산복합체(military-industrial complex)에 의존하고 있는 것으로 이해된다. 그러나 군수산업에 크게 의존하는 산업화는 한편으로 제국주의적 침략전쟁을 유발할 위험을 안고 있다. 다른 한편, 중화학공업, 특히 군수산업 중심의 국가 경제를 운영하던 구소련이 해체된 것처럼, 과도한 군수산업 발달은 산업구조를 편향시킬 뿐만 아니라 국민 생활 경제로부터 괴리됨에 따라 궁극적인 한계를 맞을 수 있다.

경제적 부가 국민 간에 어떻게 배분되는가, 경제체제가 국제적으로 어떤 특성을 가지는가 등의 문제는 정치지리적으로 주요 관심사이다. 국내적 상황에서 경제적 부의 사회적 및 공간적 불평등 배분(또는 분포)이나 이를 유발하는 경제구조는 계층적 및 지역적 갈등을 유

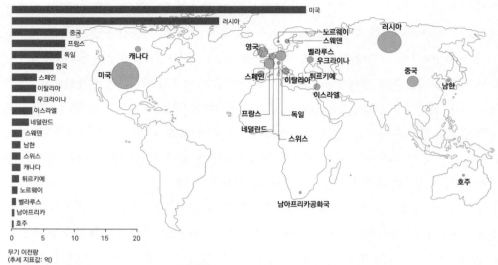

(가) 세계 20대 무기수출국(2012~2016)

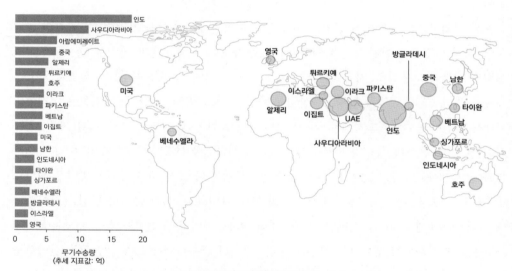

(나) 세계 20대 무기수입국(2012~2016)

그림 4-15. 세계 주요 무기수출입국

자료: 송래찬(2017) 참고.

발하고, 국가에 대한 정치적 저항을 초래할 수 있다. 자본주의는 기본적으로 자본/노동 간 계급관계를 전제로 하지만, 현대사회에서 이들 간 계급적 갈등은 제도적으로 관리되고 있다. 그러나 소득 및 자산의 양극화와 이들과 직간접적으로 교육, 보건의료 등의 차별화는 부/

빈곤의 대물림을 유발하면서 여전히 주요한 정치적 논제가 되고 있다. 비슷한 맥락에서 자본주의에 내재된 공간적 불균등발전은 지역 간 경제적 격차를 유발하고, 이로 인한 지역 간 갈등과 대립을 심화시킬 수 있다.

국제적 측면에서 우선 지적되는 문제는 경제적 자급자족, 즉 자립/종속과 관련된 정치지리적 문제이다. 대부분 국가들은 경제적 자급자족을 추구하겠지만 특히 17~18세기 유럽 국가들의 경제는 기본적으로 경제적 자급자족을 목표로 했다. 경제적 자급자족은 국민들의 일상생활을 유지하도록 할 뿐만 아니라 전쟁(예: 대륙 봉쇄)과 같은 위기 상황을 견뎌낼 수 있도록 하기 때문이다. 특히 국민의 생존을 위한 식량의 자급자족은 국가 안보의 핵심 사항이다. 그러나 유럽 강대국들은 상업자본주의 발달과 더불어 원거리 무역과 식민지 경영을 전제로 했다는 점에서 자급자족경제와는 거리가 멀었다. 제2차 세계대전 이전까지 선진국 경제는 식민지의 수탈을 전제로 하고 있었고, 그 후 식민지 국가들이 정치적으로 해방되었음에도 경제적으로 식민제국에 종속되는 경향을 보였다.

물론 경제의 자급자족은 폐쇄된 경제체제가 아니라, 일정 수준의 국제적 교역에 바탕을 둔 자립경제를 의미한다. 특히 우리나라처럼 자원과 기술, 자본이 부족한 국가들은 이들을 해외에서 수입해 국내 노동력과 결합해 만들어낸 생산품들을 수출하는 정책을 강구할 수 있다. 특히 신자유주의적 지구화 과정에서, 자유시장과 자유무역은 세계경제 및 정치질서를 지배하는 규범이 되고 있다. 그러나 지나치게 무역에 의존하는 국가의 경제는 세계경제의 변동(특히 침체기)에 취약할 수 있다. 최근 미·중 무역분쟁에서 알 수 있는 바와 같이, 미국을 비롯해 강대국들이 자국 우선주의를 내세우면서 이른바 '총성 없는' 무역(관세)전쟁을 일으키고 있는 상황에서, 이러한 경제적 취약성은 정치적 문제로 직결된다.

이와 같이 경제와 관련된 정치지리적 문제들에는 상품교역뿐만 아니라 해외에 생산설비나 주요 인프라시설들의 구축을 위한 투자와 자본의 지리적 이동 문제도 포함된다. 과거 식민지 자원 수탈과 경제 지배를 위해 영국, 네덜란드, 일본 등은 식민지에 철도 부설, 항로 개척, 항만 시설 구축 등에 필요한 투자를 하면서 현지 회사를 설립·경영하고자 했다. 예로 영국은 1600년 동인도회사를 설립하고, 1612년 인도 서해안의 수라트(Surat) 상관 설치, 마드라스와 봄베이 항만 구축, 콜카타 기지 건설 등을 추진하면서 인도를 지배했다. 그 외에도 영국은 남아프리카회사, 북보르네오 특허회사 등, 네덜란드는 동인도회사, 서인도회사 등을 설립했고, 일본도 이를 모방해 동양척식회사, 남만주철도회사 등을 설립·운영했다. 이 회사들은 초기에는 원거리무역의 거점 역할을 했으나 점차 식민지 경제 착취에서부터 주민들의 통제에 이르기까지 식민지 경영의 첨병 역할을 맡게 되었다.

국제적 규모의 인프라시설을 구축하기 위한 자본 이동의 대표적 사례로, 영국은 프랑스에 의해 주도된 수에즈운하의 건설을 처음에는 반대했으나 진행 과정에서 발행된 주식을 대거(당시 2억 프랑의 40만 주 가운데 17만 주) 매입해 운영권을 획득했고, 제2차 세계대전 이후 이집트는 영국의 영향력에서 벗어나 운하를 국유화했다. 미국은 1903년 파나마 조약을 체결해 당시 총 3억 달러(현재 가치로 약 4000억 달러)를 투입해 1914년 완공해, 운영하다가 2000년에 파나마에 공식 반환했다. 이러한 사례와 비슷한 맥락에서, 일본에 의한 한반도의 철도 부설도 식민지 침략과 밀접한 관계를 가진다. 일본은 1894년 철도부설권을 획득했지만, 당시 조선 정부는 국내 자금으로 철도를 부설하고자 했다. 그러나 국가 재정의 부족으로 각기 다른 외국인(경인선은 미국인, 경의선은 프랑스인, 경부선은 일본)에게 부설권이 주어졌지만 결국 일본인에게 넘어가게 되었고, 이에 따라 1899년 경인선, 1905년 경부선, 1906년 경의선 등이 개통되었다. 이 철도들은 1909년 일제의 조선통감부로 운영권이 넘어가게 되었고(당시 보상금 12.9만 원), 노일전쟁 이후 일본이 획득한 남만주철도와 연결해 일본의 대륙진출을 위한 통로 역할을 했다.

현대적 의미에서 해외직접투자 및 이와 관련된 다(초)국적기업의 발달은 다른 의미에서 정치지리적 함의가 있다. 제2차 세계대전 이후 후진국에 대한 선진국의 지원은 주로 원조와 차관이 중심이었다. 필요한 물자를 직접 공여하는 원조나 자금을 빌려주는 차관은 국가 간 관계를 전제로 했지만, 제공 대상국의 경제에 크게 기여하지 못하거나 심지어 정치권의 부패를 초래하기도 했으며, 결국 부채 상환을 위한 과도한 개발로 자원 고갈과 환경오염을 초래하거나 또는 부채 상환이 불가능한 디폴트(채무 불이행) 상황에 빠지도록 했다. 그 이후 경제의 세계화 과정과 더불어 민간 차원에서 확대된 해외직접투자는 세계의 정치경제질서에 새로운 변화를 초래했다. 해외직접투자는 상대적으로 값싼 노동력이나 원료의 이용이나 시장의 확보와 기술 전수 등을 목적으로 하지만, 국내 기업들의 생산설비의 해외 이전으로 국내 고용 및 소비시장이 위축될 우려가 있으며, 현지 국가들과의 정치경제적 문제를 유발할 수도 있다. 특히 해외직접투자를 주도하는 초국적기업들은 개별 국가의 통제를 벗어나는 경향을 보인다. 또한 정부 차원에서도 특정 국가와 특수한 관계 구축을 위해 다양한 물적·사회적 인프라(병원, 학교 등)를 특혜로 건설해 주기도 한다.

2) 자원

각종 자원의 부존과 생산은 경제성장에 필수적이며, 국력의 중요한 기반이 된다. 자원은 기본적으로 영토 내에 부존된 천연자원과 그 외 사회적(인적)·문화적 자원 등으로 구성된다. 자연에서 채취되거나 생산되는 천연자원은 토지, 물, 식량, 에너지자원, 그 외 다양한 지하자원들로 구성된다. 자연에서 얻어지는 이러한 자원들은 대부분 매장량이 한정되어 있고 지리적으로 편재되어 있으며, 생산지역과 소비지역이 다르기 때문에 자원의 국가 간 이동이 발생한다. 이러한 자원들 가운데 석탄이나 석유 등과 같이 상당 부분은 재생 불가능한 자원이며, 물이나 식량, 목재, 어류 자원들도 사용과 보존의 정도에 따라 희소성이 증대한다. 이러한 자원들은 산업화 과정에서 대량으로 투입되며, 이로 인해 점차 고갈되고 있다.

이러한 점들로 인해 자원의 생산과 이동, 소비를 둘러싼 갈등이 발생하고, 역사적으로 많은 전쟁이 자원의 획득을 목적으로 발발했다. 주요 자원 보유국들은 자국의 이익을 위해 자원을 국유화하거나 수출을 제한하는 자원민족주의를 추구하고 있으며, 국민 생활과 경제성장에 필요한 자원의 소비국들은 다양한 외교적 노력을 강구하거나 심지어 전쟁을 통해 필요한 자원을 확보하려는 자원안보 전략을 강구하고 있다. 또한 정치지리적으로 보면, 국가 간 경계에 자원이 매장되어 있거나 여러 국가들이 접해 있는 해양에 자원이 매장되어 있는 경우, 이 자원을 둘러싼 경쟁과 긴장이 유발되기도 한다. 자원을 둘러싼 이러한 갈등은 영토, 민족, 종교 문제 등과 얽히면서 해결되기 어려운 분쟁을 유발하고 있다. 또한 자원의 소비 과정에서 발생하는 각종 폐기물도 누적적으로 증가하면서, 주변지역에 심각한 환경오염을 유발함에 따라 국내외적으로 중요한 정치적 논제로 부각되고 있다.

(1) 식량 자원

식량 자원 문제는 해당 국가가 처해 있는 상황에 따라 다른 양상으로 나타난다. 식량 부족국은 식량 위기에 대비해 안정적 확보에 관심을 두며, 식량 판매국의 입장에서 보면 과잉 생산물의 수출에 관심을 둘 것이다. 이러한 식량 자원은 제2차 세계대전 이후 산업화의 촉진과 더불어 일부 국가들에서 농업의 축소와 이로 인한 식량 문제가 유발되면서 그 중요성이 인식되었고, 특히 1970년대 초반 세계 곡물 가격의 폭등과 식량 위기를 계기로 구체화되었다. 그러나 그 이후 세계 곡물생산량은 꾸준히 증가해 생산량이 소비량보다 더 많아서 세계적으로 약 20~30%의 재고율을 보이고 있다.

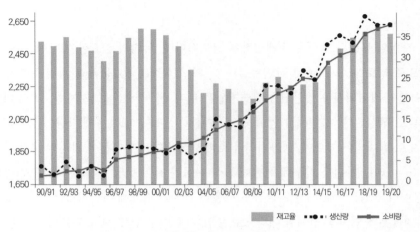

그림 4-16. 세계 곡물 생산량, 소비량, 재고율 추이(단위: 백만 톤, %)
자료: USDA Foreign Agricultural Service, Production, Supply and Distribution; 김현정(2023)에서 재인용.

그러나 식량은 인구의 생존과 유지에 필수적이라는 점에서 일상적 상황에서도 그렇지만 특히 세계적 위기 상황이 도래하면 모든 국가들이 안보를 위한 우선적 대상이 된다. 예로 지난 코로나19 팬데믹 사태로 세계 3위의 쌀 수출국인 베트남은 2020년 3월 후반부터 일시적으로 쌀 수출을 중단했고, 러시아나 여타 식량 생산 수출국들도 곡물 품귀 현상을 우려해 곡물 수출을 금지한 바 있다. 또한 러시아-우크라이나 전쟁 초기에 러시아의 곡물협정 중단은 세계 곡물 가격에 큰 영향을 미쳤는데, 그 후 흑해에서 러시아 해군을 견제하게 됨에 따라, 2024년 5월경부터 우크라이나는 곡물 수출량을 전쟁 이전 수준으로 회복하게 되었다. 이러한 점에서 식량 안보는 대부분 국가들, 특히 식량 수입 국가들의 주요한 전략적 관심사가 된다.

(2) 물 자원

오늘날 산업화와 도시화 또는 그 외 다양한 이유로 세계적인 물 부족 현상이 심화되고 있고, 이로 인해 물 이용을 둘러싼 국제적 갈등이 증가하고 있다. 또한 최근 지구온난화와 이상기후로 세계 곳곳에 사막화가 심화되면서 세계 인구의 약 1/3이 물 부족을 겪고 있다. 물은 생존을 위해 필수적이며, 농업을 포함해 대부분의 산업 생산에서 중요한 자원이기 때문에 물 자원의 확보는 국가의 중요한 정책 과제라고 할 수 있다. 물 부족 현상으로 인해 세계 각국은 대규모 댐을 건설해 물 자원을 안정적으로 확보하려 하지만, 국가 간 또는 지역 간에 심각한 물 갈등이 발생하고 있으며, 특히 최근 물로 인한 국제적 갈등의 빈도가 급증하고 있다. 미국의 한 연

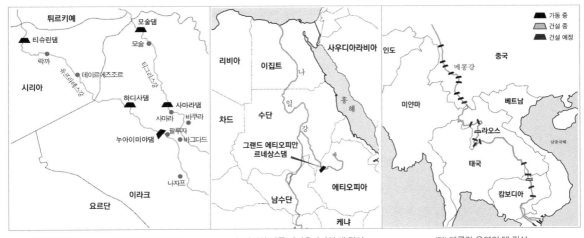

(가) 티그리스-유프라테스강 유역의 댐 건설
자료: ≪한겨레≫, 2019.10.19 참고해 작성.

(나) 나일강 상류 에티오피아의 댐 건설
자료: ≪조선일보≫, 2020.2.11 참고해 작성.

(다) 메콩강 유역의 댐 건설
자료: ≪중앙일보≫, 2019.2.22 참고해 작성.

그림 4-17. 주요 국제 하천의 댐 건설과 갈등

구소가 집계한 자료에 의하면, 지난 10년 사이 세계 전역에서 발생한 물 분쟁은 최소 466건으로 그 이전 10년간 220건에 비해 배 이상 증가한 것으로 나타났다(≪한겨레≫, 2020.1.2.).

세계적으로 물분쟁의 대부분은 하천 상류지역의 국가가 댐을 건설해 방류량에 영향을 미치게 됨에 따른 국가 간 갈등에서 비롯된다. 예로 이라크는 수자원의 70%를 티그리스강과 유프라테스강에 의존하는데, 이 강들은 모두 튀르키예에서 발원해 이라크로 흐른다. 최근 튀르키예가 티그리스강 알리수댐을 완공하고 댐 호수에 물을 채우기 시작하면서 양국 간에 갈등이 본격화될 조짐을 보인다. 북아프리카의 나일강 상류에 있는 에티오피아는 2012년 아프리카 최대 규모인 '그랜드 에티오피아 르네상스댐'을 건설하기 시작해 2023년 9월 마지막 4차 담수를 끝냈다(≪중앙일보≫, 2023.9.12). 그러나 담수 수요의 90% 이상을 나일강에 의존하는 이집트는 "전쟁도 불사하겠다"며 이에 크게 반발하고 있다.

또한 동남아 국가들의 젖줄이라고 불리는 메콩강에는 중국지역에서부터 미얀마, 라오스, 태국, 캄보디아, 베트남에 이르기까지 십여 개의 댐들이 건설되었거나 건설 예정이며(일부 언론에서는 2030년까지 메콩강에 댐 71개가 들어설 예정이라고 한다)(≪경향신문≫, 2013.8.19), 특히 상류지역의 중국은 물을 무기화할 의지를 보이면서, 하류지역 국가들로부터 심각한 불만을 자아내고 있다. 그 외에도 팔레스타인 자치 지역인 요르단강 서안에서는 이스라엘이 갈릴리 호수를 비롯해 수자원 대부분을 장악하고 아랍인을 통제하는 수단으로 활용하고 있으며,

인도는 갠지스강에 파라카댐을 건설해, 자국의 이익을 위해 물이 부족한 건기에는 강물을 댐에 가두고 우기에는 댐을 열어 방류함에 따라 방글라데시의 가뭄과 홍수는 더 심각해졌다. 이러한 수자원 이용을 둘러싼 갈등은 흔히 민족이나 종교 문제 등과 겹쳐서 문제를 더욱 심각하게 만들기도 한다.

(3) 에너지 자원

에너지 자원, 특히 석유자원은 매장량이 한정되어 있을 뿐만 아니라 지표면에 불균등하게 분포해 있으면서, 모든 산업과 교통 및 일상생활 전반에서 연료 및 원료로 사용됨에 따라 이의 확보와 수송을 둘러싸고 심각한 갈등이 벌어지고 있다. 특히 중동지역에는 세계 석유의 약 60%가 매장되어 있으며, 이로 인해 산유국들뿐만 아니라 이에 개입하려는 강대국들 간에 석유의 생산과 이권을 둘러싸고 갈등과 전쟁이 끊이지 않고 있다. 1980~1988년 이란-이라크전쟁, 1991년 미국을 중심으로 한 '걸프전', 그리고 9·11테러 이후 미국의 아프가니스탄 및 이라크 침공 등은 중동지역의 석유 자원을 둘러싼 국제적 분쟁이라고 할 수 있다. 이러한 석유 분쟁은 자원 매장이 추정되는 영토를 둘러싼 분쟁을 초래하기도 한다. 예로 2012년 분리 독립한 지 1년도 안 돼 남수단은 국경 인접지역과 석유분쟁지역을 탈취하면서 수단과 무력 충돌을 일으켰다. 또한 카스피해 주변 국가들이 석유 매장지역의 영토 분할을 둘러싸고 갈등이 유발되어 2018년 협정을 맺었지만 여전히 갈등이 잠재되어 있다.

다른 한편, 생산된 석유 및 천연가스의 수송을 둘러싸고 국가 간에 치열한 경쟁이 유발되고 때로 심각한 갈등이 초래되기도 한다. 예로 페르시아만의 진출 입구에 위치한 호르무즈해협은 중동에서 생산된 석유의 중요한 반출로로, 세계 석유의 약 20%가 이 해협을 통과해서 세계의 여러 국가로 수송된다. 이로 인해 중동 국가들에서 발생하는 분쟁의 주요한 전략적 위치로, 최근까지 크고 작은 충돌이 끊이지 않고 있다. 또한 카스피해 지역에서는 러시아와 미국 및 유럽 국가들 간에 원유의 안정적 운송을 위한 송유관과 가스관 건설을 둘러싸고 치열하게 경쟁함으로써 제2의 중동으로 불리고 있다. 또한 러시아에서 유럽으로 공급하는 가스 노선이 확충되면서, 러시아의 에너지 무기화 가능성이 제기되었고, 실제 우크라이나를 침공한 전쟁에서 러시아는 유럽으로 가는 가스 공급(야말-유럽 라인)을 일부 중단함으로써 '에너지 무기화'를 현실화할 수 있음을 보여주었다.

또 다른 예로 중국은 경제가 급성장하면서 석유와 천연가스의 대외 수입의존도가 증대하게 되었는데, 특히 중동 지역에서 수입하는 석유의 80% 이상이 미국의 영향력하에 있는 카

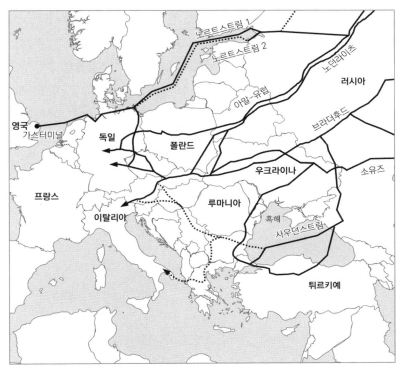

그림 4-18. 유럽의 주요 가스관 노선

자료: EU 에너지규제협력국(ACER) 참고해 작성.

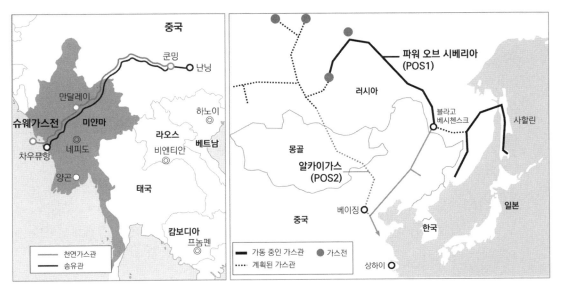

그림 4-19. 중국의 미얀마 송유·가스관 사업

자료: 가스프롬(SCI) 참고해 작성.

그림 4-20. 극동지역 가스관 노선(기존 및 계획)

자료: 가스프롬(SCI); ≪중앙일보≫, 2019.12.12 참고해 작성.

해협을 통해 운송된다. 중국은 이로 인해 불안한 에너지 수송로를 다변화하기 위한 전략의 일환으로 중국-미얀마 연결 가스관 및 송유관 건설을 완공해(각각 2013년, 2015년), 믈라카해협을 통과하지 않고 미얀마 서부 해안에서 시작되어 내륙지역을 경유해 중국 남부지역에 가스와 석유를 공급할 수 있게 되었다. 또한 극동지역에서도 중국과 러시아 간 에너지 동맹이 타결되면서, 천연가스 공급을 위한 파이프라인 공사계획이 대규모로 진전될 예정이다. 이러한 가스노선 확충 계획은 중국뿐만 아니라 인접한 우리나라와 일본에서도 에너지 확보와 관련해 민감한 사안이 되고 있다(최병두, 2006). 이처럼 중국과 우리나라를 포함해 세계의 주요 석유 수입국들은 에너지 자원의 확보와 수송을 위해 치열한 에너지 외교를 펼치면서 에너지 안보에 절대적인 관심을 기울이고 있다.

3) 교통과 통신

(1) 교통의 정치지리적 효과

교통은 다양한 수단을 통해 물리적 거리의 마찰 효과를 완화하여, 사람과 물자의 공간적 이동을 원활하게 한다. 교통의 발달은 시간 거리를 단축시켜, 지점 또는 지역들 간 접근성과 관계를 원활하게 만드는 효과가 있다. 전통적으로 정부(중앙 및 지방)는 이러한 교통의 발달을 위해 해당 지역들 사이에 있는 다양한 장애물(예: 산맥과 하천과 같은 자연적 장애물뿐만 아니라 국경 등의 인공적 장애물)을 극복해, 지역 간 이동성을 향상시키고자 한다. 이러한 교통의 발달은 정치지리적으로 결합 기능을 강화시키는 여러 가지 주요한 효과, 즉 자원 및 원료에의 접근 효과, 전략-전술적 효과, 경제력 향상 효과, 정치적 통합효과 등이 있다.(임덕순, 1997: 282~291).

• **자원 및 원료에의 접근 효과**: 교통은 자원 및 원료의 획득 수단이 되며, 나아가 국력과 군사력의 확보에 중요한 기능을 담당한다. 예로 영토가 넓은 광대국들(러시아, 미국, 캐나다, 오스트레일리아 등)은 대륙횡단 철도 건설과 운영 정책을 추진하고, 해양국들(영국, 네덜란드, 포르투갈, 스페인 등)은 해운업의 발달을 통해 해양 진출을 도모하기도 했다. 일제가 한반도의 침탈 과정에서 시행했던 것처럼 식민지 지배와 자원의 수탈을 위해, 제국들은 우선 교통로를 건설하거나 확보하고자 한다.

- **전략-전술적 효과**: 전쟁으로 군사 작전을 수행할 경우 육지와 해상 및 상공에서 교통로의 확보는 매우 중요하다. 전술 도로 및 철도가 가지는 결합 기능의 향상은 군대의 기동력 증강과 직결된다. 예로 과거 독일의 나치 정권은 기동력을 증대시키기 위해 고속도로망을 확충했으며, 일본은 동청철도(東淸鐵道: 만주 하얼빈에서 다롄을 잇는 철도 노선) 소유권 및 운영권을 둘러싸고 러·일 간 치열한 쟁탈전을 벌였다. 또한 베트남전쟁에서 경험한 것처럼 군인과 군수물자의 수송을 위한 통로의 확보는 전쟁의 승패를 좌우할 정도로 중요하다.

- **정치적 통합 효과**: 교통로는 지역 간 연계성을 증대시킴으로써 정치적 통합 효과를 가진다. 즉, 교통은 국가의 주변부에서 흔히 나타나는 원심성을 해소하고 대신 구심력을 강화하는 효과를 가진다. 예로 고대 로마제국은 로마를 중심으로 사방으로 뻗어나가는 도로의 건설과 운영을 통해 영토를 통합하고 효과적으로 통치했다. 근대국가에서도 도로의 건설은 중앙집권화를 강화하고 영토적 통합을 추구하기 위한 주요 수단이 되었다. 프랑스에서 파리를 중심으로 방사상으로 뻗친 도로망이나 스페인에서 마드리드를 중심으로 방사상으로 건설된 철도는 국가의 정치적 통합에 기여한 것으로 평가된다. 조선시대에 한성(서울)을 중심으로 주변부에 이르는 6대 도로는 이러한 정치-통치용 효과를 가졌고, 오늘날 광주대구고속도로(88올림픽고속도로)도 당시 정치적 통합 효과를 명시적으로 전제한 것이었다.

- **경제력 향상 효과**: 경제적 측면에서 교통은 원료와 제품의 운송을 원활히 함으로써 경제력을 향상시킨다는 점에서 국력의 바탕이 된다. 특히 오늘날 자본주의 경제의 지구화와 이를 뒷받침한 교통통신기술의 발달은 상품과 자본, 기술과 정보, 노동력 등의 지리적 이동을 급속히 증대시킴에 따라 세계 경제시장의 통합을 촉진하고 있다. 이러한 교통통신기술의 발달과 이에 의한 시공간적 압축 효과는 상품(가치) 사슬을 세계적 규모로 확충시키고 글로벌 생산체계를 구축할 수 있도록 했다. 하비는 이러한 시공간적 압축을 자본 축적 과정에서 이윤의 회전을 증대시키기 위한 '시간에 의한 공간의 절멸'의 개념으로 설명한다.

이처럼 교통로의 발달은 접근성 향상과 이동성 증대 등 긍정적 효과들을 가져오지만, 또한 여러 가지 측면에서 부정적 효과를 초래할 수 있다. 즉, 교통의 발달은 이에 따른 편익을 누릴 수 있는 지역과 이로부터 배제된 지역 간의 차이를 확대시킴으로써 지역불균등발전을 유발하고 지역 간 격차와 갈등을 오히려 촉진할 수도 있다. 예로 경부고속도로의 건설과 이

용은 우리나라 경제성장에 지대한 역할을 했지만, 또한 동시에 경부축을 중심으로 지역불균
등발전을 심화시키는 중요한 요인이 되기도 했다(최병두, 2010a). 또한 교통로의 건설 과정
과 교통수단의 급속한 증대로 인해, 자연환경이 파괴되거나 환경오염이 심화될 수 있다.

(2) 정보통신 발달의 정치지리적 효과

오늘날 정보통신기술의 발달은 새로운 산업 및 경제성장의 주요한 축을 형성하고, 일상
생활공간에서부터 지구적 규모에 이르기까지 지대한 영향을 미치면서 변화를 유발하고 있
다. 즉 정보통신기술의 발달과 이를 활용한 미디어의 발달은 일상생활에 필요한 각종 정보
의 획득뿐만 아니라 전 세계에서 일어나는 각종 사건이나 정보들을 실시간에 전달함으로써
의사결정과 이에 따른 실행을 보다 신속하게 이루어질 수 있도록 한다. 특히 국제정치에서
정보통신의 활용은 위기 상황에서 중요한 역할을 수행한다. 예로 남북한 간 비상연락망의
확보는 정보의 오판으로 발생할 수 있는 위험을 줄일 수 있다. 사실 오늘날 정보통신기술의
핵심이 되고 있는 인터넷의 발달은 1957년 소련이 세계 최초로 인공위성 발사에 성공하면
서 이 기술을 활용해 세계를 공격할 것이라고 추정한 미국이 이에 대응하기 위해 만든 과학
기술에서 시작했다.

물론 정보통신기술의 발달이 정치지리적으로 미치는 영향은 위기 상황뿐만 아니라 평상
시에도 이루어진다. 예로 우리나라를 포함해 대부분의 국가들은 정보통신기술을 활용해 수
많은 자료들을 활용·분석해 정치와 행정에 이용하고 있다. 또한 다양한 정치기구들이나 단
체들은 이러한 정보통신기술을 활용해 자신들의 정치적 활동을 촉진할 수 있다. 예로 선거
과정에서 정보통신기술의 적극적 활용은 선거와 관련된 각종 비용을 줄이고 각 정당의 정책
공약과 토론 등에 보다 쉽게 접근할 수 있도록 한다. 또한 시민사회단체들도 자신들의 활동
을 알리고 시민들의 참여를 독려하기 위해 정보통신기술을 활용하고 있다.

정보통신기술이 정치지리에 미치는 영향은 이중적이다. 낙관적 관점에서 보면, 정보통신
기술의 발달은 한편으로 정부의 투명성 및 책임성 강화, 다른 한편으로 국민의 참여성 증대
라는 2가지 효과를 가진다. 이러한 효과는 정보통신기술의 발달에 내재된 특징으로서 속도
와 상호 활동에 바탕을 둔다. 과거 대면적 접촉이나 종이 문서 또는 전화, 팩스 등을 이용한
정보 유통은 정보의 양과 속도에 한계가 있었지만, 오늘날 컴퓨터를 매개로 한 소통은 정보
에 보다 쉽고 빠르게 접근할 수 있도록 함으로써 국민들이 정부 활동을 감시, 견제하면서 의
사결정과정에 참여할 수 있는 기회를 증대시키는 것으로 이해된다. 즉, 정보통신기술의 발

달과 이에 따른 정보화 사회의 도래로 정보의 생산, 유통, 소비와 관련된 거래 비용이 축소되고 참여의 기회가 확대됨에 따라 권력에 대한 감시가 용이해지고, 토론과 숙의를 통한 민주적 잠재력이 증대된다.

그러나 정보통신기술의 발달이 미치는 정치적 영향은 이러한 긍정적 측면만 있는 것이 아니라 여러 가지 부정적 효과들을 초래할 수 있다. 예로 정보통신기술의 발달은 시민사회가 정보에 접근할 수 있는 가능성을 증대시키고 권력을 감시할 수 있는 잠재력을 높여주지만, 또한 기존의 권력이 사회를 감시하고 통제할 수 있는 능력을 더 증대시킴으로써 푸코가 주장하는 '원형감옥'과 같은 사회공간적 감시 기능을 증폭시킬 수 있다. 이뿐만 아니라 컴퓨터를 이용해 정보에 접근할 수 있는 개인적 집단적 능력의 차이는 사회공간적 불평등을 심화시키고 '디지털 격차'라는 새로운 사회적 차이를 유발하고 있다. 또한 정보통신기술에 내재한 양방향성으로 정보에 대한 접근성이 사회공간적으로 평등해질 것으로 추정되었지만, 실제 정보의 수집과 저장 및 활용은 허브 기능을 담당하는 지역이나 집단에게 집중됨으로써 정보 격차를 증폭시키기도 한다.

최근 이와 같은 교통 및 통신기술의 발달과 이에 따른 사회공간적 변화로 인해, 모빌리티(mobility, 이동성)에 관한 관심이 확대되어 하나의 패러다임으로 간주되고 있다(이용균, 2015). 모빌리티 패러다임은 전통적 의미의 이동에 관한 연구에서 나아가 이동의 관계와 그 결과를 재해석하고자 한다. 여기서 모빌리티는 단순한 이동이 아니라 이를 유발하는 다양한 정치와 권력관계의 결과로 이해된다. 즉 모빌리티의 증대는 사회공간적으로 권력관계가 복잡해짐을 의미하며, 이에 따라 향상된 이동성은 모든 사람들에게 자유롭게 보장되거나 공정하게 배분되는 것이 아니라 차별적인 권력관계를 내재한다. 달리 말해, 모빌리티는 개인(또는 사물, 지역) 간 이동의 차이가 만드는 정치의 산물로 이해된다. 지구화는 정보와 자본에 대한 접근이 부족한 개인이나 집단의 모빌리티를 제한하며, 국가 및 지역 차원에서도 이러한 과정들이 발생하게 된다. 예로 홍수나 산불과 같은 자연재해에 대한 대피 정책은 흔히 자동차 소유와 휴대폰을 통한 정보 전달을 전제로 하지만, 이로 인해 자가용이 없는 저소득층이나 휴대폰을 활용할 수 없는 취약 계층은 대피 정책에서 배제될 수 있다.

미셸 푸코의 감시사회와 폴 비릴리오의 속도의 정치

원형감옥[파놉티콘(panopticon)]은 영국의 공리주의 철학자인 제러미 벤담이 제안한 감옥의 건축양식으로, 소수의 감시자가 자신을 드러내지 않고 모든 수용자를 감시할 수 있는 형태의 감옥을 의미한다. 원형감옥은 둘레에 죄수들을 수용할 수 있는 시설들이 배치되어 있고 중앙에서 내부가 들여다보이고 반면, 중앙에는 감시자들이 위치하는 감시탑이 있어서 감시자는 항상 수용자들을 감시할 수 있지만 수용자는 감시자의 부재를 인식하지 못하도록 설계되어 있다(푸코, 2003).

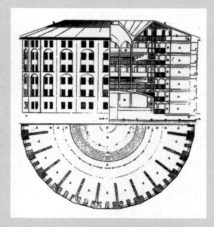

그림 4-21. 벤담의 파놉티콘 설계도

프랑스 철학자 미셸 푸코는 『감시와 처벌』에서 이러한 원형감옥의 정치적·공간적 특성을 고찰하면서, 새로운 근대적 감시의 원리를 제시했다. 즉 벤담의 원형감옥은 죄인들을 수용하는 감옥뿐만 아니라 근대의 수용소, 군대 병영, 병원, 학교, 공장 등으로 확대될 수 있다고 주장하고, 현대사회를 소수의 권력자가 다수를 감시하는 규율사회 또는 감시사회로 규정했다.

푸코의 이러한 감시사회 개념은 정보기술의 발달에 따른 정보 파놉티콘 또는 전자 감시 체계의 구축과 활용의 설명에 원용되기도 한다. 즉 오늘날 거리 곳곳에 설치되어 있는 폐쇄 카메라, 신용카드와 같은 전자 결재 및 인터넷을 통한 소비자 정보의 수집과 분석, 나아가 컴퓨터 데이터베이스를 활용한 거대한 정보 분석(빅데이터 분석)을 통해 다양한 감시와 통제 시스템이 작동하고 있다고 설명된다. 이러한 점에서 파놉티콘은 근대 권력이 작동하는 방식을 상징하는 개념이 되고 있다.

이와 같이 푸코는 공간의 정치에 관해 관심을 가졌다면, 프랑스의 철학자이며 도시계획가, 군사역사가 등 다양한 경력을 가진 비릴리오(Paul Virilio)는 속도의 정치론을 제안한다. 그에 의하면, 현대사회에서 존재양식의 변화는 속도, 정치, 전쟁, 기술, 가속화 등으로 요약된다(제임스, 2013; 장세용·신지은, 2010). 특히 속도는 권력의 근본적 요소, 또는 권력 그 자체이며, 따라서 속도의 문제는 곧 근본적인 정치적 문제가 된다. 그는 『속도와 정치』에서 도시적 사회생활, 전쟁, 의사소통 등의 다양한 양상 속에서 속도의 기능과 역할에 대해 물음을 제기하고, 이에 답하고자 한다.

그에 의하면, 정보와 통신기술의 발달에 따라 증가된 속도는 정치적 의사결정을 축소시킴에 따라 정치는 속도의 논리에 따른다. 즉 오늘날 정치적 의사결정은 속도의 기술에 의해 대체되었다. 이러한 점에서 지정학(즉, 공간의 정치학)은 속도학 또는 질주학(dromologie), 즉 시간의 정치학에 자리를 내주었다고 주장된다. 즉 그는 "공간의 전쟁이 가져온 포위상태가 시간의 전쟁이 가져온 비상사태로 바뀌는 데는 고작 몇십 년밖에 걸리지 않았다"라고 주장한다. 이러한 점에서 비릴리오의 입장은 정치와 전쟁에서 속도의 역할을 다룬 손자의 전술론을 뛰어넘는 것으로 평가되기도 한다.

제 5 장

국경과 영토 관리 및 분쟁

1. 국경의 개념과 유형

1) 국경의 개념과 기능

국경은 전통적 정치지리학의 핵심적 주제이며, 현실 정치에서 중요한 이슈가 되고 있다. 국경이란 하나의 정치 단위체로서 국가의 영토를 설정하는 경계를 의미한다. 국경은 해당 국가의 권력(주권)이 미치는 범위이며, 다른 국가의 영토와 권력으로부터 분리시키는 선으로 이해된다. 근대국가의 형성에서 주권은 영토적 권력 구조에 바탕을 행사되며, 국경에 의해 구획된 영토적 한계가 있다. 전통적 정치지리학에서 국경은 학자에 따라 다소 다르게 개념화되며, 크게 3가지 유형으로 구분될 수 있다(임덕순, 1997: 118).

- **힘의 균형의 표현으로서 국경**: 국경은 "두 압력 간에 존재하는 일시적 균형을 보여주는 정치적 등압선(political isobar)"이라고 정의되거나, 또는 "당대에 존재하는 세력 균형의 정치지리적 표현"이며 "영토적 권력구조"의 접합점이라고 규정된다. 또한 이와 유사하게 국경은 "인접 국가들 간의 일시적이고 유전적인 힘의 표현"이라고 서술되기도 한다. 이러한 개념 정의는 기본적으로 국경을 '힘의 정치'와 관련시켜 정의했다.

- **국가 권력의 한계로서 국경**: 국경은 "일국의 주권을 타국의 그것으로부터 분리하는 것"이라고 정의되거나, 또는 "주어진 정치 단위의 잘 설정된 한계를 보여주는 것"이며 또한 "특정 이해관계, 구조, 이념을 가진 두 개의 사회-정치체제의 교접지"이며 결국 "국내 정치권력의 한계"라고 규정된다. 이러한 개념 정의는 국경을 하나의 정치적 공간단위체로서 국가의 기능이 미치는 한계로 규정한 것이다.

- **상호 분리 기능으로서 국경**: 국경은 "정치적 분리물로서 서로 다른 국적(nationality)을 가진 인민을 분리하고, 따라서 서로 다른 상징구조를 가진 인민을 분리하는 것"이라고 규정되며, 나아가 이 상징적 구조에 의해서 영토의 인격화(personalization)가 더욱 굳건해진다고 주장된다.

국경에 관한 이러한 개념이 함의하고 있는 여러 특성을 좀 더 현실적으로 표현하면 다음과 같다(임덕순, 1997: 119). 첫째, 역사적으로 보면 국경은 고정적인 것이 아니라 가변적인 것이다. 즉 국경은 주위의 국제정치 변동, 국력 변동, 지형 변화 등에 따라 변화한다. 둘째, 국경은 인접 국가 간의 정치적 등압선의 성격을 가진다. 힘의 균형이 무너지면, 국경은 전진 또는 후퇴할 수 있다. 셋째, 국경은 자연적으로 주어진 것이 아니라 인간이 만든 것, 즉 인위적 결과물이다. 모든 국경은 인간이 설정했거나 존재하는 자연 지물을 인간이 선택해 국경으로 설정한 것이다. 넷째, 국경은 법적인 것이다. 국경에는 특수하게 사실상(de facto)의 국경도 있지만, 일반적으로 공식적 외교에 의해서 국제적으로 인정되고 있다. 다섯째, 국경은 인간의 집단적 영역성의 최고 표현이다. 인간의 개인적 및 집단적 생활 과정에서 다양한 경계가 설정되지만, 국경은 이러한 경계들 가운데 가장 공식적이고 강한 구속력을 가진다.

그러나 이와 같은 국경 개념은 기본적으로 전통적 정치지리학의 관점에서 제시된 것으로, 1990년대 이후 새로운 정치지리학 또는 지정학의 등장으로 국경에 관한 연구는 많은 변화를 보이고 있다. 한편으로 신자유주의적 지구지방화 과정은 국경을 가로지르는 이동성을 증대시키면서 국경의 개방성 또는 다공성(porosity)을 촉진했고, 다른 한편으로 포스트모던 지정학은 기존의 엄격한 국경의 개념을 완화시키면서 새로운 경계 개념을 만들어 내고 있다. 이러한 점에서 뉴먼과 파시(Newman and Paasi, 1998)에 의하면, 국경에 관한 최근 연구에는 영토와 경계의 소멸에 관한 포스트모던 사고, 사회공간적 정체성의 혼종성, 경계에 의해 만들어지는 사회화 서사로서 '우리'와 '타자', 그리고 경계의 다규모적 특성 변화에 관한 연구(예: 유럽연합의 결성에 따라 개별 회원국들 간 국경 및 유럽연합과 이에 접하는 비유럽연합 국가들 간 국경의 특성 변화) 등이 포함된다. 구체적인 연구 사례로 브라디스 등(Vradis et al., 2019)은 2010년대 후반 중동 및 북아프리카 지역에서 발생하여 유럽으로 향하는 난민들과 이를 통제하기 위한 유럽연합의 경계 관리에서 드러나는 특성들을 '새로운 국경'이라는 용어로 개념화하고 있다.

사실 오늘날 국경은 대체로 경계선으로 표현되지만, 경계 지대를 이루고 있는 경우도 있다. 근대 이전의 사회나 국가에서 집단들 간 경계는 선형 경계보다는 대형(帶型) 경계가 일반적이었다. 즉, 고대국가 형성의 초기 단계에 중앙의 통치권이 미치는 영향은 권력의 중심지로부터 주변지역으로 갈수록 점차 약화되었고, 국가들 간 명확한 관할권 분리가 필요하지 않았기 때문에, 선형 경계의 설정이 필요 없었다. 이에 따라 초기 국가들 사이에는 경계가 불명확한 변경 지대가 존재했다. 그러나 고대국가가 점차 발달하면서 국가 간 충돌이 발생함에 따라, 주요 지점들에 영토의 경계를 설정하는 표지들이 조성되었지만, 아직 완전한 선형 국경을 구축한 것은 아니었다. 이러한 경계표지의 사례로 6세기경 신라 진흥왕은 영토를 확장하면서 고구려와 변경을 이루었던 현재 함경도 함흥 부근에 마운령비와 황초령비를 세웠고, 한강 변으로 진출해 북한산비를, 그리고 백제와 변경을 이루었던 창령 지역에 창령비를 세웠다.

완전한 선형 경계는 근대국가에 들어와서야 설정되었다. 국가 간 대규모 분쟁이 잦아지고, 이에 따라 영토 통할권의 명확한 분리가 요구됨에 따라, 전쟁 후 협상 과정에서 흔히 선형 경계, 즉 경계선으로서 국경이 확정되었다. 이러한 선형 국경의 설정은 근대국가가 영토 내 국민의 통치 및 국가 간 갈등 해소를 위한 주권 행사에 필수적이라고 할 수 있다. 물론 오늘날에도 양극 지역에서처럼 경계가 아직 설정되지 않은 경계 미설정 지대가 남아 있으며, 국경 분쟁 지역의 경우는 완전한 선형 경계가 설정되지 않은 경계 미정 지대들이 존재한다. 또한 우리나라의 휴전 지대처럼 완충 목적으로 설정된 현대적 대형 경계를 찾아볼 수 있다.

국경은 기본적으로 두 가지 기능, 즉 분리 기능과 접촉 기능을 수행한다. 우선 국경은 주권, 정치권력, 관할권, 국가 이익, 충성, 이념 등을 분리하기 때문에, 양국 간 사람의 자유로운 출입, 물자의 거래, 문화 교류 및 전파가 경계로 인해 방해되거나 차단된다. 이러한 기능을 경계의 분리 기능 또는 장애 기능이라고 한다. 국경의 분리 기능은 관계 양국이 긴장 관계나 적대 관계가 있으면 더욱 심해지며, 반대로 양국 간 상호의존, 친선 우호 등의 관계에 있으면 약화된다. 이스라엘-아랍제국, 인도-파키스탄, 남한-북한 간 국경은 전자의 예이고, 미국-캐나다, 베네룩스 3국 간, 유럽연합 국가들 간 국경은 후자의 예이다. 근대국가에서 영토의 점유는 국경의 설정을 전제로 하며, 일단 국경이 설정되면 다시 영토에 영향을 미치게 된다. 국경이 미치는 영향은 접촉 기능의 효과로도 나타나겠지만, 대체로 분리 기능이 더 강하게 작용한 결과라고 할 수 있다. 경계의 설정은 명시적으로 영토의 안과 밖을 구분하면서 이동을 관리·통제하게 되고, 국경은 점차 굳어지는 현상, 즉 경계 경화(boundary crystallization)가 촉진되어, 분리 기능은 더욱 강하게 작동하게 된다.

그러나 여기서 지적되어야 할 점은 경계 경화로 인한 국경의 분리 기능이 국경 그 자체의 속성으로 간주되어서는 안 된다는 점이다. 국경의 분리 기능에 대한 지나친 강조는 국가의 영토가 절대적으로 주어진 것이며, 국경이라는 장벽으로 둘러싸여 폐쇄된 공간으로 인식되도록 한다. 최근 이러한 국경과 국가 영토 개념에 대한 비판으로 공간에 대한 복합적·관계론적·다규모적 관점이 강조되고 있다. 예로 슈뢰르(2010)에 의하면, 경계는 주어진 폐쇄된 영토를 획정하는 선이 아니라 개방과 차단의 동시성, 그리고 탈영토화와 재영토화 과정의

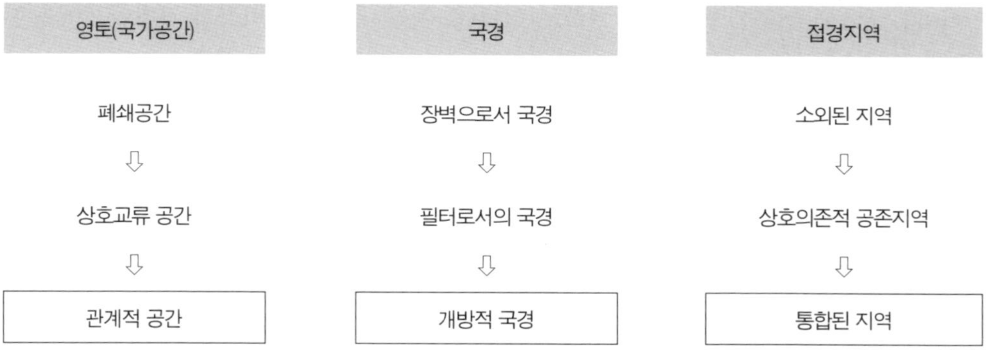

영토(국가공간)	국경	접경지역
폐쇄공간	장벽으로서 국경	소외된 지역
⇩	⇩	⇩
상호교류 공간	필터로서의 국경	상호의존적 공존지역
⇩	⇩	⇩
관계적 공간	개방적 국경	통합된 지역

그림 5-1. 영토, 국경, 접경지역의 개념 진화
자료: 남종우(2005); 홍면기(2006); 임형백(2013)를 수정해 작성.

동시성을 반영하는 과정으로 이해된다. 또한 포페스쿠(2021)에 의하면, 경계는 국가를 구성하는 단순한 구성 요소라기보다 수많은 사회적 과정 및 제도와 관련해 발전하는 독특한 공간적 범주로 간주된다. 전통적 정치지리학에서도 국경은 고정불변의 주어진 것이 아니라 가변적·역동적 과정 속에서 형성된다는 점이 강조되지만, 절대적 영토 개념과 더불어 국경의 분리 기능이 우선 강조되었다는 점에서 한계가 있다. 이러한 점에서 나아가 최근 국경연구는 국경의 형태와 기능보다는 경계가 만들어 내는 경관과 정체성, 상호의존성과 소외성, 경계와 영토를 통제하는 방식의 다양성 등에 더 많은 관심을 두고 있다(Newman, 2003).

국내에서도 국경 및 접경지역 연구에서 이러한 관점이 강조되고 있다. 예로 지상현 등(2017)은 기존의 전통적 정치지리학에서 흔히 경계의 종류와 기능에 초점을 둔 형태론적 연구에서 벗어나 경계와 접경지역을 다양한 관계들이 중첩되고 경합되는 관계론적 시각으로 이해해야 한다고 주장한다. 또 다른 예로 정현주(2018)는 통일 담론에서 공간과 영토에 대한 논의가 미흡함을 지적하면서, 관계적 공간론에 근거해 이를 재구성하고자 한다. 또한 이러한 점에서 한국의 평화와 통일을 위한 지리교육과정도 영토와 경계에 관한 관계론적 인식에 기반을 두어야 한다는 점이 강조된다(김기남, 2020). 관계적 공간론에 의하면, 공간은 사회·정치적 과정을 반영하기만 하는 수동적 무대가 아니라 이 과정들과 상호관계적으로 구성된다는 점이 강조된다. 이러한 관계론적 시각은 공간의 개념화에 근거할 뿐 아니라 현실 세계에서 정치공간적 현상들의 변화를 반영한다(최병두, 2017). 남종우(2005), 임형백(2013) 등에 의해 제시된 국경 및 접경지역의 유형 변화에 관한 도식을 수정해 재구성하면 〈그림 5-1〉과 같다.

이처럼 국경과 접경지역의 개념 변화는 실제 중·동부 유럽의 지리학적 경계연구의 동향에도 반영되고 있다. 김상빈(2002)에 의하면, 독일 통일 및 중·동부 유럽의 격변 이후 접경지역은 폐쇄적 공간에서 개방적 공간으로 변했으며, 그 결과 이 지역들에 대한 관심이 급증하고 있다. 또한 경계에 대한 관심은 단지 정치지리학에 한정된 것이 아니라, 사회·경제지리학 분야로 확대되고 있다. 예로 낙후된 접경지역의 발전을 진흥시키기 위해 유럽연합은 중·동부 유럽의 접경지역에 새로운 기회를 제공하기 위해 많은 지원프로그램을 마련했으며, 월경협력과 지역통합 시도가 유로리전(Euro-region)의 형태로 구체화되고 있다. 유로리전은 인접한 2개 이상의 유럽 국가의 지역들이 상호보완적 역할을 수행해 초국경적·동반자적으로 통합되면서 연결된 단일지역을 말한다. 김부성(2006)은 이러한 유로리전의 사례로 스위스, 독일, 프랑스가 서로 접하고 있는 '라인강 상류'의 월경적 협력 과정과 초경계적 지역 정체성의 형성 여부를 고찰했다.

개별 국가의 상위 정치적 단위로서 유럽연합의 구축과 이에 따른 개별 국가들 간 경계의 의미와 기능 변화와는 달리, 한반도의 경계는 여전히 상호교류와 협력을 가로막는 장벽으로 인식되고 있다. 하지만 최근 영토 및 경계에 관한 연구는 접경지역을 경계가 만들어 내는 영토적 측면을 넘어 다양한 공간성이 경합/협력하는 장소로 이해하고자 한다. 지상현 외(2019: 206) 등에서 강조되는 이러한 '포스트영토주의적 접근'은 "영토의 복합성과 다층성, 그리고 경계의 '다공성'을 강조하는 인식론에 기반을 둔다". 이러한 접근은 신자유주의적 지구화 과정에서 촉진된 상품과 자본 그리고 노동력의 세계적 이동의 급증을 반영하지만(Kolossov, 2005), 특히 한반도를 둘러싸고 전개되는 평화와 협력의 분위기 속에서 부각되고 있다. 이러한 점에서 접경지역에 관한 연구들도 근대적 영토성과 국경의 개념을 넘어서고자 한다. 그러나 접경지역이라는 국지적 차원에서 어떤 정책적 변화가 이루어진다고 할지라도, 거시적 차원에서 국제적·세계적 지정학과 개별 국가의 영토성이 결합되어 있는 현실 상황을 극복하기는 어렵다. 따라서 한반도를 둘러싼 다규모적 정치공간과 지정학적 탈경계화에 관한 정치지리적 이해가 필요하고 하겠다.

이러한 관계적-다규모적 관점은 비판적 신지정학에서 강조되지만, 현실적으로 작동하는 국가의 영토성이나 국경의 분리 기능을 부정하는 것은 아니라고 하겠다. 또한 관계적 관점을 강조하지만, 이를 단지 철학적 개념이나 수사적 담론 수준에서 제안하는 정도이고, 실제 분석에서는 기존의 전통적 지정학의 인식을 크게 벗어나지 못하는 경우도 있다. 예컨대 임형백(2013)은 북한이 "더 이상 폐쇄적인 공간"이 아님을 주장하면서도 "동북아시아에서 미개발된 경제적 요충지"로 서술함으로써 임의적으로 개발될 수 있는 '미개발'의 땅으로 간주한다는 점에서 한계가 있다. 관계적 공간의 개념은 영토들 간의 관계나 국경과 접경지역의 관계적 측면을 강조하는 할 뿐만 아니라, 한 국가 영토 내에서 공간은 미개발된 텅 빈 공간이 아니라 그곳에서 살아가는 많은 사람과 사물들 간의 관계로 구성된 것이라는 점을 포괄해야 한다.

다른 한편, 국경이 가지는 분리 기능에 대해서도 재검토해 볼 필요가 있다. 최근 신자유주의적 지구화로, 국경은 더 이상 큰 의미가 없다고 흔히 주장된다. 하지만 과연 국경의 의미가 사라지고, 누구나 경계를 가로질러 쉽게 이동할 수 있게 되었는가라는 의문이 제기될 수 있다. 국경을 쉽게 넘나들 수 있는 선진국 중상류층 사람들에게는 그렇다고 할 수 있지만, 저소득층이나 후진국의 이주 노동자나 난민에게는 별로 그렇지 않다고 할 것이다. 국경과 접경지역에는 여전히 자유로운 횡단을 선별적으로 통제하려는 권력의 힘이 작용하고 있다. 특히 9·11테러 이후 행위자들의 이동성을 선별적으로 통제하고 안보를 확보하는 것이 국경 문제의 핵심이 되었다고 주장되기도 한다.

이러한 점에서 이수정(2020)은 "정보기술 그리고 안보담론과 결합한 국경 통제 시스템은 자본과 재화는 자유롭게 이동시키면서 조건에 맞지 않은 사람들은 걸러내는 일종의 방화벽이자 거름망 역할을 수행"하고 있다고 주장한다. 예로 미국은 멕시코 국경을 중심으로 카메라, 항공기, 동작감지센서, 드론, 비디오 감시 및 생체 계측 기술을 포함한 다양한 정찰 및 감시 기술을 도입했으며, 그 사용 범위를 꾸준히 확대해 왔다. 이처럼 국경 통제를 위한 다양한 정보통신기술의 산업화는 새로운 '국경산업복합체'의 등장을 가져왔다. 즉 오늘날 국경의 선별적 투과성을 담보하는 경계의 유지와 통제는 수십억에서 수백억 달러가 투입되는 장벽의 비즈니스를 창출하고 있다(포페스쿠, 2020).

2) 국경의 분류

전통적 정치지리학의 의미에서 국경은 선정된 기준에 따라 다양한 방식으로 분류될 수 있다. 가장 중요한 의미를 가지는 분류 방식은 국경의 발생 배경에 따라 분류한 것으로, 선행적 경계, 종행적 경계, 전횡적 부가경계, 유적 경계로 구분될 수 있다. 그 외에도 경계의 형태, 기능, 소재, 법적 근거 등에 따라 분류되기도 한다.

국경의 발생적 분류 방식은 미국의 정치지리학자 하트숀, 파운즈 등이 제시한 것으로, 국경을 설정하게 되는 정치적 배경과 기존의 문화 경관의 배치 간 관계에 근거를 두고 있다.

- **선행적 경계**(antecedent boundary): 이 유형의 경계는 경계 지대에 문화적 경관의 상이성과 이에 따른 구분이 형성되기 이전에 설정된 경계를 의미한다. 즉 경계 지역에 문화경관의 형성에 앞서 (즉, 선행하여) 국경이 설정되고, 그 이후 사회적 발전으로 경계에 상응하는 문화경관이 형성된 경우이다. 예로 미국과 캐나다 간 경계가 이에 해당된다. 경계가 먼저 설정되고, 그 이후 정치적·사회문화적 경관이 형성되기 때문에, 이와 같은 경계 지대에는 분쟁이나 마찰이 거의 발생하지 않는다.

- **종행적 경계**(subsequent boundary): 선행적 경계와는 반대로, 문화경관이 형성된 이후에 그 문화의 분화선에 따라 설정된 경계이다. 이에 따라 대부분의 경우 문화지역의 구분선 (예: 언어, 민족, 종교의 경계선)과 정치적 국경선이 일치한다. 서유럽이나 동북아시아 국가들 가운데 상이한 언어와 종교를 가진 국가들의 경계는 이러한 유형에 해당된다. 예로 스페인, 포르투갈, 프랑스, 독일 등의 국경이나 한국과 중국 간의 국경은 이 유형에 속한다. 이 유형이 경계는 대체로 안정된 양상을 보이지만, 양국 간의 갈등으로 인해 국지적으로 빈번하게 변한다.

- **전횡적 부가경계**(superimposed boundary): 역사적·문화적 배경과는 무관하게 주로 식민지 시대에 지배국 또는 종주국이 국제적 역학관계에 따라 획정한 것이다. 이 유형의 경계는 분할될 지역의 기존 정치사회적 특성이나 문화적 경관을 무시하고, 강대국의 힘 관계에 의해 자의적으로 설정되어 전횡적으로 부가된 것이다. 이러한 식민지 경계선이 독립 후에도 국가들 간 국경선으로 고착된 경우이다. 아프리카의 가나, 콩고, 나이지리아, 카메룬 등의 국경이 대표적 사례이다. 이로 인해 이렇게 설정된 국가의 경계 내에 살게 된 여러 종족들 간에 분쟁이 빈번하게 발생하기도 한다. 한반도의 38선과 휴전선, 과거 베트남의 남북 분단경계, 그리고 동서 베를린의 경계도 이 범주로 분류된다.

- **유적**(또는 잔존) **경계**(relict boundary): 정치적 상황의 변화로 경계가 폐지되었지만, 경계 지대에 아직 문화적 경관의 흔적이 남아 있는 경우이다. 잔존경계, 화석경계라고 불리기도 하는 이 유형의 경계는 현재에는 사라졌지만, 과거 경계가 있었음을 드러내는 건축양

그림 5-2. 아프리카의 현대 국경과 전통적 부족 경계

자료: Papaioannou and Michalopoulos(2012).

식의 상이성 등으로 그 흔적을 보여준다. 예로 폴란드의 실레시아(독일어: 슐레지엔, 폴란드어: 실롱스크) 지역에는 과거의 러시아-독일 경계를 보여주는 건축 양식과 빌딩이 잔존해 있다. 이제는 사라진 한반도의 38선, 베트남의 분단경계, 동서 베를린의 경계 지대에는 아직도 과거의 흔적을 찾아볼 수 있다는 점에서 현재에는 유적 경계라고 할 수 있다.

그 외 기준에 따른 분류 방식으로, 형태적 분류는 주로 자연 경관이나 지형지물을 근거로 경계를 구분한다. 산구릉경계는 산이나 구릉, 산맥 등으로 경계를 설정한 경우로, 이 경계는 대체로 분수계나 산등성이에 따라 그어진다. 산이나 구릉 등은 사회문화적 교류에 장애 요인이 됨에 따라 이들의 분리 기능에 따라 자연스럽게 설정된 경계로, 프랑스-스페인, 노르웨이-스웨덴, 칠레-아르헨티나 간에 설정된 경계가 대표적이다. 하천경계는 하천의 분리 기능에 따라 설정된 경계로, 한반도-중국(압록강과 두만강), 라오스-태국(메콩강), 독일-프랑스(라인강), 루마니아-불가리아(다뉴브강), 콩고-자이레(콩고강), 미국-멕시코(히우그란지강) 경계가 이에 속한다. 하천경계는 하천의 폭과 유로 변경 등으로 흔히 경계 갈등을 유발하기도 한다. 그 외에도 호수를 경계로 정하는 경우로 미국-캐나다(5대호), 페루-볼리비아(티티카카호), 탄자니아-자이레(탕가니카호) 경계가 이에 해당하며, 삼림과 저습지를 경계로 설정한 경우는 핀란드-러시아, 리투아니아-러시아 경계에서 찾아볼 수 있고, 사막을 경계로 설정한 경우는 사하라사막에 의한 국경, 아라비아 반도 내의 국경, 몽골-중국 국경 등이다. 그러나 대부분의 경계는 어느 한 유형의 지형이나 지물로만 이루어진 것이 아니라 이들의 혼성으로 이루어진다.

기능적 분류는 국경으로 마주한 양쪽 국가의 정치적 교류와 연계성을 차단하거나 방해할 목적으로 동원하는 기능적 수단의 유형에 따라 구분한 것이다. 예로 인종-민족의 분포에 따라 국경을 설정할 경우, 이러한 요인의 분리 기능에 따라 상호 배타성에 근거한 경계가 설정되게 된다. 인종-민족적 경계는 또한 대개 언어의 차이를 동반하기 때문에 언어적 경계가 되기도 한다. 정치적 이데올로기에 의해 국가를 분리하기 위해 설정한 경계는 이데올로기적 경계라고 할 수 있다. 정치적 이념이나 이데올로기의 차이에 근거해 설정된 경계의 대표적 사례로 자유주의와 사회주의 이데올로기에 의해 분리되었던 한반도의 남북 간 경계나 과거 동서독 간 경계 등을 들 수 있다.

경계설정적 분류는 경계를 설정하기 위해 실제 동원된 수단들로 구분한 것이다. 자연적 경계는 유용한 자연지리적 지형들을 이용해 표시된 경계를 의미하며, 인공물 경계는 인간이 만든 조형물로 경계를 설정한 경우를 말한다. 예로 경계를 알리고 상호 침투를 막기 위해서 설치한 표지나 철조망, 장벽 등 인공적 장애물이 경계 설정을 위해 동원된다. 대표적으로 중국이 주변 이민족의 침략을 막기 위해 건설한 만리장성은 대표적인 인공물 경계이다. 이러한 자연물이나 인공물이 아니라, 기하학적 선이나 위치에 따라 설정된 경계 유형도 있다. 이러한 기하학적 경계의 대표적 사례는 북위 49도를 경계로 설정한 미국-캐나다 국경, 과거 베트남의 17도선 분단이나 한반도의 38도선 분단선 등이 대표적이다.

국제법적 분류는 국경을 접하고 있는 양 국가에서 나아가 국제법상의 지위에 따라 국경을 구분한 것이다. 정상적으로 설정된 대부분의 국경은 국제법적으로 인정된 경계이다. 그러나 인접국 상호 간에만 인정된 경계(예: 1970년대 이전 폴란드와 동독 간 오데르-나이강 경계), 법률적으로는 인정되지 않으나 실제로 존재하며 분리 기능을 발휘하는 '사실적 경계'(예: 인도-중국 경계, 한국의 휴전선 등), 그리고 한 국가가 일방적으로 자국의 영토라고 주장하면서 설정한 '주장경계'(일부 국가들이 과거 남극조약 이전에 남극대륙을 임의적으로 분할해 설정한 경계, 그리고 영토 분쟁이 있는 국가들의 경계) 등이 있다.

기타 경계 분류로, 국경은 경계의 확정 및 안정성 여부에 따라 분류한 확정/미확정 경계, 안정/불안정 경계 등으로 구분될 수 있다. 또한 완전한 경계는 아닐지라도 서로 접하고 있는 양 국가 간의 충돌을 막기 위해 설정된 지대로, 휴전선, 중립지대, 무인지대 등이 있다.

2. 국경 설정과 접경지역 관리

1) 국경의 설정

(1) 영토의 경계 설정

서로 접해 있는 양국의 영토 경계는 오랜 역사를 통해 다양한 계기에 설정된 것이지만, 기본적으로 양국의 동의 또는 협상(일방적 또는 강제적이라고 할지라도)을 통해 설정된다. 협상을 통해 경계가 지표상에 실제로 설정되기까지 대체로 영토 할당 → 경계점 선정 → 경계(선) 설정으로 이어지는 3단계를 거친다. 영토 할당은 관련 국가 간의 정치적 협상을 통해 영토를 어떤 기준이나 원칙에 따라 전체적으로 할당하는 것을 의미한다. 경계점 선정은 영토 할당단계에서 정해진 원칙에 따라 경계가 이어질 특정 지점들의 위치를 선정한다. 끝으로 경계선 설정은 정해진 경계점들을 이어 경계선을 지표면에 설정하고, 특정한 방법(지표면에 선을 긋거나 단순히 표지석을 세우는 방식에서 장벽의 설치에 이르기까지)으로 경계를 가시화하는 작업이 이루어진다.

육지에 설정된 경계는 대부분 경계 지점이나 경계선을 정확히 표시하지만, 만약 경계점과 경계선의 설정이 구체적으로 기재되지 않을 경우 분쟁을 유발할 수 있다. 특히 하천을 경계로 활용할 경우, 경계를 명확히 하지 않음으로써 흔히 분쟁을 유발하게 된다. 하천을 경계로 할 경우, 일반적으로 가항하천이면 주수로(主水路)의 중앙선으로 하고, 비가항하천의 경우는 하천의 양안으로부터 중앙선을 국경선으로 정하고, 양국 간 협상에 따라 하천 양안 중 한쪽으로 경계를 삼을 수도 있다(임덕순, 1997: 156). 그러나 하천을 경계로 할 경우 하천 유로 자체가 변동하거나 특히 이로 인해 하중도의 상대적 위치가 달라질 경우 문제가 발생할 수 있다. 예로 1990년대 초까지 소련과 중국은 우수리강의 주수도의 중앙선을 국경으로 정했지만, 이 강의 하중도(중국명 전바오섬 珍寶島, 소련명 다만스키섬 면적 $0.74km^2$, 길이 1,700m, 폭 500m)로 인해 1990년대 초까지 분쟁과 무력충돌을 빚기도 했지만, 1991년 양국 협정으로 중국에 유리하게 해결되었다. 이러한 맥락에서, 북한과 중국 간 체결된 '조중변계조약'에서는 하중도의 귀속을 그 섬에 사는 주민에 따르는 것으로 정했다. 이러한 기준으로 과거 조선과 청 간 분쟁지역이

자료 5-1:

북중 경계 설정

역사적으로 한반도(조선 또는 북한)와 중국 간의 경계는 1712년 세워진 백두산정계비와 1909년 당시 청과 일본 사이에 체결된 이른바 '간도협약'에 근거했다. 그러나 1945년 일제의 패망으로 일제가 체결한 간도협약은 무효화되었다고 할 수 있다. 또한 이들은 국경의 획정에 상당한 불확실성을 안고 있었기 때문에, 북한과 중국은 1962년 '변계조약'을 통해 양측 간 국경 획정의 기본 원칙을 정하고, 이에 근거를 두고 국경을 구체적으로 획정해 1964년 '변계의정서'를 체결했다. 이 조약은 국제사회에 공표되지도 않았을 뿐만 아니라 유엔 사무국에 등록되지도 않은 비밀조약이다. 이로 인해 양국의 국경에 대해 부정확한 소문과 보도가 나돌았으나, 2000년 중국어본이 공개되면서, 그 내용을 확인할 수 있게 되었다(이종석, 2014).

이 조약에는 압록강-백두산-두만강의 경계 및 두 강의 하중도와 사주의 귀속 등에 관한 내용을 담고 있다. 먼저 백두산 천지의 경계선은 '천지를 둘러싸고 있는 산마루의 서남쪽 안부(鞍部)로부터 동북쪽 안부까지를 그은 직선'으로 하는 것으로 정하고, 서북부는 중국에, 동남부는 북한에 귀속하도록 규정함에 따라 천지의 54.5%는 북한에, 45.5%는 중국에 속하게 되었다. 또한 이 조약은 백두산정계비에 규정된 토문강(土門江)이나 간도협약이 정한 두만강 석을수 대신 백두산으로 뻗어 있는 도문강(두만강의 중국 명칭)의 4개 지류(支流) 중 최상류에 있는 홍토수(紅土水)를 국경으로 규정하고 있다. 이에 따라 양측 간의 국경은 간도협약에 비해 북쪽으로 이동했고, 북한은 과거보다 많은 영토를 확보한 셈이 된다.

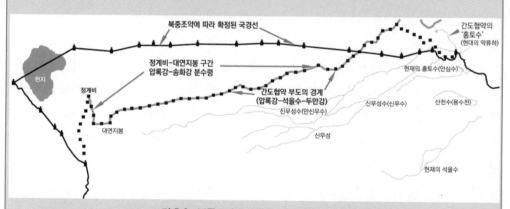

그림 5-3. 북중조약에 따른 국경선과 간도협약 비교
주: **짙은 실선(━)**−북중조약에 따라 확정된 국경선, **굵은 점선(■■■)**−간도협약 부도의 '압록강 정계비-석을수-두만강' 경계
옅은 실선(━ 대부분 짙은 점선과 겹침)−간도협약 부도의 분수계선(분쟁이 되어온 국경선)
자료: 이강원(2022: 369).

압록강과 두만강의 국경 하천에서는 하천의 수면 자체를 국경으로 정해 선 개념이 아닌 면 개념의 국경을 획정했다. 즉 대부분 국가들은 하천을 지나는 국경선을 기준으로 각국의 구역을 관리하지만, 북한과 중국은 양국의 우호관계를 바탕으로 국경 하천을 공동으로 관리하고 있다는 점에서 큰 차이가

있다(오수대, 2019). 그리고 두 국경 하천상의 도서와 사주의 귀속과 관련해, 모두 451개의 도서와 사주(압록강에 205개, 두만강에 246개) 중에서 북한이 264개(압록강에서 127개, 두만강에서 137개), 중국이 187개(압록강에서 78개, 두만강에서 109개)를 차지했다. 압록강 하구에서는 압록강과 서해의 경계를 결정하는 강해분계선(江海分界線)을 획정했고, 강해분계선으로부터 양국의 영해의 경계를 결정하는 해상분계선도 획정했다. 또한 해상분계선 양측의 일정한 해역을 자유항행구역으로 설정해 양측이 공동 관리하면서 항행할 수 있도록 했다.

그런데 조중국경조약에 근거한 북한과 중국의 국경획정으로 백두산정계비와 간도협약은 효력을 상실하게 되었으며, 이로 인해 1880년대 제기된 조선과 청간의 간도 영유권 분쟁 문제는 더 이상 거론되기 어렵게 되었다. 만약 이 조약이 없었다면, 1909년 일본이 체결한 간도협약은 법리상 무효이기 때문에, 현재 중국의 간도 점유는 법적 근거가 없는 불법적인 것이라고 할 수 있다. 이와 관련해, 북한과 중국 간에 체결된 이 조약이 현재 한국 또는 통일 후 한국과의 관계에서 최종적으로 인정될 수 있는가에 대해서도 의문이 제기될 수 있다. 물론 이 변계조약은 양측 간에는 유효한 조약으로 인정되는 것이다. 또한 북한은 1991년 남북한 유엔 동시 가입 및 남북기본합의서 등 각종 합의서 체결과 발효로 인해 북한의 국제법적 지위를 부정하기 어렵다(이현조, 2007).

었던 압록강 하구의 황금평을 비롯한 대부분의 하중도가 북한에 귀속되었다.

이와 같이 경계가 한번 정해졌다고 해서 분쟁이 완전히 사라지는 것은 아니다. 이러한 점들에서 어떤 경계가 좋은 경계인지에 대한 논의가 있었다. 임덕순(1997: 150)에 의하면, 좋은 국경은 외침의 가능성이 없어서 경계의 안정성이 높고, 방어상 유용하며, 그러면서도 인접국과 교류가 원활하게 이루어질 수 있도록 하는 경계이다. 그러나 이러한 조건을 완전히 충족하는 경계는 없고, 국경의 두 가지 기능 즉 분리 기능과 접촉 기능을 잘 조정해 '비교적 좋은' 경계를 유지하는 것이 중요하다. 즉 국경은 부정적 측면(예: 밀수, 침략 등)을 차단하고 긍정적 측면(예: 문화교류, 교역 등)을 수용하면서, 변경 주민의 원심성도 막아줄 수 있다면 좋은 국경이라고 하겠다. 이러한 점에서 미국-캐나다, 노르웨이-스웨덴, 프랑스-스페인 국경 등이 좋은 국경이라고 할 수 있다. 결국 좋은 국경이란 양국 간 관계에 달려 있다고 하겠다.

(2) 영해의 경계

영해와 영공의 경계 설정은 영토의 경계 설정에 비해 비교적 단순하지만, 영토의 경계와 마찬가지로 많은 문제와 갈등을 유발하기도 한다. 영해란 배타적 주권이 미치는 바다의 범위를 의미한다. 영해의 경계 설정은 기본적으로 해안선 밖으로 얼마까지를 영해로 할 것인지를 정하는 것이다. 18세기 무기 발달의 초기에는 함선 또는 해안에서 발사하는 대포의 착탄거리를 고려해 3해리(1해리=1850m)까지를 영해로 정했다. 그러나 포의 기능이 향상되고

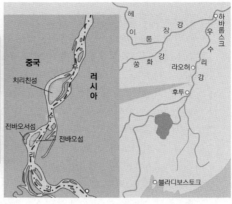

그림 5-4. 전바오섬(珍寶島, 소련명 다만스키섬)
자료: http://www.panoramio.com/photo/102890990.

해양자원의 중요성이 증대하면서, 대부분 국가들은 해안선 밖 12해리까지를 영해로 삼게 되었다. 1930년대 이후에는 관세나 출입국 관리, 보건위생 관리 등을 목적으로 영해에서 12해리까지 접속수역을 설정할 필요성이 제기되었고, 1958년 영해 및 접속수역에 관한 제네바 협약에서 확인되었다. 또한 1952년 에콰도르와 칠레가 200해리까지 배타적 어업권을 주장했다. 그리고 1945년 미국 대통령 트루먼은 대륙붕에 대한 인접국의 주권을 인정해야 한다고 선언하면서, 이를 계기로 다른 나라들도 대륙붕 선언을 하게 되었다.

이러한 다양한 유형의 경계들이 설정 또는 주장됨에 따라, 해양의 활용과 관리에 관한 유엔 해양법이 1982년 체결, 1994년 발효되었다. 오늘날 대다수의 국가들이 이 유엔 해양법 협약에 가입함에 따라 영해(12해리), 접속수역(24해리), 배타적 경제수역(200해리), 대륙붕수역(최대 350해리까지)을 인정하고 있다. 이에 따라 한 국가가 미치는 영향력의 정도에 따라, 주변 해역은 다음과 같이 구분된다.

• 기선(basic line)과 국내수역: 기선은 바다 쪽 가장 바깥 저조선을 따라 설정한 지점들을 연결한 선을 말하며, 하구, 만, 석호 등 직선기선 안에 있는 해역은 국내수역으로 해당 국가의 내수제도에 의해 규율된다.

• 영해: 직선기선 밖으로 일정 범위로 설정되어 있는 수역으로 해당 국가의 배타적 주권과 관할권이 인정된다. 오늘날 유엔 해양법에 따라 대부분 국가들은 기선 밖으로 12해리까지

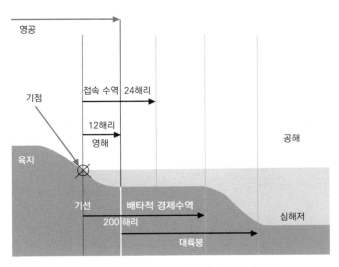

그림 5-5. 해양 경계(유엔 해양법 협약, 1994년 발효)

를 영해로 설정하고 관리한다. 해당 연안국은 영해 내에서는 국가 안보를 위한 군사작전을 행할 수 있으며, 밀수 및 전염병 유입 등을 강력히 차단하기 위한 방안들을 구사할 수 있다.

• 접속수역: 이 수역은 영해 밖으로 12해리(기선 기준으로 24해리)까지를 말하며 관세, 재정, 출입국 관리 또는 위생에 관한 법령 이행 등을 행할 수 있다. 또한 연안국은 밀수 감시, 어업 규제, 해저광물 채굴 등을 규제할 수 있다. 접속수역은 영해와는 달리 주권수역은 아니며, 국가에 따라 공포하지 않는 경우도 있다.

• 배타적 경제수역: 이 수역은 연안국이 그 해저의 경제적 자원, 즉 어류 등의 수산자원과 부존된 해저자원을 배타적으로 관할할 수 있는 주권적 권리가 주어진 수역이다. 수역에 대한 인정과 그 범위를 둘러싸고 논란이 있었지만, 유엔 해양법에 의해 200해리로 정해졌다. 연안국은 이 수역에 대해 생물이나 무생물 등의 탐사, 개발, 보존 및 관리할 수 있으며, 해수, 해류 및 해풍을 위한 에너지 생산, 인공 섬이나 시설의 설치, 해양과학조사와 해양환경 보호와 보전 등에 대한 관할권을 가진다.

• 대륙붕 수역: 영해 밖으로 영토의 자연적 연장에 따른 대륙변계(邊界)의 바깥 끝까지(최대 350해리) 또는 대륙변계의 바깥 끝이 200해리에 미치지 않을 경우 기선으로부터 200해리

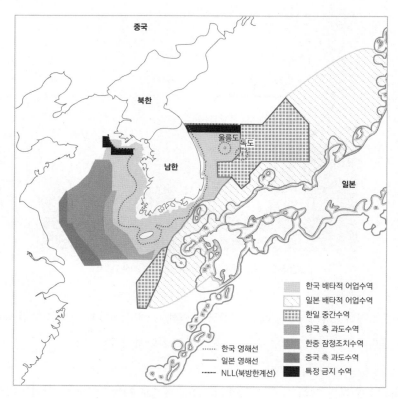

중국

북한

울릉도
독도

남한

일본

	한국 배타적 어업수역
	일본 배타적 어업수역
	한일 중간수역
	한국 측 과도수역
	한중 잠정조치수역
	중국 측 과도수역
	특정 금지 수역

⋯⋯ 한국 영해선
── 일본 영해선
-·-·- NLL(북방한계선)

그림 5-6. 한·중·일 수역 경계도
자료: 해양수산부 국립해양조사원.

까지(이 경우는 배타적 경제수역과 일치한다)의 해저지역과 그 하층토를 말한다. 이 수역은 주로 해저 광물의 채굴을 규제(어업 규제도 포함할 수 있음)하기 위한 권리를 주장할 수 있다.

• 공해: 대륙붕 수역의 바깥쪽을 말하며, 개별 국가의 주권이나 규제가 미치지 않는 해역이다. 항행의 자유, 해저 케이블 설치, 해상항공의 자유가 보장된 자유수역으로, 특정국의 정치적 규제를 받지 않는다.

이와 같이 해양에 대한 주권의 행사와 관련된 여러 유형의 수역들은 유엔 해양법에 따른 것이라고 할지라도, 국가들 간 주변 해역의 위치와 형상에 따라 상호 중첩되거나, 때로 기선이나 이의 근거가 되는 부속 영토(특히 섬)의 인식 차이로 국가 간 갈등이 유발될 수 있다. 예로 제주도 마라도에서 서남쪽으로 149km 떨어져 있는 이어도는 한국의 해양과학기지가 운영되고 있으며, 그 주변수역은 우리나라의 배타적 경제수역에 속한다. 하지만 이 섬은 일본의 도리시마(鳥島)에서 서쪽으로 276km, 중국의 서산다오(余山島)에서 북동쪽으로 287km 떨어져 있다는 점에서 중국도 이 섬과 주변 해역을 자국의 관할권이 행사되는 200해리 EEZ 내에 있다고 주장한다.

(3) 영공의 경계

영공은 국가의 영토 및 영해 위에 존재하는 공중 영역을 말한다. 개념적으로 해당 국가는 영토와 영해와 마찬가지로 영공에 대해 완전하고 배타적인 주권을 행사할 수 있다. 그러나 상공의 어느 정도 높이까지 주권이 허용되는가의 문제가 제기될 수 있다. 영공의 수평 범위는 영토와 영해(12해리)의 상공이지만, 그 높이에 대한 국제적 합의는 없다. 국제항공연맹(FAI)은 100km 고도를 지구와 우주 사이 경계로 규정하고 있지만, 이 기준이 국제법적으로 확정된 것은 아니다. 상공을 해상과 비교하면, 영해는 지표면에 접한 대기층에 해당하고, 공해는 그 바깥의 외기권에 비교될 수 있다. 이러한 비교에 따르면, 해상의 공해처럼 상공의 외기권도 비행의 자유가 보장된다고 할 수 있다. 그러나 해상의 공해와는 달리, 외기권 비행의 자유원칙은 상공의 폭탄 투하 등으로 하토국의 영토가 피해를 직접 볼 수 있다는 점에서, 주권의 고도는 무한 천공(天空)까지 설정되는 것이 원칙이라 할 수 있다.

그러나 이러한 상공의 주권을 실질적으로 확보하기 위해서는 해당 영공을 침범했을 때 이를 물리칠 수 있는 능력이 있어야 한다. 예로 구소련은 미국의 정보탐지기인 U-2기를 격침할 수 있는 능력을 확보하기 이전까지(즉, 1960년)는 이 항공기가 자국의 영공을 침공하는 것을 묵인할 수밖에 없었다. 이러한 사례처럼, 무한 천공까지 실질적인 영공화는 불가능하며, 한 국가의 주권이 실질적으로 미치는 영공은 그 국가의 대공방어 능력(하토국의 전투기, 대공포 등의 도달, 격추 능력)에 달려 있는 것으로 인식되었다. 특히 오늘날 과학기술의 발달로 최저 고도 100~110km 이상의 상공에 여러 국가들이 운영하는 많은 인공위성들이 지구 궤도를 돌고 있다. 그뿐만 아니라 고도 1000km 이상 되는 대륙간 탄도미사일(ICBM)이나 고도 500km에 달하는 중거리탄도미사일, 고도 50~200km에 달하는 준중거리탄도미사일들이 개발되어 실전에 배치되는 상황이며, 또한 이를 방어하기 위해 패트리엇, 사드 등의 요격미사일 방어(MD)체계가 구축되고 있다. 이러한 점에서 영공의 수직적 범위를 정하는 데 대해, 프랑스와 독일 등은 100km로 할 것을 주장하지만, 미국과 일본은 우주 활동의 위축과 국제적 분쟁을 야기할 수 있다는 점에서, 영국과 네덜란드 등은 과학·기술적 지식이 부족하다는

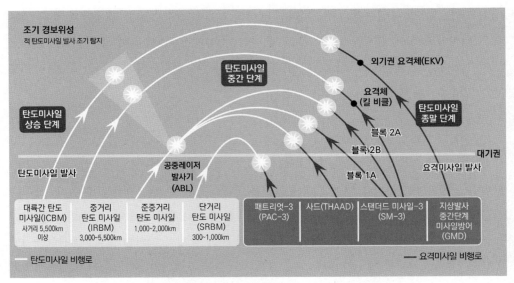

조기 경보위성
적 탄도미사일 발사 조기 탐지

외기권 요격체(EKV)

탄도미사일
중간 단계

요격체
(킬 비클)

탄도미사일
상승 단계

탄도미사일
종말 단계

블록 2A

블록 2B

대기권

공중레이저
발사기
(ABL)

블록 1A

탄도미사일 발사

요격미사일 발사

대륙간 탄도 미사일(ICBM) 사거리 5,500km 이상	중거리 탄도 미사일 (IRBM) 3,000~5,500km	준중거리 탄도 미사일 1,000~2,000km	단거리 탄도 미사일 (SRBM) 300~1,000km	패트리엇-3 (PAC-3)	사드(THAAD)	스탠더드 미사일-3 (SM-3)	지상발사 중간단계 미사일방어 (GMD)

── 탄도미사일 비행로

── 요격미사일 비행로

그림 5-7. 탄도미사일의 유형과 미국의 요격미사일 방어체계
자료: 연합뉴스, 2017.2.11 참조해 작성.

점에서 경계획정에 반대한다. 이러한 여러 주장들로 인해 영공의 높이는 국제법으로 확정된 것이 없다.

한 국가의 상공에는 국제법적으로 해당 국가의 주권이 엄격하게 적용되는 영공의 개념 외에도 여러 가지 구역의 개념들이 적용되고 있다(제3장 참조).

• 비행정보구역(FIR: flight information region): 관련 국가들 간 협약과 국제민간항공기구 (ICAO)의 조정으로 비행시간 단축 등을 목적으로 설정된 특정 구역을 의미한다. 각 구역은 항공기 운항에 필요한 정보를 제공해 안전한 운항을 유도하며, 항공기 사고 발생 시 수색구조업무를 책임지도록 한다. 비행정보구역의 명칭은 국명을 사용하지 않고, 관련 업무를 담당하는 센터의 지명을 그대로 사용한다. 우리나라는 1963년 대구 FIR로 명명됐지만, 2002년 인천 FIR로 바뀌었다. 인천 FIR는 마라도나 이어도, 독도 상공을 포함하고 있으며, 국토교통부의 항공교통센터에 의해 관장되고 있다. 비행정보구역은 국경이나 영공, 영해와 무관하게 원활한 항공교통을 위해 설정되었지만, 실제 국경의 조건이 작용한다.

• 방공식별구역(ADIZ: air defense identification zone): 한 국가가 방공목적으로 설정한 공역

으로, 이 구역에 사전 통보 없이 침범하는 항공기를 식별해 퇴거시키거나 강제 착륙을 유도하기도 한다. 방공식별구역은 1950년 미국이 국가의 안전을 목적으로 모든 항공기의 즉각적 식별, 위치 확인, 관제 유도를 위해 처음 설정했고, 그 후 대부분 국가들이 이를 설정하고 있다. 방공식별구역은 영공과는 별개의 개념으로 국제법적 근거가 약하다. 이로 인해 인접국 간에 방공식별구역이 중첩되어 갈등을 빚기도 한다. 예로 마라도 남쪽에 위치한 수중암초, 이어도 주변은 우리나라와 일본, 중국의 방공식별구역이 중첩되어 있다. 우리나라의 방공식별구역은 1951년 미국 공군에 의해 설정되었는데, 마라도와 홍도 남방, 그리고 이어도 수역의 상공이 빠져 있었다. 이 문제 등을 시정하기 위해 2013년 새로운 방공식별구역을 발표해, 인천비행정보구역과 일치되도록 조정했다.

• **비행금지구역**(no-fly zone): 두 가지 유형으로 구분된다. 한 유형은 한 국가가 국내 관련 법규에 따라 지정된 상공에 비행을 금지하는 구역을 의미한다. 우리나라는 항공법에 따라 휴전선 접경지역, 수도권, 대전광역시 원자력연구소, 원전 상공 등에 대해 비행금지구역을 설정하고 있다. 다른 한 유형은 특정 지역에 군사적 도발이 발생하거나 또는 해당 주민들이 위협을 받을 경우 국제적으로 권위를 가진 유엔의 안전보장이사회나 나토처럼 특정한 동맹기구가 이를 설정하게 된다. 비행금지구역이 설정되면 허가된 경우 외에 항공기 비행이 금지되며, 이를 위반하면 해당 항공기를 격추한다. 유엔은 1991년 걸프전 직후 이라크 북부 및 남부 상공에, 1992~1995년 보스니아 상공에, 그리고 2011년 3월 리비아 상공에 비행금지구역을 설정한 바 있다. 2022년 3월 러시아가 우크라이나를 침공하자, 우크라이나 정부는 이를 저지하기 위해 미국과 나토에 비행금지구역 설정을 요청했으나, 미국과 나토는 이로 인해 전쟁에 바로 개입되는 것을 우려해 거부했다.

2) 접경지역 관리와 경계경관

(1) 접경지역 관리

국경에 인접한 지역은 접경지역(또는 변방지역)이 되며 정치지리적으로 중요한 의미를 가진다. 특히 적대적 국가와 국경을 접할 경우, 접경지역은 변경 잠식과 침투, 월경 등의 우려로 긴장을 하게 되고 실제 많은 문제들이 발생하기도 한다. 심각할 경우 이 지역의 방어를 위해 성곽을 쌓거나 많은 병력을 배치하고 때로 차단장벽을 설치하기도 한다. 예로 이스라

자료 5-2:

남북 간 경계의 설정과 접경지역 관리

오늘날 남북한을 영토적으로 분단하고 있는 군사분계선은 1953년 7월 27일 이루어진 '한국군사정전에 관한 협정(정전협정)'에 규정된 휴전의 경계선(흔히 휴전선)을 말한다. 길이는 약 248km(155마일)로 서쪽으로 예성강과 한강 어귀의 교동도에서부터 개성 남방의 판문점을 지나 중부지역의 철원, 금화를 거쳐 동해안 고성의 명호리에 이른다. 비무장지대(DMZ: de-militarized zone)는 남북의 군사력을 격리시키기 위해 군사분계선에서 남북으로 각각 2km 사이 군사시설이나 군인의 배치를 하지 못하도록 설정된 완충지역을 말한다. 이 완충지역과 함께 군사적 목적으로 출입 및 생활의 제한을 받고 있는 인접지역(접경지역 포함)을 비무장지대 일원이라고 지칭하기도 한다. 민통선은 군사활동 보장이 요구되는 군사분계선 인접지역으로 군작전상 민간인의 출입을 통제하기 위해 설정한 선을 말한다. 현재 비무장지대는 남방한계선과 북방한계선이 모두 군사분계선 안쪽으로 이동하여, 양측의 폭이 좁은 지역은 750m까지도 축소되었고, 설치 당시 규정상 992km²이었던 면적도 약 903.8km² 규모로 줄어든 상태이다(남한 448km²; 북한 456km²)(김창환, 2007).

민통선(민간인 통제구역)은 군사분계선 인근 지역에서 군작전 및 군사시설 보호와 보안 유지를 목적으로 민간인의 출입을 제한하기 위해 1954년 미군 사령관의 직권으로 설정되었다. 민통선의 경계는 비무장지대로부터 5~10km 밖에 설정되어 있지만, 실제 명확하지 않다. 민통선 북방지역에도 주민의 거주와 영농을 위한 출입이 허용된다.

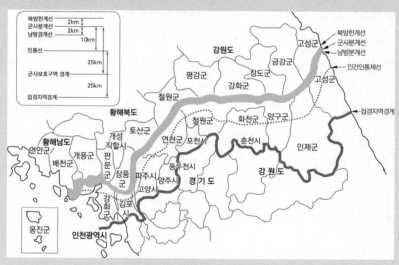

그림 5-8. 비무장지대와 접경지역
자료: 대한민국 정책 브리핑.

육상에서 남북 분단을 나타내는 이러한 선들 외에도, 해상에서 남북한 간 경계를 나타내는 북방한계선(NLL: northern limit line)이 있다. 북방한계선이란 해상에 그어진 남북 경계선으로, 1953년 정전협정 당시 북한에 공식 통보된 선으로, 동해는 군사분계선 끝점에서 정동으로 200마일, 서해는 한강

172 | 정치지리학

하구에서 백령도 등 5개 섬을 따라 그어져 있다. 북한은 NLL을 실질적 경계선으로 인정하는 것처럼 보였지만 1990년대 후반 이에 대해 이의를 제기하면서, 갈등이 유발되어 실제 남북 교전이 발생하기도 했다.

비무장지대는 그동안 사람들의 접근이 금지되어 있었기 때문에, 풍부한 생물다양성을 간직하고 있다는 점에서 생태적 가치를 인정받으면서 세계적인 관심을 끌고 있다. 즉 비무장지대는 6·25전쟁의 폐허 속에서 남북 간 군사적 대치 상황을 보여주는 '사이공간'이지만 다른 한편, 다양한 생물들이 살아가는 서식공간을 만들어 내고 있다. 앞으로 (특히 통일 이후) 완충공간이며 또한 생태공간으로서 비무장지대를 어떻게 평화적·생태적으로 활용할 것인지는 주요 과제로 남았다.

다른 한편, '접경지역'은 2000년 제정·공포된 법에 따라 그동안 규제를 받아 낙후된 지역에 대한 정책적 지원과 장기·종합적 관리의 필요성에 따라 설정되었다. 행정구역상 인천시, 경기도, 강원도의 15개 시군, 98개 읍면동에 걸쳐 있는 이 지역은 보전권역, 준보전권역, 정비권역의 3개 권역으로 구분되어 적합한 보전 또는 개발을 지원하도록 했다. 그러나 이 법은 통과될 당시 환경단체들에 의해 보전 중심에서 개발 중심으로 정책이 변했다는 점에서 반대 여론에 봉착하기도 했다.

그림 5-9. 북방한계선과 북한 주장 해상경계선
자료: 한국해양안보포럼(2017), http://komsf.or.kr/bbs/board.php?bo_table=m44&wr_id=27.

엘이 서안지구에 설치한 분리장벽은 서안지구 팔레스타인 영토의 14.5%를 잠식할 뿐만 아니라 장벽 안 도시들이 팔레스타인인들을 가둔 거대한 감옥처럼 인식되도록 한다. 또한 이러한 접경지역의 인종이나 문화는 흔히 내부지역과는 다르기 때문에, 분리 독립을 요구하는 경우가 발생할 수 있다. 그렇지 않다고 할지라도 군사적 대립 및 군사시설의 입지들로 인해 발생한 지역 낙후 문제가 항상적으로 야기되기 때문에, 이러한 문제들을 해소하기 위해, 해당 국가는 접경지역에 많은 정치적 관심을 기울이면서 특별 지원을 하기도 한다.

접경지역이나 국경 통과 지점들에는 경계를 알리거나 이와 관련된 다양한 시설과 활동이 이루어진다. 국경이 일정한 통제하에서 자유로운 통행이 허용될 경우, 사람이나 물자가 국경을 넘어서 이동하기 위해서는 우선 자국에서 발급하는 여권과 방문국의 비자가 필요하다. 여권과 비자에 대한 확인 작업은 기본적으로 국경을 통과하는 과정에서 이루어진다. 이에 따라 국경 지역에는 이를 확인하기 위한 국제 검문소가 설치되고, 통행을 제한하는 각종 시설물들이 설치된다. 또한 국경에는 통행자를 대상으로 각종 면세 제품이나 서비스를 판매하기 위한 시설들이 개설되어 있다. 그 외에도 국경 통과 지점들에는 각국의 정체성을 드러내는 다양한 상징물들이 조성되기도 한다.

그러나 국경을 접하고 있는 국가들 간 관계가 적대적이거나 여타 이유로 국경의 통행이 어렵거나 불가능할 수 있다. 특히 적대적 국가들 간 국경은 상대방 국가의 침략을 막기 위한 다양한 시설물들이 설치된다. 국경을 따라 선형으로 설치된 성(城)은 이러한 목적의 대표적 시설물이다. 예로 중국의 만리장성은 북방민족의 침입을 막기 위해 변경 지역들에 성을 쌓고 서로 연결한 것으로, 기원전 220년경 진시황제 때 처음 완성되었다. 그 이후 역대 왕조에 의해 개축·수리되었으며, 현재 남아 있는 장성은 주로 명나라 시기 개축된 것이다. 오늘날에도 적대적 국가들 간에는 콘크리트 장벽이나 철조망 등으로 둘러쳐진 장애물들이 설치되어 있으며, 접경지역에는 다양한 방어용 시설들이 조성되어 있다.

변경지역의 방어를 위해 동서양을 막론하고 특수 관할지역 또는 행정단위를 설치하기도 했다. 유럽의 경우 대표적 사례로, 프랑크 제국의 샤를마뉴(Charlemagne 또는 Karl) 대제는 790년경 사라센족의 침입을 막기 위해 남서쪽에 스페인마르크, 동쪽인 다뉴브강 쪽에 오스트마르크(Ostmark: east march)를 설치했다. 그 후 10세기의 신성 로마제국도 역시 같은 장소에 슬라브족을 의식해 오스트마르크를 설치했다. 오늘날 오스트리아는 오스트마르크가 독립한 것이라고 할 수 있다. 중국에서 변경지방에 도호부를 설치했는데, 그 역사는 기원전으로 올라가며, 도호부의 명칭과 중심지도 시대에 따라 변했다. 한, 당 시대(특히 7세기경)에는 변경지방에 안동도호부 등 6개의 도호부(都護府)가 설치해 관리했다. 오늘날 중국은 변경 방어를 전제로 전 국토를 7개 군구(軍區)로 구분해 군사력을 배치해 운영함으로써 광대한 영토의 안전을 도모하고 있다.

중국은 이와 같이 변방지역(특히 소수민족 자치구들)에 대해 지대한 관심을 가지고 이 지역을 방어할 목적과 더불어 분리 독립을 차단하고 영토적 통합을 강구하기 위해, 중앙정부 차원에서 많은 투자를 할 뿐만 아니라 재정 보조와 각종 대출 및 구제금, 생산과 일상생활을

그림 5-10. 강화도 북단(강화 평화전망대)에서 본 북한 지역 전경

위한 서비스를 보조하고 있다. 이러한 변방지역 지원 정책은 이 지역의 불안정을 해소해 원심력을 약화시킬 목적으로도 동원된다. 예로 미국의 아프가니스탄 침공 이후 탈레반 집단이 인접한 파키스탄 변방지역에 거점을 두고 국경을 넘나들며 저항 공격을 계속함에 따라, 파키스탄 정부는 변방의 부족지역 지도자들을 설득해 탈레반 세력과 관계를 단절하도록 하기 위해, 개발사업 지원 등을 하고 있다.

한국의 경우, 군사분계선 부근을 개발하기 위해 1960년대 개척부락을 만들어 인구의 유입과 정착을 지원했으며, 2000년대에는 접경지역을 법적으로 설정해 정책적 지원과 장기종합 관리를 도모하고 있다. 즉, 2011년 접경지역지원특별법이 제정되고 2011년 접경지역 발전종합계획이 확정됨에 따라 이 지역에 대한 지원정책이 본격적으로 추진되고 있다. 이 계획은 인천시, 경기도, 강원도에 있는 15개 시, 군의 접경지역 발전을 도모하여 주민 복지를 향상하고 성장 동력을 창출할 목적으로 2011~2030년 총 13조 원 규모의 사업으로 시행되고 있다. 그러나 이와 같은 접경지역 지원정책은 안보의 논리와 경제의 논리가 뒤얽혀 작동하면서 경합하는 갈등적 과정, 즉 '안보-경제 연계'를 만들어낸다(지상현 외, 2019).

다른 한편, 국경을 접하고 있는 국가들 간에 친밀한 협력관계가 형성되어 있거나 경제적으로 분업체계가 구축되어 있을 때, 국경을 사이에 두고 인접한 지역에 대해 해당 국가들의 공동 투자에 대한 공동 개발이 이루어질 수 있다. 예로 국경에 서로 맞닿아 있는 싱가포르, 말레이시아의 조호르바루, 그리고 인도네시아의 바탐섬으로 구성된 성장삼각지대는 자본과 기술, 자원, 노동력을 결합시킨 국가 간 협력을 통해 발전하고 있다(그러나 이로 인해 불균등 발전이 초래된다는 비판도 있다). 북한의 나진-선봉 경제특구도 두만강 하류를 사이에 놓고 접해 있

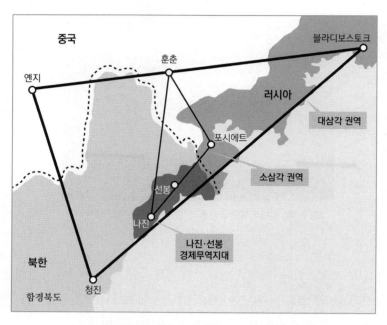

그림 5-11. 3개국 접경지역에 개발된 나진선봉지구

는 북한의 나진, 중국 훈춘 그리고 러시아의 하산 간의 경제협력을 전제로 하고 있다. 접경지역의 국가 간 경제협력은 다소 특수한 경우이고, 대부분 접경지역에는 국경의 분리 기능이 작동해, 국가 간 경제활동이 방해를 받는 것이 일반적이다. 즉 접경지역의 경제활동은 흔히 관세가 부가되거나 할당제가 채택되며, 때로 무역 정지가 내려지기도 한다. 이러한 점에서 국경으로 인해 분리된 양국의 경제활동 공간은 단절 또는 축소 형상을 보이기도 한다.

(2) 경계경관의 이해

경계가 설정되면 이에 인접한 지역, 즉 경계지대 또는 접경지역에는 상호 분리 및 교류를 상징적으로 드러내는 특이한 경계경관과 활동 양식이 나타난다. 일반적으로 경계지역에는 주택 양식이 달라지거나 국경 표시가 설치되어 있고, 분리 기능이 특히 강하면, 다중 철조망, 인공장벽, 탱크전진 장애물, 토치카(콘크리트 등으로 건축된 반영구적 진지) 등이 설치되기도 한다. 반면 양국 간 국경의 분리 기능이 약하면, 접촉 기능이 상대적으로 증대된다. 특히 경계를 접하는 두 국가 간 관계가 우호적일 경우, 경계를 서로 넘나들면서 이루어지는 상호 교류(상품 교역, 노동 교류, 생활양식 교류 등)가 활발하게 전개된다. 접경지역에서 사람들은 노동 제공, 상품 판매 또는 생활용품 구입을 위해 쉽게 왕래하게 되고, 또한 양국 젊은이들 간

그림 5-12. 미국과 멕시코 접경지역에 발달한 도시
엘파소(미국), 시우다드 후아레스(멕시코)

결혼도 이루어진다. 이러한 왕래와 국경 무역을 위한 개시(공공시장) 등으로 접경취락이 형성된다. 접경취락 또는 접경도시는 경제적·문화적 교류의 허브 역할을 하면서, 이를 위해 필요한 교통통신 인프라가 구축된다.

이처럼 변경지대에서 상호작용을 통해 경제적 사회문화적 혼성이 이루어지는 것을 삼투작용(osmosis)이라고 한다. 예로 멕시코의 캘리포니아 반도는 교회 양식이나 지명은 멕시코적이지만, 생활양식은 미국 캘리포니아 주의 양식을 많이 닮았다. 그러한 현실적으로 국경을 가로지르는 이러한 교류가 활발하게 전개된다고 할지라도, 국경이 가지는 분리 기능으로 인해 국경 밖으로 영향권은 축소되는 경향이 있다. 즉 국경은 문화의 전파나 경제 교류를 방해하는 장애물로서 작용한다. 전파를 완전히 차단하는 경우를 흡수적 장애라고 하고, 부분적으로 막는 경우는 투과적 장애라고 한다. 국경의 존재는 국가 간 상품 거래나 노동력의 왕래가 이루어지지만, 이러한 상호작용은 일반적으로 관리·통제된다. 이로 인해 국경 바로 밖에 나타나는 경제권의 크기는 국경이 없는 경우에 비해 크게 축소된다. 국경이 존재하면, 상품 거래에 관세가 부가되거나 할당제가 채택되고, 심지어 무역 정지가 나타나기도 한다. 예로 미국과 멕시코 국경지대에 위치한 엘파소(미국)와 사우다드 후아레스(멕시코)의 도시영향권을 비교해 볼 수 있다. 최근 엘파소 지역에는 미국 망명을 신청하려는 이민자들이 몰려들면서, 2023년 5월에는 비상사태가 선포되기도 했다.

국경이 가지는 이러한 분리 기능과 접촉 기능은 접경지역에 형성된 경계경관을 통해 재

현된다. 경계(특히 분리 기능
이 왕성한 경계)는 우선 이를
나타내기 위한 다양한 표지
와 경관들을 만들어낸다.
경계지대에는 흔히 경계를
표시하는 다양한 표지들[경
계 설정 기념비, 경계 표석, 경
계 나무, 경계 뷰트(butte)]이
설치되고, 또한 양편에는
서로 다른 건축양식, 방어

그림 5-13. 상이한 기법으로 조성된 승일교
자료: 국가유산포털.

시설(토치카, 철조망, 기타) 등이 나타난다. 예로 철원군 한탄강 위에 놓인 승일교 또는 중국과
북한의 경계를 이루는 압록강이나 두만강 교각에서 이러한 모양 차이가 나타난다. 승일교
의 경우, 1948년 북한 땅이었을 때 공사를 시작했으나 6·25전쟁으로 중단된 후 남한 땅이
되면서 남한 정부에 의해 완공되었다. 중앙 교각을 좌우로 건축 양식의 차이를 보이는데, 남
한(이승만)과 북한(김일성)의 통치자 성명에서 한 자씩 따서 명명했다.

또한 이러한 접경지역은 지역 주민들이 경계선 너머의 정치, 사회, 경제, 문화 체제의 영
향을 크게 받을 수 있으며, 심리적으로도 인접국 지향성을 나타낼 수 있는 지역이다. 특히
상대 국가로부터 상당 정도의 압력과 위험에 노출되거나 또는 국내에서도 개발 정책이나 통
합 의식에서 소외되기도 한다. 이러한 점에서 접경지역과 지역 주민들에 대한 원심적 요인
을 제거하기 위해, 접경지역에 새로운 취락을 조성하고, 교통통신시설의 제공이나 주민생활
의 개선 등을 위한 특별 정책을 강구하기도 한다. 예로 휴전선 남방한계선 백마고지 근처에
위치한 철원군 대마리는 식량 증산 및 대북 심리전 목적으로, 정부가 1967년 150가구를 정
책적으로 입주시켜 황무지를 개척해 변경 취락을 조성했는데, 이 과정에서 지뢰 폭발 등으
로 많은 사상자가 발생하기도 했다.

이처럼 접경지역에는 양국의 상호작용이 반영된 경관이 형성된다. 이러한 점에서 접경
경관은 정치지리학적 연구의 대상이면서 또한 어떤 인식방법의 근거를 형성한다. 즉 양국
의 영향력이 동시에 작동하면서 만들어진 접경지역의 다중적·혼종적·복합적 경관 그리고
경계를 가로질러 이루어지는 주민들의 일상생활과 문화는 영토의 내부와 외부라는 이분법
적 구분을 뛰어넘도록 한다. 이러한 점에서 접경지역의 경관과 주민 생활은 국가 영토와 국

경에 관한 재사유를 비롯해 초국경적 삶을 재현하는 장치 또는 방식으로서 의미를 가지게 된다. 국경경관과 생활양식의 이러한 양상은 접경을 단지 안과 밖을 구분하는 분리선이 아니라 접촉지대로 이해하고, 이분법적 국경 개념으로부터 벗어나기 위한 방법론을 모색하도록 한다. 신지정학적 관점에서 새로운 접경연구는 접경을 기존의 주변화된 이미지 또는 먼 타자의 공간이 아니라, 그곳에서 이루어진 복합적 문화경관과 주체적 생활 장소로 이해하고자 한다.

신지정학에서 새로운 접경연구와 방법론에서 접경은 결국 다자적·다중적인 국경 경관을 이해하고, 화해와 공존의 가치들을 환류할 다양한 플랫폼을 창출하는 사회공간적 실천과 밀접하게 연계되어 있다(전유형, 2021). 또한 국경과 접경은 국가 영토성의 단순한 표현이 아니라, 국경을 통해 살아가는 다양한 행위자들의 복잡한 상호작용과 역동적 실천들 속에서 만들어지는 사회-공간적 구성물로 이해될 수 있다(박배균·백일순 외, 2019; 박배균·쉬진위 외, 2021). 특히 이러한 신지정학적 관점 또는 포스트 영토주의적 관점은 접경지역에서 살고 있는 다양한 지방적 주체들의 일상적 삶과 우발적 실천들이 경계의 형성/해체/재구성 과정에 직간접적인 영향을 미친다는 점을 강조한다. 즉, 국경과 영토에 대한 국가주의적 재현과는 다르게, 접경지역의 국지적 주체들의 비재현적 수행들이 국경/접경의 사회문화적 형성에 지대한 영향을 미친다는 점이 부각된다.

3. 영토와 국경 분쟁

1) 영토 및 국경 침범과 변경

역사 속에서 한 국가가 다른 국가의 영토를 침략하거나 국경을 침범하는 사례는 매우 많이 찾아볼 수 있다. 영토나 국경 침입의 원인은 사례별로 매우 다양하며 때로 매우 규범적인 이유가 제시되기도 하지만, 기본적으로 영토를 점령해 상대 국가를 굴복시키거나 식민화하기 위한 것이라고 할 수 있다. 역사적으로 보면, 자원이나 정치적 응집력에서 우위를 지닌 국가나 지역의 지도자는 침략과 정복, 상속이나 결혼, 동맹, 영토 할양 등을 통해 인접 지역들로 자신의 통치력을 확대하고자 했다. 이러한 과정은 외적 팽창을 통해 영토를 확장해 대국화하려는 전략이라는 점에서 '대국 건설'이라고 불린다. 국가 형성은 좁은 의미로 국가의 내적 결속력을 강화해 통일 국가화하는 것을 의미한다면, 대국 건설은 외적으로 영토를 확장해 가는 과정을 의미한다(임덕순, 1997: 56).

이러한 대국 건설을 위한 영토의 확대 전략은 다양한 원인과 동기를 가지겠지만, 독일 나치정권의 해외 침탈을 사례로 보면, 영토 확대의 동기는 3가지 요인을 포함한다(임덕순, 1997: 76~79). 첫째는 생활공간의 확보이다. 국내에서는 인구압을 충족시키지 못한 국가들은 증가하는 인구의 거주공간이나 원료 공급지의 확보를 위해 전쟁을 통한 식민지 개척이나 영토 확장을 추구한다. 나치의 침략전쟁은 이른바 '생활공간(Lebens raum)'의 확보라는 이유로 정당화되었다. 둘째는 '힘에의 의지' 실현으로, 대국 건설의 정치가들은 광대한 영토를 힘의 상징으로 이해하고 이를 현실 정치에 반영하고자 했다. '힘에의 의지'는 니체의 경구이지만, 특히 독일의 히틀러에 악용되었다. 셋째는 특정한 지정학적 이미지를 악용하는 것으로, 예로 제2차 세계대전 전 히틀러와 그의 지정학자들은 체코슬로바키아의 형상과 위치가 독일의 안전을 매우 위협하고 있다고 주장하고, 이를 제거하기 위해 체코슬로바키아를 먼저 침공해 통합시켰다.

이러한 영토 확대 전략은 '영토회복운동[이리덴티즘(irredentism)]'이라는 명분으로 추진되기도 한다(임덕순, 1997: 222). 영토회복운동은 국경 바깥에 살고 있는 민족의 통합을 전제로 하지만, 과거 통치했던 영토를 되찾거나 또는 과거 인접국에 의해 점유되었던 영토에 대한 점유를 정당화해 자신의 영토로 편입시키기 위한 전략으로도 나타난다(이러한 점에서 고토복원운동이라고도 불린다). 예로 중국에서 전략적으로 벌이는 사업인 '동북공정'은 고구려와 발해를 중국의 역사로 편입시키기 위한 의도를 담고 있다. 중국은 이러한 동북공정 외에도 서남공정, 서북공정 등을 추진하고 있는데, 이의 주요 논리는 속지주의 역사관에 근거를 둔다. 즉, 중국의 역사의식은 민족보다는 영토에 근거를 두고 있기 때문에, 현재 중국 영토는 물론이고 중국화하지 않은 여러 지역을 포함해 중국의 영향력을 받은 다른 민족의 역사도 중국의 역사로 이해한다. 이와 대조되는 경우로 우리나라에서도 조선족들이 많이 거주하고 있는 간도 지역을 한국의 영토로 편입시켜야 한다는 주장이 제기되기도 했다. 그러나 이러한 고토복원운동은 결국 팽창주의적 성향을 가진 민족주의에 근거한 운동으로 간주할 수 있다.

영토 침범의 또 다른 명분으로 상대 국가의 국제적 테러 자행이나 독재정권에 의한 대량 살상무기의 보유로 인접국들 나아가 세계의 평화를 위협한다는 이유가 제시되기도 한다. 예로 미국이 2001년 9·11 사태 직후 '테러와의 전쟁'을 선포하고 아프가니스탄을 침공한 것은 테러의 배후로 추정되었던 오사마 빈 라덴과 그의 조직, 알카에다, 그리고 이들을 보호하고 있었던 아프가니스탄의 집권 세력인 탈레반을 제거하기 위한 것이었다. 미국은 또한 이라크의 사담 후세인 대통령이 독재정치를 하면서 쿠르드인들을 탄압하고 알카에다 등 테러조직들을 지원하고, 대량살상무기의 보유로 세계 안보를 위협하고 유엔 사찰을 방해한다는 이유로 2003년 이라크를 침공했다. 미국의 침공으로 이라크에는 임시정부가 결성되었고 2006년 주권 정부가 출범했지만, 이 과정에서 이라크에는 대량살생무기가 없다는 점이 밝혀졌음에도 사담 후세인은 체포되어 사형에 처해졌다. 이처럼 직접적 침략은 미국이 승리했고 탈레반 정권의 해체로 끝난 것처럼 보였지만, 아프가니스탄 정부의 무능과 부패, 탈레반의 세력 재결집과 정권탈환 시도로 혼란이 이어졌고, 2022년 초 갑작스러운 미군의 철수로 탈레반이 다시 아프가니스탄을 장악하게 되었다.

강대국에 의한 영토 침략의 또 다른 사례로 러시아의 체첸 침공을 들 수 있다. 체첸은 카스피해와 흑해 사이 캅카스산맥 일대에 거주하는 약 120만 명의 인구로 구성되며, 체첸어를 사용하고 수니파 이슬람교를 신봉한다. 체첸인들은 구소련 해체를 전후해 독립을 선언했지만, 러시아는 체첸의 독립을 허용하지 않고 오히려 1994년 제1차로 체첸을 침공해 지도자를 암살했다. 그러나 체첸군의 저항에 직면해 러시아군은 1997년 철군하고 러시아-체첸 연합 행정기구를 구성했지만, 그 이후 체첸 독립파와 친러시아계 체첸 세력 간에 갈등이 발생하면서 제2차 체첸 전쟁이 발발했다. 전쟁은 체첸 반군조직의 갈등과 친러 성향의 체첸군의 도움으로 러시아군의 승리로 끝났으며, 이를 계기로 현재 러시아 대통령이 된 블라디미르 푸틴이 권력을 장악하게 되었다. 러시아가 체첸의 독립을 허용하지 않은 것은 이 지역의 송유관 시설과 관계가 있지만, 역사적으로 보면 "체첸 전쟁은 강제적 점령을 통한 러시아의 전통적 팽창정책이 그 원인이며, 러시아의 강제 복속과 식민주의 정책"에 기인한 것으로 이해된다(정세진, 2005). 이러한 체첸 전쟁에 이어 러시아는 2014년 우크라이나 정권교체 과정에서 러시아인을 보호한다는 명분으로 크림반도를 점령했고, 크림반도는 독립을 선언한 후 바로 러시아와 통합되었다. 이후에도 러시아는 북대서양조약기구(나토)의 확장과 제3국의 우크라이나 영토 활용과 개입에 대한 반대를 천명했고, 우크라이나가 이를 거부하자 2022년 2월 러시아가 우크라이나를 침공하는 사태가 발발했다.

이와 같이 상대적으로 대규모의 영토 침입 외에도 일시적 또는 간헐적이고 국지적으로 국경을 침범하는 사례들이 흔히 발생하고 있다. 예로 우리나라의 배타적경제수역(EEZ)이나 심지어 영해를 침범한 중국 어선들이 어업 허가를 받지 않았거나 조업 규제를 위반해 해경 등에 의해 단속된 건수가 상당수에 달한다. 또 다른 사례로, 2019년 중국 당국의 선박이 중·

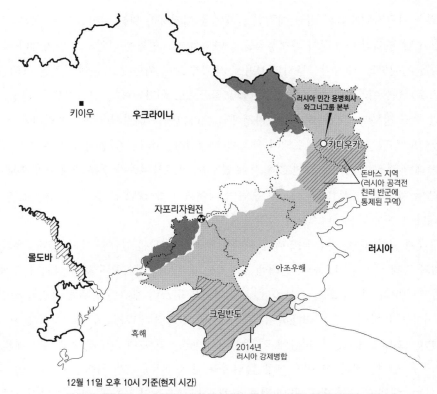

12월 11일 오후 10시 기준(현지 시간)

▨ 러시아 점령 지역   ■ 우크라이나 탈환·반격 지역   ▨ 러시아가 영토 편입을 주장하는 지역

그림 5-14. 러시아-우크라이나 전쟁 전황과 주변 국가들(2022)

자료: 연합뉴스, 2022.12.12 참고해 작성.

일 간 영토 분쟁이 일고 있는 센카쿠열도(중국명 댜오위다오) 주변 수역을 침범해 항해한 날수가 282일에 달하며, 선박의 수도 총 126척으로 2018년에 비해 56척이나 증가한 것으로 파악되었다(≪동아일보≫, 2020.1.9). 또한 북한의 경비정이 북한한계선(NLL)을 침범해 군 당국이 대응하는 일들이 드물지 않게 발생하고 있다. 이러한 영해의 침범뿐 아니라 영공의 침범도 종종 발생한다. 예로 2019년에는 중국과 러시아 군용기가 한국방공식별구역에 진입했고, 특히 러시아 군용기는 독도 인근 영공을 침범하기도 했다. 방공식별구역은 국가 안보 목적으로 영공으로 접근하는 군용 항공기를 조기에 식별해 대응하기 위해 임의로 설정한 구역으로, 영공은 아니지만 이 구역을 무단으로 진입할 경우 양국 간에 긴장 관계가 유발될 수 있다.

영토와 국경의 침범은 침범의 목적 달성 여부나 상대 국가들 간 협상에 따라 원상태로 돌

그림 5-15. 불법조업 외국어선 단속(나포) 현황

자료: 해양경찰청; 통계청 e-나라지표.

아가기도 하지만, 때로 영토와 국경의 변경을 동반하기도 한다. 물론 이러한 침범이 없는 경우라고 할지라도, 국가 간 영토 통합이나 한 국가의 영토 분리로 인해 영토와 국경이 변경되기도 한다. 국제법에 의하면, 영토의 취득 방식에는 국가 간 합의에 의해 영토의 일부를 이전하는 할양, 국가 간 합의에 의해 영역 전부를 이전하는 병합, 그리고 영토 일부 또는 전부를 강제로 취득하는 정복 등으로 구분된다. 그러나 1974년 유엔 총회에서 침략 등에 의한 강제적 영토 취득은 무효이며 안보리에서도 전쟁에 의한 영토 취득은 불가하다는 점이 합의되었다. 그 외 어느 국가에도 귀속되지 않는 지역, 즉 무주지의 선점에 의해 영토 편입이 이루어질 수 있으며, 또한 자연적 현상에 의해 영역이 증가하는 경우, 즉 첨부에 의한 영토 취득이 이루어질 수 있다.

• **영토의 할양**: 대부분 전쟁 이후 강화조약에 따라 패전국이 영토의 일부를 전승국에 양도하거나 그 외 증여, 교환, 매매에 의해 이루어질 수 있다. 예로 청나라가 영국에게 홍콩을 할양(1997년 반환)하거나 포르투갈에게 마카오를 할양(1999년 반환)한 경우, 그리고 청일 전쟁 이후 일본에서 타이완섬을 할양(1945년 반환)한 경우 등을 들 수 있다. 또한 독일이 구 폴란드 영토를 할양하거나 알자스-로렌 지방을 프랑스에 할양한 사례 등이 있다. 알래스카는 러시아가 1867년에 미국에게 당시 720만 달러(한화 약 2조 원)를 받고 할양한 경우이다.

- **영토의 합병**(편입): 평화적 또는 강제적 방식으로 타국의 영토 일부 또는 전체를 자국의 영토에 편입해 주권을 이양하는 경우이다. 평화적 합병의 사례로 독일의 (재)통일을 들 수 있다. 1990년 기존 동독(독일민주공화국)에 속하던 주들이 서독(독일연방공화국)에 가입하는 형식으로 이루어진 독일의 통일은 실제 서독에 의한 동독의 평화적 합병이라고 할 수 있다. 또한 예멘은 1990년 5월 예멘아랍공화국과 예멘 인민민주공화국이 통일된 국가로, 독일의 통일보다 몇 달 앞서 합의에 의한 평화적 통합이라는 점에서 의의를 가졌다. 그러나 그 후 남예멘 지역의 재분리를 요구하는 운동으로 예멘 내전이 발생해 현재까지 혼란 상태에 있다.

- **강제적 취득**(정복): 대부분 군사적 침략과 정복에 의해 이루어진다. 과거 식민지 합병은 대부분 이 방식으로 이루어졌으며, 제2차 세계대전 이후에도 에티오피아의 에리트레아 합병(그 이후 에리트레아 독립), 북베트남의 남베트남 통합, 이스라엘의 골란고원 합병, 인도네시아의 동티모르 합병(그 이후 동티모르 독립) 등이 있었다. 유엔 등 국제기구들은 이러한 방식의 영토 취득을 인정하지 않지만 최근에도 강제적 합병이 발생하고 있다. 대표적 사례로, 구소련이 해체된 이후 2014년 이전까지 크림반도는 우크라이나 영토였으나, 러시아는 우크라이나 정권 교체 과정에서 러시아인을 보호한다는 명분으로 이 지역을 침입해 자국 영토로 편입시켰다.

이러한 영토의 통합에 의한 확장과는 반대로, 영토의 분리는 기존에 한 국가 내로 통합되어 있다가 여러 이유와 방식으로 분할되는 경우를 의미한다. 과거 식민 제국들은 영토를 점유하거나 통치하는 과정에서 임의적으로 영토를 분할한 사례들이 많이 있었다. 또한 제2차 세계대전이 종료된 이후 식민지들이 독립되는 과정에서 과거 통합되어 있었던 국가들이 분리 독립되는 경우들이 있었다. 대표적 사례로, 1947년 영국으로부터 독립되는 과정에서 인도, 파키스탄, 스리랑카가 분리 독립했고, 그 이후 다시 동서로 분리되어 있었던 파키스탄이 갈등을 일으키면서 동파키스탄이 방글라데시로 분리 독립했다. 또한 에리트레아는 이탈리아 식민지에서 에티오피아에 강제 합병되었다가 1993년 독립되었고, 2019년 국경 분쟁이 끝났다. 동티모르는 1975년 포르투갈로부터 독립한 이후 인도네시아에 의해 강제 합병되었다가 2002년 완전 분리 독립되었다. 그 외 제2차 세계대전의 종료 직후 승전국들이 패전국이나 그 주변국들을 분할 통치하면서 독일이나 한반도처럼 영토 분리가 장기간 고착된 사례들도 있다.

그림 5-16. 인도와 파키스탄 간 카슈미르 분쟁 지역

탈냉전 이후 영토 분리의 대표적 사례로 구소련의 해체로 인해 자치공화국들의 분리 독립을 들 수 있다. 1917년 러시아 10월 혁명 이후 1922년 사회주의 연방국으로 탄생한 구소련은 1985년 개혁개방운동 이후 1991년 공식적으로 해체되면서, 러시아를 포함해 모두 15개 국가로 분리되었다. 또 다른 사례는 유고슬라비아의 해체에서 찾아볼 수 있다. 1945년 나치 독일로부터 해방된 뒤 유고슬라비아는 티토 대통령의 통치하에 안정적 연방국으로 유지되었지만, 1980년 그의 사망 이후 집단지도 체제로 바뀌었고, 1989년 동유럽 공산주의 정권들의 붕괴를 계기로 본격적인 해체를 겪었다. 1991년 슬로베니아와 크로아티아가 독립을 선언했고, 북마케도니아도 독립했으며, 이로 인해 내전이 확대되면서 1992년에는 보스니아 헤르체고비나도 독립을 선언했고, 그 이후에도 계속된 내전을 통해 2006년 세르비아와 몬테네그로도 서로 분리 독립했고, 2008년에는 코소보도 분리 독립을 선언해 2018년 유엔 회원국이 됨에 따라 모두 7개국으로 분리되었다.

2) 영토 및 국경 분쟁

인간의 역사에서 영토 분쟁은 끊임없이 발생했고, 이로 인해 전쟁이 없었던 시기는 거의 없었다. 오늘날 국가 간 협력과 국제 질서를 위한 많은 협약과 국제기구들이 작동하고 있음에도 불구하고 크고 작은 영토 및 국경 분쟁들이 상존한다. 국경은 한 국가의 주권이 행사되고 국민들의 삶이 영위되는 영토와 영해의 한계선이므로, 다른 국가가 국경을 침입하거나 또는 국경에 인접한 영토나 영해의 일부를 자신의 소유로 주장할 때 분쟁이 발생한다. 국경 분쟁은 여러 이유에서 발생하지만 대체로 4가지 유형, 즉 영토 분쟁, 위치 분쟁, 기능적 분쟁, 자원 분쟁 등으로 구분할 수 있다(임덕순, 1997: 148~149)

• **영토 분쟁**: 특정 토지나 수역에 대해 관련국들이 서로 자국에 속한다고 주장함으로써 발생

하는 분쟁을 말한다. 분쟁의 대상이 되고 있는 토지나 수역이 역사적으로 보면 특정 국가에 속한다고 할 수 있으나, 실제로는 다른 국가에 의해 점유되고 있을 때 흔히 발생한다. 예로 북해도 북쪽에 있는 4개 섬을 둘러싸고 러시아와 일본 간에 전개되고 있는 분쟁, 댜오위다오섬(센카쿠섬)을 둘러싸고 중국과 일본 간에 전개되고 있는 분쟁 등이 이에 속한다.

• **위치 분쟁**: 경계점 선정이나 경계선의 설정 과정에서 명확한 규정이 없거나 또는 달리 해석할 수 있을 여지가 있을 때 발생하는 국경 분쟁이다. 예로 중·소 간 다만스키섬을 둘러싼 우수리강 하천경계 분쟁이나 한·중 간 백두산정계비를 둘러싼 국경 분쟁 등을 들 수 있다.

• **기능적 분쟁**: 양국 간 사람이나 물자의 통행이 이루어지고 있는 국경을 한쪽 국가가 일방적으로 차단하거나 제한하는 경우 발생하는 분쟁을 말한다. 과거 조선·청 간의 국경무역을 폐지함으로써 양측 주민들의 불만이 발생한 경우, 또는 과거 동독이 서베를린 주민의 동베를린 왕래를 차단 또는 제한하는 조치를 함으로써 서독 정부의 불만이 발생한 경우 등이 있다.

• **자원 분쟁**: 수자원이나 석유, 여타 유용자원이 국경의 양쪽에 걸쳐 연속적으로 분포되어 있을 때 흔히 발생하는 분쟁이다. 자원 수요의 증대와 이에 따른 자원 고갈로 인해, 국경을 가로질러 지하에 깊이 매장되어 있거나 해저 깊이 분포해 있는 자원의 중요성이 증대함에 따라 새로운 분쟁이 발생할 수 있다. 과거 모로코가 스페인령 사하라에 대한 방대한 인산염 매장지를 자국화하고자 함에 따라 발생한 분쟁이 그 예이다.

영토 분쟁은 다양한 이유로 발생하지만, 국가가 독립될 시점부터 국경이 확정되지 않아 발생하는 경우도 있다. 예로 인도, 파키스탄, 중국, 아프가니스탄에 접해 있는 카슈미르 지방은 심각한 분쟁지역으로 군사적 긴장관계가 지속되어 왔다. 현재 이 지방의 남부는 인도, 북서부는 파키스탄, 동부는 중국이 나누어 통치하고 있으며, 인도와 파키스탄 사이에는 통제선이 그어져 있다. 카슈미르 분쟁은 식민지배를 위한 영국의 종교적 분리전략의 결과로, 1947년 인도와 파키스탄이 분리 독립하면서 시작되었다. 카슈미르 주민 대부분은 무슬림이었지만, 지배층은 힌두교도였기 때문에 어느 한 국가에도 속하지 못한 채, 갈등이 증폭되면서 3차례의 전쟁을 치렀고, 2019년에도 전면전 위기를 겪었다. 하지만 2021년 양국 간의 극적인 정전 합의가 이루어져 국경지대의 긴장이 완화되게 되었다.

이처럼 영토 분쟁은 당사국들이 분쟁 상황임을 인정하고 이를 해결하기 위해 협상하는 경우도 있지만, 한 국가에서는 분쟁 사안이 아니라고 인식함에도 불구하고 다른 국가가 자국의 이해관계를 위해 이를 부각하여 점차 '분쟁 지역화'하는 경우도 있다. 이의 대표적 사례로 독도 문제를 둘러싼 한·일 간 갈등 관계를 들 수 있다. 독도를 실효 지배하고 있는 한국은 공식적으로 영토 분쟁이 없다는 입장을 견지하지만, 일본의 분쟁화 시도는 점점 더 노골화되고 있다. 현재 한국이 실효 지배·관리하고 있는 독도는 지리적으로나 역사적으로 한국의 영토이다. 일본은 1905년 독도를 다케시마(竹島)로 명명하고 정식으로 영토 편입 조처를 취했다고 주장하지만, 한국은 그 이전부터 울릉도와 독도를 자국 영토의 일부로 인식하고 관리해 왔다. 해방 이후 1951년 일본과 연합국 사이 체결된 샌프란시스코 강화조약에는 독도에 대한 언급은 없었지만, 1952년 한국 정부의 평화선 선언(정식 명칭: 인접 해양의 주권에 관한 대통령 선언)을 발표하면서 독도를 그 내부에 포함시켰다. 그 후 독도를 둘러싼 양국 간 갈등은 조금씩 고조되었고, 2005년 일본 시마네현 의회는 독도를 일본 영토로 편입시키는 것을 고시했지만, 대한민국 정부는 다양한 사업 방안을 마련하여 독도에 대한 실효적 지배를 강화해 나가고 있다.

현실적으로 발생하고 있는 국제적 분쟁들은 대부분 어떤 특정 유형에 속하기보다는 복합적인 요인에 의해 발생한 것으로 해석된다. 예로 중국과 동남아 주변국들 간에 영해 분쟁이 치열한 남중국해 파라셀군도(중국명 사사군도)와 스프래틀리군도(중국명 난사군도) 등지는 풍부한 천연자원의 매장지이자 해상 물류의 요충지이며, 군사적으로도 중요한 기능을 가지며, 궁극적으로 해당 지역에 대한 영향력 확대를 전제로 하고 있다. 이 국가들은 2002년 영유권 분쟁 악화를 막기 위해 '남중국해 분쟁당사국 행동선언(DOC)'을 채택한 바 있으며, 2021년에는 구체적 이행 방안을 담은 COC 타결을 위한 협상이 진행될 예정이다.

최근 영토 분쟁은 대부분 자원 분쟁과 밀접하게 관련되어 있다. 특히 석유자원을 둘러싼 분쟁은 이의 생산 및 운송을 둘러싼 갈등뿐만 아니라 이의 매장을 전제로 한 영토 점유를 둘러싼 갈등으로 이어지고 있다. 예로 러시아, 카자흐스탄, 아제르바이잔, 투르크메니스탄, 이란 등으로 둘러싸여 있는 카스피해는 면적이 37만 km², 해안선 길이가 7000km에 달하는 세계에서 가장 큰 내해로, 세계 2위의 석유 매장지이다. 이에 접해 있는 국가들은 카스피해를 어떻게 분할할 것인지를 둘러싸고 갈등을 빚기도 했다. 유사한 사례로, 북극에는 세계 석유

자료 5-3:

동아시아의 영토 분쟁

동아시아 지역에는 여러 유형의 해양영토 분쟁이 발생하여, 국가들 간 긴장과 갈등을 고조시키고 있다. 대표적인 사례로, 러·일 간 쿠릴열도/북방 4도서 분쟁, 중일 간 댜오위다오/센카쿠 분쟁, 그리고 중국과 동아시아 여러 나라가 관련된 난사군도(南沙群島: Spratly Islands)와 시사군도(西沙群島: Paracel) 분쟁 등이 있다. 이들은 각각 다른 양상으로 전개되고 있지만 기본적으로 제2차 세계대전 이후 각국이 독립하면서 발생한 분쟁들이다.

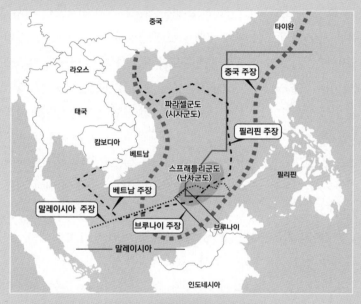

그림 5-17. 남중국해 영유권 분쟁 지역

- **러 쿠릴열도/일 북방 4도서 분쟁:** 쿠릴열도의 4개 섬, 즉 이투루프섬, 쿠나시르섬, 시코탄섬, 하보마이 군도에 대한 러시아와 일본 사이의 영토 분쟁으로, 이들 4개 섬은 제2차 세계대전 이후 소련의 영토 가 되었으나 일본이 반환을 요구하고 있다. 이 지역에는 원래 아이누, 윌타족 등이 거주하고 있었고, 18세기에 러시아인들이 이투루프섬에 들어와 마을을 건설했지만, 18세기 말에는 일본이 이 지역을 지배했다. 제2차 세계대전 직후 구소련이 점령했고, 계속해서 러시아가 실효 지배하고 있다. 샌프란 시스코 강화조약에서 일본은 쿠릴열도 전체에 대한 일체의 권리를 포기하게 되었지만, 일본은 이투 루프섬과 쿠나시르섬의 영유권을 포기하고, 시코탄섬과 하보마이군도에 대해서만 "홋카이도의 일 부로, 쿠릴열도에 포함되지 않는다"라며 영유권을 주장했다. 1960년대 이후에는 쿠나시르섬과 이 투루프섬에 대해서도 쿠릴열도(일본명: 千島列島, 지시마열도)라는 말 대신 '북방 영토'라 부르며 영 유권을 주장하고 있다
- **중 댜오위다오/일 센카쿠 분쟁:** 동중국해에 위치한 다섯 개의 작은 섬과 세 개의 암초로 이어진 무인도

로, 일본이 실효 지배하고 있지만, 중국과 타이완이 각자의 영토로 주장하면서 발생한 분쟁이다. 명나라 초기 발간된 책에 '조어서(釣魚嶼)'라는 명칭이 등장하며 푸젠성(福建省)에 속하는 것으로 표시되기도 했다. 이론은 1895년 청일전재 와중에 이 군도를 일방적으로 자국 영토에 편입시켰다. 제2차 세계대전 후 미국이 위임 통치하는 오키나와 관할에 포함되었지만, 1972년 반환 후 일본이 실효 지배하고 있다. 현재 타이완은 일본과 협정을 맺고 영유권 주장을 일시 보류한 상태이지만, 최근 중국과 일본 간 분쟁이 점점 더 고조되고 있다. 특히 최근 중국은 빈번하게 해경국 선박을 열도 주변에 접근시키면서, 충돌을 유발하는 양상을 보이고 있다.

- **중난사군도(南沙群島 : Spratly Islands)와 시사군도(西沙群島 : Paracel) 분쟁**: 스프래틀리군도는 남중국해 남부 해상에 있는 군도로, 군도의 동쪽에는 필리핀, 서쪽에는 베트남, 남쪽에는 보르네오섬(말레이시아와 브루나이), 북쪽에는 중국이 위치해 있다. 스프래틀리군도는 1930년대에 인도차이나 반도를 식민지화하고 있던 프랑스가 점령했으며, 태평양 전쟁이 발발하자 일본이 점거해 해군 기지의 역할을 했다. 일본이 패망한 이후 중화민국이 가장 큰 섬을 점령하고, 여러 섬에 경계석을 설치했다. 1950년대 중반부터 베트남, 필리핀, 말레이시아, 브루나이 등 주변 각국이 영유권을 주장하며 수비대를 주둔시키고 있다. 중국은 2016년 필리핀이 상설중재재판소에 제소한 판결에서 영유권 주장을 실효성을 잃게 되었지만, 실제 계속 영유권을 주장하고 있다. 파라셀군도는 남중국해 서쪽에 위치한 군도로, 프랑스령 인도차이나의 일부였지만, 제2차 세계대전이 끝나면서 영유권이 남베트남에 넘어갔지만, 베트남 전쟁 와중인 1974년 중국이 점령했다. 현재 모든 섬과 암초는 중국에 점령되어 있고, 타이완과 베트남이 영유권을 주장하고 있다.

이러한 영토 분쟁은 기본적으로 동아시아지역에서 일제의 침탈과 연계되어 있으며, 제2차 세계대전이 끝난 후 1951년 샌프란시스코 조약에서 수만은 작은 섬들의 영유권 문제를 해결하지 못했기 때문에 발생한 것이다. 그러나 그 이후 영토 분쟁이 점점 치열해져 가는 이유는 우선 바다를 둘러싼 해양 자원의 중요성이 강조되면서, 영해를 확대시켜 해저 자원을 확보하기 위해 거점이 될 수 있는 섬들의 영유권에 대해 점점 더 집착하게 되었다. 또한 동아시아의 해상 영토 분쟁은 중국이 급속한 경제성장과 국력 강화를 바탕으로 동중국해 및 남중국해로 영향력을 팽창하면서, 필리핀, 베트남 등 관련국들과 이들의 배후로 추정되는 미국이 대응함에 따라 심화된 것이라고 할 수 있다.

이러한 분쟁 전선의 형성에서 미국은 점차 더 적극적인 개입 의사를 밝히고 있으며, 군사적 지원과 안보동맹을 강화하고 있다. 또한 일본의 우경화 경향도 점점 심화되면서, 중국에 대한 봉쇄와 견제에 나선 미국과 이해관계를 공유하고 있다(우준희, 2019). 이러한 점에서 동아시아 영토 분쟁을 바라보는 미국의 입장은 갈등 방조, 협력 촉구, 그리고 중국 견제를 이한 일본 편향이라는 3가지 관점으로 해석될 수 있다(천자현, 2014) 예로 독도분쟁은 쿠릴령도 문제와는 다른 차원의 문제임에도 미국은 한·일 간 분쟁을 조정하기보다는 자신의 정책적 목표를 추구하는 과정에서 오히려 자국의 전략적 목표 달성에 더 초점을 맞추고 있는 것으로 파악되기도 한다(배규성, 2018).

의 약 13%, 천연가스의 약 30%가 매장된 것으로 추정된다. 또한 북극해에는 다양한 어족자원이 부존되어 있으며, 해빙이 될 경우 새로운 북극항로가 개척될 것으로 기대된다. 이에 따라 북극해에 인접한 국가들, 예로 미국, 캐나다, 러시아 노르웨이, 덴마크 등은 북극해에 대

그림 5-18. 북극해에 대한 각국의 영유권 주장
자료: ≪동아일보≫, 2008.9.25 참고해 작성.

한 영유권을 주장하고 있다(홍성원, 2012).

국가 간 영토 분쟁을 해결하기 위해 다양한 방안들이 모색될 수 있다. 첫째는 양국 간의 외교·정치적 노력을 통한 해결이다. 영토 분쟁이 발생할 경우, 분쟁 당사국이 서로 외교적 노력을 통해 합의를 도출해 해결하는 것이 가장 바람직하다고 하겠다. 최근 사례로, 2008년 북극해 영유권 분쟁 해결을 위해 열린 관련 당사국 회의에서 5개 참가국들은 해저영유권 분쟁 발생 시 유엔의 결정에 따르기로 합의한 바 있다. 또한 2018년에는 카스피

해 영유권 분쟁을 둘러싸고 해당 5개국이 정상회담을 개최하고 '카스피해의 법적 지위에 관한 협정'에 합의함으로써, 1991년 구소련의 해체 이후 이어져 온 영유권 분쟁이 해결될 수 있는 계기가 마련되었다. 이 회의에 의하면, 카스피해 주변 5개국은 자국 연안에서 15해리까지를 영해로, 25해리까지는 배타적 어업권을 설정하기로 했다. 또한 해저 자원의 소유권은 국제법에 따라 당사국 간 합의에 의해 확정하고, 연안국 외의 군대가 카스피해로 진입하는 것을 인정하지 않기로 했다.

분쟁 당사국 간의 정치적 노력을 뒷받침하기 위한 다양한 지원책들이 제기될 수 있다. 예로 분쟁 해결 방안을 모색하기 위해 주민투표가 실시될 수 있다. 영국과 아르헨티나가 영유권 분쟁을 벌이고 있는 포클랜드의 경우, 1982년 양국 간 전쟁이 발생했고 그 이후에도 신경전이 계속되었지만, 2013년 지역 주민들의 투표에 의한 압도적 의견으로 영국령으로 남게되었다. 또한 스페인의 남단에 위치한 지브롤터의 경우도 1967년, 2002년 주민투표를 통해 영국령으로 잔류하게 되었다. 다른 한편, 이스라엘과 팔레스타인 영토 분쟁의 역사에는 중재자로서 미국이 지속적으로 개입하고 있음을 볼 수 있다. 최근의 사례로 미국의 트럼프 대통령은 2017년 예루살렘을 이스라엘의 수도로 인정하고 2019년에는 이스라엘이 1967년 시리아로부터 점령한 골란고원의 주권을 인정했지만, 미국의 하원은 2019년 말 영토 분쟁의

해결책으로 '두 국가 해법'을 지지하는 내용의 결의안을 통과시켰다.

둘째, 국제기구 및 국제법에 의한 해결 방안이 모색될 수 있다. 유엔 헌장(제33조)에 국제 영토 분쟁은 교섭, 국제심사, 중개, 조정, 중재재판, 사법적 해결, 지역기구 및 협정, 기타 임의의 방법을 통한 평화적 해결을 규정하고 있다. 특히 유엔은 분쟁당사자국들에게 주선을 제공하고, 당사국이 수락할 경우 국제심사, 중개, 조정 등의 역할을 수행한다. 또한 유엔평화유지군은 분쟁지역을 감시하고 평화 협정을 이행할 수 있도록 신뢰구축, 권력 분점, 선거 지원, 법치 강화, 기타 경제사회적 발전 지원 등의 활동을 한다. 그 외 다국적군 및 감시단이나 비정부 자원봉사자들로 구성된 비유엔평화유지군도 유사한 목적으로 활동하고 있다. 유엔평화유지군의 파견 사례로, 수단과 남수단 간 국경 지역에 위치한 아비에이(Abyei) 영토 분쟁을 사례로 들 수 있다. 과거 수단의 석유매장량의 3/4을 차지하는 남수단은 수단과의 오랜 내전 끝에 2011년 독립국이 되었지만, 석유수출에 필요한 송유관이 수단에 있어 양국 간 분쟁이 지속되고 있다. 유엔은 지난 50년간 영토 분쟁이 계속되는 이 지역에 평화유지군을 파견해 문제를 부분적으로 개선했지만, 분쟁이 지속됨에 따라 이를 철수시킬 것을 경고한 바 있다.

국제법상 국제사법재판소(international court of justice, ICJ)를 통해 영토 분쟁을 해결할 수 있는 방법이 마련되어 있다. 국제사법재판소는 제1차 세계대전 이후 강대국들 간 영토 분쟁을 전쟁으로 해결하기 어렵게 되자 설립되었다. 이 기구가 주권국가에 대해 절대적 권한을 행사할 수는 없지만, 국제적 여론에 중대한 영향을 미칠 수 있다. 예로 그리스와 튀르키예가 1976년 에게해의 섬을 두고 영유권 분쟁을 벌이다 무력분쟁 직전까지 갔을 때 유엔 안보리가 소집되어 국제사법재판소를 통해 해결하라고 권고한 바 있다. 그 외에도 영유권 분쟁뿐만 아니라 무역, 투자 등과 같은 갈등도 다루는 상설중재재판소(permanent court of arbitration, PCA)는 법원이라기보다 분쟁 당사자 간의 갈등을 중재하고 해결하는 행정기관도 있다. 예로 2016년 상설중재재판소는 남중국해를 둘러싼 중국-필리핀 영유권 분쟁에 대해 중국이 완전히 패배하는 판결을 내린 바 있지만, 중국은 판결 결과를 받아들이지 않고 계속 이 지역의 영유권을 주장하면서 이를 실현하기 위한 방안들을 강구하고 있다.

이러한 두 가지 평화적 방법들로 영토 분쟁이 해결되지 않을 경우, 최후 수단으로 전쟁에 의한 해결 방안이 모색될 수 있다. 과거 무력에 의한 침략과 정복은 영토 분쟁 해결을 위한 일반적 방법으로 간주되었지만 오늘날 현대사회에서 적용되기 어렵다. 전쟁을 통한 분쟁 해결은 엄청난 희생을 치르게 될 뿐만 아니라 상대국의 재도전에 직면해 분쟁이 되풀이될 가능성이 높다. 이러한 점에서 영토 및 국경 분쟁은 양국 간 또는 국제적 협상과정을 통해 평화적으로 해결되어야 할 것이다. 그뿐만 아니라 영토 분쟁의 당사국 중 어느 한 국가의 국민이 오랫동안 살아온 역사적 토지나 어업을 지속해 온 역사적 수역, 그리고 상호 주권을 인정하는 평등한 상태에서 이루어진 국제조약에 의해 정해진 토지나 수역은 분쟁의 대상이 될 수 없다는 점을 국제적으로 인정할 필요가 있다고 하겠다.

또한 영토 분쟁 문제를 극복하기 위해 영토와 국경에 대한 인식 자체의 변화가 필요하다. 전통적 정치지리학에서 국가의 경계와 영토는 근대국가의 기본요소인 영토 주권의 개념에 근거해 규정된다. 즉 근대국가는 국경으로 명확히 안과 밖이 구분되는 영토를 가지고, 영토 내부의 모든 사람과 사물 등에 대해 배타적 통치를 행사하는 영토적 주권을 가지는 것으로 인식된다. 그러나 이와 같은 영토 주권의 배타성이 적용될 경우, 영토와 국경을 둘러싼 분쟁은 끊임없이 발생할 것이다. 따라서 관계적 관점 또는 포스트영토주의 관점에서 경직된 국경의 개념을 완화하고 영토의 개방성을 제도화할 경우, 이로 인해 발생하는 갈등이나 분쟁은 완전히 사라지지 않는다고 할지라도 크게 줄어들 것이다. 예로 유럽연합의 경우, 개별 국가들은 기존의 경계를 유지하지만, 국경을 개방하고 인구의 통행을 완전히 자유화함으로써 국경이 소멸된 것과 같은 효과(문남철, 2014), 즉 사람들의 이동성 자유를 보장할 뿐만 아니라 국가 간 영토 및 국경 분쟁의 잠재성에서 벗어나게 되었다고 하겠다.

제 **6** 장

국가, 지방정부, 시민사회

1. 국가이론과 정부 정책

1) 국가의 성격과 이론의 변천

국가란 일정한 국민과 영토를 가지고 대내외적 주권을 수행하기 위해 조직된 정치 집단이다. 영토와 국가에 관한 연구는 전통적으로 정치지리학의 중심을 이루지만(제2장), 영토관리의 주체로서 국가의 기능이나 역할을 사회정치체제와 관련시킨 설명은 매우 미흡했다. 국가의 성격에 관한 개념이나 이론은 상당히 다양하며 여러 갈래로 구분된다. 특히 국가에 관한 이론은 단순히 국가의 성격이나 기능을 실행하는 정부의 특성에 관한 탐구에서 나아가, 정치체제와 경제체제 그리고 시민사회와의 관계를 설명하고자 한다는 점에서, 좁은 의미의 정치영역을 벗어난다. 즉, 국가이론은 사회 전체에서 다른 여러 영역과는 구분되는 좁은 의미의 정치체계에 관한 이론이 아니라, 국가를 통해 사회(그리고 공간환경) 전반을 규명하려는 개념 틀로 이해될 수 있다. 이러한 점에서 국가에 관한 이론적 논의는 단지 정치학에 국한된 것이 아니라 사회이론 전반을 배경으로 이루어지고 있다(드라이젝, 2014).

근대 이후 등장한 국가이론은 중세의 봉건적 국가 개념, 즉 신학적 관점에서 신권의 위탁에 의한 국가 통치라는 의미의 국가관을 대체한 것으로, 현실 세계에서 근대 국민국가의 등장과 맥락을 같이 한다. 근대사회로의 전환 과정에서 봉건질서의 붕괴로 신권설 개념이 해체되면서, 새로 등장한 절대군주의 정치권력을 세속적으로 정당화하기 위한 대표적 개념으로 사회계약론이 제시되었다. 홉스, 로크, 루소 등 사회계약론자들은 각자 다소 다른 주장을 했지만(고봉진, 2014), 공통적으로 절대왕권을 거부하면서 국민 각자가 주권의 주체가 되는 계약론적 국가론을 제시하고, 개인주의적 계약설에 바탕을 둔 공동체적 사회를 유지하고자 했다.

사회계약론에 바탕을 둔 국가론은 다양한 주장으로 이루어지지만, 고전적 자유주의 국가이론의 기원을 이룬다. 자유주의 국가론은 18세기 유럽 절대군주제의 중앙집권제에 대응해 개인의 자유와 번영을 가장 중요한 가치로 설정하고 개인의 권리를 정당화하는 국가이론을 제시하고자 했다. 홉스는 사회계약론을 주장하지만 국가주의적 관점에서 국가가 사회의 무질서와 범죄, 외부 침략으로부터 국민의 생명과 재산을 지키는 역할을 담당하며, 이 목적을 위해 개인의 자유를 제한할 수도 있다고 주장한다. 그러나 로크, 애덤 스미스, 밀 등은 국가가 개인의 자유를 제한할 수 있지만, 국가 권력의 행사는 엄격한 법과 규정에 따라야 한다고 주장한다.

현대 정치학에서 자유민주주의 정체를 표방하는 국가이론에는 유럽 및 미국의 고전적 자유주의적 전통에 기반을 두고 국가의 성격을 파악하려는 다양한 학파들을 포함한다. 즉 1950년대에 들어와서 고전적 자유주의 국가론의 연장선상에서 미국 사회의 자유주의적 특성을 반영한 다원주의 국가론과 유럽의 일부 국가들에서 경험한 국가주의적 전통에 기반을 둔 엘리트주의 국가론 등이 등장했다. 그 이후 다원주의 국가론을 비판하면서 공공선택이론에 기초한 신보수주의 국가론, 이에 대응해 다원주의의 한계를 인정하면서 이를 수정한 신다원주의 국가론 등으로 발전하게 되었다(드라이젝, 2014).

다른 한편, 헤겔은 사회계약론적 국가이론을 포기하고 고대 그리스의 이상국가론을 원용해, 국가가 이기적 개인들의 계약으로 구성된 이익집단이 아니라 그 이상의 윤리적 실체임을 강조했다. 즉, 헤겔은 국가를 시민사회에서 분리시키고, 개인들의 이기적 행동의 충돌로 드러나는 시민사회의 모순들을 변증법적으로 해소하는 영역으로 설정했다. 그러나 마르크스는 이러한 헤겔의 국가관을 비판하면서, 시민사회의 모순은 경제적 영역에서 계급 간의 착취/피착취 관계에서 비롯되며, 국가는 이러한 모순을 해소하기보다 오히려 은폐하는 기구라고 주장했다. 마르크스는 국가의 역할을 완전히 부정하지는 않았지만, 경제적 토대에 의존하는 상부구조의 일부로 간주하면서 그 독자적 역할과 기능에 대해서는 언급하지 않았다.

20세기 초 마르크스주의 국가론은 한편으로 레닌의 제국주의론에 근거해 서구 자본주의 경제체제와 자유주의 정치체제의 붕괴를 주장하는 국가독점자본이론과 다른 한편, 국가를 시민사회 외부에 존재하는 자본의 대리기구가 아니라 시민적 동의를 전제로 헤게모니를 장악해 통치하는 기구로 이해한 그람시(A. Gramsci)의 국가론 등으로 이어졌다. 그람시의 국가론은 정통적 공산주의 국가들에 의해 제대로 인정받지 못했지만, 1960년대 영국의 밀리반드에 의해 부활되었고, 특히 밀리반드(R. Miliband)의 도구주의 국가론과 폴란차스(N. Poulantzas)의 상대적 자율성 국가론 간의 논쟁을 유발하면서 신마르크스주의 국가론으로 이어졌다. 또한 독일에서는 현대 자본주의 체제의 특성과 위기 상황을 부각시킨 프랑크푸르트학파 계열의 하버마스와 오페(C. Offe) 등의 국가론, 그리고 조절이론의 관점에서 국가의 성격을 부각시킨 국가도출학파의 이론가들이 등장했다. 프랑스에서는 1970년대 후반 폴란차스와는 다른 맥락에서 르페브르의 국가론이 제시되었고, 그동안 잘 알려지지 않았지만 2000년대 이후 지리학을 포함해 여러 사회·정치이론가들의 관심을 끌고 있다.

이와 같이 국가이론의 변화 과정은 이론 자체의 한계에 기인한 점도 있겠지만, 기본적으

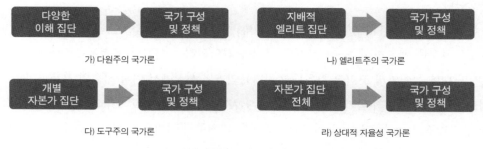

그림 6-1. 국가이론의 여러 유형
자료: Short(1994: 77) 참고해 작성.

로 역사적으로 국가의 성격 변화에 따라 국가를 이해하기 위한 이론적 틀을 재구성하기 위한 노력의 결과라고 할 수 있다. 이러한 점에서 국가에 관한 주요 이론들을 좀 더 구체적 살펴볼 수 있다.

• **다원주의 국가론**: 이 이론에 의하면, 사회는 개인들의 자발적 집합체로서 다양한 이익집단들로 구성되며, 사회 내 권력은 이들의 의사결정에 따른 집단적 현상으로 발현된다. 이렇게 집단 간 상호작용에 의해 이루어진 결정은 국가의 구성과 정책에 직간접적으로 영향을 미친다. 따라서 정책은 다양한 집단 간 경쟁과 협상의 정치적 산물로 이해된다. 이러한 다원주의 국가론은 사회의 다양한 이익집단들의 행태에 초점을 두고, 국가 기구의 구성이나 정책의 시행을 둘러싸고 전개되는 이들 간의 갈등과 협상 등의 권력 현상에 주목한다. 이익집단들의 대변자들로 구성된 정부는 규범적으로 공공정책에 관한 이들의 이해관계를 조정·반영해 정책을 수행한다.

• **엘리트주의 국가론**: 서구 사회에서 다소 불완전한 민주화를 경험한 국가들(독일, 이탈리아 등)에서 제시된 이론으로, 사회는 소수의 지배적 지도자집단(엘리트)와 대다수 일반 대중으로 구성되며, 통치는 항상 소수 엘리트집단에 의해 이루어진다고 가정한다. 엘리트에 의한 통치는 자연스럽거나 불가피한 것이고, 대중들과는 수직적 권력관계를 이룬다는 점을 강조한다. 따라서 소수의 엘리트를 중심으로 국가가 구성되고, 이들에 의해 일반 대중들을 위한 정책이 시행된다. 따라서 국가는 엘리트의 정치무대로 간주되며, 중앙집권적이고 계층적 조정의 성격을 강하게 가진다. 이 이론은 일반 대중이 엘리트 집단에 진입할 수

있는지와 관련해, 민주적 엘리트이론과 파워엘리트이론으로 구분된다. 특히 미국에서 엘리트주의 국가론은 밀즈(Mills, 1956)의 파워엘리트 개념 등으로 설명하는 급진적 성향을 보였다.

- **도구주의 국가론**: 신마르크스주의 국가이론의 하나로, 기존의 마르크스주의가 국가를 물적 토대에 의해 결정되는 상부구조로 이해한다는 점에서 경제결정론이라고 비판하는 한편, 다원주의 국가론은 국가가 계급 지배의 본질임을 은폐한다고 비판한다. 이러한 점에서 도구주의 국가론은 지배계급과 국가 간 관련성에 초점을 두고, 국가를 생산수단을 소유하고 통제하는 지배계급(즉, 자본주의 국가에서 자본가계급)으로 구성된 위원회이자, 이들의 이해관계를 보호하거나 실현하기 위한 도구로 설정한다. 따라서 정부의 정책은 정치체제의 구성에 의한 자율적 활동이 아니라 지배계급의 이익을 반영한 활동으로 이해된다. 그러나 도구주의 국가론에서 지배계급은 전체 자본가들의 계급적 이해관계보다는 각 자본가의 개별적 이해관계를 가지는 것으로 간주된다.

- **상대적 자율성 국가론**: 마르크스주의에 기반을 두지만 국가를 단순히 개별 자본가들의 도구로 파악하는 도구주의적 환원론적 입장에 반대해, 자본주의 국가를 자본 축적과 분배의 상호 모순적 기능을 구조적으로 수행하는 기구로 간주한다. 즉, 자본주의 국가는 구조화된 총체성에 의해 지배계급의 이해관계를 반영하지만, 이는 개별 자본가의 입장보다는 이들의 배후에 있는 자본주의적 사회경제구조에 의해 결정된다고 주장한다. 따라서 자본주의 국가 정책들은 총체적 관점에서 자본가계급의 입장을 대변하지만, 개별 자본가로부터 상대적으로 자율성을 가지며 때로는 이들과 대립하기도 한다. 이러한 점에서 이 이론은 '상대성'의 측면에서 자본주의 국가의 객관적 한계를 강조하는 경향과 '자율성'의 측면에서 사회세력들 간 자유로운 경합을 강조하는 경향이 공존한다(최영진, 2012).

1950~1960년대 연구자들의 많은 관심을 끌었던 이러한 근대국가론들은 1960년대 후반 시작된 다양한 새로운 시민사회운동들(예: 도시 주거, 환경, 반핵 평화, 여성, 인종차별 반대 운동 등)의 등장과 더불어 포드주의 경제체제의 위기와 포스트포드주의 축적체제로의 전환, 사회주의 국가들의 몰락과 신자유주의적 국가로의 전환, 자본주의 시장경제의 지구화 등을 배경으로 연구주제의 외연 확대와 함께 이론적 관점의 재설정 등을 통해 새롭게 발전하게 되었다.

1970~1980년 이후 등장한 국가론의 사례로, 신다원주의 국가론은 기존의 다원주의 국가론을 이어받아 개인의 권리와 자유 그리고 정부에 대한 영향력 행사 등을 강조하지만, 집단들의 영향력이 동일할 수 없음을 인정하고, 대기업의 시장 영향력 증대, 이익 집단들 간 갈등 등에 관심을 가졌다. 신다원주의 국가이론은 정부와 집단 간의 관계가 협력적일 수 있지만 또한 갈등적일 수 있고 정책 이슈에 따라 다양한 연계망(네트워크)이나 지지/반대 집단이 형성된다는 점을 인정한다. 이러한 신다원주의 국가론은 대의제 민주주의의 한계를 지적하고 시민이 직접 참여하는 민주주의의 심화를 위해 정부-기업-시민사회의 협치를 강조하는 거버넌스이론 등으로 확대·재구성된다.

개인의 자유와 권리를 강조하는 자유주의와는 다소 다르게 보수주의 국가론은 개인의 자유를 전제로 한 도덕주의적 접근과 이를 실현하기 위해 공동체, 사회적 연결망 등을 중시하지만, 구체적인 이론체계를 구축하지 못했고 또한 현대사회에서 공동체에 대한 인식의 한계로 그 자체적으로 국가이론로 나아가지 못했다. 그러나 서구 사회에서 신자유주의의 확산을 배경으로 등장한 신보수주의는 개인을 합리적 행위자로 가정하지만, 불완전한 정치시스템으로 인해 정부의 실패가 초래되기 때문에, 실패한 정부 기능을 최소화하고 시장으로 회귀할 수 있도록 분권화, 전문화, 민영화를 지향하는 정부 개혁을 강조한다. 신보수주의 국가론은 재정 축소, 국유기업이나 공기업 민영화, 정부의 규제 완화 등 시장지향적 국가 정책을 강조한다.

1970년대 이후 신마르크스주의 국가론은 자본주의 체제가 요구하는 국가 기능을 크게 자본 축적과 정당성으로 구분하고, 국가와 경제 및 시민사회 간 관계에서 발생하는 위기 상황들을 분석하고자 한다. 대표적으로 프랑크푸르트학파를 계승한 하버마스(1983)는 체계위기(경제 및 정치체계)와 사회위기(시민사회)를 구분하고, 이들 간 관계에서 발생하는 위기들과 그 이행 과정을 분석했다. 그에 의하면, 국가와 시장(경제) 간 관계는 체계 통합/위기로 이해되며, 그동안 서구 국가들은 경제적 합리화를 통해 자본 축적을 뒷받침해 왔지만, 이러한 관계가 제대로 작동하지 않을 때 합리성의 위기가 발생하고, 이는 다시 경제체계로부터 조세의 감소로 이어져 국가 재정의 위기를 초래한다. 그리고 이러한 경제위기를 극복하는 과정에서 시민들의 복지가 축소되고 차별적으로 제공될 경우 국가는 시민들의 지지가 철회되는 정당성의 위기를 맞게 되고, 또한 시민들은 경제체계의 작동에 필요한 노동의 공급이 원활하게 이루어지지 못하는 동기화 위기를 맞게 된다. 하버마스는 이러한 정당성 위기 개념의 연장선상에서, 현대사회에서 공적 질서의 해체로 공공성의 위기가 초래되었다고 주장하고,

그림 6-2. 하버마스의 국가(위기)론
자료: Short(1994: 83) 참고해 작성.

이를 해소하기 위해 의사소통적 합리성과 공론장을 강조한다(김준현, 2014).

다른 한편, 독일 이론가들을 주축으로 한 국가도출학파는 경제적 구조주의의 맥락에서 자본주의적 정책의 이론화를 추구하면서, 국가의 형태와 기능은 자본 축적에서 도출되거나 또는 생산과정에 내재된 자본과 노동 간의 모순적 관계에서 도출된다고 주장한다. 이처럼 국가가 어디에서 도출되는가에 따라, 2가지 학파, 즉 자본논리학파와 유물론파로 세분된다(고태경, 1994). 특히 후자에 속하는 히르슈(J. Hirsch)를 중심으로 한 조절이론가들은 기존 조절이론에서 경제적 측면에 더해 국가 개념을 포함시켜서, 가치 생산양식에 사회적 실천양식들을 통합시키고자 했다(히르쉬, 1990). 이를 위해 이들은 조절이론의 핵심 축을 이루는 축적체제와 조절양식 개념 외에도 산업 패러다임과 헤게모니 구조를 주요 개념으로 제시한다. 산업패러다임은 자본 축적에서 기술적 요인에 중점을 둔 개념이라면, 헤게모니 구조 개념은 축적체제와 조절양식 간의 안정적 조응을 위한 '사회화 양식'으로서 의회나 정당과 같은 국가기구에 의해 창출된 정치적 전략을 의미한다(김부헌·이승철, 2008). 이러한 점에서 국가 정책은 자본 축적 과정에 자본과 노동 간의 모순을 해소 또는 은폐하면서 이들 간 억압적·착취적 사회관계를 정당화하기 위한 국가간섭으로 이해된다.

조절이론에 바탕을 둔 이러한 국가이론의 연장선상에서 제숍(Jessop, 1983; 1990)은 마르크스주의 국가론을 재구성하고자 한다. 그는 우선 국가를 자본주의의 재생산 기능을 담당하는 기구라기보다 어떤 관계, 즉 좁은 의미의 계급관계를 넘어서 물질화된 사회관계의 측면에서 이해하고자 한다. 또한 그는 국가의 형태를 구조에 의한 획일적 결정이나 자유의지에 따른 개별적 투쟁 행위라기보다 차별적이고 비대칭적인 전략들(또는 전략적 선택성)의 세력 균형에 의해 형성되는 것으로 이해한다. 그러나 제숍은 그 이후 이러한 전략-관계적 접근이 여전히 구조와 전략(행위)의 이원성을 내재하고 있음을 인식하고(김호기, 1993), 국가를 분석하는 새로운 접근으로 '체계-네트워크 접근'을 제시한다. 이 접근은 국가를 경제 및 정치와 사회적으로 연계된 하나의 체계로 인식하고, 네트워크, 합의적/강제적 조정, 지도와 점검 등의 방식으로 관리를 시행하는 과정을 통해 그 성격을 파악하고자 했다. 그는 이러한 체계-네트워크 접근에 바탕을 두고 현대 국가를 '슘페터주의 근로국가'로 개념화한다. 슘페터주의 근로국가란 포스트포드주의 축적체제하에서 국가가 행하는 경제적 개입 형태로 기술적 혁신을 강조하는 '슘페터주의'와 국가가 선호하는 사회적 개입형태로서 '근로'(복지가 아니라)가 결합된 국가형태를 의미한다.

앞에서 언급한 밀리반드/폴란차스 간 국가론 논쟁은 프랑스 사회이론가이며 『공간의 생산』으로 지리학에 큰 영향을 미치고 있는 르페브르(H. Lefebvre)의 『국가론』에 반영된다. 즉, 르페브르의 국가론은 그의 공간생산론을 확장해 현대 국가를 개념화하고, 해석 및 실천 전략으로서 그 의의를 성찰한다. 그는 알튀세르(L. Althusser)의 국가독점자본주의론이나 스탈린주의 국가론뿐 아니라 사민주의 국가도 반대하고 정치적 국가의 역할을 강조하는 국가주의 생산양식을 제안한다. 국가주의 생산양식은 본질적으로 국가가 모든 사회적 관계를 운영하고 지배하는 것을 의미한다(장세용, 2006). 즉, 국가는 결코 상부구조로만 한정되지 않으며, 어떤 의미에서 사회 전체의 삶을 포괄한다. 르페브르는 이러한 국가주의 생산양식에서 벗어나기 위해, 정치적으로 탈중앙집중화된 풀뿌리 민주주의와 소외된 일상생활의 전환을 포함한 급진 민주주의를 모색한다.

2) 국가의 역할과 정책의 변화

오늘날 대부분 국가들은 자유(민주)주의를 표방한다. 자유주의 국가는 모든 사람이 존엄하고 평등하다는 점에서 개인의 권리를 강조하고, 국가 권력의 분립을 통한 견제와 균형, 시장을 통한 자유로운 경제활동 보장 등을 전제로 한다. 과거 절대국가에서 강조되었던 왕권신수설과 세습적 지위는 부정되고, 법에 의해 모든 시민들의 동등한 권리와 기회가 보장되는 민주주의가 강조된다. 자유주의는 정치적 측면에서 개인의 기본권 보장과 민주적 제도와 통치를 의미하며, 경제적 측면에서는 시장메커니즘을 통한 자유로운 경쟁에 기반한 경제활동을 추구한다. 경제적 자유주의는 개인의 사유재산권 보호, 기업의 이윤추구 존중 등을 추구하는 이념이다. 이에 따르면, 경제는 자유로운 시장 질서에 따라 이루어져야 하며, 국가의 개입은 최소화되어야 하고, 개인의 소유권과 기업의 자유로운 활동은 보장되어야 한다고 주장된다.

서구의 근대 국민국가의 등장 이후 발전해 온 이러한 고전적 자유주의는 정치, 경제 영역에서 사회문화 영역으로 확대되었고, 또한 한 국가 내에서 전 세계로 확산되었다. 물론 이러한 자유주의를 표방하는 국가라고 할지라도, 국가별로 다소간 다른 특성들을 가진다. 예로 영국에서는 경쟁과 분업에 따른 시장 법칙(애덤 스미스)과 비교우위에 근거한 자유무역(리카도) 등이 강조되었고, 미국에서는 이른바 야경국가를 표방하면서 국가의 개입을 최소화하는 자유방임형 정치경제체제가 구축되었다. 16세기에서 19세기까지 서구 사상의 근간이었을 뿐 아니라 국가의 역할과 통치방식을 규정했던 이러한 고전적 자유주의(특히 자유방임주의) 국가는 불공정한 분배, 빈부격차의 심화, 불황과 대량실업, 독점화, 공공재의 부족, 외부효과(예: 공해)의 누적 등과 같은 여러 사회경제적 문제들을 초래하게 되었다.

특히 유럽과 미국을 중심으로 한 이러한 자유(방임)주의적 정치·경제체제는 1870년대 초부터 1890년대 중반까지 심각한 불황에 빠지면서 보호무역주의가 부활했고, 선진국들 간 제국주의 쟁탈전이 전개되면서 결국 제1차 세계대전이 발발했다. 그 후 1929년 뉴욕주식시장의 주가 폭락과 미국 경제의 대공황은 세계적으로 충격을 주었으며, 제2차 세계대전까지 이어졌다. 이러한 상황에서 케인스는 전반적인 시장 수요의 부족이 불황의 원인임을 지적하고, 정부가 재정지출을 확대해 소비를 진작하는 해결책을 제시했다. 이러한 처방에 따라 예로 미국은 루스벨트 대통령이 제시한 이른바 '뉴딜'정책에 따라 경제공황과 실업 등을 극복하기 위해 국가 재정의 확대와 대규모 댐의 건설 등을 통해 일자리를 확보하고, 산업개혁과 긴급안정책 등 연방 차원의 복지정책을 추진했다. 미국과 더불어 서구 선진국들은 이러한 케인스주의적 복지국가체제에 기반해 경제적 불황을 타개하고 제2차 세계대전 이후 1970년대 초까지 장기적인 경제성장과 사회적 안정을 누릴 수 있었다.

이러한 서구 국가들에서 전개된 복지국가체제는 국가별로 다소 다른 유형으로 전개되었고, 에스핑 안데르센(Esping-Andersen, 2006; 윤영진·이인재 외, 2007)은 이들을 3가지 유형으로 구분했다.

- **자유주의적 복지국가**(liberalism): 개인주의적 시장에 근거해 복지 정책을 시행하며, 시장이 사회적 관계의 중심이고, 가족과 국가는 주변적 역할을 담당한다. 특히 저소득층 구제를 위한 공공부조에 초점을 두고 엄격한 선별 과정을 통해 집행된다. 노동력의 탈상품화 정도는 낮고, GDP 대비 복지지출 수준도 낮다. 미국, 영국 등에서 나타난 유형으로, 가장 낮은 수준의 사회복지정책이라고 할 수 있다.

표 6-1. 복지국가의 유형

특성	자유주의 복지국가	조합주의 복지국가	사민주의 복지국가
시장, 가족, 국가의 역할 비중	시장 중심, 가족과 국가는 주변적 역할	가족 중심, 시장과 국가는 주변적·보조적 역할	국가 중심, 시장과 가족은 주변적 역할
사회적 연대 양식	개인주의(시장)	가족 중심, 조합주의(가족)	보편주의(국가)
노동력의 탈상품화	낮음	중간	높음
탈가족화 정도	높음	낮음	높음
주요 복지프로그램	제한적 사회보험	보편적 사회보험	공공서비스
GDP 대비 복지지출	낮음	중간	높음
해당 국가	미국, 영국, 캐나다, 호주 등	독일, 프랑스, 오스트리아, 이탈리아 등	스웨덴, 노르웨이, 덴마크, 네덜란드, 핀란드

자료: 윤영진·이인재 외(2007).

- **조합주의적 복지국가**(corporatism): 국가가 복지 대상자를 직업 범주에 따라 구분하고 전일제 남성 중심 생계 부양을 전제로 복지를 제공한다. 즉, 정부와 이익집단이 담당하는 역할에서 가족이 우선적 역할을 담당하고, 시장과 국가는 주변적 또는 보조적 역할을 한다. 사회보험을 폭넓게 활용해 직업별·계층별로 다른 종류의 복지 급여를 제공하며, 노동력의 탈상품화 정도는 중간 수준이고, 국가의 복지지출 수준도 중간 정도이다. 독일, 프랑스 등에서 나타난 유형으로, 상대적으로 낮은 복지서비스를 제공한다.

- **사회민주주의적 복지국가**(social democracy): 복지의 제공에서 국가 역할이 중심이고, 가족이나 시장은 주변적 역할을 담당한다. 보편주의적 원칙에 따라 복지급여는 중간계층까지 포함하며, 국고를 통해 재원을 마련하는 공공서비스 프로그램이 발달해, 평등 실현을 위한 재분배적 기능이 강조된다. 탈상품화 정도가 매우 높고 시장이나 민간보험의 의존도는 낮다. 스웨덴 등 북유럽 국가들에서 나타나며, 스칸디나비아 모형이라고 불린다.

이처럼 서유럽 국가들과 미국에서는 근대국가의 성립 이후 1970년대에 이르기까지 대체로 자유주의 국가체제와 이를 이은 복지국가 체제로 발전해 왔지만, 서구 또는 일본의 식민지를 경험한 동아시아 국가들은 다른 발전 경로를 겪었다. 동아시아 국가들의 대부분은 제2차 세계대전의 종결과 식민지해방운동을 통해 근대국가로 나아가게 되었으며, 북한, 중국,

베트남 등 사회주의 국가들을 제외한 많은 국가들은 자유주의를 국가체제의 기본으로 설정하고 국가 형성을 촉진했다. 그러나 동아시아 국가들은 정치체계의 미비와 경제적 빈곤 등으로 신식민지적 상황을 극복하지 못했고, 특히 여러 국가는 냉전체제 속에서 사회주의 국가들과 대립하면서 군부 주도의 권위주의 독재체제하에 놓이기도 했다. 하지만 이 가운데 일부 국가는 권위주의 정부를 중심으로 경제성장을 추동하게 되었고, 우리나라와 타이완, 그리고 홍콩, 싱가포르 등의 도시국가들은 상당한 성과를 거두게 되었다. 발전(주의)국가는 이러한 국가들을 지칭하기 위해 사용되는 개념이다.

동아시아의 발전국가에 관한 이론은 일본의 급속하고 성공적인 전후 재건과 산업화 과정에 관한 존슨(Johnson, 1982)의 분석에서 근거를 둔다(박은홍, 1999). 그에 의하면, 일본의 괄목할 발전은 '계획-합리적' 국가의 노력 결과로 이해될 수 있으며, 이러한 국가는 사회주의 국가도 아니고 자유시장 국가도 아닌 어떤 다른 형태, 즉 계획-합리적 자본주의적 발전국가라고 할 수 있다. 세계에서 경제발전의 성공을 경험한 나라들은 기본적으로 국가의 지원하에 이루어졌다고 하겠지만, 특히 동아시아 발전국가들은 (권위적) 정치 엘리트들을 중심으로 합리적 계획에 따른 경제성장의 촉진을 국가 존립의 이유(또는 정치권력 유지의 이데올로기)로 삼고 국민 생활수준을 향상시키는 한편, 국가의 국제 경쟁력을 강화시키고자 했다(김용창, 2017).

특히 우리나라는 이른바 '한강의 기적'을 통해 급속한 경제성장을 이룩한 국가로 인식되면서, 그 주요 이유로 발전국가의 개념이 적용되게 되었다. 즉 1960년대 이후 압축적으로 촉진된 한국의 산업화 및 경제성장 과정은 국가 개입의 합리성으로 인해 달성된 기적으로 찬사를 받을 수 있었다. 이러한 발전국가들의 경제적 합리성과 시장 개입의 성공은 국가 정책이 단순히 시장 친화적이었기 때문이 아니라 매우 권위주의적 국가 성향과 결합되어 있었기 때문이라고 할 수 있다. 사실 1961년 군사쿠데타를 통해 권력을 장악했던 박정희정권은 피폐한 경제와 빈곤을 극복하기 위해 반공과 더불어 경제성장을 표방한 '조국 근대화' 이데올로기로 불법적 정권 장악을 정당화하면서 상당한 경제적 성과를 거두었지만, 실제 정치·사회적으로 매우 권위주의적인 독재정권이었다. 박정희정권 이후 등장한 신군부정권도 이러한 권위주의적 발전국가의 특성을 이어갔다. 이러한 '권위적' 발전주의는 국민들의 합의나 동의에 기초하지 아니한 공권력의 동원을 전제로 했다는 점에서 '민주적' 발전주의와는 구분될 수 있다.

경제적 측면에서만 보면, 박정희정권이 압축적 산업화 과정을 촉진할 수 있었던 것은 기본적으로 해외에서 자본과 원료를 도입해 국내의 값싼 노동력과 결합해 상품을 생산하고 이를 다시 해외에 수출함으로써 국가 경제를 발전시키고는 수출주도형 전략(즉, 자본·원료 수입 → 저임금 공업생산 증대 → 수출 확대 → 고도 경제성장의 실현)에 따른 것이라고 할 수 있다. 생산요소 투입의 양적 증대를 통해 이루어진 급속한 경제성장은 1960년대 경공업(그리고 수입대체산업) 중심에서 1970년대 중반 이후 중화학공업 중심으로 전환하면서 더욱 가속화되었다. 박정희 정권하에서 이러한 경제성장을 가능하게 한 기반은 군사 엘리트들에 의해 수립·시행된 국가경제발전계획이었다고 할 수 있다. 존슨(Johnson)이 일본의 경제계획 관료주의 모형을 개입주의적 국가의 베버적 이념형으로 강조한 바와 같이, 박정희 정권은 1962년부터 시작한 경제개발5개년 계획과 1971년부터 시작한 국토종합개발계획(10년)을 추진함으로써 이러한 경제성장을 가능하게 했다. 특히 이러한 계획의 입안과 시행은 '조국 근대화'를 경제발전과 동일시한 군부지도자 출신의 정치가들과 대부분 미국에서 교육을 받은 관료들에 의해 추진되었다(Douglass, 2000: 9).

박정희 정권의 붕괴 이후 이를 이은 전두환 독재정권 역시 군사엘리트들에 의해 권위주의적 성격을 더욱 강화시켰으며, 기본적으로 발전주의적 입장에서 경제발전을 지속적으로 추진했다. 이 정권은 1970년대 말 도래한 경제 침체를 극복하는 과정에서 일부 독점재벌의 해체와 더불어 국내 자본시장의 확충 방안을 시행했다. 전두환 정권은 명목상 민주, 정의, 복지 등을 강조했으며, 정주권 개발계획에 따라 국토 균형 발전을 목표로 한 제2차 국토종합개발계획을 입안·시행하고자 했다. 요컨대 1980년대 중반까지 한국 국가의 성격과 이에 의해 추동된 산업경제 및 국토공간의 발전 과정은 '발전주의'라는 용어로 잘 특징지을 수 있다. 물론 이러한 주장은 발전국가가 한국의 경제발전을 추동하고 그 성공을 달성한 유일한 행위자임을 의미하는 것은 아니다. 권위주의적 독재정권에 의해 국민들의 기본권은 유린되었고 정치적 억압에 의해 고통을 받았다. 또한 경제적으로도 압축적 경제성장 과정에서 많은 인구는 임금노동자나 도시 빈민으로 희생을 치렀고, 경제성장과정에서 필요한 물, 토지 등의 자원을 공급하기 위해 환경은 무분별하게 개발되었고, 다양한 오염물질의 배출량이 누적적으로 급증하면서 환경문제가 급속히 악화되었다.

이러한 발전국가의 경제성장 과정은 1990년대 들어오면서 일정한 한계에 봉착하게 되었다. 동아시아 발전국가의 선두에 있었던 일본은 1980년대 심각한 재정적자(그리고 무역수지 적자)에 직면했던 미국의 요구로 이른바 플라자합의에 동의하게 되었고(프랑스, 독일, 미국 등도 이에 참여했다), 이를 계기로 나타난 엔고 현상으로 자산시장에 심각한 거품이 발생했고,

이를 다시 통제하는 과정에서 1990년 주식 및 부동산 가격의 폭락과 수많은 기업과 은행의 도산이 초래된 이른바 '잃어버린 10년'을 맞게 되었다. 이러한 일본의 경제 침체는 부분적으로 서구 국가들에서 등장해 세계화된 신자유주의 과정에 기인한 것으로 설명된다. 이뿐만 아니라 1990년대 초반까지 나름대로 경제성장을 촉진해 온 그 외 동아시아 국가들도 1990년대 후반에 들어오면서 이른바 IMF 경제위기를 겪으면서 심각한 경제 침체를 맞게 되었고, 이를 계기로 신자유주의를 도입·시행하는 방향으로 전환하게 되었다.

서구 국가들은 1970년대 포드주의적 축적체제의 한계와 이로 인한 경제 침체로 인해 국가 역할 축소와 복지재정 긴축 등으로 기존의 복지국가 체제에서 시장경제로의 회귀와 이를 위한 탈규제 및 민영화 등을 강조하는 신자유주의 국가로 전환하게 되었다. 신자유주의는 시장의 원리에 바탕을 두고 사회의 자원을 배분함으로써 그 효율성을 극대화하고자 하는 이념이나 이를 추구하는 정책이라고 할 수 있다. 즉, 신자유주의는 시장의 합리성과 효율성에 대한 믿음에 근거를 두고 시장에 대한 국가의 개입이나 규제를 거부하고 사회의 모든 문제들(빈곤이나 의료보건, 환경문제에 이르기까지)이 시장의 논리에 따라 해결될 수 있다고 주장한다. 그러나 신자유주의가 시장의 논리를 강조한다고 할지라도, 국가의 규제나 개입을 완전히 부정하지는 않는다. 이러한 점에서 신자유주의는 국가 개입의 특정양식(즉, 탈규제, 재정 긴축, 민영화, 민관파트너십 등)으로 이해되기도 한다.

신자유주의는 그 기원적 의미에서 하이에크(F. Hayek)에 의해 이데올로기적으로 주창되고, 프리드먼(M. Friedman)에 의해 경제논리로 정당화되었으며, 실제 영국의 대처 수상 및 미국의 레이건 대통령에 의해 실행된 자본주의의 새로운 작동 메커니즘이라고 할 수 있다(하비, 2007). 특히 정치적 실행에서 신자유주의는 1970년대 후반 영국과 미국을 선두로 이루어진 케인스주의적 복지국가에서 신자유주의적 국가형태(또는 조절 양식)로의 체제 전환과 관련된다. 이러한 신자유주의는 1990년대 '워싱턴 컨센서스(Washington Consensus)'를 통해 보편적 기반을 획득했고, 2000년대에 들어오면서 (특히 9·11테러 이후) 미국의 신보수주의자들이 주도하는 세계화와 현대 국가 '개혁'을 위한 지배적 이데올로기로 작동하게 되었다. 물론 신자유주의는 고정되고 정태적인 것이 아니라, 이데올로기적 논리나 경제·정치적 전략의 역동적 과정으로 이해되어야 한다.

이러한 신자유주의화 과정은 자본주의의 지구화(또는 지구-지방화)를 동반하면서 전 세계로 확산되었지만, 그 과정은 불균등하고 파행적으로 전개되었다. 신자유주의가 처음 가시화된 영국과 미국에서도 세부적으로 다소 차이가 있고, 그 이후 이의 (자발적 또는 강제적) 확산 과정에서 라틴아메리카나 중동 및 남아시아 국가들에 각기 다른 양상들을 보였다. 특히 이른바 발전국가로 성장해 온 우리나라나 일본이 신자유주의로 전환하는 과정이나 중국에서도 나타난 신자유주의화 과정은 서구와는 상당히 다른 형태를 보였다. 그러나 공통적으로 신자유주의화는 일자리 부족과 비정규직을 양산하는 노동 현장에서뿐만 아니라 우리 주변 공간환경에서 이루어지는 다양한 일상적 활동들 및 이와 관련된 정책들, 예로 주거, 복지, 교육, 교통, 의료보건, 문화, 환경 등 모든 영역에 영향을 미쳤다는 점은 분명하다.

하비(2007)에 의하면, 이러한 신자유주의의 작동 메커니즘은 보편적인 시장의 논리에 따르기보다는 '탈취에 의한 축적'에 더 많이 의존한다. 일반적으로 자본주의 경제에서, 자본은 상품으로서 노동력과 생산수단을 구입해 생산과정에 투입해 새로운 상품을 생산하고 이를 시장에 판매함으로써 더 많은 이윤을 얻게 된다. 그러나 신자유주의 경제체제에서 자본은 노동의 확대재생산 과정을 통한 사회적 부와 이윤의 창출이 아니라, 이를 다양한 방식으로 탈취함으로써 더 많은 수익을 얻고자 한다. 하비에 의하면, 이러한 탈취에 의한 축적을 가능하게 하는 다양한 방식으로 민영화와 상품화, 금융화, 위기의 관리와 조작, 그리고 국가에 의한 재분배 등이 포함된다.

부정적 측면에서 보면, 신자유주의는 개인의 자유를 재부각하지만 이는 경제적 자유(시장의 자유와 자유무역 등), 특히 가진 자의 자유일 뿐이고, 이 과정에서 배제된 대다수 시민들은 자유의 억제나 유보, 경쟁과 불평등의 심화를 겪었다. 국제적으로도 이러한 신자유주의화는 세계경제의 성장보다는 기존의 창출된 부의 재분배 과정에 개입해 부유한 계층이나 집단, 국가의 몫을 증대시키는 양상을 보였다. 이러한 신자유주의화 과정은 마치 전 지구적으로 자본이 엄청나게 팽창한 것처럼 보이도록 했지만, 실제 부와 소득, 새로운 일자리의 창출은 매우 미진했고, 전 지구적으로 경제성장율(그리고 총자본의 이윤율)은 1970년대 이래 계속 하락해 왔다. 이뿐만 아니라 실물경제의 성장 없이 전개된 이러한 신자유주의화는 급기야 부동산자산과 파생금융상품의 거품으로 인해 2007~2008년 미국에서 이른바 서브프라임모기지 사태를 유발하고 전 세계적으로 금융위기를 초래하게 되었다.

서구에서 발달한 이러한 신자유주의는 동아시아 국가들에도 파급되어, 기존의 발전국가 이념과 전략을 부분적으로 억제시키고 새로운 패러다임으로 적용되게 되었다. 대체로 1990년대 초반까지 개인의 자유와 시장의 합리성보다는 국가의 자율성과 주도성을 전제로 경제성장을 촉진해 온 동아시아 국가들은 1997년 IMF(외환)위기 이후 발전국가 모형을 포기하고 신자유주의로 전환할 것으로 노골적 또는 암묵적으로 요구 받게 되었다. 그러나 동아시아

표 6-2. 한국의 국가 성격과 공간 정책의 변천 과정

연대	1960년대	1970년대	1980년대		1990년대		2000년대		2010년대	
대통령	박정희 (1963.12~1979.10)		전두환 (1980.9~1988.2)	노태우 (1988.2~1993.2)	김영삼 (1993.2~1998.2)	김대중 (1998.2~2003.2)	노무현 (2003.2~2008.2)	이명박 (2008.2~2013.2)	박근혜 (2013.3~2017.3)	문재인 (2017.5~)
국가 성격	권위적 발전주의				민주적 발전주의 + 신자유주의 도입기		보수적 발전주의 + 신자유주의 정착기			발전주의 + 탈신자유주의
정책 기조	빈곤 극복, 국토 복구	성장 추구, 국토개발	성장분배(명목상), 지역균형발전		세계화, 지역 특성화	IMF 경제 위기 극복, 복지 증대	동북아 중심국가, 균형·혁신	신성장, 경쟁력 강화	창조경제, 탈규제 혁신	소득 주도 성장, 혁신성장, 공정경제
경제 개발	1, 2차 경제개발계획	3, 4차 경제개발계획	5, 6차 경제개발계획		-	-	-	-	-	-
국토 개발		1차 국토개발계획 (1972~1981)	2차 국토개발계획 (1982~1991)	수정 계획	3차 국토개발계획 (1992~2001)		4차 국토개발계획(2000~2020) (5년마다 정비 수정)			
개발 전략	산업입지 조성, SOC 확충	대규모 공단, 성장거점 개발	생활권 개발	광역 개발	광역거점 개발		국가균형 발전	5 + 2 광역 권 (4 + α초 광역권) 개발	유형별 생활권,	지방분권형 지역균형발전, 한국형 뉴딜
산업 입지	산업구조 근대화(도시 내 공업단지)	중화학기반 확충 (국가 공단, 수출 자유지역)	공업단지들 간 연계 정비와 확충 (지방공단, 농공단지)		서해안 개발 촉진, 준농지개발	첨단기술 산업단지 (경제특구)	지역혁신, 공공기관 지방 이전, 경제특구	신성장 거점, 동력(녹색) 산업 개발	ICT 중심, 창조산업 육성,	디지털산업 (4차산업혁명 주도)
수도권 정책	집중 억제 (명목상 문제 인식)	인구 분산, 재배치 (정책 형성)	수도권정비계획 (권역별 규제)		규제 강화 (총량규제) 및 완화	규제 완화 (토지공개념 그린벨트)	행정수도 이전, 규제 해제	규제완화, 국가(경제)발 전 선도	선지방 발전, 후수도권 규제 완화	3기신도시, 수도권 주거공급 확대
도시 개발	지방 행정도시	서울 강남, 지방 공업도 시(그린벨트)	서울주변 신도시(목 동, 과천)	수도권 신도시(토 지공개념)	도시광역화 (도농통합형 도시)	도시재개발 (민영화)	행복도시 기업도시, 혁신도시	뉴타운개발, 녹색도시	도시재생 (민간 주도), 문화도시	도시재생뉴딜 (공공 주도), 도시그린뉴딜

주: 최병두(2012: 129)의 표 수정.

국가들은 기존의 발전국가 모형을 완전히 폐기하기보다는 시장지향의 개입주의 국가 전략을 절충한 형태를 띠게 된 것으로 해석된다. 이러한 혼합적 또는 절충적 국가 형태를 설명하기 위해 '유연적 발전국가', '신자유주의적 발전국가' 등의 용어가 제시되었다.

우리나라에서도 이러한 신자유주의가 언제부터 시작했으며, 어떻게 전개되었는가의 문제를 둘러싸고 여러 논의들이 있지만, 대체로 1980년대 후반 민주화 및 시장개혁 과정을 통해 도입되었고 1997년 IMF위기 이후 본격화되었다고 할 수 있다. 현실적으로 노태우 및 김영삼 정권을 거치면서 각종 규제완화와 친재벌 정책들이 강화되면서 '탈발전국가'로의 이행이 진행되었고, 1997년 외환위기 극복과 그 이후 정권들은 신자유주의화의 일관된 추진보다는 신자유주의와 발전국가가 절충(중첩 또는 혼합)된 정책들을 강구한 것으로 해석된다(최병두, 2007; 윤상우, 2009). 특히 김대중 및 노무현 정부는 상품(예: 농산물) 및 자본 시장의 개

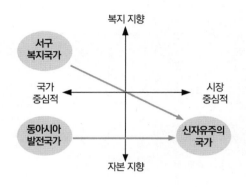

복지 지향

서구
복지국가

국가
중심적

시장
중심적

동아시아
발전국가

신자유주의
국가

자본 지향

그림 6-3. 신자유주의로의 전환

방(예: 한·미 FTA 체결)을 전제로 한 정책들을 추진했지만, 정치적으로 민주화를 촉진하고 사회복지 분야에서는 복지정책을 추진했다. 그러나 이 시기에 강조되었던 '생산적 복지' 개념과 사회투자전략이 발전국가, 전통적 복지국가, 또는 신자유주의 국가 전략인지를 둘러싸고 논쟁이 있었다.

이러한 복지정책의 혼합성과 더불어 1990년대 이후 우리나라에서 전개된 국토 및 지역, 도시 정책들도 발전주의에서 신자유주의로의 절충적 이행과정으로 이해될 수 있을 것이다. 즉 노무현 정부에 의해 추진된 행정중심 복합도시의 건설이나 기업도시, 혁신도시 개발 등은 경제성장을 전제로 균형발전을 위한 국가의 개입이라면, 이명박 정부가 추진했던 4대강 사업과 저탄소녹색성장과 관련된 정책들은 노골적으로 친자본-시장 지향의 국가 지원 전략으로 해석된다. 박근혜 정부에서 추진된 창조경제와 혁신 전략은 국토공간의 재편에 큰 영향을 주지 못했지만 기본적으로 시장 지향적 정책들이라고 할 수 있다. 문재인 정부는 앞선 보수적 정부들과는 달리 보다 진보적 정책들을 추진할 것으로 기대되었지만, 실제 초기의 도시재생뉴딜정책이나 코로나 팬데믹 과정에서 제시된 한국형 뉴딜정책은 앞선 정부의 전략적 특성들을 크게 벗어나지는 못한 것으로 평가될 수 있다.

신자유주의의 전개 과정은 2008년 미국의 서브프라임모기지사태로 초래된 글로벌 금융위기와 같은 심각한 경제 문제를 유발했고, 또한 이 과정에서 초래된 반세계화 사회운동이 전 세계로 확산되었다. 2008년 미국 대선에서 신보수주의적 신자유주의를 추종했던 부시행정부가 퇴각하고 오바마 행정부가 들어서면서 탈신자유주의화를 위한 새로운 전망이 제시될 것처럼 보였다. 그러나 오바마 행정부의 등장 이후에도 미국 경제는 침체 국면을 크게 벗어나지 못하면서, 다시 전통적 보수세력의 지지에 바탕을 둔 트럼프 행정부로 교체되었다. 보수적 국가주의에 기반을 둔 트럼프 행정부는 다자간 합의보다는 자국의 이익을 최우선으로 설정하는 국내외 정치 전략을 추진했고, 이에 따라 미국의 경제는 다소 호전되었지만, 미·중 간 무역 갈등이나 기후변화협약 탈퇴 등으로 세계적 여론을 얻지 못했다. 더욱이 2020년 코로나 팬데믹이 전 세계를 휩쓸면서, 미국과 서유럽 국가들은 의료서비스의 한계

자료 6-1:

코로나 팬데믹과 방역국가 논쟁

코로나19 위기를 막기 위해 국가는 사회적 거리두기 등 방역수칙을 준수하도록 요구하며, 확산이 우려되는 실내·외 모임의 금지/재개 여부를 결정했다. 나아가 국가는 전례 없이 온 국민에게 긴급재난지원금을 지불하고, 침체된 경제를 살리기 위한 정책들을 추진했다. 국민의 생명을 지키고 사회경제적 위기를 극복하기 위한 방역 대책과 경제정책의 추진을 위해 국가가 전면에 재등장한 것이다. 국민이 감당하기 어려운 긴급 상황에 국가가 전면에 나서는 것은 국가 존재의 주요 이유라고 할 수 있다.

그러나 이러한 상황에서 국가는 이동의 자유나 표현의 자유 등 기본권을 일부 제한 또는 유보하게 된다. 근대국가론, 특히 사회계약론에 의하면, 사회구성원들은 자신의 자발적 선택(즉 계약)으로 특정 국가에 귀속되면서 무제한적 자유를 포기하고 대신 국가가 보장하는 여러 유형의 기본권을 획득한 것으로 가정된다. 그러나 이러한 가정은 국가가 기본권 보장을 명분으로 권위적 정치권력을 강화하고 국민을 강제로 규율할 수 있다는 점을 간과한다.

이러한 점에서 코로나 팬데믹 상황에서 국가의 역할은 푸코의 생명권력(bio-power)의 개념과 이에 연이어 제기된 일련의 주장들과 논쟁을 통해 살펴볼 수 있다. 우선 푸코(2011)의 주장에 의하면 근대 초기에는 국민을 마음대로 죽이거나 살리는 군주의 '규율 권력'이 절대적으로 작동했다면, 그 이후 국가의 통치권력은 국민의 생명과 삶을 조직하고 관리·통제하는 '생명권력'으로 바뀐다. 생명권력은 국민의 생명뿐 아니라 이와 관련된 삶의 문제, 출생과 사망, 공중보건, 주거와 이주 등의 문제를 제기하고 해결하는 권력을 뜻한다. 생명권력은 안전관리기술(치료제와 백신 개발에서 발병/사망률 분석과 관리에 이르기까지)을 통해 비정상을 정상화하고자 한다.

이탈리아의 철학자 아감벤(G. Agamben)은 푸코의 이러한 생명권력 개념의 연장선상에서 코로나 19 위기와 이에 대처하고자 하는 국가의 역할을 설명한다. 그에 의하면, 코로나 팬데믹 상황에서, 감염을 막고 '벌거벗은 생명'으로 살아남는 것이 다른 어떤 권리나 자유보다 우선된 가치가 되었다. 국가는 이러한 상황을 은밀하게 이용함으로써 개인의 이동과 도시를 봉쇄하고 표현의 자유와 집회의 권리를 통제하는 예외 상태(l'état d'exception)를 정상적인 통치패러다임으로 만들려는 욕망을 숨기고 있다. 그러나 이러한 아감벤의 주장은 그가 코로나19 팬데믹의 충격을 지나치게 과소평가하고, 위기 상황에서 국가의 '정당한' 역할을 음모론으로 왜곡시킬 수 있다는 점에서 비판된다.

유고슬라비아 출신 철학자 지젝(S. Žižek)은 아감벤과 같은 급진적 사상가이지만, 코로나19 위기와 국가의 귀환에 대해 상당히 다른 견해를 피력한다. 지젝에 의하면, 현재의 예외상황에서 벗어나서 과거와 같은 정상상태로 돌아가자는 아감벤 유의 주장은 트럼프와 같은 극우 정치인들이 외치는 '일터로 돌아가라'는 구호와 통한다. 이러한 구호는 실제 '일터로 돌아'가게 될 사람들은 빈곤한 노동자들인 반면, 부자들은 바이러스에 노출되지 않는 격리 공간에서 편안히 머무는 현실 세계의 냉정한 계급정치를 숨기고 있다는 것이다. 지젝은 코로나19 위기 상황에서 강한 국가가 필요함을 인정하면서도, 국가가 권력을 감염병 차단이나 봉쇄를 위해 쓰는 것이 아니라 실제 데이터를 조작하고 은폐하는 데 이용할 것임을 우려한다.

이러한 점에서 지젝은 국가 권력이 만들어낸 '재난 자본주의' 대신, '최소한의 생존을 위해 실행되는 공산주의'를 주창한다. 그는 시장메커니즘으로는 위기 상황에 대처하기 어렵기 때문에 '공산주의적' 조치들이 실제 지구적으로 고려되고 있다고 지적한다. 공적 마스크 5부제 시행이나 국가에 의한 의료물품과 시설들의 공적 동원과 관리, 그리고 국가가 개인들에게 현금을 직접 지급한 긴급재난지원금 등은 코로나19 위기 이전에는 생각조차 하기 어려웠던 것이고, 분명 국가의 사회주의화를 의미하는 것처럼 보인다. 그러나 지젝의 주장은 코로나19 비상 상황에서도 국가의 역할에 대한 통제장치로서 시민사회가 필요함을 간과하고, 강력해진 국가가 그의 용어로 '공산주의'가 아니라 전체주의로 전락할 가능성이 있음을 더 신중하게 고려해야 할 것이다.

를 드러내면서, 국가의 사회적 역할에 대해 의문이 제기되고 있다. 이러한 점에서 바이든 행정부가 출범했지만, 과연 포스트코로나 시대에 세계적으로 탈신자유주의를 위한 대안적 국가 패러다임이 구축될지는 불확실하다.

2. 지방정부와 거버넌스

1) 지방정부의 개념과 역할 변화

국가는 국민과 영토의 효율적·민주적·균형적 통치를 위해 영토 공간을 여러 층위별로 구역화해 행정적으로 관리하면서, 사회공간적 통합성을 추구한다. 이러한 행정구역의 구분과 통치는 오랜 역사를 가지고 발전해 왔으며, 근대국가의 형성 후에도 행정의 합리적 시행과 권한 분산 등을 목적으로 지방자치제의 기본 틀이 되었다. 이에 따라 설치된 행정구역은 국가별로 다양한 조직적 층위와 규모를 가지지만(제7장 참조), 특히 서구 국가들의 지방정부는 오랜 역사적 전통 속에서 중앙정부로부터 상대적 자율성을 가지고 주민의 의견과 지역 자원을 기반으로 운영된다는 점에서 유의성을 가진다. 우리나라도 1990년대 중반 풀뿌리 민주주의를 표방하는 지방자치제가 본격적으로 도입·시행되고 있지만, 여전히 지방자치단체라는 명칭과 지방정부라는 용어가 혼용되면서, 대체로 중앙정부가 수행하는 역할의 일부를 위임받아 일선 행정을 담당하면서 단지 부분적으로만 제한된 권한을 가지는 행정기구로 인식되고 있다.

우리나라에서 지방자치제도의 역사를 보면, 1949년 지방자치법이 제정되었지만 6·25전쟁의 발발로 1952년 비로소 시행되어 약 10년간 운영되었고, 1961년 군사쿠데타로 중단되었다가 1988년 제정된 지방자치법에 따라 1991년 지방의회가 구성되었고, 1995년 지방자

표 6-3. 이중국가론에서 중앙정부와 지방정부 간 역할과 정치의 분화

	중앙정부	지방정부
정치적 논제	경제적 합리성, 생산의 정치	사회적 요구, 소비의 정치
사회적 기반	생산 영역의 계급적 이해	분배 영역의 다원적 이해
이해 중재 양식	조합주의적	경쟁적
지배적 이념	사유재산권	시민권
국가론	도구주의(계급이론)	다원주의(이익집단론)

자료: Saunders(1985); 송상훈 외(2017: 15) 재인용.

치단체장 선거가 실시되었다. 이에 따라 우리나라에서 지방자치제도는 형식적인 모습을 갖추게 되었지만, 여전히 상당한 권위주의적이고 중앙집권적인 통치방식 속에서 제대로 '지방정부'로서 역할이나 기능을 다하지 못하고 있다고 하겠다. 그러나 지방정부는 중앙정부의 기획과 정책을 수동적으로 집행하는 하위기관이 아니라 자율적인 정치체로서 이에 상응하는 법적·제도적 개념뿐 아니라 실제 그 기능과 역할을 담당하는 조직으로 이해되어야 한다. 즉 지방정부는 중앙과 지방 간에 지시와 집행이라는 상하관계가 아니라 지역 주민들의 의견과 자원에 기반을 두고 지역발전을 추구하는 기구로 인정될 필요가 있다. 이러한 점에서 기존에 사용되는 '지방'이라는 명칭이 '중앙'과 대립되는 의미를 가지고 있기 때문에 이 명칭 대신 공간적·장소적 의미를 강조하는 '지역'이라는 명칭을 사용하자는 주장도 제기되고 있다(송상훈 외, 2017).

　물론 서구 사회에서도 지방정부의 개념에 관한 많은 논란과 논쟁이 있었고, 신자유주의적 국가체제를 거치면서 지방정부의 기능과 역할은 많이 변모했다. 즉, 지방정부는 기본적으로 주민자치 또는 민주주의 원리 속에서 독립적 정치체로서 이해되지만, 국가는 본연적으로 하나의 통합체로 유지되어야 한다는 점에서 지방정부는 기능적 측면에서 중앙정부의 하위 단위일 수밖에 없고, 단지 이들 간에 담당하는 역할이 분화되어 있으며, 따라서 각 정부 수준에 따라 상이한 정치 과정이 작동한다고 주장되기도 한다(Saunders, 1985; 이종수, 1993). 이원적 정부(또는 국가)론으로 불리는 이 주장에 따르면, 중앙정부 차원에서 정책은 기본적으로 도구주의적 관점에서 경제적 생산과 성장에 우선적 관심을 가지며, 국가적 갈등은 조합주의적 중재 양식에 따라 해소된다. 반면 지방정부의 정책은 사회적 요구의 원리에 입각해 사회적 소비에 우선적 관심을 가지고, 관련된 이익집단들 간 갈등은 경쟁적 다원성

을 통해 중재된다.

이와 관련해 지방정부의 개념은 단순히 행정을 담당하는 정부 그 자체뿐만 아니라 사회 정치적으로 작동하는 권력기구와 메커니즘을 포괄한다는 점에서 지방국가(local state)라는 용어가 사용되기도 한다. 이러한 이중국가론은 도시(정치)이론에서 '렉스와 무어(J. Rex and R. Moore), 파알(R. E. Pahl)' 등이 제시한 관리주의도시론에 기반을 둔다. 도시관리주의론은 '누가 도시를 관리하는가'라는 관점에서 '도시관리자'에 초점을 둔다. 즉, "도시의 핵심적 대표(주체)는 희소한 자원과 시설을 통제, 관리, 조정하는 관리자들이다. 여기에는 주택공급관리자, 부동산업자, 지방정부, 관료 …… 시의회 의원 등이 포함된다"(Pahl, 1975: 206; 정병순, 2020: 15 재인용). 이러한 관점에 따르면, 도시관리자로서 지방정부는 매개적 주체로서, 한편으로 민간부문의 수익성과 사회적 요구의 압력, 다른 한편으로 중앙정부와 지역 주민들 간 상충하는 이해관계를 조정하는 주체로 인식된다. 이에 따라 도시관리자로서 지방정부는 중앙집권화된 조합주의 국가의 대리인으로서 일정한 권한을 부여받게 된다.

이러한 관점에서 지방정부의 역할은 복지국가체제에서 지역 주민들의 생활에 필요한 인프라의 제공과 더불어 사회적 복지 및 지역사회 안정과 통합을 추진한다는 점에서 더욱 중요한 의미를 가지게 된다. 예로 존스턴(Johnston, 1982)은 지방정부의 3대 기능을 다음과 같이 요약한다. 지방정부는 첫째, 자기 지역 내 하부구조, 즉 도로, 상하수도 등의 기반 및 편의 시설의 정비, 토지이용 계획의 수립 및 집행, 지방적 차원의 공교육 운영 등과 같은 생활 인프라를 관리하며, 둘째 주택, 공원, 도서관, 위락시설 등과 같은 지방적 역량 재생산 증대를 위한 물리적·문화적 환경을 조성하고, 셋째 지방적 경찰, 소방 서비스, 복지, 참여기회 등의 제공과 같은 지방차원의 질서를 유지하고 안전과 결속을 도모한다. 사프(Sharpe, 1970)는 지방정부의 이러한 지방적 행정 기능은 최적 거리에서 각종 서비스를 효율적으로 제공하면서 지역민들의 생활을 향상시키고, 지방적 차원에서 주민들의 참여를 증대시킴으로써 권리와 민주주의를 함양시킨다고 주장한다(임덕순, 1997: 436에서 재인용)

이처럼 정치체계의 층위에 따라 정부 역할의 분화를 강조하는 이중국가론에 의하면, 중앙정부는 대체로 경제적 생산 영역에 계급적 이해관계를 반영하며, 지방정부는 분배 영역에서 정책과 행정을 담당하는 것으로 이해된다. 이에 따라 중앙정부와 지방정부 간 관계는 모든 정책의 입안과 지시된 정책의 수행이라는 상하관계보다, 수평적 관계에서 사회경제적 과정의 다른 영역들, 즉 생산 및 분배 영역에 관한 정책들을 수평적 관계에서 분담하는 것으로 이해하며, 지방정부의 기능을 단지 정부 그 자체의 역할에서 나아가 국가론 및 사회정치적 권력관계 등과 관련시켜 이해하고자 했다는 점에서 의의를 가진다. 그러나 관리주의도시론과 이에 기반을 둔 이중국가론의 관점은 1980년대 이후 신자유주의의 도래로 시장의 경쟁과 효율을 강조한 공공서비스의 민영화, 그리고 지방정부의 경제정책에의 적극적 개입 등 새로운 지방정부의 기능과 역할로 인해 개념적 한계에 봉착했다.

오늘날 지방정부(또는 도시정부)는 해당 지역이나 도시의 주민들의 복지나 삶의 질 향상 보다는 경제성장과 지역개발에 더 많은 관심을 가진다. 국내외 자본 유치와 일자리 창출을 통한 새로운 지역발전의 추진이 지방정치가들이나 관료들의 임무인 것처럼 간주된다. 이러한 상황은 지방정부의 역할이 기존에 수행해 왔던 복지서비스의 제공 및 관리 기능에서 기업의 논리에 따른 합리성과 효율성을 추구하는 기능으로 전환하도록 했다. 예로 오늘날 지방정부는 '기업하기 좋은 분위기'를 위한 규제 완화, 새로운 경제지구 및 인프라의 구축, 대규모 경기장 및 컨벤션 센터의 건설, 도시의 소비, 여가활동 진작과 도시 이미지 제고를 위한 홍보, 민영화와 공사파트너십에 의한 도시개발 등 새로운 기능과 역할을 수행하고 있다. 신자유주의 국가의 등장과 신자유주의 경제의 지구지방화 과정에서 지방정부의 성격은 관리주의에서 기업(가)주의로 전환하게 된 것이다(김재철, 1999).

기업주의 지방정부(또는 도시)의 개념은 하비와 제숍 등에 의해 제시된 것으로(최병두, 2007a), 특히 하비는 서구 경제가 포드주의에서 포스트포드주의로 전환하고 신자유주의적 지구화 과정에 조응하는 새로운 도시화 과정을 설명하면서 이 개념을 제시했다. 그에 의하면, 1970년대 서구 국가들은 포드주의적 생산체계의 경직성으로 인해 경기침체와 구조적 실업의 증대 등과 같은 축적체제의 위기를 노정시키는 한편, 포드주의 체제를 뒷받침했던 복지국가체제의 한계로 정부(중앙 및 지방)의 재정 위기에 봉착하게 되었다. 이러한 상황에서 국가 통치체제는 신보수주의의 등장을 맞게 되었고, 지방(도시)정부는 이에 대한 대응 정책들을 강구하면서, 대체로 기업주의 전략으로 나아가게 되었다. 전후 포드주의와 결합된 케인스주의 기본 원칙들과 재분배의 정치에 의해 유도되었던 지방정부의 관리주의적 전략(또는 거버넌스)은 공공복지 서비스와 집합적 소비재의 제공을 확대시키는 것과 관련되었다. 이와 대조적으로 새로 등장한 기업주의적 전략은 본질적으로 침체된 도시경제의 경쟁적 위상 증대에 관심을 가지고, 특히 공사파트너십과 민영화, 그리고 사회경제 생활의 재상품화를 촉진하고자 했다.

이와 같은 기업주의 도시 또는 지방정부의 역할은 긍정적 효과로, 침체된 도시 경제의 회복과 발전에 이바지하면서 일자리를 창출하고 소득수준을 향상시켰고, 이를 위해 지방정부

표 6-4. 포드주의-관리주의적 도시 대 포스트포드주의-기업주의적 도시

구분	포드주의-관리주의적 도시	포스트포드주의-기업주의적 도시
지방정부의 위상	국민국가의 하위 집행단위	국민국가로부터 상대적 독립성
지방행정 및 정책	주민복지 중심 재분배정책	경제성장 중심 개발정책
정책 수행방식	수동적(하향식), 간접적 규제	능동적(상향식), 직접적 개입
정책의 목표	경제·사회적 조건의 균등화	우월한 경제·사회적 조건의 확보
재정 확보 방식	중심성 체계에 따른 비례 배분	중심성 체계를 무시한 유치 경쟁
도시 간 경쟁	한정적 규모 내 약한 경쟁	확대된 다규모적 강한 경쟁

자료: 최병두(2012: 91).

가 자율적인 권한을 더 많이 가지고 개방적이고 책임성 있는 정책을 수행하게 되었으며, 여러 유형의 준(準)공적 개발 주체들이 등장해 공사파트너십을 활성시키면서 공공영역과 민간 영역 간 조화를 이루도록 했다고 주장된다. 그러나 현실에서 기업주의 지방정부는 심화되는 도시 간 경쟁에서 살아남기 위한 전략이라고 할지라도, 기존의 관리주의 지방정부가 수행해 왔던 복지 및 사회서비스의 축소를 초래하면서 여러 사회공간적 문제들, 예로 양극화의 심화, 권력의 재집중, 도시 문화의 상품화, 주거 격리와 도시공간의 불균등발전, 그리고 이에 따른 여러 사회공간적 갈등의 심화 등을 초래한 것으로 비판되기도 한다.

2) 거버넌스의 개념과 운영

신자유주의적 지구지방화 과정과 이에 따른 사회공간적 변화는 정부(중앙 및 지방)의 역할과 도시 및 지역의 통치 양식에 많은 영향을 미치고 있다. 이러한 관점에서 우선 제시된 개념이 '성장연합'이다(Logan and Molotch, 1987). 성장연합(growth coalition)이란 도시나 지역에서 이루어지는 각종 개발공사를 중심으로 관료와 대기업뿐만 아니라 지역의 관변단체나 지역 유지 등이 개발지향성을 옹호하는 사회적 기반을 조성하고 이에 따라 추진된 사업의 혜택을 우선적으로 나누어 가지는 집단을 의미한다. 이러한 성장연합은 때로 특정 지역사업의 추진으로 인해 불이익을 보게 되는 반(反)성장연합의 유발하기도 한다. 성장연합의 결성과 역할은 국가의 성격과 역사적 맥락에서 이해되어야 하지만(강진연, 2015), 자발적 협력체로서 도시나 지역의 여러 이익집단들이 특정한 (개발) 정책이나 관련 사안들에 따라 연

합을 결성했다가 그 사안이 끝나면 해소되는 것으로 이해된다는 점에서 한계가 있다.

레짐(regime)의 개념 또는 이론은 이러한 성장연합 개념과는 달리 비공식적이지만 조직화된 실체를 가진 통치연합으로서, 도시정부를 중심으로 일정한 세력으로 집단화해 도시 정치에서 중추적 역할을 담당한다. 즉 레짐은 "통치 결정을 수행함에 있어 지속적 역할을 유지하기 위해 제도적 자원에 대한 접근가능성을 지닌 비공식적이지만 상대적으로 안정된 집단"을 의미한다(Stone, 1989). 레짐 이론은 기존의 다원주의, 엘리트주의, 그리고 네오마르크스주의적 접근들을 수용하는 여러 이슈들을 포함하면서, 도시 정치에서 제도적 측면과 비제도적 측면의 연결망 분석을 강조한다(Mossberger and Stoker, 2001). 도시 레짐 연구를 구성하는 요소들은 참여자 동원(참여추진 동기), 연합 형성(공유된 목표의식 개발), 연합의 질(이해관계의 일치 정도), 정치적 환경과의 관계 등을 포함한다. 이러한 도시 레짐의 개념은 도시 거버넌스 개념과 유사하지만, 전자는 '정부 없는 거버넌스'가 아니라 '정부를 포함하는 거버넌스'를 강조한다. 즉 도시 레짐 연구는 도시정부를 중심으로 도시에서 서로 경계를 넘어 함께 활동하는 공공과 민간 제도들 간의 파트너십을 조명하지만, 거버넌스는 도시 쟁점에 대한 합의와 협력 구조와 결과에서 공공과 민간 영역 사이의 제도적 배열의 중요성을 강조한다.

가장 포괄적인 의미에서 거버넌스(governance)는 국가 장치, 시장 기제, 또는 사회적 네트워크에 의해 수행되든지 간에 도시 및 지역 또는 국가, 그리고 세계적 차원에서 이루어지는 모든 통치과정과 관련된다. 그러나 거버넌스의 개념은 개별 영역으로서 국가, 시장, 네트워크 등 어느 하나의 특정 영역과 관련된 것이 아니라, 이들 간 상호관계 속에서 이루어지는 의사결정 및 실행 과정에서 창출되는 규칙과 질서, 배경과 효과 등에 관심을 둔다. 즉 거버넌스란 조직의 구조와 운영 과정, 정책의 기조와 실행 절차 및 관리 기법 등 다양한 행위자들 간의 상호관계와 이를 통해 (재)창출되는 일단의 실천 및 제도들을 포괄하는 것으로 이해된다. 이러한 거버넌스의 개념은 모든 사회공간적 조정과 조직적 행동에 관해 분석하거나 또는 특정 과제에 대한 사회정치적 의사결정과 해결 방안을 모색하는 과정에 적용될 수 있다.

이러한 점에서 거버넌스의 개념은 정부의 개념보다 더 포괄적인 것으로 규정된다. 이를 잘 나타내는 표현 가운데 하나는 '(지방)정부에서 (지방)거버넌스로'의 전환이라는 문구이다. 거버넌스라는 용어는 매우 다양하게 정의되고 모호하게 사용되고 있으며, 초기에는 협치(協治)라고 번역되기도 했지만, 정확한 의미를 나타내기 어려워 영어 단어의 음역이 사용되고 있다. 현재 널리 사용되는 의미에서 거버넌스는 다소 좁은 의미에서 네트워크 거버넌스로, 이는 국가의 위계(즉, 권력에 의한 강제)에 의한 전통적 통치 양식이나 자유방임적 시장메커니즘에 의한 사회적 조정양식과는 달리 공적 및 사적 행위자들 간 수평적 관계(즉, 네트워크)에 바탕을 두고 참여와 협력을 통해 사회공간적 문제를 해결하고 (지역)사회 발전을 추동하는 새로운 통치양식이라고 할 수 있다.

거버넌스에 관한 이러한 포괄적 개념 규정은 각 학문 분야별 연구에서 좀 더 구체화되면서 경험적 분석에 적용되고 있다. 지리학에서 이 용어는 정치지리학뿐만 아니라 다른 여러 분야들, 예로 경제지리 분야에서 혁신 클러스터의 형성과 발전, 도시지리 분야에서 도시재개발사업의 시행 과정, 사회문화지리 분야에서 전통 축제의 진행 과정 등 다양한 주제에 관한 연구들에 원용되고 있다. 또한 관련된 학문 분야들에서 거버넌스의 개념은 공공 재화나 서비스의 제공 등 정부 정책 수행을 위한 새로운 의사결정 및 시행 과정과 관련된다는 점에서 행정학 분야에서 많이 연구되고 있으며, 그 외에도 국제협력 관계에 초점을 둔 국제관계학이나 지역사회 문제 해결과 관련된 정치학이나 사회학 등 다양한 학문 분야들에서 연구되고 있다.

거버넌스의 개념은 학자나 학문 분야별로 다소 차이가 있으며, 이의 적용 방식도 변화하고 있다. 예로 광의적 의미에서 거버넌스 개념은 정부 중심의 공적 조직과 민간부문의 사적 조직 간 경계가 무너지면서 나타난 새로운 협력적 조정양식으로, 주로 파트너십을 강조하면서 다양한 행위자들 간의 새로운 협력 형태를 의미한다. 그러나 단순한 파트너십을 통한 협력은 정부 주도적 거버넌스로 전락될 수 있다는 점에서 비판된다. 반면 협의의 거버넌스는 "공식적 권위 없이도 다양한 행위자들이 자율적으로 호혜적인 상호의존성에 기반을 두어 협력하도록 하는 제도 및 조종 형태"라고 정의된다(주재복 외, 2011). 이러한 협의의 개념에서 거버넌스는 시민사회의 역할 강조, 자발적 참여와 협력, 민주주의를 향한 사회적 기반의 개선 등에 바탕을 두며, 정부가 지도적 역할을 할 수 없는 영역이나 상황에서 협력적 행동을 필요한 문제를 다루는 데 유용한 조정 방식으로 부각되었다.

이러한 거버넌스 개념은 국가적 차원뿐만 아니라 세계적 차원 및 지방적 차원의 상호관계에도 적용될 수 있다. 특히 로컬(국지적) 거버넌스는 지방적 차원에서 공동의 문제를 해결하기 위한 사회정치적 조정양식의 한 유형으로, 지방정부, 지방의 시민단체와 민간기업, 그 외 이해당사자와 전문가 등이 네트워크를 구축해 참여와 협력을 통해 문제를 해결하거나 공동 목표를 달성하는 것을 의미한다(배응환, 2005). 로컬 거버넌스는 단순히 지역사회의 다양한 행위자들이 네트워크를 구축해 참여와 협력으로 지방의 주요 문제를 해결해 나간다는 점을 강조할 뿐만 아니라 그 이상의 의미를 가진다. 즉, 로컬 거버넌스는 국가 중심의 중앙집중적 권력에 의한 통합적 조정보다, 지방적으로 분산된 의사결정과 실행을 통한 공공 자원 및 서비스의 제공이 더 민주적일 뿐만 아니라 효율적이라는 사실에 근거를 둔다. 특히 지방 간 거버넌스는 이중적 협력관계, 즉 지방정부들 간의 협력과 각 지방정부와 시민사회 간 협력을 전제로 한다.

이처럼 거버넌스 개념은 기본적으로 다양한 행위자들 간 협력관계를 전제로 하지만, 특히 규범적 측면에서 협력 관계를 강조할 경우, '협력적 거버넌스'라는 용어를 사용하기도 한다(Ansell and Gash, 2008). '협력적 거버넌스'라는 용어를 사용하는 이유는 다음과 같다. 첫째 거버넌스의 구축은 흔히 이해관계가 대립되는 문제에 기인하는 사회공간적 갈등의 해결을 목적으로 하며, 이러한 점에서 협력적 거버넌스는 갈등(대립)에서 협력으로의 전환을 명시화할 수 있다. 그러나 이 점은 실제 구성된 거버넌스가 항상 협력의 규범성을 전제로 하는 것은 아니다. 둘째 협력적 거버넌스의 개념은 거버넌스의 전개 과정에서 이루어지는 참여자들 간 협력 관계의 역동성을 세부적으로 분석하는 데 도움을 줄 수 있다. 특히 네트워크(또는 파트너십)의 구축에 함의된 협력이 어떤 과정을 통해 전개되는지에 대해 관심을 가지고 분석할 수 있도록 한다. 셋째 협력적 거버넌스는 (지방)정부와 시민사회 간 관계뿐만 아니라 지방(정부)들 간의 협력적 관계를 분석하거나 촉진하기 위한 개념이 될 수 있다.

우리나라에서는 2000년대 후반부터 이러한 (협력적) 거버넌스의 개념을 원용한 연구들과 다양한 지역사회 문제들의 해결 방안의 모색에 적용되었다. 거버넌스 개념이 적용되는 사례는 매우 다양하며, 예로 사회적 기업, 커뮤니티 비즈니스, 도시농업 등이나 지역 간 연결도로 건설, 도시재생사업, 그리고 군사시설이나 폐기물처리시설 등 혐오시설 이전이나 환경정비와 수질개선 사업 등에 관한 연구나 해결 방안의 모색에서 찾아볼 수 있다. 특히 2000년대 이후 영남권에서 실제 협력적 거버넌스가 운영되었거나 필요로 하는 사례로는 동남권 및 대경권 경제협력, 마산-창원-진해시의 행정구역 통합, 영남권 국제공항 입지 선정, 그리고 대구에서 구미지역으로(또한 부산에서 진주 지역으로) 상수원 취수장 이전 문제 등을 들 수 있다.

이러한 거버넌스 개념과 정책에 대한 평가는 대체로 두 가지 유형, 즉 긍정적 입장과 부정적 입장으로 구분된다(최병두, 2015a). 긍정적 평가에 의하면, (네트워크 또는 협력적) 거버넌스는 기존의 관료적 (지방)정부의 위계성 또는 경직성과 시장 개혁에 의해 발생한 불균등을 동시에 극복할 수 있도록 하는 개혁 과정으로 인식된다. 거버넌스는 '제3의'(또는 대안적) 정치적 프로젝트로, 전후 포드주의적 축적체제와 관련된 국가주도적인(케인스주의적) 복지국

자료 6-2:

영남권 협력적 거버넌스와 지역발전

영남권 지역은 1980년대까지 수도권과 더불어 사회경제적 발전의 한 축을 이루었지만, 그 이후 인구와 산업의 수도권 재집중화로 사회경제적으로 지역발전이 정체되는 모습을 보였다. 이로 인해 이지역은 침체된 경제를 활성화하고 지역사회의 발전을 촉진하기 위해 필요한 여러 과제들을 안고 있다. 영남권 지역 내에 협력적 거버넌스를 통해 해결할 사안들은 매우 많겠지만, 주요한 사례들로 동남권 및 대경권 경제협력, 마산-창원-진해시의 행정구역 통합, 영남권 국제공항 입지 선정, 그리고 대구에서 구미지역으로(또한 부산에서 진주 지역으로) 상수원 취수장 이전 문제 등을 들 수 있다(표 참조). 이 과제들은 그 속성이나 발생의 규모 그리고 관련된 행위자들의 특성과 관계는 서로 다르지만, 기본적으로 지방정부들 간 협력적 거버넌스의 구축을 통해 해결될 과제라고 할 수 있다.

예로 동남권 및 대경권 경제협력을 위한 거버넌스는 이미 구성·상설화되어 있지만, 실제 어느 정도 효과를 거두고 있는지는 불확실하다. 특히 내륙에 위치해 해외 자본의 유치와 교역에 상대적으로 불리한 대구경북경제자유구역의 조성과 발전을 위한 대구시와 경북도 간 협력의 전개 과정 및 전망 모색은 협력적 거버넌스의 주요 과제라고 할 수 있다.

다른 한편, 마산, 창원, 진해시의 행정구역통합은 공공서비스의 제공이나 여타 지역 문제의 해결을 위해 행정구역을 통합하는 것이 더 효율적이라는 점을 전제로 하고 있다. 따라서 행정구역의 분할, 즉 다중심성을 전제로 구성되는 협력적 거버넌스의 구축은 아니지만, 통합 과정에서 구축되었던 도시들 간 거버넌스의 특성과 더불어 통합 과정 및 그 이후 발생했던 지역 간 갈등이 어떻게 해소되었는가에 대한 관심은 거버넌스 연구의 주요 사례라고 할 수 있다(안성호, 2011).

표 6-5. 영남권 협력적 거버넌스와 지역발전의 이슈 사례

구분	사례 주제	주요 내용
지역 간 경제협력	동남지역 광역 경제권 발전	부산·울산·경남지역의 네트워크 도시화와 산업클러스터를 촉진하기 위한 동남권 광역경제발전위원회의 구성을 통한 협력적 거버넌스의 의의와 한계
	대구경북 경제 자유구역 조성	다른 경제자유구역들에 비해 내륙에 위치한 대구경북경제자유구역의 조성과 발전을 위한 대구시와 경북도 간 협력의 전개 과정 및 전망과 주요 과제
행정구역의 통합	마산-창원-진해 행정구역 통합	분리되어 있었던 마산, 창원, 진해시의 행정구역 통합 과정과 이에 따른 기대효과 및 한계(통합 전후 공공서비스 전달체계의 비교와 통합 후 지역 간 갈등과 해소 방안 등)
인위적 공공재의 입지 결정	영남권 국제공항 입지 선정	중앙정부의 의사결정을 전제로 한 영남권 신국제공항의 입지 선정에 따른 경제적 이해관계와 공항 유치를 통한 도시 및 지역발전을 둘러싼 부산/대구 및 경남북 간 갈등
자연적 공유재의 사용 입지 이전	대구시 상수원 취수장 이전	낙동강 수질 오염에 대한 우려로 대구시의 낙동강 강장취수장을 구미공단 상류 지역으로 이전하는 계획을 둘러싼 갈등과 이의 해소를 위한 민간협의체 구성의 의의와 한계

자료: 최병두(2015a).

영남권 국제공항 입지 선정 문제는 공항 입지에 따라 도시 및 지역발전 전망이 크게 달라진다는 점에서 부산과 대구 및 경남북 지역 간 첨예한 갈등을 드러내고 있다. 이 문제는 여러 차례 관련 지방정부와 전문가들이 참여하는 협력적 거버넌스를 구축해 협의를 진행했고 어느 정도 결정된 것처럼 보였지만 번번이 번복되었다. 이로 인해 지역 간 갈등이 첨예해지자, 국가(중앙정부)의 강력한 개입에 의해 결정되었지만, 실행되기까지는 아직 많은 불확실성이 남아 있는 것처럼 보인다.

대구시 상수원 취수장의 구미지역 이전 문제(또한 매우 유사한 상황으로 부산시 상수원 취수장의 진주지역 이전 문제) 역시 낙동강 수자원 이용 및 수질 오염 그리고 이전에 따른 지역개발 규제로 인해 대구와 구미시 간 심각한 갈등을 안고 있다. 대구시의 상수원 취수장 이전 문제 역시 오래된 지역 과제이며, 여러 차례 각 이해당사자들이 참여하는 협력적 거버넌스가 구축되어 협의를 진행했지만, 여전히 해결되지 않은 채 지역문제로 남아 있다.

이와 같이 영남권 지역의 과제들은 매우 상이한 영역에서 다양한 이해관계로 인해 발생한 것이지만, 기본적으로 지방 간 협력적 거버넌스의 구축을 통해 해결해야 할 문제라고 할 수 있다. 그러나 협력적 거버넌스가 어떠한 과정을 통해 구축·운영된다고 할지라도, 협력과정은 순전히 규범적 의미의 협력이라기보다 각 지방의 개별적 이해관계 실현을 위한 전략을 반영하고 있다고 하겠다.

가, 그리고 1980년대 공공부문의 개혁을 고취시켰던 시장지향적인 신자유주의적 이데올로기 양자에 대한 제3의 대안이라고 표현된다. 이러한 관점에서, 도시 및 지역거버넌스는 지역사회 문제에 대처할 수 있는 역량 증대와 지역 주민들의 참여를 통한 민주적 정당성을 고양시킨다는 점이 강조된다.

반면 부정적 비판적 입장에서 보면, 거버넌스의 등장은 신자유주의와 직간접적으로 연계되며, 점점 공고해지고 있는 신자유주의적 이데올로기 정치'에 뿌리를 두고 있는 것으로 비판된다. 이러한 거버넌스의 정치는 "상이한 이해관계들 간 참여적 협상과 합의를 통해 신자유주의적 지구화를 거부할 수 없는 상태로 수용"하도록 한다는 점이 지적된다(Swyngedouw, 2005). 즉 거버넌스 개념은 한편으로 신자유주의화 과정에서 기존의 관료주의적 지방정치와 행정의 문제점을 해결하기 위해 상이한 이해관계를 가진 여러 행위자들의 협력을 강조하며 이를 통해 자율적·민주적 과정을 강조하지만, 실제로는 (지방)정부와 (민간)자본의 의사결정과 이를 통한 이해관계의 실현을 정당화하기 위한 방안에 불과하다고 주장되기도 한다.

3. 시민사회 공간과 지역사회운동

1) 시민사회와 공론장 및 공적 공간

거버넌스가 지역정치 및 정책에서 규범적으로 유의한 이유는 이 개념이 기본적으로 시민 참여를 전제로 하면서 시민사회에 뿌리를 두고 있다는 점 때문이다. 물론 시민과 시민사회의 개념은 그 자체로서 도시 및 지역의 (민주주의) 정치에 유의한 개념으로, 고대 그리스의 도시국가인 아테네의 정치에서 유래된 것이다. 오늘날 시민으로 번역되는 영어 단어 citizen은 고대 그리스 도시국가의 구성원으로서 정치경제적 특권을 지닌 자유민을 뜻하던 라틴어 civis에서 유래한다. 고대 도시 국가는 시민들이 참여해 정치적 대화와 행동을 실천하는 공적 영역으로서 폴리스(polis)와 노예나 여자와 아동에 의해 경제적 생활이 영위되었던 사적 영역으로서 가정(oikos)으로 구분되어 있었다(아렌트, 2009). 이러한 점에서 고대 도시국가에서 시민은 3가지 의미, 즉 공적 공간으로서 폴리스에 참여하는 도시(국가)의 거주민, 도시 공동체에서 일정한 재산과 덕목을 갖춘 교양인, 그리고 국가의 의사결정과정에 참여하는 능동적 주체로 개념화할 수 있다.

이러한 시민의 개념은 로마제국 시기로 오면서 점차 하위계층 및 피정복 외국인으로 확장되었고, 이로 인해 보다 이질적인 시민집단이 창출되었다. 봉건시대에는 시민의 개념과 이에 바탕을 두었던 정치체제(즉 공화주의)가 사라졌지만, 르네상스 시기 도시국가에서 부활하게 되었다. 이 시기 '시민인본주의' 또는 '시민공화주의' 등의 용어가 등장했고, "인간의 잠재력은 그가 자유로운 자치적 정치공동체의 시민일 때만 실현될 수 있다"는 점이 강조되었다(무페, 2003). 이러한 시민(성)의 개념은 17세기 영국의 입헌혁명과 미국 독립운동의 중심이 되었고, 특히 1789년 프랑스혁명의 인권선언에서 정점에 달했다. 그러나 그 이후 민주적 공동체의 주체로서 시민보다 보편적이고 동등한 권리로서 시민성(또는 시민권)의 개념이 더 많은 관심을 끌게 되었다.

우리나라에서 오늘날 사용되는 시민의 개념, 즉 민주주의의 주체로서 시민 의식과 시민권을 가진 사회구성원으로서 시민의 개념은 1950년대 미국식 교육체계가 도입되면서 등장했다. 교과서에 '민주적 시민'의 개념이 서술되었고, 국가로부터 독립된 영역으로서 시민사회라는 개념도 함께 소개되었다. 특히 4·19혁명을 시민혁명으로 지칭한 점은 이에 참여한 주체들을 서구의 근대적 시민과 같은 의미로 이해하고, 자신들의 저항 행위를 정당화하고자 한 것이다. 이러한 과정을 통해, 시민의 개념은 단순히 (민주)사회에서 권리와 의무를 가지는 수동적 구성원에서 나아가 능동적으로 사회 변화와 민주주의를 추구하는 주체로서 의미를 가지게 되었다. 이러한 시민 개념은 5·16군사쿠데타 이후 사라지고 다시 '소시민'의 개념이 일반화되었지만, 1980년 광주항쟁과 1987년 6월 민주화운동을 거치면서 시민의 개념과 담론이 일반화되었다. 오늘날 시민의 개념은 도시에 거주하는 사람이라는 의미와 더불어 민주주의의 능동적 주체로서 의사소통적 시민, 나아가 국경을 초월해 보편적 시민의식을 가진 세계시민 등이 강조되고 있다(이나미, 2014).

이러한 시민의 개념과 함께 고대 도시국가로 소급되는 시민사회의 개념은 기본적으로 시민들에 의해 자발적으로 구성된 결사체를 의미하며, 특히 오늘날 '시민사회' 개념의 기원을 이루는 공적 영역(또는 공론장)의 개념과 관련된다. 이러한 시민사회의 개념은 학자들에 따라 상당히 다르게 개념화되지만(신광영, 1994; 장준호, 2015), 포괄적으로 시민사회란 국가와 시장과는 구분되는 제3영역으로 시민들의 결사체이며, 시민적 덕성(시민의 올바른 생활습관, 태도, 가치 등을 포함한 시민의식)을 배양하고 육성하는 영역이고, 시민이 공적 사안들에 관해 토론하고 합의할 수 있는 공론장을 의미한다.

시민사회의 개념화에서 특히 공적 영역 또는 공론장(public sphere 또는 realm)에 관한 논의는 중요한 의미를 가진다. 아렌트(2009)에 의하면, 고대 아테네의 폴리스에서 공적 영역은 공동체적 덕목을 갖춘 시민들이 서로 자신을 드러내면서, 힘과 폭력이 아니라 언어를 통해 상호 소통함으로써 함께 만들어가는 사이(in-between) 공간으로 이해된다. 시민들은 이러한 공적 영역에 출현해 정치적 행위를 함으로써 시민들은 사적 영역에서 단순한 생존을 위한 자연적 삶(필연적 생존)을 넘어서 동물과는 구분되는 인간 고유의 자유로운 삶을 누릴 수 있게 된다. 아렌트는 근대 사회에 들어와서 이와 같은 공적 영역과 사적 영역의 구분이 모호해지면서, 전자가 후자에 의해 지배되고, 궁극적으로 소멸되게 되었다고 주장한다.

하버마스는 이러한 공론장(그리고 공공성)의 개념이 아렌트가 주장하는 것처럼 이미 고대 도시국가에서 시작되지만, 이 개념이 실질적인 의미를 획득하게 된 것은 근대 초기라고 주장한다. 그는 18~19세기 서유럽 국가들에서 부르주아 공론장의 이념형이 발달하게 되었다고 서술하고, 구체적으로 '작지만 비판적으로 토론하는' 장소로서 공론장을 도서관이나 출판사뿐만 아니라 커피하우스, 살롱, 만찬회 등을 포함해 현실에서 구체적으로 존재했던 공간으로 이해한다(하버마스, 2001: 127). 이러한 공론장은 프랑스혁명 이후 검열 저항운동이나 언론자유를 위한 투쟁 등으로 활발하게 정치화되었지만, 이 과정에서 공론장의 내부구조

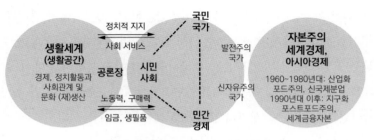

그림 6-4. 시민사회, 국가 및 세계경제 간 관계
자료: Douglass(2006: 544)에서 수정; 최병두(2018).

변화 및 권력화와 더불어 외적으로 비대해진(과잉 발달한) 자본주의 경제와 대의적 정치체계에 의해 생활세계가 식민화되면서 공론장이 점차 붕괴되거나 또는 체계적으로 왜곡됨에 따라 위기가 발생하게 되었다.

아렌트와 하버마스의 공론장 연구는 현대사회에서 돈과 권력에 의해 매개되는 경제 및 정치체계가 언어를 매개로 소통되는 생활세계를 식민화함으로써 현대사회가 더 이상 작동하기 어려운 위기에 처하게 되었다고 지적한다. 아렌트의 주장은 공적 영역의 (정치공간적) 개념화와 더불어 현대사회의 위기를 진단하고 그 대안을 모색하도록 했다는 점에 의의를 가진다(김대영, 2004). 하버마스는 현대사회가 처한 위기 상황을 치유하기 위해 의사소통적 합리성이 작동하는 공간으로 공론장의 개념을 부활시키고, 공론장에서 숙의를 통해 제시되는 요구나 저항의 정당성에 바탕을 둔 숙의(또는 심의)민주주의를 강조한다. 그러나 이들의 시민사회 및 공론장 개념은 공적 영역(정치)와 사적 영역(경제활동)을 이분법적으로 구분함으로써, 인간 생존을 위한 노동이 정치적 행위의 필수적 조건이라는 사실을 간과하고 있다. 또한 하버마스가 주장한 의사소통적 합리성에 기반한 공론의 정치가 현대사회의 체계적 위기를 극복할 수 있는가에 대한 의구심은 여전히 남아 있다.

이뿐만 아니라 이러한 시민사회와 공적영역(공론장) 개념은 고대 그리스 도시국가를 전제로 함으로써 오늘날과 중앙집권화된 국민국가의 역할, 그리고 경제 정치뿐만 아니라 사회 전반에 미치는 자본의 영향력, 이들을 조건지우는 자본주의 세계 경제체제의 작동 등을 소거시키는 경향이 있다. 따라서 시민사회와 생활세계 그리고 공론장 등을 둘러싸고 전개되는 생활공간의 정치는 다규모적으로 구성된 국가적·지구적 경제정치체제를 배경으로 이해되어야 할 것이다. 〈그림 6-4〉는 시민사회와 공론장의 개념을 역동적으로 변화하는 국가의 특성과 세계경제 간의 다규모적 관계를 배경으로 그 사회공간적 위상을 도식화한 것이다(최병두, 2018). 이러한 국가적·세계적 경제정치들과의 관계 속에서 어떻게 시민사회가 형성·발달하고 생활세계(또는 생활공간)와 공론장이 실질적으로 구축/붕괴하게 되었는가를 이해할 필요가 있다.

2) 시민사회와 지역사회운동

시민사회는 경제영역과는 분리되는 시민 정치의 공적 영역으로 다양한 유형의 실천 운동들이 발생하는 장으로 이해된다. 시민사회에서 발생하는 사회운동은 시민들의 정치적 주장과 요구를 반영하며, 근대 사회를 추동하는 중요한 정치적 동력이 되어 왔다. 전통적으로 사회운동은 공공선을 위해 제도정치권 밖의 주체들이 비제도적 방법(예: 시위)을 동원하는 정치적 집단행동으로 이해되며, 현대사회에서는 사회운동 조직에 의해 지속적이고 전문화되는 경향을 보이고 있다(정현주, 2006). 광의의 개념에서 사회운동은 노동운동을 포함하겠지만, 일반적으로 시민사회에 기반을 둔 사회운동은 생산 현장에서 자본가와 노동자 간 갈등으로 인해 발생하는 노동운동과는 구분된다. 또한 시민사회운동은 때로 비정부조직(NGO) 운동과 동의어로 사용되지만, 후자의 용어는 역사적으로 형성된 '시민사회'의 개념을 제대로 반영하지 못한다는 점에서 한계가 있다.

흔히 근대 사회는 산업화과정에서 유발된 노동운동에 의해 추동되었다면, 현대사회는 노동운동이 제도화되면서 그 의미가 약화된 반면, 시민사회에서 발생하는 여러 정치적 논제들을 반영한 사회운동이 활발하게 전개됨에 따라 발전한다고 주장된다. 그러나 오늘날에도 노동운동은 여전히 사회변화를 추동하는 데 중요한 의미가 있다. 또한 사회운동은 근대 국민국가의 형성을 가능하게 한 시민혁명에서 시작해 서구 민주주의 발달에 지대한 기여를 한 것으로 평가된다. 때로 사회운동은 권위주의적 정치사회에서 부정적으로 사회적 균형을 파괴하는 간헐적이고 예외적인 집단적 일탈행위로 규정되기도 했지만, 이성적 개인들의 조직화된 요구를 반영하는 실천적 행동으로 시민사회와 국가의 정치 발전을 이끌고 있다. 최근 이러한 시민사회운동은 다양한 부문들 및 부문들 간 연대 형식으로 활성화되고 있다.

우리나라에서 시민사회운동의 역사적 배경은 19세기 농민봉기와 동학혁명으로 소급될 수 있겠지만, 근대적 의미의 민주화를 위한 시민사회운동은 시민혁명이라고 불리는 1960년 4·19학생의거에서 시작되었다고 할 수 있다(임희섭, 2018). 그 이후 이어진 사회운동의 전개 과정은 크게 2단계로 구분된다(조대엽, 1999 참조). 첫 번째 단계는 1961년 5·16 군사쿠데타로 권력을 장악한 군부 독재에 대한 반대운동으로 1987년 6월 민주화운동에 이르는 기간으로, 이 시기 사회운동은 학생과 지식인 중심으로 유신 철폐, 군정 종식을 요구했으며, 점차 민중, 민주, 민족적 쟁점으로 확대되면서 노동자, 농민, 도시빈민뿐만 아니라 중간계층의 시민들이 대규모로 참여하게 되었다. 이러한 6월 민주화운동 이후 제2단계 사회운동은 다양한 부문운동들(노동, 농민, 교육, 여성, 환경 등)으로 확산·발전했다. 특히 이러한 부문운동의 확산과 더불어 1997년 IMF 위기 이후에는 한미 FTA 반대운동, 미국산 쇠고기 수입 반대운동 등 신자유주의에 반대하는 운동이나 이명박 정부의 4대강 정비(대운하)사업 반대운동, 박근혜 대통령 탄핵 촛불운동 등 전국 단위 정치 운동과 병행했다. 또한 이러한 전국적 및 부문별 사회운동과 더불어 각 도시 및 지역에 기반을 둔 지역사회운동도 활발하게 전개되고 있다.

이러한 (시민)사회운동은 거시적 관점에서 제시된 사회혁명(마르크스주의적 및 부르주아적 혁명)이론에 의해 해석될 수도 있겠지만, 1960년대 이후 시민사회에서 나타나는 사회운동을 설명하기 위해 대표적으로 다음과 같은 이론들이 제시되고 있다(정현주, 2004; 임희섭, 2018).

- **자원동원론**: 사회운동을 이성적인 개인들에 의한 의도적이고 예측 가능한 정치 행위로 간주한다. 즉, 사회운동의 발생과 전개 과정은 단순히 시민들의 누적된 불만과 분노의 표출이 아니라 필요한 자원을 동원할 수 있는 가능성에 의해 결정된다. 사회운동에서 어떤 자원(경제적 자원 및 정치적 자원)이 어떻게 동원되는가에 따라 이 이론은 세부적으로 구분되기도 한다. 이 이론은 1960~1970년대 미국에서 사회운동에 대한 새로운 접근법으로 등장해 사회운동의 전개 과정에 대한 다각적·체계적 분석틀을 제공하는 주류 패러다임이 되었지만, 사회운동이 발생하는 근본 동인을 설명하지 못하고, 정치적 측면에 치우쳐 사회운동의 문화적 측면을 간과하고 있다고 비판되기도 한다.

- **프레임론**(또는 구성주의이론): 사회운동의 인지적 과정을 분석함으로써 사회운동이 어떻게 사회적으로 구성되는지에 주목한다. 자원동원이론이 사회운동의 조건에 관한 이론적 틀이라면, 프레임 이론은 운동 주체의 능동적인 역할에 관한 분석틀이다. 이 이론은 사회성원들이 의미의 구성을 통해 어떻게 사회운동의 적극적 참여자가 되는가를 설명하고자 한다. 이 같은 사회적 구성의 결과는 집합행동(즉, 사회운동)의 틀(프레임)의 형태가 되거나 집합적 정체성의 형태가 된다. 그러나 이 이론에 따라 실제 사회운동의 경험적 연구들은 프레임의 활용을 경험적으로 분석하지만, 프레임의 사회적 구성 과정은 제대로 다루지 않았다.

• **신사회운동론**: 후기산업사회에서 등장하는 다양한 시민사회운동의 동인과 특징을 설명하기 위해 제시되었다. 특히 1960년대 이후 유럽에서 발발했던 학생운동, 평화운동, 여성운동, 민권운동 등을 신사회운동으로 지칭하고 구사회운동과 차이점을 지적하고자 한다. 하버마스와 그 외 많은 학자들에 의해 제시된 신사회운동이론은 사회운동의 발발을 정치경제 구조의 변화 속에서 고찰함으로써 거시적 분석을 제공하며, 사회운동을 하나의 분리된 사회 현상으로 보지 않고 사회적 과정과 접합되는 중층적인 과정으로 파악함으로써 사회운동의 맥락적 분석을 중요시한다.

    사회운동 연구를 위한 이러한 세 가지 접근법은 각각 그 자체로 한계가 있으며, 배타적이라기보다는 상호보완적인 특징이 있다. 그러나 상호보완적인 결합이라고 할지라도, 그 자체로 완벽한 분석틀이 성립하는 것은 아니라고 하겠다. 왜냐하면, 시민사회의 특성과 사회운동의 전개 과정은 그 사회가 처해 있는 사회공간적 배경에 조건 지워지며, 따라서 서구와 한국의 사례들은 유사성과 차이를 가질 것이기 때문이다(정태석, 2006). 사실 위의 접근법들은 모두 사회운동에 내재된 공간성을 거의 간과하고 있다. 사회운동 연구에서 공간성에 관한 관심이 필요한 이유로, 첫째, 사회운동은 장소마다 상이한 갈등구조와 동원 전략을 가지고 전개되며, 둘째, 국가, 장소, 지역, 스케일 등 공간적 속성은 사회운동이 일어나고 해석되는 '맥락'에 대한 설명을 용이하게 해주고, 셋째, 공간적 속성은 그 자체로 사회운동의 전개를 가능하게 할 뿐만 아니라 제한하기도 하는 중요한 변수가 된다는 점 등이 주장된다(정현주, 2006: 485~486). 이러한 점에서 정희선(2004)은 서울에서 발생한 집회 및 시위의 저항 공간(즉 사회운동이 발생한 장소들)을 권력대응형, 성역형, 이해관계형, 대중시선 집중형 등으로 구분하고, 시기별로 정권의 특성과 시위의 주체 및 요구에 따라 장소의 유형과 장소감이 달라진다는 점을 밝히고 있다. 이처럼 시민사회운동은 운동이 전개되는 공간을 항상 전제로 하며, 운동의 특성과 이를 통제하는 정권의 성격에 따라 장소가 달라진다.

    그동안 이러한 사회운동에 관한 지리학적 연구 성과는 많지 않지만, 나름대로 지리학자들의 관심을 끌어왔다(Nicholls, 2009). 특히 사회운동이 전개되는 공간으로서 '공적 공간'의 개념이 부각된다. 공적 공간이란 사람들 간 만남이 이루어지는 공개된 장소로서 이를 통해 자신들의 요구사항이나 의견을 표출하고 사회운동을 전개할 수 있는 자유의 공간이며, 민주주의에 필수적인 장으로 이해된다. 개인의 자유와 민주적 사회운동을 위해 공적 공간의 확보는 중요한 의미를 가진다. 이러한 점에서 공적 공간이 공권력에 의해 부당하게 차단될 경우 이에 대한 저항운동이 일어날 수 있다. 이의 구체적 사례로, 2008년 글로벌 금융위기가 발생한 후 신자유주의에 대항하는 미국의 금융가가 밀집한 월스트리트 점거운동이 발생했고, 그 영향으로 다른 국가들에서도 다양한 유형의 공적공간에 대한 점거운동이 확산되었다. 그러나 이러한 공적 공간의 일시적 점거운동은 공간 그 자체의 점거가 목적인 것처럼 간주되는 공간물신론의 함정에 빠질 수 있다는 점이 지적된다(황진태, 2011). 물론 특정한 공적 공간을 정부가 다른 목적으로 사용하거나 또는 민간 자본이 강제적으로 수용·불하받고자 할 경우, 이에 반대해 사회적 공유지로 확보하고자 하는 사회운동이 전개될 수 있다(예: 경의선공유지시민행동).

다른 한편, 사회운동의 공간성은 특정한 도시나 지역에 근거를 두고 이루어지는 지역사회운동에서 명시적으로 드러난다. 지역사회운동에 대한 정확한 개념 규정은 없지만, 기본적으로 두 가지 유형을 포함한다. 한 유형은 민주화과정을 거치면서 전국 단위의 시민사회운동이 지역사회로 확산되면서 지역단위 조직을 그 (직접적 또는 연계적) 하위조직으로 결성한 경우이고, 다른 한 유형은 지역 자체에서 발생하는 다양한 문제들과 생활상의 요구를 반영해 지역 주민들이 조직한 경우이다. 이처럼 조직의 형태와 운동의 특성에 따라 지역사회운동과 지역주민운동으로 구분되기도 한다. 지역사회운동은 지역에 기반을 둔 여러 부문운동들(예: 복지, 주거, 교육, 문화, 여성, 건강의료, 환경 등)로 구성되지만, 지역주민운동은 대체로 지역의 공동체적 발전을 위한 종합적 운동 성격을 가진다.

우리나라에서 지역사회운동은 1990년대 시민사회운동이 발전해 부문운동들로 세분화된 것과 같은 맥락에서 활성화되기 시작했으며, 그 이후 정권의 특성과 사회정치적 분위기 그리고 지역사회의 역량에 따라 발전해 왔다(최병두, 2010b). 이러한 지역사회운동은 생산현장에서 조직된 노동운동과는 구분될 뿐만 아니라 과거 특정한 사안의 발생에 따른 문제에 대처하기 위해 조직되었던 생존권적 지역운동과도 성격을 달리하게 되었다. 즉 지역사회운동은 지역 주민들의 일상적 생활에서 필요한 요구들을 반영하는 생활권 지역운동의 성격을 가지면서, 그 주도계층도 직접 피해를 당한 지역 주민 집단이라기보다 지역사회 전반의 문제들을 대변하면서 지역사회의 민주적 발전을 지지하는 중간층으로 확대되게 되었다. 또한 운동의 양식도 국가 전체나 지역사회의 민주화에 역행하거나 지역 환경의 파괴나 오염과 같이 지역 주민들의 이해관계에 반대되는 사안들에 대해 저항하는 활동에서 나아가 지역사회의 발전을 촉진하는 정책이나 사업들에 직간접적으로 참여하는 활동(예: 지역거버넌스 구성이나 지자체 예산감시운동 등)을 포괄하게 되었다.

카스텔의 도시사회운동론과 르페브르 및 하비의 도시권 운동

도시사회운동은 특정 지역에서 형성된 이슈나 주민 요구를 반영하며, 기본적으로 개별 지역에서 동원 가능한 자원에 따라 성공 여부가 좌우되지만, 이들은 대부분 대도시들에서 발달한다는 점에서 공통적으로 오늘날 도시 사회공간의 구조적 특성을 정치적으로 반영한 것이라고 하겠다. 이러한 점에서 도시사회운동을 설명하기 위해 지리학 및 도시사회학에서 제시된 2가지 이론, 즉 카스텔의 집합적 소비와 도시사회운동론, 그리고 르페브르와 하비의 '도시에 대한 권리' 이론을 살펴볼 수 있다.

도시사회학자인 카스텔이 1970년대 제시한 도시사회운동론은 그의 집합적 소비재이론에서 도출된 것이다. 그는 도시를 노동력의 재생산에 필요한 집합적 소비재(예: 도로 및 교통, 공공주택, 교육 등)의 공간으로 간주한다. 소비를 통한 노동력의 재생산은 자본주의 경제에 필수적이지만, 개별 자본가의 입장에서는 이를 위한 비용(즉, 임금)을 가능한 축소하고자 한다. 이로 인해 복지국가 체제하에서 국가가 이에 개입해 각종 소비수단을 집합적으로 공급하고자 한다. 이에 따라 만약 집합적 소비재가 적절하게 제공되지 않을 경우 도시인들은 개별 기업이나 자본가가 아니라 정부(중앙 및 도시)를 대상으로 이를 요구하는 운동을 전개하게 된다. 카스텔의 도시사회운동론은 도시공간에서 이루어지는 집합적 소비재와 이의 부족으로 발생하는 노동력 재생산의 위기를 배경으로 설명된다는 점에서 의미를 가진다. 그러나 카스텔은 도시사회운동을 구조주의적 틀 속에서 설명함으로써 사회운동이 가지는 실천적 측면을 제대로 설명하지 못했다(장세훈, 1997).

카스텔과 비슷한 시기에 르페브르가 주창한 '도시에 대한 권리'(도시권) 개념은 당시 프랑스 68운동을 이론적 및 실천적으로 뒷받침하기 위해 제시된 것으로, 2000년대 들어와서 하비 등 여러 지리학자들의 연구를 통해 새롭게 부각되고 있다. 도시에 대한 권리 개념은 기본적으로 도시공간을 생산한 도시인들이 이를 전유하며 어떻게 이용할 것인가를 결정할 권리를 가진다는 의미를 가진다. 르페브르에 의하면, 도시에 대한 권리는 공동작품으로서 도시에 대한 권리, 사적 소유권과 교환가치에 대해 사용가치를 우선한 전유의 권리, 도시공간의 생산을 둘러싼 의사결정에 참여할 권리, 도시 재개발로 인해 배제된 도시 중심부에 대한 권리, 도시공간의 동질화에 반대하는 차이의 권리와 도시공간을 자율적으로 이용할 수 있는 정보의 권리, 국가에 의해 부여되는 시민권보다 도시 주거에 기반한 거주자의 권리 등을 포함한다(강현수, 2010). 르페브르의 도시에 대한 권리 개념은 그 자체로 의미를 가질 뿐만 아니라 그가 주장한 탈소외와 자주관리를 위해, 즉 도시의 공간을 그들 자신의 것으로 다시 만들고자 하는 주민들의 도시운동을 뒷받침하는 이론적 기반이라고 할 수 있다.

르페브르의 연구를 계승하고 있는 하비에 의하면, 도시에 대한 권리는 기본적으로 도시화 과정에서 전개되는 "잉여의 생산과 이용의 민주적 관리"에 관한 권리로 정의된다(하비, 2014: 56). 즉 하비는 도시를 도시인들이 공유재를 생산하는 장으로 규정하고, 이에 따라 도시권은 도시인들이 공동으로 생산한 공유재에 대한 집단적 권리로 규정한다. 하비는 이러한 도시권이 우리의 인권 가운데 가장 중요하지만 가장 무시되어 온 권리라고 주장한다. 오늘날 이 개념은 학술적 차원을 넘어서 국제적 도시운동의 슬로건이 되었을 뿐만 아니라 여러 나라에서 법제화되기도 했으며, 헤비타트 III 새로운 도시의제의 개념적 기반이 되었다. 도시에 대한 권리 개념은 다소 모호하고 이상주의적인 것으로 비판받기도 하지만, 많은 학자, 활동가, 국제기구, 주민들, 도시(지방)정부가 대안적 도시운동이나 도시정책을 강구하는 데 중요한 개념적 근거로 활용되고 있다.

제 7 장

수도, 행정구역, 선거

1. 수도의 기능과 입지

1) 수도의 개념과 기능 및 유형

수도는 일반적으로 한 국가의 최고 의사결정기관인 중앙정부 및 입법·사법 관련 기관들이 위치하며 국제적으로도 외국 공관들의 소재지로서, 국내·외적으로 정치·행정의 실질적 및 상징적 중심도시이다. 따라서 수도에는 최고 정책 결정자로서 대통령이나 총리(또는 명목상이라고 할지라도 왕)의 관저, 중앙정부의 각 부처, 입법부인 국회, 최고법원, 그리고 이들과 관련된 외국 대표부와 여러 문화, 예술, 사회, 경제 등의 주요 단체가 입지한다. 이와 같이 국가의 대표적 기관들이 밀집함에 따라, 관련 업무들을 원활히 수행하기 위해 필요한 국내외 교통통신망의 허브로서 수도는 국가 통치의 신경중추이며 영토 관리의 중심도시이다. 또한 수도는 국가의 정치철학적·이념적 중심지이며, 국가적 상징체제들이 밀집해 국민의 감정과 충성의 집결지가 된다.

이러한 점에서 수도는 다른 도시들과는 상당히 다른 기능이 있다. 즉, 수도는 해당 국가의 정치적 및 사회경제적 통치 기능을 가진다. 이 통치 기능은 다시 통어 기능, 접속 기능, 연결 기능, 변경통제 기능 등으로 세분할 수 있다(임덕순, 1997: 415~420).

• 통어 기능: 수도는 국토라는 몸체의 머리에 해당하며, 전국을 조직적으로 관리·통제하면서 정치적으로 선도하는 역할을 담당한다. 이 기능은 수도의 여러 기능 가운데 가장 기본적이다. 그러나 국가의 정부체계가 단일체제/연방체제인지에 따라 다르며, 단일체제라고 할지라도 어느 정도 중앙집권적/지방분권적인지에 따라 다르게 나타난다.

• 결속 기능: 수도에 소재하는 여러 국민-국가적 상징체계와 상징물들을 매개로 국민들로 하여금 이들이 상징하는 국가의 국민임을 인식하도록 하고 또한 이에 따른 긍지와 자부심을 느끼도록 함으로써 국민들 간 결속력을 강화하는 역할을 한다. 즉 국가 이념이 정치 중심지로서 수도에 잘 구축되어 있고, 또한 교통통신기술의 발달에 따라 전국적으로 확산됨에 따라 국민들의 통합을 유도한다.

• **연결 기능**: 수도는 다른 국가들로부터 주권의 상호 인정과 국가의 존속·발전을 위해 필요한 정보를 수집하고, 인적·물적 교류를 통해 이들과의 연결을 유지하는 기능을 담당한다. 이러한 점에서 수도는 해당 국가의 외교업무를 담당하는 외국 기관들(예로 대사관)과 대기업의 해외 지점들이 입지하고, 국제공항 등 교통통신의 허브로서 국가 간 연결 기능의 거점이 된다.

• **변경통제 기능**(frontier-organizer function): 수도는 해당되는 행정구역의 통치뿐만 아니라 전국을 통제한다. 특히 변경지역은 인접국으로부터 영향을 더 많이 받으며, 외부 침입을 받을 수 있다는 불안을 가진다. 수도는 변경지역에 작동하는 원심적 요인들을 제거하고, 국경 충돌을 방지할 수 있는 조치를 강구함으로써 변경지역을 안전하게 유지하는 역할을 담당한다.

이러한 수도의 기능을 강화하기 위해 각 국가는 수도에 대한 특별한 정책을 시행한다. 예로 수도 및 그 주변지역의 방위를 위해 특별한 물리적 시설이나 군사적 배치(예: 성벽 구축, 요새지 구축, 수도방위군의 설치, 수도 주위 방어 미사일 배치 등)를 하거나 수도를 특별행정구역으로 설정하기도 한다(예: 서울특별시, 미국 워싱턴 컬럼비아구, 일본 도쿄도 등). 또한 수도의 인구와 산업의 집중 및 광역화에 따른 정치적·공간적 관리 및 통제 정책을 우선적으로 강구하거나(우리나라의 수도권 정책, 일본 도쿄나 영국 런던의 광역권 설정과 관리 등), 국민과 국토의 상징적 의미를 함양하고 사회공간적 통합을 위한 구심력을 강화하기 위한 다양한 정책이 시행되기도 한다(수도를 나타내는 전통적 유산의 보존과 관리 또는 예루살렘이나 메카처럼 종교적 성역화). 이러한 점에서, 다른 도시들도 국가의 수도가 아님에도 불구하고, 특정한 영역의 수도임을 내세우기도 한다(예: 환경의 수도, 문화 수도 등).

세계 각 국가의 수도는 이와 같이 기능적 특성뿐만 아니라 다른 여러 기준들, 예로 위치, 역사, 정부체제 그리고 단복수 여부 등에 따라 유형화될 수 있다(임덕순, 1997: 420~425). 우선 기능을 기준으로 유형을 분류하면 다음과 같다.

• 통어 기능이 강한 수도는 통어적 수도로 분류된다. 이러한 유형의 수도는 단일체제의 국가, 특히 지방분권이 미흡하고 중앙집권화된 국가, 대체로 대통령중심제 국가의 수도는 대부분 이에 해당된다. 예로 서울, 파리 등과 개발도상국인 아시아 및 라틴아메리카의 단

일체제 국가 수도들이 이에 해당된다. 이 유형의 수도는 정치적 및 경제적 중추기관(기업의 본사 등) 및 인구의 집중을 촉진해 수도의 종주성이 상대적으로 높다.

- 결속 기능이 강한 수도는 대개 역사적으로 오랜 전통을 가진 수도, 특히 역사적 정통성을 나타내는 유적을 많이 보존하고 있다. 또한 오히려 역사가 짧아 국민결속이 필요한 국가들도 수도에 국민적 상징(물)들을 설치해 이러한 기능을 높이기도 한다. 예로 나이지리아의 새 수도 아부자(Abuja)의 경우 각 인종-민족을 위한 축제의 광장과 관공서들이 배치된 남북 축을 조성해 이러한 기능을 형성하고 있다.

- 연결 기능이 강한 수도는 국가의 발전을 위한 외국과의 교류나 정보 수집 등을 주목적으로 한 경우이다. 예로 런던은 유럽대륙과 연계성을 우선적으로 고려한 경우이며, 과거 러시아의 수도였던 페테르부르크(현재 상트페테르부르크)도 이러한 기능을 제고하기 위해 결정된 수도이다. 제정 러시아 시대의 표트르 대제는 이곳을 '서방으로 난 창'으로 지칭하면서 선진 유럽의 기술과 지식 등을 도입해 자국의 발전을 도모하고자 했다.

- 변경통제 기능이 강한 수도도 국경 쪽의 변경지역에 입지한다. 변경지역에 수도가 입지하는 경우, 즉 전위적 수도의 경우는 외부 압력에 대한 강력한 방어 의지를 반영하거나 적극적인 대외 진출을 추구한다. 전자의 사례로 중국의 베이징이나 난징을 들 수 있다. 베이징은 명 시대에 몽골과 만주족 압력에 대응하기 위해, 난징은 국민당 정부 시기 일본의 침략을 고려해 결정된 수도이다. 오스트리아의 수도 빈은 18세기 이전 튀르키예의 압력을 고려해 입지했다. 후자의 사례로는 제2차 세계대전 이전의 베를린은 동유럽으로 전진하기 위한 전위적 수도였고, 메이지유신 이후 일본의 도쿄도 태평양 진출 의지를 반영한 수도라고 할 수 있다.

위치를 기준으로 할 경우, 중앙적 수도와 주변적 수도로 구분될 수 있다. 국토의 중앙에 위치한 중앙적 수도는 수도에서 주변으로 거리가 비슷하고 짧기 때문에 통치 및 행정에 효율적이며, 외부 침공에 대응하기도 상대적으로 유리하다. 이러한 유형의 수도는 중앙집권화 국가에서 흔히 나타난다. 예로 16세기 스페인이 필립 2세가 톨레도에서 마드리드로 수도를 옮겼을 때 특히 중앙집권성을 고려했다고 한다. 그 외에도 바르샤바, 앙카라, 아디스아바

바, 리야드 등이 그 사례라고 할 수 있다. 반면 국토의 주변에 위치한 주변적 수도는 변방의 방어나 영토 확장 또는 외국과의 연결 증대 등을 고려해 설정된다. 이의 사례로 베를린, 프라하, 도쿄, 런던, 리스본 등을 들 수 있으며, 이 가운데 해안에 위치한 경우는 해안 수도라고 한다. 해안 수도들의 대부분은 역사적으로 해양 진출이나 제국-식민주의 전략과 관련되거나 또는 역으로 식민지 지배를 위한 거점과 관련되기도 한다. 후자의 사례로 아프리카, 아시아, 라틴아메리카의 여러 국가들에서 식민지 시대의 수도가 거의 다 해안 수도였다. 이러한 수도들은 식민제국이 식민지를 침략·지배하기 위한 연결점 또는 거점으로 설정되었다. 독립 후에 이러한 수도들 가운데 일부는 내륙이나 국가적 정체성의 중심지로 수도를 옮겨 가기도 했다.

역사를 기준으로 하면, 수도는 수도로 정해진 기간이 길고 현재도 수도의 지위를 가지고 있는 역사적 수도(예: 서울, 런던), 식민제국이 식민지 통치를 위해 선정한 식민지 수도(가나의 수도 아크라, 나이지리아의 수도 라고스 등), 역사적 수도와 식민지 수도 사이의 중간적인 토착적 수도, 그리고 식민지로부터 독립된 후 새로 정해졌거나 이전된 탈식민지 수도 등으로 분류될 수 있다. 특히 탈식민지적 수도는 파키스탄의 이슬라마바드, 나이지리아의 아부자 등과 같이 아시아, 아프리카, 라틴아메리카 등지에서 민족주의가 대체로 강한 국가들에서 나타난다.

정부체제를 기준으로 하면, 단일체제 국가의 수도는 단일수도, 연방체제 국가의 수도는 연방수도로 구분된다. 단일수도는 연방수도에 비해 대체로 영향력이 크고, 특히 통어 기능이 강하다. 연방수도는 통어 기능이 약하지만, 캐나다의 오타와, 오스트레일리아의 캔버라 등은 특히 약하다. 또한 과거 서독의 수도였던 본은 제2차 세계대전 이후 서독이 연방국이 되면서 연방수도로 결정되었지만, 서독의 재팽창을 크게 우려한 소련과 프랑스가 서독의 연방화를 강력히 추진했고, 또한 서독도 기존의 수도였던 베를린이 통일 후에도 수도가 되어야 한다는 생각에서 연방수도가 된 본에 큰 기능을 부여하지 않았다. 연방수도는 특정한 주나 성에 속하기보다는 국가가 직할하는 특별지구로 분리된다. 사례로 미국의 워싱턴특별구나 오스트레일리아의 캔버라특별구 등을 들 수 있으며, 우리나라에서도 수도 기능의 일부가 이전해 있는 세종시의 경우 특별자치시로 되었다.

그 외 단복수 여부로 보면, 대부분의 국가는 하나의 수도, 즉 단수 수도를 갖고 있지만, 가끔 두 개 이상의 도시를 공동으로 수도로 설정하는 경우가 있다. 후자의 경우는 공동 수도 또는 복수 수도라고 한다. 네덜란드의 수도는 암스테르담이지만 정부와 각종 행정기관들은 헤이그에 밀집해 있다. 볼리비아에는 행정수도로 수크레, 사법 수도로 라파즈가 있으며, 사우디아라비아의 수도는 리야드이지만 하계수도는 파이프이다.

2) 수도의 입지와 이전

역사적으로 보면 수도는 대체로 권력의 중심지에 입지한다. 즉, 어떤 한 지역에 권력 집단이 등장해 그 주변으로 영향력이 확산되면서 궁극적으로 국가를 형성하게 될 경우, 이 지역은 중핵지(core area, nuclear region)라고 불리며, 흔히 국가의 수도가 된다. 중핵지의 개념은 이스트(W.G. East)와 위틀지에 의해 제안된 것이다. 위틀지는 중핵지를 "인구를 가장 많이 포용하고 있는 곳"으로 "이로부터 국가가 탄생, 조직되어, 영토가 확대되기 시작한 곳"으로 정의했다. 즉 중핵지란 국가가 최초로 발생한 지역이거나 또는 현재의 정치적 권력의 집중지(즉, 수도)를 의미한다. 그러나 임덕순(1997: 412~413)은 이렇게 이중적 의미를 가지는 것에 대해 반대하고, 중핵지를 "현재의 수도를 중심으로 한 내부지역"으로 규정하고, 국가의 발생지를 나타내려면 뮤어가 표현한 것처럼 '본원적' 중핵지라는 용어를 사용하는 것이 타당하다고 주장한다. 요컨대 어떤 지역이 중핵지가 되려면, 많은 인구, 풍부한 자원, 정치권력의 집중, 교통의 결절점 등의 요건을 갖추어야 한다.

국가 발생지로서의 본원적 중핵지의 역사적 사례로, 한국은 개성~서울 일대, 일본은 나라~교토 일대, 중국은 황허강 연안의 황토지대 특히 서안, 개봉 등지, 프랑스는 센강 변의 파리 일대, 이탈리아는 로마 일대, 러시아는 모스크바, 야르슬라블 등 일대 등을 들 수 있다. 이러한 사례들에서 보면, 본원적 중핵지는 오늘날의 수도인 곳도 있고, 그렇지 않은 곳도 있다. 현재 수도가 되지 못한 지역의 경우는 해당 본원적 중핵지가 다른 지방과의 교통 불편, 수도로서 도시건설에 불리한 지형, 많은 인구를 부양하기에 불충분한 잉여 생산, 수도로서는 불리한 위치, 구성 민족들 간의 갈등, 새로운 지역에서 근대국가의 발달 등을 들 수 있다. 이러한 본원적 중핵지들에는 국가 발생 초기의 유적들이 남아 있고, 역사적 정통성이나 전통 문화를 간직하고 있으며, 이에 따라 국민들에게 국가적 또는 민족적 의식을 일깨워주는 역할을 한다. 그러나 한 국가에서 2~3개의 중핵지가 있는 경우 각 중핵지를 중심으로 다른 민족집단이 정착해 때로 이들 간 대립 양상을 보여주기도 한다. 캐나다의 퀘벡과 온타리오, 스페인의 카스티야와 아라곤-카탈루냐 등을 예로 들 수 있다. 이러한 (본원적) 중핵지들은 서구 선진국들에서만 찾아볼 수 있는 것이 아니라, 이집트의 나일강 하구, 알제리의 북부 지역, 나이지리아의 기니만 연안, 그리고 남아공의 요하네스버그 등 아프리카에서도 찾아볼 수 있다.

자료 7-1:

세계 각국의 수도 이전 사례

역사적으로 보면, 한 국가의 수도가 이전한 사례들을 많이 찾아볼 수 있다. 예로 고구려는 수도를 졸본[卒本, 또는 홀본(忽本), 중국 랴오닝성 환인 지역]에서 국내성(지린성 집안 지역)으로, 그리고 다시 평양 지역으로 이전했다. 고구려 수도의 이전 이유와 시기에 관해서는 여러 설이 있다. 백제는 위례성(한성)에 천도한 뒤 고구려에 함락된 후 웅진(충남 공주)으로, 그 후 국력이 회복됨에 따라 비좁은 웅진에서 넓은 평야가 있는 사비(泗沘, 현재 부여)로 이전했다. 그 이후에도 왕조가 바뀌면서 경주 → 개성 → 서울로 수도가 이전했다.

중국의 과거 수도 이전은 다소 복잡하지만 개략적으로 보면 시안(주, 진, 전한) → 뤄양(후한, 위), 청두(촉), 난징(오) → 뤄양(서진), 난징(동진) → 시안(수, 당) → 카이펑(후량, 후진, 후한, 후주), 뤄양(후당) → 카이펑(북송), 항저우(남송) → 베이징(원, 명, 청, 중화민국)(<표 7-1> 참조)로 이루어졌다. 이들 가운데 특히 시안, 뤄양, 베이징, 난징은 중국의 4대 고도(古都)로 일컬어진다. 중국의 수도 이전은 주로 왕조의 변천을 계기로 이루어졌지만, 대체로 교통, 국방, 경제가 수도 선정의 결정적 요인이었다. 지리적 위치로 보면, 시안, 뤄양, 카이펑은 위도상 황허강을 따라 북위 35도 선상에 위치하지만, 대체로 시대가 지날수록 점차 동쪽으로 이동한 것으로 볼 수 있다.

표 7-1. 중국의 주요 옛 수도

도시명	왕조
베이징(北京)	연, 요, 금, 원, 명(영락제 이후), 청, 중화민국
난징(南京)	남북조시대(오, 동진, 송, 제, 양, 진), 명,
카이펑(開封)	후량, 후진, 후한, 후주, 북송
뤄양(洛陽)	동주, 후한, 서진, 위
시안(西安)	서주, 진, 전한, 수, 당

주: 안양(상, 은), 창춘(만주국), 청두(촉한), 충칭(중화민국 임시수도), 항저우(남송), 타이베이(타이완).

그 외에도 많은 국가들이 수도를 이전했는데, 예로 일본(교토 → 도쿄), 이란(이스파한 → 테헤란), 미얀마(만달레이 → 랭군), 태국(아유타야 → 방콕), 인도(델리 → 콜카타 → 뉴델리), 파키스탄(카라치 → 라왈핀디 → 이슬라마바드), 튀르키예(부르사 → 에디르네 → 콘스탄티노플(이스탄불) → 앙카라), 러시아(모스크바 → 페테르부르크 → 모스크바), 스웨덴(웁살라 → 시그투나 → 스톡홀름, 스페인(부르고스 → 바야돌리드 → 톨레도 → 마드리드), 브라질(살바도르 → 리우데자네이루 → 브라질리아), 칠레(발파라이소 → 산티아고), 캐나다(킹스턴 → 몬트리올 → 토론토 → 퀘벡 → 토론토 → 퀘벡 → 오타와) 등을 들 수 있다.

우리나라에서 지난 2000년대 중반 수도이전 논의가 첨예한 정치적 이슈가 되면서, 외국의 행정수도 및 공공기관의 이전 사례들에 관한 연구가 활발하게 이루어졌다. 당시 논의되었던 각국의 사례들을 좀 더 구체적 살펴보면 <표 7-2>와 같다.

표 7-2. 외국의 행정수도 및 공공기관 이전 사례

유형	국가명 수도명	인구/ 면적	추진 기간	목적, 배경	추진기관, 법, 제도	도시설계	특기 사항
신 행정 수도 건설	브라질 브라질리아	20만(2000) 473km²	1955~ 1970	내륙 지역 진흥, 침략과 재난 대비	신연방수도입지 위원회, 신도시 건설기획단	삼권광장 중심 비행기 모양	대도시권 인구 200만 명
	오스트레일리아 캔버라	30만(2002) 2,359km²	1908~ 1980년대	연방국가의 상징적 사업	연방수도개발위 원회, 수도 소재지 법률	국회의사당 중심 3개 축	학술, 연구, 예술 기능 집적
	파키스탄 이슬라마바드	90만(1998) 906km²	1960~ 1967	기존 수도권 과밀 해소, 국가안보	대통령의 강력한 추진	대통령궁 중심 3권 기관 밀집	인근 라왈핀디 200만 집중
	이집트 (수도 명칭 불명)	500만(계획) 700km²	2015~ 2022	수도 과밀 부작용 탈피, 지방발전	-	대통령궁, 정부, 국회 이전	카이로 45km 사막 현대 도시
정부 부처 분산 이전	독일 베를린	343만(1999) 891km²	1991~ 1998	통일의 상징적 사업	베를린-본법	기존 베를린 경관 유지	본과의 정부 기능 분담
	말레이시아 푸트라자야	33만(예정) 50km²	1993~	기존 수도 과밀 해정 효율성 도모	-	전원 도시, 지능도시 개념	연방의회 잔류
공공 기관 이전	프랑스 파리	212만 (1999) 106km²	1991~	파리와 여타 지역 간 불균형 해소	국토개발청 국개발장관회의	-	170개 기관, 13,000명 이전
	영국 런던	709만 (1996) 1,578km²	1962~	런던의 과밀 완화	-	-	1988년까지 4만 명 이주
	스웨덴 스톡홀름	76만(2002) 35km²	1969~	스톡홀름 과밀 해소, 지역균형발전	지방분산위원회	-	1988년까지 7,300명 이주

주: 일본의 신행정수도 건설 논의 제외, 이집트 사례 추가(세종시 홈페이지 행정수도 해외 사례 참조).
   2000년대 초기 상황까지 반영했다(그 이후 아르헨티나에서의 논의를 제외하면 수도 이전 논의 별로 없다).
자료: 주성재(2003: 195).

수도는 이처럼 한 국가의 역사적 발전 과정에서 중핵지에 입지하게 되지만, 수도는 한 곳에 고정되는 것이 아니라 국가의 정치적 상황 변화(왕조나 정치권력의 교체, 식민지 해방, 그 외국가적 이유들)로 새롭게 선정되거나 이전되기도 한다. 새로운 수도의 선정이나 이전은 직접 관련된 지역뿐만 아니라 국가 전체에 정치적·경제사회적·사회문화적(상징성 포함) 영향을 미치기 때문에 심각한 논란과 경쟁이 촉발되기도 한다. 이러한 점에서 수도의 입지 선정 또는 이전과 관련해 다음과 같은 요인들이 주요하게 고려될 수 있다. 물론 한 국가의 수도 입

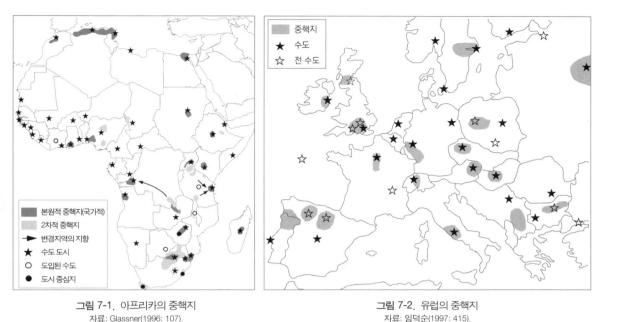

그림 7-1. 아프리카의 중핵지
자료: Glassner(1996: 107).

그림 7-2. 유럽의 중핵지
자료: 임덕순(1997: 415).

지는 특정 요인 하나만을 반영하기보다는 이들을 복합적으로 고려한 결과라고 하겠다.

• **자연지리적 요인**: 수도의 입지는 많은 인구와 산업이 집중하게 된다는 점에서 넓은 토지가 필요하며, 기후적 요인도 고려되어야 한다. 예로 조선시대 이후 서울이 수도로 선정된 것은 왕조의 교체에 기인하지만, 또한 자연지리적 요소들과 이를 해석하는 당시 틀로서 풍수지리설에 따라 선정되었다고 하겠다. 중앙아메리카의 유카탄반도 남쪽에 위치한 벨리즈(Belize)는 수도를 벨리즈에서 벨모판으로 이전했는데, 그 이유는 이전 수도가 해안에 위치해 허리케인 피해와 침수가 빈번하게 발생했기 때문이다.

• **전통적·역사적 요인**: 어떤 한 지역이 오랜 전통 속에서 국민 대다수의 마음속에 권력의 중심지(즉, 중핵지)로 인식되면서, 그 지역이 수도로 정해질 경우, 전통적 요인에 의해 입지가 선정되었다고 할 수 있다. 동북아시아의 서울이나 도쿄, 베이징 또는 오랜 역사를 가진 유럽 국가의 수도들, 예로 아테네, 로마, 파리, 런던 등이 사례라고 할 수 있다. 또한 과거에 수도였던 곳이 다시 수도로 정해진다면, 역사적 답습 요인이 반영되었다고 하겠다. 예로 모스크바, 인도의 뉴델리 등이 이에 해당한다.

• **정치적 요인**: 수도가 담당하는 통어 및 연결 요인에서 어떤 요인이 우선 고려되는가에 따라 수도의 입지가 달라진다. 수도가 국가 통치를 위해 영토의 중심부에 위치하는 경향이 있지만, 반대로 외국과의 교류나 연결 기능이 강조될 경우 국토의 주변부에 입지하게 된다. 특히 외부로 영토 확장을 추구하거나 영토를 적극 방어하고자 할 경우, 수도는 이러한 전략이나 의도가 지향하는 방향으로 수도를 선정 또는 이전하게 된다. 또한 국가를 통치하는 정치권력이 교체될 경우 수도를 이전해 교체된 정치권력의 힘을 강화하고, 새로운 통치 이념을 정당화하고 고취시키고자 한다. 조선 건국 과정에서 수도가 개성에서 서울로 이전한 것도 이런 이유 때문이다. 구소련의 볼세비키혁명 이후 수도를 모스크바로 다시 옮기거나, 명나라가 난징을 수도로 선정한 것도 이러한 요인을 반영한 것이라고 하겠다. 그 외에도 수도 선정 또는 이전에서 국내적으로 유치 경쟁이 치열할 경우, 이들을 정치적으로 절충한 지역에 입지하기도 한다.

• **경제·사회적 요인**: 수도는 일반적으로 국가의 정치 및 경제가 집중한 지역이다. 그러나 경제활동이 집중되어 다른 지역들이 상대적으로 낙후된 경우, 이 낙후지역을 중심으로 경제성장을 촉진해 국내 지역경제의 불균형을 해소하기 위해 수도의 입지를 변경할 수 있다. 예로 칠레와 브라질의 경우 해안지역에 경제가 집중하는 문제를 해소하기 위해 각각 내륙에 위치한 산티아고와 브라질리아로 수도를 이전했다. 다른 한편, 한 국가가 여러 민족으로 구성될 경우, 일반적으로 가장 많은 비중을 차지하는 민족이 분포한 지역의 중심지에 수도가 입지하게 된다. 그러나 국가를 구성하는 민족들이 서로 대립할 경우 수도는 해당 지역이나 민족들 경쟁을 피해 제3의 장소에 입지할 수 있다.

수도 입지의 선정뿐만 아니라 평가에도 이러한 요인들이 반영되겠지만, 수도 선정의 기존 요인들에 대한 평가가 달라지거나 새롭게 고려되는 요인들이 강조될 경우 수도를 이전하게 된다. 물론 수도를 이전한다는 것은 도시 자체를 옮기는 것이 아니라, '수도의 지위'를 이전하는 것이 된다.

이와 같이 수도의 입지를 선정하거나 이전할 경우, 이를 유치하기 위해 후보지들 간에 치열한 경쟁이 발생하기도 한다. 수도로 선정될 경우, 정치권력의 집중뿐만 아니라, 경제성장 촉진 그리고 문화-상징적 중심지로의 발달 등으로 전국적인 영향을 미치게 되기 때문이다. 특히 유치를 원하는 후보지가 민족의 분포와 관련된다면, 경쟁은 더욱 치열해질 수 있다. 예로 이탈리아의 경우 19세기 후반 통일 후에 수도를 선정하는 과정에서, 사르디니아 왕국 수도이자 통일운동의 중심지였던 토리노, 롬바르디아 주민이 내세운 밀라노, 중부 지역 사람들이 내세운 피렌체, 그리고 남부 주민들이 내세운 나폴리 등 4개 도시가 치열한 경쟁을 벌였다. 하지만 역사적으로 로마제국의 수도였던 로마가 통일 이탈리아의 수도로 선정되었다. 캐나다의 오타와와 오스트레일리아의 캔버라도 각각 지역 간 유치경쟁이 심해 정치적 절충 과정에서 양 지역의 중간에 위치한 제3의 도시가 수도로 정해졌다.

수도의 입지 선정과 수도권 만들기 그리고 수도의 이전 문제는 정치 집단들의 첨예한 이해관계를 은폐하면서 국민의 동의를 요구하는 명분(헤게모니) 작업을 요하는 매우 정치적 이슈이다. 우리나라에서의 사례에서도 조선 개국과 더불어 단행된 한양 천도(遷都)는 고려의 지배층이 거주하는 개성에서 벗어남으로써 구 지배세력의 영향력을 약화시키고 새로운 지배 권력을 형성하기 위한 작업이었다는 점은 잘 알려져 있다. 이러한 점은 1960년대 초반 박정희정권의 서울 만들기 작업에서도 찾아볼 수 있다. 박정희정권은 1962년 서울특별시장의 지위를 장관으로 격상시키고, 서울의 행정구역을 대대적으로 확장하는 행정구역 개편 작업을 단행했다. 이에 따라 당시에는 생소했던 수도권이라는 용어가 생겨났고, 수도권으로 집중하는 인구 및 산업의 관리 정책을 통해 발전주의적 영토 계획에 필요한 주권 논리와 구획 방식에 따라 수도와 수도권이 만들어졌다는 주장이 제기되기도 한다(김동완, 2017).

그 이후 경제적 부와 정치권력이 집중한 수도(권) 서울은 몰려드는 인구와 산업의 과밀 집중으로 집적의 불이익이 심화되게 되었고, 2000년대 중반 노무현 정부에서 수도권의 과밀 해소와 지방의 균형 발전을 목적으로 수도 이전 계획이 추진되었다. 그 이전에도 박정희 정권하에서 임시행정수도안이 거론된 적이 있었지만, 백지화되었다. 2002년 선거 공약으로 행정수도 이전 계획을 제시했던 노무현 정부는 2003년 12월 '신행정수도의 건설을 위한 특별조치법'을 발의하고, 국회에서 이 법이 가결되었다. 그러나 야당은 이를 격렬하게 반대했고, 이를 반대하는 일부 시민들이 헌법소원을 청구함에 따라 2004년 10월 헌법재판소는 '관습헌법'이라는 논리로 단순 위헌 결정을 선고함에 따라 법률이 효력을 상실하게 되었다. 그 이후 '신행정수도후속 대책을 위한 연기·공주 지역 행정중심복합도시 건설을 위한 특별법'으로 대체되어 행정중심복합도시(현재의 세종시) 건설이 추진되었다.

수도 이전 계획의 추진과 무산, 그리고 이를 대체하여 시행된 행정중심복합도시의 건설은 수도 이전 문제가 정치지리적으로 얼마나 중요한 사안인지를 잘 보여주었다. 수도 이전의 전제로 제시되었던 수도권 과밀과 이로 인한 불이익 그리고 국토공간의 지역불균등발전에 대한 대응 방안에 대해서 학술적·정치적 입장이 크게 나뉘었지만, 대체로 수도권의 경제적 기능 및 중추행정 기능의 과밀 문제를 해소하기 위해 국토균형발전 계획이 필요하다는 점이 인정되었고(최병두, 2004c; 2005), 특히 그 해소 방안으로 이른바 삼분(三分)정책, 즉 비수도권으로 권력을 이전하는 분권, 돈과 기능 및 사람을 옮기는 분산, 그리고 수도권과 비수도권이 각자의 기능을 분담해서 수행하는 분업이 제안되기도 했다(권용우, 2003; 이종수, 2003).

이처럼 노무현 정부가 추진했던 수도 이전 계획은 매우 복잡한 정치지리적 대립구조를 보여주면서 결국 완전히 추진되질 못했다. 즉, 수도권 대 비수도권, 중앙 대 지방이라는 지역적 갈등 축이 명시적으로 드러났을 뿐 아니라 진보 대 보수라는 정치적 이해관계의 대립으로 인해 중앙집권적 정치권력 구조에서 배태된 지역주의를 극복하지 못한 채 지역불균등 발전을 해소하고자 하는 정책적 노력이 포기된 것으로 이해된다(강명구, 2006). 다른 한편, '대한민국의 수도는 서울이다'라는 관습 헌법의 논리는 법학계 내에서 받아들이기 어려운 것이었다. 수도가 비록 국가의 상징으로서 국토 및 국민의 영토적 통합 기능을 수행한다고 할지라도, 수도의 위치 자체는 헌법적 규정 사항이라고 보기 어렵다. 왜냐하면 수도 이전으로 인해 민주공화국이라는 대한민국의 정체성이 파괴되거나 변형되는 것이 아니고 자유민주적 기본질서가 침해되거나 위태로워지는 것도 아니기 때문이다(김주환, 2021).

2. 행정구역의 설정과 개편

1) 행정구역의 개념과 설정

행정구역이란 국가가 통치 기능을 수행하기 위해 영토를 여러 층의 하위 영역으로 나누어 지역화한 것으로, 지방적 행정 기능이 미치는 공간적 범위를 정한 것이다. 이러한 행정구역은 지방자치단체 또는 지방정부가 관할하는 공간적 범위를 의미하며, 또한 지방 주민들의 일상생활과 관련된 사안들을 행정적으로 처리·전달하는 기능을 담당한다. 즉, 행정구역이란 주민들의 경제적·사회적 생활 편익을 증진하고 그들의 민주적 참여도 높이며, 아울러 해당 지방정부들의 행정 능률도 올리는 데 목표들을 두고 구획된 지역들을 말한다(임덕순, 1997: 437). 이러한 행정 목표를 달성하기 위해 행정구역은 주민의 편의성, 참여성, 지방정부의 행정 효율성, 재정 자립성 등을 기준으로 설정되어야 한다. 즉 행정구역의 공간적 범위

(또는 국지적 영역성)는 지방정부의 정책 결정, 공공재화 및 가치·이념의 배분, 기타 정치-행정적 과정 등을 원활하게 수행할 수 있도록 설정되어야 한다.

행정구역은 지방정부의 행정과 전반적으로 관련된 실무들의 공간적 범위를 의미하는 일반구역과 이와는 달리 교육, 소방, 검찰, 환경관리 등의 특수한 목적을 달성하기 위해 설정한 특수구역들로 구분된다. 또한 일반적으로 설정된 행정구역의 단위지역을 넘어서 광역행정의 필요에 따라 설치된 광역권 또는 대도시권(메트로폴리탄)도 행정구역의 범주라고 할 수 있다(예: 도쿄도, 과거 런던광역권, 메트로폴리탄 토론토 등). 우리나라는 이러한 대도시권 정부는 없지만, 지방정부들 간에 교통, 환경, 상하수도 등의 효율적 행정을 위해 광역협의체를 임시적으로 구축하기도 한다.

임덕순(1997: 438)에 의하면, 행정구역은 주민의 거주와 관련해 거리(또는 접근성)를 고려한다는 점에서 지리적이며, 물질적 및 정신적 전통과 관련된다는 점에서 역사적이고, 또한 차상급 구역에 포섭된다는 점에서 계층적이며, 법률이나 조례에 따라 획정된다는 점에서 법제도적이다. 이러한 행정구역은 행정의 효율성이나 통계자료의 편의성 등에 따라 '지역' 구분의 기준이 되기도 하지만, 행정구역과 지역이 동일한 것은 아니다. 물론 행정구역은 주민들의 생활공간에 근거해 오랜 역사적·문화적 전통이 반영되어 있지만, 때로 행정적 효율성 또는 과거 정치권력의 자의성이나 식민통치의 편의를 위해 설치 또는 변경되었기 때문이다. 따라서 행정구역은 지리학적 의미에서 생활양식을 공유하고 지역의 고유한 특성에 따라 구분되는 지역과는 다르다.

또한 행정구역과 자치구역은 의미가 다르다. 행정구역은 중앙정부나 차상위 지방정부의 행정의 효율성을 위해 설정된 것으로 지방자치를 반드시 고려한 것은 아니다. 반면 자치구역은 해당 지역 주민의 정치-행정적 참여(장 및 의원의 선거 및 의사결정과정에의 참여 등)를 전제로 설정된 것이다. 한국의 경우 광역 및 기초 자치구가 행정구역과 대체로 일치하지만, 행정구역이 모두 자치구역인 것은 아니다. 시/구 단위의 행정구역 가운데 인구 50만 명 이상의 특례시의 하위기관인 일반구나 특별자치도의 하위기관인 행정시(즉, 제주특별자치도의 제주시와 서귀포시)의 경우는 자치권이 없기 때문에 구청장이나 시장을 선거로 선출하는 것이 아니라 상위기관이 공무원이나 자격을 갖춘 일반인을 임명한다. 외국에서도 행정구역과 자치구역이 상이한 경우가 있다. 지방자체제가 도입되지 않아 행정구역이 자치권을 갖지 않은 국가들도 많이 있다. 또한 자치제가 시행됨에도 일부 계층의 행정구역들만 자치권이 부여되어, 자치권이 없는 행정구역들이 존재할 수 있다.

모든 국가들은 효율적 통치와 합리적 행정을 구현하기 위해 영토를 세부적으로 다양한 규모와 계층으로 구성된 행정구역을 설정하고 있다. 그러나 각 국가는 서로 다른 지리적 여건과 다른 역사적 전통 및 민족적 구성, 그리고 다른 정치·경제적 경로에 따라 발전해 왔기 때문에, 행정구역의 규모와 계층 및 특성 등도 서로 다르게 제도화되어 있다. 이처럼 다양한 배경을 전제로 행정구역의 설정에 영향을 미치는 다양한 요인을 구분해 보면, 자연지리적 조건, 역사와 문화, 통치 행위자의 의도 및 행정목표 등을 들 수 있다.

자연지리적 조건으로 지형은 가장 기본적 요인이다. 평야와 산지, 하천과 해안도서 등은 행정구역의 설정에 우선적으로 고려된다. 평야와 산지는 인구 및 산업의 분포와 밀접하게 관련되기 때문에 도시와 농촌지역에 서로 다른 행정구역이 설정되며, 또한 이와 관련된 하천이나 해안을 경계선으로 구분되기도 한다. 행정구역은 자주 바뀌기도 하지만, 오랜 역사적 과정을 통해 설정되거나 변경되어 왔다. 특히 식민지 경험을 가진 국가들의 경우, 식민제국이 통치를 원활하게 하기 위해 자의적으로 행정구역을 설정하기도 했다. 또한 다민족으로 구성된 국가의 경우 민족문화의 동질성을 전제로 행정구역을 구획화할 수 있다. 이러한 지리적·역사적 요인들 외에도 통치자의 특별한 의지나 행정목표에 따라 설정 또는 변경될 수 있다. 예로 주민들과 취락의 분포에 따라 생활의 편리를 위해 구획화하느냐 또는 순전히 행정기관의 편리를 위해 구분하느냐에 따라 행정구역의 크기와 모양이 달라질 것이다. 특히 행정구역의 설정에서 지방자치나 거버넌스를 어떻게 고려하느냐에 따라 행정구역 체계가 달라질 수 있다.

예로 미국의 경우 크고 작은 일반목적 행정구역과 특별목적 지방정부 및 주정부 등으로 중층적인 자치체제가 제도화되어 있다. 이로 인해 20세기 중반 미국에서는 학교구와 경찰구 등의 합병을 둘러싼 논쟁이 있었다. 당시 대도시개혁론자들은 대도시를 많은 소규모 자치정부로 구분해 통치하게 되면 재정의 낭비와 행정적 비효율이 조장되기 때문에 지방정부들을 대대적으로 합병해야 한다고 주장했다. 오스트롬 부부(E. Ostrom과 V. Ostrom)는 이러한 주장의 타당성에 관한 연구로 합병론자들의 주장에 반대하는 입장을 제시했다(Ostron, et al., 1961; 안성호, 2011). 이들에 의하면, 도시공공재와 서비스가 동질적이지 않을 뿐만 아니라 주민들도 이들에 대해 서로 다른 선호를 가지고 참여활동을 하기 때문에, 중층적이고 중복된 구역들을 통합해 단일중심 체제로 편성하는 것은 효율성과 타당성이 없다는 점이 인정된다. 이들은 이러한 단일중심 행정체제 대신 다중심 행정체계 또는 거버넌스가 더 민주적이고 합리적이라고 주장한다. 이러한 오스트롬의 제안에 따라 지방정부 통합 논란이 해소되었고, 미국 연방정부는 대도시 지방정부 합병을 지지해 온 종래의 입장을 공식적으로 철회했다. 이러한 연구의 연장선상에서 자원의 공공적 이용에 관한 연구로 오스트롬은 2009년 노벨경제학상을 수상했다(오스트롬, 2010).

2) 행정구역의 개편과 관리

이러한 다양한 요인을 전제로 각국은 행정구역을 설정하고 개편한다. 기존에 설정한 행정구역 개편의 주요 이유로는 주민의 편의성 고려, 통치 및 행정 효율성 향상, 해당 지역의 개발 촉진, 전국의 효율적 관리와 개발 등을 들 수 있다. 예로 행정기관의 접근성이나 왜곡된 구획화로 인해 주민의 불편을 줄이기 위해 행정구역의 경계를 변경하거나 또는 인구 및 산업의 집중 또는 이전으로 행정구역의 분화 또는 통폐합이 필요하다. 또한 전 국토의 효율적 관리와 개발 또는 국토의 균형발전이나 지역 간 격차 해소를 위해 행정구역을 개편하거나(예: 도농통합형 행정구역 개편), 해당 지역에 대한 자원 활용이나 특정 목적의 활동이 필요할 경우 새로운 행정구역을 신설할 수 있다(예: 세종시 조성이나 창원시처럼 기존의 시들을 통합해 단일 시로 발전).

행정구역의 개편에는 3가지 유형, 즉 행정구역의 경계 변경, 행정구역의 신설/폐지 또는 통합/분화, 규모의 재편이 있다. 경계 변경은 행정구역 체계를 그대로 두고, 기존 구역의 일부를 다른 행정구역에 속하도록 바꾸는 경우이다. 통합 및 분화는 기존의 행정구역을 특정 목적이나 여건에 따라 신설/폐지하거나 통합/분화하는 경우이다. 규모의 재편은 기존의 행정구역 체계를 재편해 계층을 조정하거나 또는 전국적 차원에서 행정구역을 재구획화하는 경우이다. 이와 같이 행정구역을 개편할 때 여러 가지 유의해야 할 점들이 있다. 임덕순 (1997: 444)에 의하면, 행정구역의 개편에서 유의해야 할 사항으로 최소요구인구, 행정구역의 크기에 있어 '규모의 경제성', 그리고 행정구역과 일상생활권의 일치 등이 우선적으로 고려되어야 하며 접근성, 관리체계, 역사적 요인, 정치적 전통 등도 유의할 점이다.

최소요구인구란 해당 행정구역 내에서 공공서비스나 편익시설 등을 운영·유지하기 위해서는 최소한의 인구가 필요함을 의미한다. 최소요구인구가 확보되지 않을 경우, 이들의 운영·유지 비용을 마련하기 어렵고, 이로 인해 행정 비용이 높아지고 운영의 비효율성이 증대한다. 규모의 경제는 행정구역이 그 구역 내 유용한 자원 및 재원의 확보가 가능하도록 최소한의 규모를 가져야 함을 뜻한다. 구역의 규모가 지나치게 작으면 가용 자원이 부족하거나 영세해, 재원을 확보하기 어렵고 주민들의 편익을 제공하기 어렵게 된다. 행정구역과 일상생활권의 일치는 예로 통학이나 통근, 생활용품의 구입, 경찰 및 의료보건 등의 공공서비스의 활용 등이 주어진 행정구역 내에서 이루어지는 것이 바람직하기 때문이다. 이와 같이 행정구역의 개편은 지방행정의 효율성을 우선시하지만, 최근 지방자치제가 본격화된 이후에는 풀뿌리 민주주의 이상을 구현하는 데 적합하도록, 즉 민주성을 반영한 행정구역 개편이 이루어져야 한다는 점이 강조되고 있다.

행정구역의 개편에 관한 논의는 크게 통합론과 분리론으로 구분된다. 통합론은 지자체가 담당하는 공공재와 서비스의 공급 측면에서 규모의 경제를 얻기 위해 규모를 확장하는 것이 바람직하다고 주장한다. 또한 통합론의 입장에서, 개별 지자체로 분할된 행정구역을 통합해 생활권이나 개발권(도시계획권)과 일치시키자는 주장도 제기될 수 있다. 예로 버스 노선의 설정이나 상수도 취수원의 이전 또는 폐기물처리장의 입지 등을 둘러싸고 지방자치단체들 간 갈등이 발생할 경우, 지자체들 간 협력적 거버넌스를 구성해 해결하기에는 한계가 있기 때문에, 문제의 근원적 해결을 위해 행정구역의 통합 또는 확장이 필요하다고 주장한다. 반면 분리론의 입장에서는 행정구역의 축소 또는 세분화가 공공재와 서비스의 수요 측면에서 더 효율적이며, 풀뿌리 민주주의를 위한 지역자치에도 더 부합한다고 주장한다. 이러한 입장에서 광역지자체의 기능을 축소 또는 폐지하고, 기초지자체의 기능과 역할을 강화해야 한다는 주장도 제기될 수 있다. 이러한 상반된 논란과 관련해, 앞서 논의한 바와 같이 오스트롬은 공공재와 서비스의 유형에 따라 다양하게 구역이 설정된 다중심적 거버넌스를 주장했다.

우리나라의 행정구역은 역사적으로 일제 강점기인 1914년에 실시된 대규모 개편의 체계를 대체로 유지하고 있지만, 급속한 산업화와 도시화 과정을 거치면서 지역의 생활권이 바뀌었고, 이를 반영하여 행정구역도 상당히 변했다. 1995년 지방자치제가 본격적으로 시행되기 이전에는 정부 법령으로 시와 군의 설치와 폐지가 가능했다. 그러나 그 이후 자치단체장과 의원이 선출되면서, 행정구역의 조정은 해당 지자체의 규모, 재정, 직책 등과 직결됨에 따라 새로운 시·군·구를 설치 또는 통합하는 일이 어려워졌다. 우리나라에서 행정구역 개편 논의는 주로 통합 위주로 이루어졌으며 2010년 기존 마산, 창원, 진해시의 행정구역 통합은 대표적 사례라 할 수 있다.

행정구역의 통합이나 분리의 효과는 처음 계획한 목적과는 다른 결과로 나타날 수 있다. 예로 기존의 마산시, 창원시, 진해시가 통합된 (통합)창원시의 경우, 지역 내 총생산, 고용 분포와 인구 성장, 인구 이동 등을 분석해 보면, 통합 이후 10년이 경과한 후에도 통합 당시 제

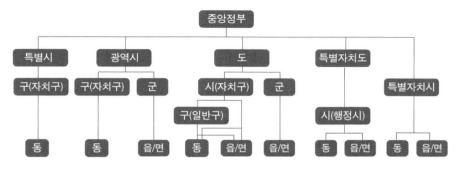

그림 7-3. 한국의 행정구역

시된 도시성장과 지역균형발전 효과가 별로 나타나지 않는다. 또한 통합 창원시의 생활환경에 대한 주민의 부정적 인식도 통합 이후 오히려 확대되는 것으로 파악된다. 이러한 점에서 규모의 경제나 효율성 증대와 같은 논리에 근거를 두고 단순히 영역적으로 통합하는 방식의 행정구역 개편은 재고되어야 한다는 주장이 제기될 수 있다(임석회·송주연, 2020). 다른 한편, 2003년 분리된 충청북도 괴산군과 증평군의 경우, 괴산군은 농업과 광업, 소비자 서비스업이 발달하면서 인구는 감소한 반면, 증평군은 제조업과 생산자 서비스업이 발달하면서 인구는 증가했고 최고 지가의 상승률도 더 높은 것으로 나타났다(신영재, 2016).

한 국가의 영토가 행정적 효율성을 위해 하위 단위인 행정구역으로 구분되는 것처럼 광역 행정구역은 다시 그 하위 행위구역으로 구분되며, 이에 따라 행정구역은 계층성을 가진다. 행정구역이 몇 개의 계층으로 구분되는가는 국가에 따라 다르다. 우리나라의 경우, 지방자치법에 광역자치단체와 기초자치단체로 구분하고 있으며, 전자는 특별시(서울), 특별자치시(세종시), 광역시(부산, 대구, 인천, 광주, 대전, 울산), 특별자치도(제주, 강원도)가 있으며, 기초자치단체로는 시·군·구가 있다. 그 산하에 읍·면·동을 두고, 읍과 면에는 리(里)를 두지만, 이들은 자치단체가 아니다. 광역시 지정 기준은 통상 인구 100만 명을 기준으로 하지만, 면적·지리적 여건, 주변지역에 미치는 영향, 재정자립도 등을 종합적으로 고려해 설치 또는 승격하도록 한다. 시는 그 대부분이 도시의 형태를 갖추고 인구 5만 이상이 되어야 하지만, 그 외에도 요건에 따라 도농복합 형태의 시를 설치할 수 있다. 시 가운데 인구가 50만 명 이상인 시는 지방자치법의 규정에 따라 도 단위 업무의 일부를 위임받아 상당한 자율권을 가진다.

북한의 행정구역은 2019년 현재 1직할시(평양), 3특별시(나선, 남포, 개성), 9도(평안남도, 평안북도, 함경남도, 함경북도, 황해남도, 황해북도, 강원도, 자강도, 양강도)로 크게 나뉜다. 하부 단

자료 7-2:

각국의 행정구역 체계

행정구역의 구분과 체계는 국가별 행정의 역사 및 정치체계에 따라 다르게 구성된다. 또한 국가의 행정구역과 체계는 정치·행정적 개혁에 따라 자주 변화한다. 이와 같이 행정구역 체계와 단위 구역의 수의 변화를 전제로 일부 선정된 국가들의 사례를 살펴보면 다음과 같다.

일본의 행정구역은 도도부현(都道府縣)이라는 광역자치제와 시정촌(市町村)이라는 기초자치제가 있다. 도도부현의 광역지자체는 현재 47개 구역으로 구성되며, 우리나라의 도보다는 면적이 대체로 작다. 도(都)는 도쿄에만 해당하는 행정구역 단위로 우리나라의 특별시와 유사하다. 도쿄도는 23개 특별구 및 다마지역(26시, 5정, 8촌)으로 구성되며, 특히 과도한 인구 집중으로 인한 시가지 확대 등을 고려해 도구(都區)제도를 마련하고 있다. 특별구들은 다른 도시들처럼 시장과 의회를 선출한다. 다마지역은 도쿄 중심가의 침상도시 기능을 하며, 일부는 상공업의 기반 역할을 한다. 도(道)는 원래 가장 오래된 행정구역 단위였으나, 점점 폐기되어 현재 홋카이도(北海道)가 유일하다. 부(府)는 교토(京都)와 오사카(大阪)를 지칭하는 행정구역 단위로, 현과 별 차이가 없다. 현(縣)은 도쿄도, 홋카이도, 교토부, 오사카부를 제외한 모든 행정구역 단위이다. 일본의 시정촌은 모두 1741개로, 우리나라의 시읍면 정도이지만, 시보다는 대체로 작은 편이다. 2000년대 일본은 대대적 행정구역 개편으로 시정촌 수가 약 40% 감소했는데, 이는 지방분권보다 국가의 재정위기를 극복하기 위한 구조조정의 성격을 띠고 있다(조아라, 2010).

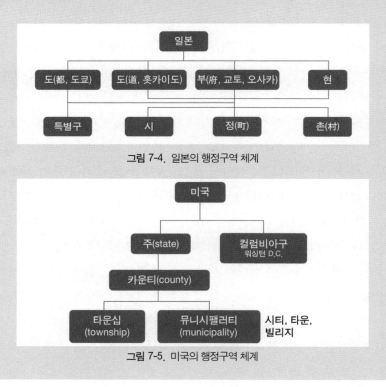

그림 7-4. 일본의 행정구역 체계

그림 7-5. 미국의 행정구역 체계

미국은 연방국으로, 행정구역은 우선 50개의 주(state)와 1개의 특별구(컬럼비아구, 즉 워싱턴 D.C)로 구분되며, 여기에 더해서 괌, 푸에르토리코 등 5개의 미국령 행정 관할지역이 추가되기도 한다. 주는 다시 카운티(county)로 구분되며, 델라웨어주는 3개, 텍사스주는 254개의 카운티가 있다. 카운티 대신 루지애나주는 패리시(parish), 알래스카주는 브로(borough)라고 한다. 카운티는 다시 타운십(township)이나 시티(city), 타운(town), 빌리지(village)의 명칭이 붙는 뮤니시팰러티(municipality) 등으로 구분된다. 여러 예외적 상황들이 있는데, 예로 로스앤젤레스 카운티 안에 로스앤젤레스시가 있지만, 뉴욕시는 5개의 카운티를 묶어서 하나의 시티가 된 경우로, 거의 유일하게 시티가 카운티보다 크다. 또한 메릴랜드주의 볼티모어시, 미주리주의 세인트루이스시 등은 카운티에 속하지 않는 독립시(independent city)이다. 알래스카주에는 브로로 정해지지 않은 지역들이 있는데, 이 지역들은 행정 기능은 없지만 인구통계를 위한 센서스 지역으로 구분된다.

중국은 영토가 넓고, 인구수가 많을 뿐 아니라 영토의 주변지역들에는 다양한 민족들로 구성되기 때문에 행정구역 체계도 다소 복잡하다. 중국의 행정구역은 성급(省級)행정구(직할시, 성, 자치구, 특별행정구 등 33개), 지급(地級)행정구[부성급시, 지급시, 자치주, 지구, 맹(盟) 등 334개], 현급행정구(현급시, 현, 자치현, 市轄區, 기, 자치기, 민족구, 특구 등 2,852개), 향급행정구[진, 향, 민족향, 현할구(县辖区), 가도, 소목, 민족소목 등 40,466개], 촌급행정구[촌민위원회, 사구거(社区居) 등 704,386개] 등 5단계로 구분된다. 지급시 등 대부분의 행정구역은 자치권을 가지지만, 지구, 맹, 시할구, 현할구, 가도 등의 행정구역은 자치권이 없다. 성급행정구에는 성 22개, 직할시 4개(베이징, 톈진, 상하이, 충칭), 자치구 5개(신장위구르, 티베트, 닝샤후이족, 네이멍구, 광시 좡족), 그리고 특별행정구로 홍콩, 마카오 2개 도시가 있다. 타이완도 명목상으로는 성으로 구분된다. 기, 소목, 맹 등 특이한 이름은 자치구 내 특정 민족 전용 행정구역이다. 특히 그동안 "변경 소수민족지구에서 실시된 행정구역과 지명의 개편과정은 '인민'과 '지역'에 대한 확인 과정이면서, 동시에 분류와 통제의 과정, 정체성의 해체와 재구성 과정으로 해석"되기도 한다(이강원, 2008).

영국은 잉글랜드, 스코틀랜드, 웨일스, 북아일랜드 등 4개 네이션으로 구성되어 있기 때문에 행정구역이 매우 복잡하게 나뉘어 있다. 잉글랜드는 9개 지역으로 나뉘지만, 이는 행정구역이 아니다. 잉글랜드에는 3종류의 카운티(county), 즉 전례 카운티(ceremonial county)로서 광역도시카운티(metropolitan county, 6개), 비광역도시카운티(28개)가 있으며, 또한 1995년에서 1998년 사이 신설된 단일자치구(unitary authority, 13개)라는 행정구역이 있다. 카운티의 하위 행정구역은 구(district)로, 잉글랜드에는 326개의 구(도시자치구 36개, 비도시자치구 201개, 단일자치구 55개, 런던 자치구 32개, 시티오브런던, 실리제도)가 있다. 대런던(Greater London)은 잉글랜드 최상위 행정구역으로, 33개의 하위행정구역으로 구성된다. 이 가운데 32개는 런던 자치구(London borough)이고, 33번째는 런던시(city of London)이다. 또한 잉글랜드의 기초 자치단체로 교구에서 유래한 패리시(parish)와 마을공동체로서 타운카운실(town council)이 있다. 스코틀랜드는 32개의 의회구역(council area)으로 구분되며, 의회가 설치되고 여러 개의 커뮤니티(community)를 관할한다. 웨일스는 22개 단일 행정구(unitary authority)로 구성되며, 6개의 시, 11개 카운티, 5개의 시급 자치지역으로 구성된 이 행정구역들의 일부에는 그 하위 자치구역으로 커뮤니티 의회(community council)가 구성된다. 북아일랜드에는 26개 구(district)가 있었지만 2012년 11개로 바뀌었다.

반면 프랑스는 오랜 역사를 가지고 있음에도 불구하고, 행정구역 체계가 상당히 간단하다. 프랑스는 2016년 1월 개편 이전에는 프랑스 본토에 22개의 레지옹이 있었지만, 레지옹 간 협력을 강화하고 재정

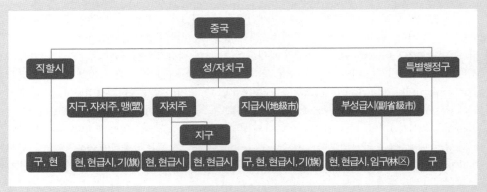

그림 7-6. 중국의 행정구역 체계

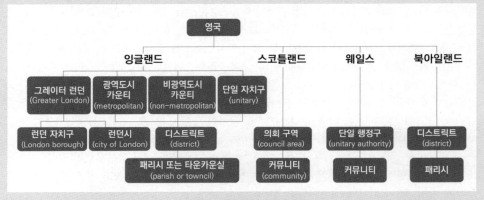

그림 7-7. 영국의 행정구역 체계

의 효율성을 높이기 위해 18개의 레지옹(région)으로 줄였다. 코르시카는 레지옹이 아닌 영토 집합체(Collectivité territoriale)로 불리지만 다른 레지옹과 차이는 없다. 레지옹 가운데 13개는 프랑스 본토에, 5개는 해외 영토에 위치해 있다. 2016년 현재 레지옹은 101개 데파르트망(départements), 329개 아롱디스망(arrondissements), 3,879개의 캉통(canton), 36,767개의 코뮌(commune)으로 나뉜다. 파리, 마르세유, 리옹의 코뮌은 다시 45개 아롱디스망(arrondissement municipal)으로 나뉜다. 프랑스의 자치행정체계는 레지옹-데파르트망-코뮌의 3계층으로 구성되며, 아롱디스망과 캉통은 자치권이 없다. 레지옹은 식량, 구매, 노동 군사, 고등교육 등을 관리하며, 데파르트망은 공공재정, 초등교육, 토지, 해양 등의 사무를 담당하고 있다. 파리는 알드프랑스 레지옹에 속하는 하나의 데파르트망으로, 20개의 아롱디스망으로 구성된다.

그림 7-8. 프랑스 행정구역 체계

위로 시·군·구·구역·지구 수준에는 25시, 144군, 39구역, 2구, 2지구 그리고 읍·리·동·노동지구 수준에는 144읍, 3,008리, 1,208동, 282노동지구가 있다(통계청, 2020). 북한의 지방행정기관은 북한 헌법(2012년 개정), 지방주권기관법(2012년 수정 보충)에서 규정하고 있으며, 도·시·군 단위에는 남한의 지방의회와 단체장에 해당하는 지방인민회의와 지방인민위원회가 조직된다. 북한의 행정구역 개편과 운영은 정치적 목적에 따른 영토관리에 초점을 두고 있다고 하겠으며, 남북한의 통일과정에서 어떻게 행정구역을 조정·통합해 행정의 효율성과 더불어 지역적 정체성을 보장할 수 있을 것인가는 연구 과제라고 하겠다(최우용·박지현, 2015; 남성욱·황주희, 2018).

3. 선거의 정치지리

1) 선거제도와 선거 결과의 정치지리

(1) 선거방식과 선거구

선거는 일정한 집단이나 조직의 구성원들이 그 대표자나 임원을 선출하는 행위를 지칭한다. 오늘날 대의민주주의가 일반화된 상황에서, 선거는 정치적인 참여를 통해 자신의 의견을 대변할 수 있는 지도자를 선택하는 기회로 간주되며, 이를 통해 정치체제에 정통성을 부여하거나 또는 이를 거부하는 기능을 담당한다. 이러한 점에서 선거는 투표권을 가진 개인(유권자)과 대의적 집단 간 교량 역할을 하며, 특정 정치 공동체 조직의 유지와 변화를 가져다준다는 점에서, 선거권은 사회적 권리이며 공적 의무로 간주된다. 선거는 정치적 행위와 제도라고 할 수 있지만, 또한 공간을 매개로 시행된다는 점에서 정치지리학의 주요 주제이다. 이러한 점에서 1960년대 이후 정치지리학의 한 분야로 선거의 지리학이 관심을 끌게 되었다.

선거지리학은 정치시스템의 작동 과정에 함의된 민주주의, 권력 그리고 공간 간의 관계를 연구한다(Johnston et al., 1990). 선거지리학의 주요 주제로, 테일러(Taylor, 1979)는 투표의 지리학(투표 지도 설명), 투표에 영향을 미치는 지리적 요인(공간적·위치적 영향), 대표성의 지리학(득표수와 의석 간 관계 연구), 지리적 관점에서 본 선거전략 등을 제시했다. 또한 프레스콧(Prescott, 1969)은 선거방법 및 선거구 설정에 작용하는 지리적 요인, 지역 간 선호 및 지지의 차이, 투표에 영향을 미치는 지역 요인 등을 제시했다. 임덕순(1997: 454)은 선거가 정치지리적 관심을 불러일으키는 데는 다음과 같은 5가지 측면이 있다고 주장한다.

- **선거제도 및 방법과 지리적 조건 간의 관계**: 어떤 특정 선거제도나 방법이 지리적 조건과 어떻게 결합되어 있는가?
- **특정한 지리적 단위로서 선거구의 특성**: 선거구는 공간적 측면에서 어떻게 획정되는가?
- **투표 결과의 지리적 분포와 이에 영향을 미친 지리적 요인들**: 지지의 방향이나 대상, 인물 등에 반영된 정치의식의 지리적 분포와 지리적 변수 간에는 어떤 관계가 있는가?
- **투표 결과가 지역에 미치는 영향**: 지역 유권자들의 투표 결과(지지 또는 반대)가 지역의 경제 및 사회(산업, 토지이용 등)를 어떻게 변화시켰는가?
- **선거운동이나 투표 결과의 지리적 분포에 나타나는 지역의식이나 감정의 정도**: 선거운동 과정에서 지역주의, 지역감정이 어느 정도 작용했는가?

선거지리학에서 이러한 5가지 주요 측면들 가운데 앞의 2가지 측면들, 즉 선거 방식의 결정과 선거구 획정은 선거제도를 통해 유권자들의 투표 이전에 정해지며, 후자의 3가지 측면들은 선거운동 과정 및 선거 결과로 드러나게 된다.

선거제도는 대표자를 어떤 방식으로 선출할 것인가를 규정한다. 일반적으로 특정 정치조직의 장(1인)을 선출할 경우에는 후보자들 가운데 다수득표당선제(다수제)나 또는 결선투표를 통한 최다득표당선제(결선제 또는 과반수제)가 채택될 수 있다. 다수제는 하나의 선거구에서 가장 많은 표를 획득한 후보를 당선자로 정하는 반면, 결선제는 1차 투표에서 과반 득표자가 없을 경우 1, 2위 후보자를 대상으로 2차 투표를 실시해 당선자를 정한다. 우리나라의 대통령 선거는 전형적인 다수제이며(단, 후보자가 1인 경우 그 득표수가 선거권자 총수의 3분의 1 이상), 이로 인해 상대적으로 낮은 득표율에도 특정 후보가 대통령으로 당선되기도 했다(예: 역대 대통령의 득표율에서 노태우 36.6%, 김영삼 42%, 김대중 40.3%, 문재인 41.1% 등). 이 경우 대통령으로 당선된 특정 후보를 지지하지 않은 유권자가 훨씬 많고, 이로 인해 대표성이 취약하게 된다. 그러나 결선투표제 역시 1차 이후 정당(또는 후보자) 간 정치적 거래가 이루어지는 문제가 생길 수 있다.

국회나 지방의회 선거처럼 다수의 대표자들을 선출할 경우 다양한 방식이 고려될 수 있다. 선거방법은 우선 특정 선거구에서 몇 명의 대표자를 선출할 것인가, 그리고 어떻게 선출할 것인가에 따라 구분된다. 전자의 문제는 한 선거구에서 1인 선출방법(소선거구제)과 2인 이상 선출방법(중대선거구제)으로 나뉜다. 1인 선출일 경우 선출방법은 앞에서 언급한 바와 같이 다수제와 결선제로 구분될 수 있으며, 2인 이상 선출방법은 다시 블록(block) 투표제와 비율(proportional) 대표제로 세분된다. 블록투표제는 각 투표자는 한 선거구에서 선출할 대표자의 수와 동일한 수의 투표를 행사한다. 예로 한 투표구에서 3명을 선출한다면, 투표자는 다수의 입후보자들 가운데 3인에게 투표하고, 그 결과에 따라 다수의 지지표를 얻은 후보순으로 당선을 정한다. 비율대표제는 각 투표자가 다수의 후보자들 가운데 1인에게 투표를 하고, 그 결과에 따라 지지표 순서대로 당선자를 정한다.

소선거구제는 대체로 기존 정치인이나 지역 명망가가 당선될 가능성이 높고 근소한 득표차이로도 당락이 결정될 수 있는 반면, 중대선거구제는 정치 신인들도 당선될 가능성이 높지만 후보들이 난립할 수 있다. 현재 우리나라의 국회의원 선거와 광역의원 선거는 선거구별로 1명을 선출하는 소선거구제와 비례대표제를 혼합한 방식으로 운영된다(국회의원 선거는 9대에서 12대까지는 한 선거구에서 2인을 선출). 특히 국회의원의 선거에서 비례대표제의 시행 방식은 여러 차례 개정과정을 거치면서 현재 연동형 비례대표제로 시행되고 있다. 다른 한편, 기초의회 의원은 (정당 추천 없이) 소선구제로 하다가, 2006년(제4회 선거)부터 중선구제와 비례대표제를 혼합한 방식으로 운영되고 있다. 즉, 기초의원 선거는 한 선거구에서 2~4명까지 선출하는데, 각 정당에서는 선거구당 2~4명의 후보를 공천할 수 있고(즉 한 정당에서 1-가, 1-나와 같이 복수 후보를 낼 수 있음), 투표자는 선출하는 대표자 수만큼 기표를 한다. 득표순에 따라 당선자가 결정되기 때문에, 득표수가 2~4위일지라도 당선될 수 있다. 광역 및 기초의원 선거에서 의원 정수의 1/10 이상은 비례대표로 선출하도록 규정되어 있다.

선거방식은 정치적 의사결정을 통해 정해지겠지만, 이를 결정하는 과정에서 지리적 조건들이 직간접적으로 고려된다. 예로 특정 선거구에서 지역 주민의 정치적 성향이나 소득 및 계층 구성뿐만 아니라 민족이나 종교 구성은 다수제/결선제(과반수제)의 선택에 영향을 미칠 수 있다. 예로, 한 선거구에서 각각 다른 정책이나 이해관계를 대변하고자 하는 A, B, C 후보자가 입후보해 1차 선거에서 A가 최다 득표를 했지만 과반수를 얻지 못해 2차 투표를 하게 되자 B와 C가 결탁해 B가 과반수로 당선되었다면, 이는 순수한 의미에서 다수 주민의 의사를 반영한 것은 아니라고 할 수 있다. 또한 한 선거구에서 몇 명의 대표자를 선출할 것인가의 문제도 지역 유권자의 인구적 특성을 반영하게 된다. 예로 한 선거구에서 2명 이상의 다수 대표자를 선출할 경우, 지역 유권자의 다양성이 반영될 수 있을 것이다.

연동형 비례대표제

우리나라의 국회의원은 지역대표와 비례대표로 구분된다. 현재 의원의 정수는 300명으로 지역대표 253명, 비례대표 47명으로 구성된다. 비례대표제는 지역대표를 선출하는 방식에서 유발될 수 있는 문제들(소선거구제의 경우 근소한 차이로 탈락하는 문제, 대선거구제의 경우 자의적인 규정에 의존하는 문제 등)을 보완하기 위해 도입된 제도이다. 상·하원의 구분이 없는 우리나라에서 비례대표는 직능이나 계층을 대표하는 성격을 가진다. 그러나 비례대표제의 시행방식은 다양한 세부 유형으로 구분된다. 즉 비례대표제는 유권자들이 정당에 대해서만 1인 1투표를 시행하는 순수 비례대표제와 지역대표와 정당에 대해 각각 1인 2투표를 행사하는 혼합형 비례대표제가 있으며, 혼합형 비례대표제는 다시 병립형과 연동형으로 구분된다.

우리나라에서 비례대표제는 제6대(1963)부터 도입되었으며, 당시에는 정치적 안정을 명분으로 '1당 우선 비례대표제'로 시행되었다. 즉 전국구의 정수는 지역구의 1/3로 하고, 지역구 득표율 1위 정당에 전국구 정수의 1/2 이상을 우선 배분하되 정수의 2/3를 초과하지 못하고, 2위 정당에는 1위 정당에 배분하고 남은 의석의 2/3 이상을 배분했다. 그러나 1973년 제9대 국회의원에서 이렇게 왜곡된 비례대표제조차 폐지되고 대통령이 임명하는 이른바 '유신정우회'로 바뀌었다. 제11대 선거(1981)부터 전국구제도가 재도입되었지만 1당 우선 의석비례로 시행되었다. 1980년대 후반 민주화 운동을 거치면서 제14대 선거(1991년)부터 각 정당의 지역구 의석 비율에 따라 전국구 의석을 배분하는 '의석비례제'가 도입·시행되었다. 하지만 2001년 헌법재판소는 비례대표 의석 배분 기준에 대한 위헌 결정을 내림에 따라, 제17대(2004년)부터 정당명부제를 도입해 각 정당의 정당투표 득표 비율을 기준으로 비례대표 의석을 배분하게 되었다. 이에 따라 각 유권자는 지역대표와 비례대표를 구분해 각각 선출하는 방식, 즉 지역구 투표와 정당 투표를 구분해 기표하게 되었다.

그러나 정당명부제가 도입된 후에도 지역구 투표에서 다수득표자를 찍지 않은 표는 사표가 되었고, 정당투표에서 비록 상당한 득표를 한 정당일지라도 비례대표의 총수 내에서 의원을 배분 받음에 따라 지역구에서 유리한 거대 정당들은 지지도보다 더 많은 의석을 차지하는 문제점이 드러나게 되었다. 이로 인해 소수정당들은 사표 방지와 유권자들의 의사를 좀 더 정확하고 다양하게 반영하기 위해 연동형 비례대표제 도입을 주장하게 되었지만, 거대 정당들은 과반의석의 확보 어려움과 정치적 불안정을 이유로 반대했다. 이로 인해 2019년 12월 정당 간 심각한 갈등이 있었지만, 패스트트랙(신속 처리) 방식으로 연동형 비례대표제가 국회에서 통과되었다.

개정된 선거제도에 의하면, 지역구 253석, 비례대표 47석의 의석구조는 유지하되, 비례대표 의석 중 30석은 연동형 비례대표제로 배분하게 된다. 즉, 30석은 각 당의 지역구 당선자와 정당 지지율에 따라 배분하고, 나머지 17석은 기존대로 정당득표율에 따라 배분된다. 연동형 비례대표의 의석(30석)을 배분하는 방식은 다소 복잡하지만, 정당득표율이 높지만 지역구 당선인이 적은 정당에게 유리하다. 비례대표를 배정받을 수 있는 최소 정당득표율(3%)이 정해져 있지만, 비례대표 선거만 노리는 정당이 등장할 수도 있다는 지적이 있었다. 이러한 지적의 예상대로, 2020년 국회의원 선거에서 실제 거대정당들은 자신의 몫에 해당되는 비례대표를 확보하기 위해서뿐만 아니라 비례대표 선거에만 관심을 둔 정당이 등장해 심각한 문제점을 드러내었고, 이로 인해 다음 선거 전에 비례대표제 방식에 대한 전면적 수정이 필요하게 되었다(이정섭·조한석·지상현, 2020).

선거구는 대표를 선출하기 위해 선거를 시행하는 단위 지역을 의미한다. 선거구는 지방자치단체의 장을 선출할 경우 행정구역을 단위 지역으로 하며, 국회의원이나 지방의회 선거의 경우 행정구역을 통합 또는 분할해 설정하거나 또는 새로운 구역을 획정해 설정하게 된다. 선거구의 획정에는 인구수 외에 행정구역의 특성, 자연지리적 조건(지형과 거리), 교통 등 여러 조건들이 고려되며, 이러한 조건들이 변함에 따라 선거구의 획정도 변하게 된다. 특히 인구의 도시 집중과 농촌지역과의 인구 편차에 따라 지역 대표성의 문제가 항상 고려 대상이 된다. 또한 선거구의 획정은 후보자의 당락을 좌우하기 때문에 정치적으로 민감한 사안이다. 이처럼 선거구는 정치적 사안일 뿐만 아니라, 그 자체로 공간적 특성을 드러내기 때문에 정치지리학의 주요 관심사가 된다.

우리나라에서 지역구 국회의원 및 기초의원의 선거구는 객관적 기준에 따라 공정하게 획정되도록 하기 위해 선거구획정위원회의 설치·운영에 관한 사항을 따로 법(공직선거법)으로 규정하고 있다. 단, 광역의원 선거는 별도의 위원회를 두지 않고 입법권자가 직접 규정한다. 그러나 국회의원 선거구획정위원회가 국회에 제출한 안이 정치적 이해관계에 따라 불합리하게 재조정되는 일이 자주 발생했고, 매번 선거일에 임박해서야 선거구를 획정하는 문제가 반복되었다. 예로 제18대와 제19대 국회의원 선거구 획정과정에서 선거구별 인구 규모에 비해 당시 새누리당이 우세한 영남과 민주통합당이 우세한 호남에서 선거구 수는 최대한 확보되었고 반면, 경기도를 비롯한 다른 지역에서는 선거구 증설이 억제되었다. "이처럼 양당이 서로 확실하게 우세한 지역의 기득권을 보장해 주고, 불확실한 지역에서만 제한적으로 경쟁하는 구조의 선거구 획정은 게리맨더링에 담합한 것이라고 할 수 있으며, 결과적으로 투표 등가치성이라는 선거의 평등원칙과 헌법적 가치가 훼손되었다"라고 주장되기도 했다(이정섭, 2012). 이러한 상황에서 2014년 헌법재판소는 선거구 간 인구 편차를 상하 $33\frac{1}{3}$%(인구비례 2 : 1)로 결정해, 2016년 국회의원 선거(제20대)에서 선거구가 대폭 조정되기도 했지만, 지역 간 불평등 문제는 더욱 악화되었다. 즉 선거구 조정 결과, 인구가 많은 수도권, 특히 경기도는 8석 증가한 반면, 농촌지역에서는 5석이 줄어들었고, 강원도에서는 5개 시군이 한 선거구로 묶인 지역이 2곳이나 생겼다.

외국 사례에서, 미국의 경우 상원 상원은 주 단위로 2명씩 선출되며, 하원의원은 카운티(county)를 기본단위로 선출된다. 미국에는 큰 주와 작은 주 간에 큰 차이가 있지만, 연방헌법 제정 당시 대타협으로 상원의원 선거구가 결정되었다. 하원의원 1명을 선출하는 선거구는 1개 또는 2개 이상의 카운티로 구성되며, 비슷한 인구 규모로 획정된다. 영국에서는 디스

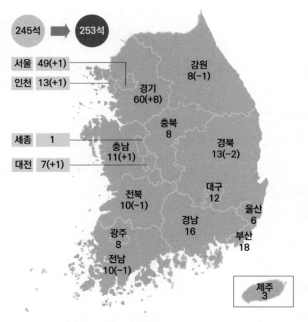

245석 ➡ 253석

서울 49(+1)
인천 13(+1)
경기 60(+8)
강원 8(-1)
충북 8
세종 1
충남 11(+1)
대전 7(+1)
경북 13(-2)
전북 10(-1)
대구 12
울산 6
경남 16
부산 18
광주 8
전남 10(-1)
제주 3

그림 7-9. 2016년 제 20대 총선 지역구 의석수 조정

트릭트(district), 프랑스에서는 데파르망(department)을 기준 인구로 등분해 기본단위로 삼는다. 일본의 중의원 선거구는 11개의 비례구에서 180명, 각 소선거구에서 300명의 의원을 선출하도록 획정되어 있다. 이러한 선거구는 다시 유권자들이 투표하기 편리하고 또한 투표 관리가 원활하도록 하기 위해 투표구로 세분된다.

선거구의 획정은 그 자체로서 공간적 측면이 있으며, 또한 획정 과정에서 정치적 이해관계의 개입으로 매우 비정상적이거나 비합리적으로 결정되기도 한다. 이처럼 특정 정당이나 후보의 이해관계를 반영해 선거구를 획정하는 경우를 게리맨더링(gerrymandering)이라고 한다. 이 용어는 미국 매사추세츠주의 지사였던 게리(E. Gerry)의 선거 전략에서 유래한 것으로, 그는 자신이 지사로 재직하면서 자파에게 유리하도록 선거구를 이상한 형상으로 개편했는데, 그 형상이 마치 전설적 동물인 불도마뱀(salamander) 모양을 닮았다고 해서 게리의 반대파에서 '게리'와 '맨더'를 붙여서 이러한 용어를 만들었다. 미국에서는 이러한 게리맨더링을 방지하기 위해 거의 매년 의회에 방지법안이 제출되고 있지만, 아직도 사라지지 않고 있다. 특히 미 연방대법원은 2019년 6월 주의회가 결정하는 선거구 획정에 연방법원이 개입할 수 없다고 판정함에 따라 게리맨더링이 더욱 확산될 것으로 우려되었다.

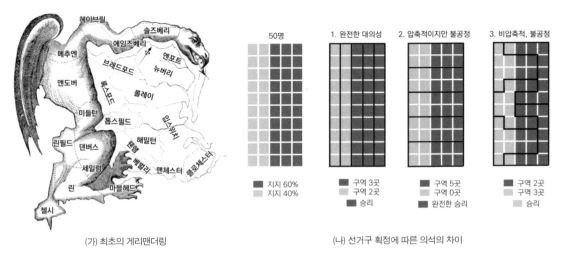

<table>
| 50명 | 1. 완전한 대의성 | 2. 압축적이지만 불공정 | 3. 비압축적, 불공정 |
</table>

지지 60%
지지 40%

구역 3곳
구역 2곳
승리

구역 5곳
구역 0곳
완전한 승리

구역 2곳
구역 3곳
승리

(가) 최초의 게리맨더링   (나) 선거구 획정에 따른 의석의 차이

그림 7-10. 공간적으로 왜곡된 선거구 획정
자료: Glassner(1996: 207).

다른 한편, 선거 전체에 영향을 미치거나 결과를 좌우하는 주요 선거구가 있을 수 있다. 다수의 의원을 선출하는 지역에서 승리한 정당은 선거 과정에서 유권자들에게 심리적으로 영향을 미칠 뿐만 아니라, 상대적으로 적은 의원을 선출하는 지역에서 패배하더라도 이를 상쇄할 수 있게 된다. 또한 역대 선거과정에서 지지하는 정당이 바뀌면서 전체 선거에 영향을 미치게 되는 스윙(swing) 선거구가 관심의 대상이 된다. 스윙 선거구는 상황에 따라 지지 후보나 정당이 바뀌는 부동층이 많거나 후보 또는 정당 간에 경합이 치열한 선거구에서 주로 나타난다. 우리나라의 경우 인구가 밀집해 상대적으로 많은 국회의원을 선출하는 서울이나 수도권에서 승리한 정당은 선거 전체에서 승리할 가능성이 높다. 또한 미국의 경우 '주요 주(key state)'의 개념이 분명하게 나타난다. 미국의 하원의원 수는 인구에 비례해 정해지며, 이로 인해 하원 의석 435석 가운데 '키 스테이트'라고 불리는 캘리포니아(53명), 텍사스(32명), 뉴욕(29명), 플로리다(25명) 주 등에 상대적으로 많은 의석이 할당되며 반면, 사우스다코타, 버몬트, 알래스카주같이 인구가 적은 주는 각각 1명의 하원의원을 뽑는다. 미국의 스윙주 대부분은 민주당이 우세한 블루 스테이트와 공화당이 우세한 레드 스테이트의 경계에 위치한다.

(2) 선거 결과와 지역 특성 분석

선거 결과는 지역 특성을 반영할 뿐만 아니라 변화시키기도 한다. 투표 결과의 공간적 분포를 보여주는 투표지도는 입후보자별·정당별 지지도의 지역적 특성을 시각화해 지지의 정

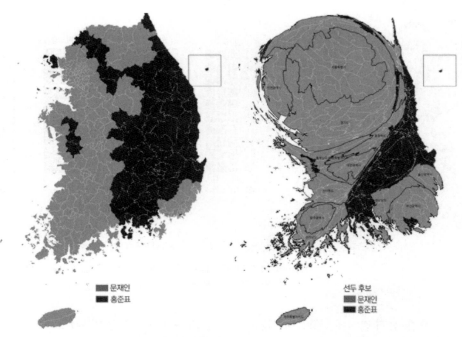

그림 7-11. 제19대 대통령 선거 지역별 최다 득표자의 지도화 비교

자료: 슬로 뉴스, https://slownews.kr/63722 참고해 작성.

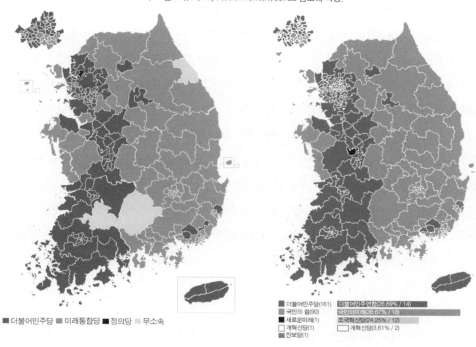

(가) 21대 선거(2020)

(나) 22대 선거(2024)

그림 7-12. 국회의원 선거(총선) 결과의 정당별 분포 변화

도뿐만 아니라 지역의 정치의식이나 이념의 특성과 변화를 나타낸다. 이러한 투표의 결과는 다양한 방식으로 지도화할 수 있다. 가장 간단한 방식으로는 당선자의 정당별 분포를 선거구별로 나타낸 지도이다. 또한 지역별로 각 후보자 또는 정당의 득표수를 원그래프 형식으로 나타낼 수도 있다. 좀 더 복잡하게는 지지도의 전국 편차를 경향면 분석(trend surface)을 통해 지도화하는 방식도 있다. 경향면 분석지도는 복잡한 지지 패턴을 단순화해 지역(또는 국가) 전체의 일반적 경향을 보여준다는 점에서 의미가 있지만, 개별 지역의 구체적 특성을 알 수 없는 한계가 있다. 또한 물리적 공간의 면적이 인구수에 따른 선거구의 득표 분포를 제대로 나타내지 못한다는 점에서, 각 지역의 면적을 인구수 등에 비례하도록 변형한 카토그램(Cartogram 변량비례도)을 통해 지역별 특성을 살펴볼 수 있다.

이러한 투표지도를 시계열별로 분석하면, 지역별 특성의 변화를 읽을 수 있다. 예로 20대 국회의원 선거는 19대와는 많이 달라진 모습을 보인다. 당시 야당이었던 더불어민주당이 제1당이 되면서 16년 만에 여소야대 국회가 등장했다. 또한 제3당인 국민의 당이 20석 이상을 확보해 원내 교섭단체의 지위를 얻게 됨에 따라, 20년 동안 지속되었던 국회 양당 체제가 3당 체제로 변하게 되었다. 또한 투표지도는 전통적 지지층으로 간주되었던 지역들에서 지역민들의 투표 성향이 변하고 있음을 보여준다. 즉 수도권의 122석 가운데 82석은 더불어민주당이 석권함으로써 지도의 색깔이 확연히 달라졌고, 영남지역 및 호남지역 유권자들은 전통적으로 지지해 오던 각 정당에 대해 더 이상 일방적으로 투표하는 경향이 완화되었다. 과거 여당을 지지했던 부산에서 지역구 18곳 가운데 더불어민주당이 5석을 차지하게 되었고, 호남지역에서도 순천, 전주을 선거구에서 새누리당 후보가 당선되었다.

투표지도에 대한 시계열 분석은 각 정당에서도 어떤 선거구에서 승리/패배함으로써 전체적으로 정치적 변화가 초래되었는가를 가시적으로 확인해 볼 수 있도록 한다. 이러한 점에서, 예로 미국의 대통령선거인단 선거 결과를 나타내는 투표지도를 살펴볼 수 있다. 유권자 투표에서는 클린턴 후보가 트럼프 후보보다 많은 표를 획득했지만, 선거인단 투표로 보면 트럼프 후보가 과반을 획득함으로써 대통령에 당선되었다. 공화당과 민주당은 전통적인지지 주들에서 선거인단을 확보하는 한편, 경합주들, 특히 선거인단 수가 많은 플로리다(29), 펜실베이니아(20), 오하이오(18) 등에서 이기기 위해 전략을 집중했다. 이러한 점에서 공화당 트럼프는 러스트벨트(제조업이 쇠퇴해 낙후된 펜실베이니아, 오하이오, 미시간, 위스콘신 등 중서부 공업지대)의 저학력·저소득의 보수적인 백인유권자들을 집중 공략함으로써 당선한 것으로 분석된다.

표 7-3. 미국 대통령 선거의 후보별 선거인단 수

		득표	득표율	선거인단	투표율
2012년	버락 오바마 민주당	65,915,796	51.1%	332	54.9%
	밋 롬니 공화당	60,933,500	47.2%	206	
2016년	도널드 트럼프 공화당	62,984,825	46.1%	304	53.7%
	힐러리 클린턴 민주당	65,853,516	48.2%	227	
2020년	도널드 트럼프 공화당	74,216,747	46.9%	232	66.7%
	조 바이든 민주당	81,268,867	51.4%	306	

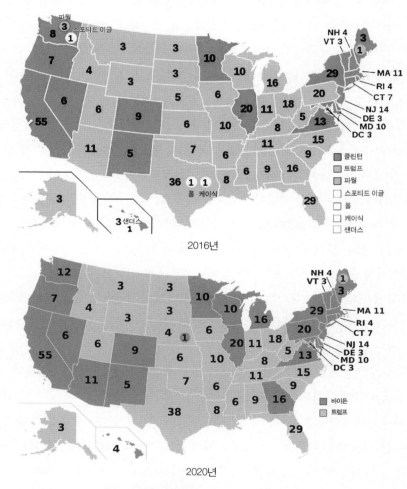

그림 7-13. 미국 대통령선거 선거인단수와 선거 결과
자료: 위키미디어커먼스.

이와 같은 투표결과에 대한 분석은 해당 지역과 그 지역 유권자들의 특성을 반영한 것이라 하겠다. 전통적으로 우리나라 선거는 지역주의적 특성이 강했고, 이에 따라 정치적 성향 (세부적으로 지역, 이념, 세대 등)을 드러내는 공간 패턴으로 분석해 왔다. 그러나 지역은 지역 주의를 포함해 일반적 성향만을 가지기보다는 보다 구체적으로 유권자별로 다른 특성을 가질 수 있다. 예로 이소영 등(2017)은 인구밀도, 연령, 인구이동, 주택가격, 주택평형, 주택유형 등 다양한 변수들과 투표 성향을 회귀분석한 결과, 연령과 주택면적은 보수정당의 득표율 변화와 양(+)의 유의미한 상관관계를 가졌으며, 아파트 비율의 증가는 음(-)의 관계를 나타내는 것으로 확인했다. 다른 한편, 최근 다양한 대중매체들의 보급과 디지털 기술의 고도화로 투표 결과에 대한 지도화는 발전했지만, 실제 그 배경이 되는 권력의 지리적 재현에 대한 해석이 중요하다고 하겠다(Foster, 2018).

2) 선거공약과 지역감정

(1) 지역공약과 지역 정책 이행

선거운동 과정에서 각 정당 및 후보들은 유권자들의 지지를 얻기 위해 지역 주민들의 생활 개선과 지역 발전을 위한 각종 공약을 개발해 제시한다. 이러한 지역 관련 공약들은 과거에는 주로 개발과 관련되었지만, 최근에는 지역균형발전, 지역사회복지, 지역환경 개선 등을 주요 내용으로 담고 있다. 이러한 지역공약은 각 정당 및 후보자들이 지향하는 목표와 구체적 정책 내용으로 구성되며, 유권자들은 이러한 지역 관련 공약들을 평가하여 지지하는 후보자를 결정하여 투표를 하게 된다. 당선된 후보자는 임명된 이후 자신이나 소속 정당이 제시한 지역 관련 정책들을 시행하게 되고, 이를 통해 지역 여건의 변화가 이루어진다. 지역 주민들은 이러한 지역정책의 시행 결과에 따른 지역 여건 변화를 다시 평가해 다음 선거의 투표에 반영하며, 후보자들 역시 지역정책 시행 및 이에 따른 지역 여건의 변화를 분석해 새로운 지역공약 개발하고 다음 선거에 이를 제시한다. 이러한 선거 및 정책 시행 과정을 통해 지역사회는 지속적으로 변화·발전하게 된다. 그러나 이러한 과정에서 때로 후보자들은 당선되어 임명된 이후 자신이나 소속 정당이 제시했던 공약을 제대로 시행하지 않았거나 또는 시행하지 못하는 경우들이 종종 나타난다.

지역공약은 대통령 선거를 포함해 거의 모든 유형의 선거에서 제시된다. 예로 문재인 대통령은 후보로 제시했던 공약들을 적극적으로 반영해 국정운영 계획을 제시하면서, 5대 국

표 7-4. 대통령의 지역 관련 국정 과제

문재인 정부 지역 관련 국정 과제	윤석열 정부 지역 관련 국정 과제
목표: 고르게 발전하는 지역	목표: 어디에 살든 균등한 기회를 누리는 지방시대
전략 1: 풀뿌리 민주주의를 실현하는 자치분권	약속 1: 진정한 지역 주도 균형발전
74. 획기적인 자치분권 추진과 주민 참여의 실질화	1. 지방분권 강화
75. 지방재정 자립을 위한 강력한 재정분권	2. 지방재정력 강화
76. 교육 민주주의 회복 및 교육 자치 강화	3. 지방교육 및 인적자원 양성체계 개편
77. 세종특별시, 제주특별자치도 분권 모델 완성	4. 지방자치단체의 기획 및 경영역량 제고
전략 2: 골고루 잘 사는 균형발전	5. 지방자치단체 간 협력 기반 강화
78. 전 지역이 고르게 잘 사는 국가균형발전	6. 지방자치단체의 자기책임성 강화
79. 경쟁력 강화, 삶의 질 개선을 위한 도시재생	약속 2: 혁신성장 기반 강화
80. 해운, 조선 상생을 통한 해운강국 건설	7. 지방투자 및 기업의 지방이전 촉진
전략 3: 사람이 돌아오는 농산어촌	8. 공공기관 지방 이전
81. 누구나 살고 싶은 복지 농산어촌 조성	9. 농산어촌 지원강화 및 성장환경 조성
82. 농어업인 소득안전망의 촘촘한 확충	10. 대형 국책사업을 통한 새로운 성장거점 형성
83. 지속가능한 농식품 산업 기반 조성	11. 기업기반 지역혁신생태계 조성 및 역동성 제고
84. 깨끗한 바다, 풍요로운 어장	12. 신성장 산업의 권역별 육성 지원
* 다른 국정 목표들에 속하는 관련 국정 과제	약속 3: 지역 특성 극대화
32. 국가기간교통망 공공성 및 경쟁력 강화	13. 지역사회의 자생적 창조역량 강화
59. 지속가능한 국토환경 조성	14. 지역 특화 사회, 문화 인프라 강화
67. 지역과 일상에서 문화를 누리는 생활문화시대	15. 지역 공약의 충실한 이행

정목표 가운데 하나로 '고르게 발전하는 지역'을 선정하고 이를 달성하기 위한 3가지 전략 및 11개 과제를 설정해 100대 국정 과제에 포함시켰다. 또한 다른 국정 목표들에도 지역 또는 공간환경 관련 정책들이 포함되어 있음을 확인할 수 있다. 이렇게 제시된 국정 과제에 대해 정부 자체 내에서도 정책평가위원회가 구성되어 지속적으로 점검하고 있지만, 또한 시민 사회단체들이나 정책관련 학회나 연구자들도 관심을 두고 확인하기도 한다. 예로 한 시민 단체가 제시한 자료에 따르면, 문재인 정부의 3년 공약이행률을 조사한 결과 총 994개의 공약 중 완료 109개(14.0%), 진행 중 431(55.7%), 지체 182개(20.9%), 변경 32개(4.1%), 파기 21(2.7) 등으로 나타났다(≪서울신문≫, 2020.5.11).

지역 관련 공약은 지역 대표자를 선출하는 국회의원 선거나 지자체 장 및 의회선거에서 보다 치열하게 제기된다. 그러나 한 시민단체(한국매니페스토실천본부, 2020)의 분석 결과에 의하면, 지난 20대 국회의원의 공약이행 완료율은 46.8%로, 19대 51.2%보다 낮은 것으로 나타났다. 이러한 평가결과와 문제점을 분석해 시민단체들과 유권자들은 다음 총선에 대응

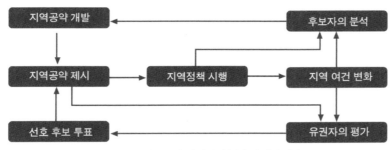

지역공약 개발 ← 후보자의 분석

지역공약 제시 → 지역정책 시행 → 지역 여건 변화

선호 후보 투표 ← 유권자의 평가

그림 7-14. 지역공약·정책 이행-분석 및 평가 과정

하겠다고 주장했다. 2020년 21대 총선 과정에서 집권여당인 민주당이 제시한 균형발전 공약은 산업단지 혁신, 상생형 일자리를 통한 지역일자리 만들기, 재정분권 강화, 지방자치제도 확산, 생활 인프라 활성화, 국립대를 지역균형발전의 요충지로 집중 육성, 국가균형발전 프로젝트에 지역 업체 참여 의무화 등을 제시했다. 그러나 문재인정부와 여당 지도부는 공공기관 추가 이전 등을 통한 혁신도시 지속 추진을 주장해 왔음에도 총선 공약집에는 그 내용이 빠졌다. 이에 대해 "공공기관 지방 이전을 공약집에 명시하면 불이익을 받는 지역(즉 수도권)이 있기 때문"에 "수도권 표를 의식해 균형발전 핵심공약을 배제했다"는 비판을 받기도 했다. 또한 윤석열 정부의 인수위원회에서 발표한 지역관련 국정 과제에 관해서도 우려와 비판의 목소리가 나왔다. 제시된 국정 과제가 "구체성과 계획이 매우 부족하고, …… 선언적"이라서 "추진 일정을 가늠할 수 없는 정도"라고 지적되기도 했다(박관규, 2022).

(2) 선거운동과 지역감정

지역감정이 없는 국가는 없을 것이다. 지역감정은 그 지역의 자연적·사회문화적 환경 속에서 생활하면서 자연스럽게 형성된 지역의식 또는 지역 정체성에 근거를 둔다. 이러한 의미에서 지역감정 또는 지역주의는 긍정적 의미를 가지고 지역 발전에 기여할 수 있다. 그러나 오늘날 지역감정은 자연스럽게 형성된 의식이라기보다는 경제적 지역격차나 지역불균등발전 그리고 정치적·사회문화적 요인들에 의해 인위적으로 조장된 것으로 이해된다. 대부분의 국가에서 지역감정은 인종, 종교, 언어와 같은 요인들과 함께 작동하지만, 우리나라처럼 순전히 지역 간 대립과 갈등만으로 지역감정이 지속되는 경우는 흔하지 않다. 특히 우리나라에서 지역감정은 지역의 고유한 정서만을 반영한 것이라기보다는 박정희 정권하에서 지역 편중적 경제성장이 이루어졌고, 특히 1980년 5월 광주민주화운동으로 인해 영남과 호남 간 지역감정이 더욱 악화된 것으로 이해된다. 그 이후 1987년 민주화와 2016~2017년 촛불 및 탄핵 정국을 거치면서도 여전히 잔존하는 것으로 우려된다(한홍구, 2019) 이러한 지역감정은 각 지역에 거점을 둔 중앙의 정치권력이나 정당들이 자신의 지지 세력을 결집하기 위해 지역감정을 부추긴 점도 부정할 수 없다.

선거과정에서 나타나는 지역주의적 투표 행태는 어떤 의미에서 합리적 선택으로 간주될 수 있다. 왜냐하면 각 지역의 유권자들은 해당 지역의 발전이나 주민의 복지 향상에 더 많은 효용을 줄 것으로 예상되는 정당을 지지하기 때문이다. 그러나 이러한 투표 행태의 합리성은 지역별로 특정 정당에 대한 과도한 몰표 현상을 만들어낼 뿐만 아니라 선거과정에서 각 정당이나 후보자들이 이러한 지역감정이나 지역주의를 조장함으로써 지역 유권자들의 합리적 선택을 왜곡시킨다는 점에서 심각한 문제로 지적된다. 또한 이러한 지역주의는 이념 지향과 중첩되면서, 지역주의에 근거한 선거로부터 벗어나 탈지역주의적 선거로 이행하는 것을 어렵게 만든다. 이와 같이 정당이나 후보를 선택하는 유권자들의 의사결정에 지역과 이념 효과가 중첩됨에 따라, 외형적으로는 순수한 지역주의 효과는 작아진 것처럼 보이지만, 실제 이념 효과보다는 지역 효과가 더 크게 작동하는 것으로 추정된다.

우리나라에서 영호남의 지역갈등이 선거에 표출된 것은 1971년 7대 대통령선거에서 본격적으로 시작되었다고 할 수 있다. 당시 전국적으로 박정희 후보의 득표율은 53.2%, 김대중 후보는 45.2%였는데, 서울과 경기에서는 각 후보의 득표율의 차이가 크지 않았지만, 영남지역에서는 박정희 후보가 60~70%, 호남지역에서는 김대중 후보가 60%대의 득표율을 보였다. 이러한 투표결과에서 드러난 정치적 지역감정은 17년 만에 다시 대통령 직선제를 시행하게 된 1987년 대선에서 폭발되었고, 그 이후 현재까지 지속된 것으로 파악된다. 그러나 선거과정에서 지역균열의 영향력은 1990년대 후반 이후 상당히 줄어들었고, 새롭게 대두된 이념과 세대 균열의 효과로 일부 대체되었다고 주장되기도 하지만(최준영·조진만, 2005), 여전히 잠재되어 있다고 하겠다.

최근의 선거 결과에서도 보수적인 영남지역과 진보적인 호남지역의 대립구도가 외형적으로 잔존하면서 지역균열이 나타나고 있지만, 과거와 같은 영향력을 발휘하기는 어려울 것으로 전망된다. 예로 지난 21대 총선 결과를 두고 지역감정이 격화한 것으로 해석되기도 한다. 더불어민주당은 호남권 선거구(총 28개)에서 총 27석을 차지했으며, 미래통합당은 영남권 선거구(총 64개)에서 55석을 차지했다. 이러한 결과는 우리나라 선거가 거대 양당 구조를 벗어나지 못했을 뿐만 아니라 여전히 지역감정에 의해 좌우되고 있음을 보여주는 것으로 해석되기도 한다. 이러한 선거 결과를 면밀하게 분석하면 다른 해석도 가능한 것처럼 보이지만, '고질적 지역주의'가 최소한 표면적으로는 지속되고 있다. 이와 같이, 뿌리 깊은 지역감정에 따른 지역 간 갈등 문제를 해결하기 위해 선거공약 등 실질적으로 지역 주민들의 생활 개선과 지역 발전을 위한 정책 제시를 통해 유권자들의 지지를 끌어내도록 해야 한다는 주장이 제기되어 왔다.

제 8 장

제국주의와 식민통치/독립

1. 식민주의와 제국주의

1) 식민주의와 식민지의 역할

식민주의와 식민지 통치는 해당 지역이나 국가의 영토적 특성(경계, 경관 등)과 더불어 정치적·경제적·문화적 관행에 심대한 영향을 미쳤으며, 지금도 그 영향력이 명시적 또는 암묵적으로 작동함에 따라 오늘날 국가체계와 세계정치를 이해하는 데 근본적 요인이 되고 있다. 물론 현대사회에서 고전적 의미의 식민지는 거의 없다. 그러나 우리나라를 포함해 세계의 많은 국가들은 식민지배에서 독립했지만 과거 식민통치의 아픈 역사적 경험을 안고 있을 뿐만 아니라 현재에도 식민통치의 물질적·제도적·정신적 요소들이 여전히 많이 남아서 여러 문제들을 유발하고 있다.

식민주의는 식민 본국의 입장에서 이러한 식민지를 침탈·점령해 식민통치를 추구하는 이념이나 실천을 의미한다. 달리 말해, 식민주의는 어떤 국민이나 민족이 타 국민이나 민족을 침략·정복해 지배하는 과정과 관련된 이데올로기이다. 식민 본국은 군대와 관리 등을 파견해 식민통치체제를 구축하고 본국인을 옮겨 살게 하거나 토착민을 억압·착취해 본국의 이익에 기여하도록 한다. 식민주의와 식민통치는 군사적 점령이나 일시적 정복과는 달리, 국제적 인정을 얻게 되고 어느 정도의 영속성을 내포하고 있다. 식민지는 대체로 본토와 멀리 떨어져 있고, 인구 희소지역이거나 개발이 덜 된 곳이다(임덕순, 1997: 305).

식민주의는 흔히 제국주의와 동의어로 이해되고 혼용된다. 즉, 두 용어는 한 정치적 집단, 즉 식민 본국 또는 식민제국이 다른 지역의 집단을 정치·경제적·사회문화적으로 지배함으로써 이들 간에 지배-피지배(종속) 관계를 도모하는 이념과 관행을 의미한다. 또한 식민주의든 제국주의든 간에 식민 본국/제국에 의해 지배되는 지역은 식민지라고 불린다. 이러한 점에서 식민주의는 제국주의의 결과로서, 광대한 영역에 정주지를 건설함으로써 제국의 권력이 구현된 형태라고 이해된다. 그러나 식민주의와 제국주의는 개념적·역사적으로 상당한 차이가 있다. 즉, 식민주의는 식민지에 대해 정주, 무역, 통치 등을 목적으로 전개되는 활동(또는 실행)과 우선적으로 관련된다면, 제국주의는 식민 본국의 경제적·정치적 상황 속에서 권력적·영토적 기획에 의해 전략적으로 추구되는 활동 또는 이념으로 이해된다.

식민주의와 제국주의를 구분하는 기준으로 식민 본국 주민들의 이주 여부가 강조되기도 한다. 이러한 점에서 보면, 영국이 인도에 대해 실행한 것은 제국주의라 지칭되고, 오스트레일리아와 뉴질랜드에 대해 한 것이 식민주의라고 할 수 있다(이근욱·최정수 외, 2014). 과거 영국은 이러한 측면에서 팽창하는 국가가 취할 수 있는 여러 가지 방법을 보여준다. 19세기 영국은 인도에 대해서는 자국 국민들을 대규모로 이주시키지 않았고, 군대와 경찰 그리고 행정 인력 등을 파견함으로써 인도를 통치했다. 물론 영국인 가운데 인도로 이주해 정착했던 사람들이 있었지만, 규모는 크지 않았다. 반면 영국은 오스트레일리아와 뉴질랜드 등에는 자국민을 이주시켰고 새로운 영토를 착취하기보다는 '개척'하면서 정착했다(그러나 이로 인해 많은 원주민들이 말살되었다). 즉, 영국은 식민주의적 성격이 약한 제국주의를 인도에서 추진했고, 오스트레일리아 및 뉴질랜드 지역에서는 제국주의적 성격이 약한 식민주의를 추진했다. 그러나 식민주의는 고대 로마시대부터 (초)강대국에 의해 자행된 식민지배와 관련된다면, 좁은 의미로 제국주의는 자본주의의 특정한 국면과 관련된 것으로 개념화된다.

이러한 식민주의에 의해 침탈·지배되는 지역은 식민지라고 불린다. 즉, 전형적으로 식민지란 다른 국가의 정복과 통치로 인해 해당 주민이 정치적 권리를 박탈당할 뿐만 아니라 경제적 수탈과 사회문화적 억압을 받는 지역을 말한다. 식민지는 주권을 빼앗기고, 외부에서 이주해 온 식민 본국의 관리나 이주민들에 의해 통치된다. 식민지의 통치 제도와 주민들의 삶을 결정하는 의사결정은 대부분 식민 본국에 의해 이루어지며, 식민 본국의 이해관계를 우선적으로 반영한다. 식민지에는 이와 같은 전형적인 식민지들뿐 아니라 조차지, 속령, 종속국, 신탁통치령, 임시관리지(위임통치지), 보호령, 공동관리지 등도 광의적 의미로 모두 식민지에 포함된다. 식민지 확보를 기반으로 세계적 영향력을 행사하려는 국가들은 식민제국이라고 지칭된다. 식민제국은 식민지 쟁탈전을 통해 한편으로 세계적 패권국가가 되고자 하며, 다른 한편으로 식민지 통치와 경영을 통해 자국의 경제정치적·사회문화적 이해관계를 실현하고자 한다.

식민지는 기준에 따라 유형별로 구분된다(임덕순, 1997: 312~314). 예로 형태적 측면에서 식민지는 도시 규모 정도로 토지가 상대적으로 매우 작은 점식민지와 대륙적 규모에 달할 정도로 광대한 규모의 영토식민지로 구분될 수 있다. 과거 또는 현재의 홍콩, 마카오, 지브롤터 등의 점식민지는 대체로 전략기지, 중계무역항 등으로 활용되는 반면, 인도, 캐나다, 오스트레일리아 등의 영토식민지는 식민 본국에 원료, 식량, 인력 등을 공급하거나 본국 주민들의 이주지 역할을 담당한다.

활용을 기준으로 식민지는 이주식민지와 착취식민지로 구분되기도 한다. 이주식민지는 식민 본국의 주민을 이주할 목적으로 확보·통치된 식민지로, 식민 본국과의 자연환경적 조건, 특히 기후가 비슷한 과거 미국, 캐나다, 오스트레일리아, 뉴질랜드 등이 이에 속한다. 착취식민지는 식민 본국 주민의 이주·정착과는 다소 무관하게 그 지역의 자연과 노동력의 착취를 고려한 식민지이다. 이러한 식민지는 영토 통치와 착취에 필요한 식민 본국 주민들이 이주해, 광물 채취나 농작물 수탈 등이 이루어진다. 동남아시아나 라틴아메리카의 열대, 아열대지역에서 이루어진 플랜테이션 농업은 이러한 식민지 활용의 대표적 사례이다.

또한 식민 본국의 관점에서 식민지는 여러 측면에서 주요한 가치가 있다(임덕순, 1997: 306~312). 물론 어떤 특정 식민지의 중요성은 하나의 가치로 특화되기보다는 복합된 것으로 이해될 수 있다.

• **인구의 이주지로서 식민지**: 식민지의 중요한 기능 가운데 하나는 식민 본국의 잉여인구를 이전시킬 지역의 역할을 담당하는 것이다. 식민 본국의 인구를 이전시켜 정주하도록 하기 위해서는 식민지의 자연환경적 조건이 식민 본국과 유사해야 한다는 점이 전제된다. 예로 아메리카 대륙의 온대지역(미국 등)과 아프리카 남부, 그리고 오스트레일리아와 뉴질랜드 등은 이러한 역할이 우선되는 식민지였다. 이러한 식민지의 필요성은 특히 독일, 일본, 이탈리아 등(이른바 주축국가들)에 의해 강조되었는데, 독일은 과잉인구의 생존을 위한 생활공간의 필요성 때문에 영토침탈이 불가피하다고 주장했다.

• **원료 산지로서의 식민지**: 근대 자본주의의 성립 이후 식민지들은 값싼 원료의 공급지로서 중요한 역할을 담당했다. 식민지에서 생산되는 다양한 농산물(기호품, 목재, 특수원료 등)과 희귀한 광물원료들(금, 은 등을 포함해)은 식민 본국의 탐욕의 대상이었고, 특히 열대지역의 플랜테이션 농업은 값싼 원주민의 노동력을 동원해 고무, 야자유, 카카오, 면화, 사탕수수 등을 재배함으로써 식민 본국의 사업가들에게 엄청난 수익을 가져다주었다. 이와 같이 원료산지로서 중요한 역할을 담당한 식민지로, 인도네시아, 말레이 반도 등과 아프리카의 우간다, 나이지리아, 콩고 등을 들 수 있다.

• **수출시장으로서의 식민지**: 유럽 국가들에서 자본주의 경제가 발달함에 따라, 식민지들은 식민 본국의 상품과 자본의 해외 수출과 투자를 위한 시장의 역할을 담당하게 되었다. 식민 본국은 식민지에 상품(주로 공산품)을 값비싸게 수출하는 한편, 식민지에서 생산된 상품(농산품과 기타 원료)을 싼값으로 수입하면서 이른바 '부등가교환'을 통해 이윤을 남겼다. 이

러한 식민지의 무역은 거의 반 이상 식민 본국과 이루어졌으며, 독립한 이후에도 이러한 관계는 지속되는 경향을 보였다. 시장 역할을 담당했던 식민지로는 미국, 인도, 인도차이나반도 등을 들 수 있다. 중국은 식민지가 되지는 않았지만, 서구 열강들이 중국을 침탈한 것은 주로 방대한 상품시장의 장악과 관련된 것이라고 할 수 있다.

- **전략기지로서의 식민지**: 식민 본국의 세력선 역할을 담당하는 항로의 보호, 다른 식민제국과의 경쟁을 위한 거점 확보, 주변의 다른 국가들에 대한 정치적 압력 행사 또는 진출입 차단 등을 목적으로 전략적으로 점유해 통치하는 식민지이다. 이러한 식민지는 대체로 전략적 요충지에 위치한 작은 토지나 섬들이다. 과거 영국은 지브롤터, 몰타, 키프로스, 팔레스타인 등을 장악해, 인도양에서 수에즈운하와 지중해를 거쳐 본국에 이르는 항로를 보호하고자 했다. 또한 영국은 실론(현 스리랑카)과 싱가포르, 믈라카해협을 장악해 인도양에서 동남아시아와 동북아시아로 이르는 항로를 지배하고자 했다. 미국은 푸에르토리코, 버진 제도, 관타나모 등을 점유하고 파나마운하로 이어지는 대서양 쪽 항로를 보호하는 한편, 태평양의 하와이, 괌 등의 여러 섬을 차지해 본국의 전략과 이익을 추구했다.

- **병력 공급지로서의 식민지**: 다른 식민제국들과의 전쟁이나 식민지 쟁탈에 동원되거나 다른 식민지를 침탈·통치하기 위해 필요한 병력을 확보하기 위해 동원되는 식민지이다. 예로 1870년 보불전쟁(독일이 통일되기 전 프로이센과 프랑스 간 전쟁), 그리고 제1차 세계대전 때 프랑스는 북아프리카 식민지 출신 병사들을 동원해 독일군과 싸웠다. 독일도 제1차 세계대전에서 동부 아프리카 식민지를 방어하기 위해 식민지 병력을 동원했고, 일본도 제2차 세계대전 당시 태평양전쟁에 한국 출신 병력을 동원했다. 영국은 서남아시아 지배를 위해 인도군과 네팔군에 의존했고, 이탈리아도 식민지 병사를 에티오피아 침략에 활용했으며, 스페인은 모로코 출신 병사를 본국의 내란 평정에 투입하기도 했다

- **노동력 공급지로서의 식민지**: 식민 본국이나 식민지 통치와 유지에 필요한 노동력을 조달하기 위해 필요한 인력을 확보할 목적으로 통치하는 식민지이다. 대부분 강제로 동원된 식민지 출신 노동력은 매우 값싸거나 무료로 착취되었고, 전시에는 비전투요원 인력으로 징발되기도 했다. 예로 프랑스는 1921~1934년 당시 식민지였던 콩고에 500km 철도를 건설하기 위해 노동력을 강제 동원했다(2014년 프랑스 인권단체인 흑인단체대표회의는 이에 대해

프랑스 정부와 당시 건설사를 상대로 손해배상 청구 소송을 제기하기도 했다). 일제는 한반도 식민지에서의 징용제도를 채택해 군수공장, 탄광, 운송기관 등에 필요한 노동력을 강제로 동원했다. 이러한 일제 강점기에 강제 동원된 피해자에 대한 보상 문제는 최근까지 한·일 간 관계에서뿐 아니라 국내에서도 그 해법을 둘러싸고 갈등이 벌어진 사회정치적 이슈였다.

이러한 식민지 침탈과 통치는 환경결정론, 인종주의, 식민 본국의 필요성 또는 식민지의 필요성 등 다양한 이유로 정당화되었다.

• **환경결정론적 이유**: 유럽 열강이 침탈한 식민지들은 미국과 같이 온대지방에 위치한 경우도 있지만 많은 식민지들은 열대 및 아열대 지방에 위치해 있다는 점에서, 기후와 이로 인한 인종적 특성이 식민지배의 정당화를 위한 이유로 제시되었다. 즉 식민지배는 "주로 식민지의 기후가 몹시 덥거나 건조한 데다가 선진 외계와 고립되었고 문명도 근대화되지 못했으며, 게다가 그 나름의 뚜렷한 정치적·국민적 성장을 가져올 수 없었다는 점과 관련된다"(임덕순, 1997: 306). 이러한 기후적 조건으로 인해 식민지인들은 게으르고, 놀기만 좋아하고, 순진하고, 결단력이 없으며, 겉과 속이 다르고, 복잡한 추상적 사고를 할 수 없으며, 이성이 미발달해 충동에 따라 행동하는 존재로 인식되었고, 따라서 아직 이성적으로 미성숙한 식민지인들이 유럽인들의 보호를 받는 것은 당연한 것으로 간주되었다.

• **인종주의적 이유**: 유럽인들은 자신들이 비유럽인들보다 본질적으로 우월하다고 생각했다. 특히 이들은 사회적 다원주의에 근거를 두고 유럽인종의 우월성과 적자생존의 개념을 식민지배의 정당화를 위한 이유로 제시했다. 이들에 의하면, "인류의 진보는 종족 간의 투쟁의 지속을 필요로 하는데, 이 투쟁에서 가장 약한 종족은 멸망하고 '사회적으로 능률적인' 종족은 살아남아 번영한다. 우리는 '사회적으로 능률적인' 종족이다"라는 식으로 주장된다(홉슨, 1995: 143). 즉, 비유럽인들은 기술 수준이 낮아서 자연을 제대로 개발하지 못하고, 정치적으로도 자치 능력이 없거나 전제와 폭압적 정치를 하고 있기 때문에, 이들에게 과학 기술을 가르치고 민주적 정치를 훈련시키는 것은 높은 문명 수준을 갖고 있는 유럽인들의 사명으로 간주되었다.

• **식민 본국의 필요성**: 1870년대 이후 제국주의적 식민 침탈 경쟁이 치열해지면서, 유럽의

열강들은 노골적으로 본국을 위한 시장의 확보, 원료의 조달, 자본 투자, 과잉인구의 이식 등을 위해 식민지가 필요하다고 주장했다. 이러한 정당화는 나치 독일이 주변국들을 침탈하면서 내세운 '생활공간'의 필요성에 대한 강조에서 명확하게 찾아볼 수 있다. 즉 나치 정권은 독일민족이 당시의 좁은 영토로는 생활공간이 부족하기 때문에 영토를 넓혀 우월한 민족의 발전을 위하여 영토 정복과 생활공간의 확장이 당연하다고 주장했다. 또한 유럽의 제국주의적 침탈과 식민통치는 자본주의의 발전과정에서 요구되는 상품 시장의 확장과 잉여자본의 투자, 그리고 과잉인구의 해소를 위해 불가피하다는 점이 강조되기도 했다.

- **식민지 상황과 원주민의 필요성**: 세계의 많은 지역들은 주인이 없을 뿐 아니라 개발이 되지 않았기 때문에 이 지역들을 소유해 개발하는 것은 당연하다고 인식되었다. 즉, 주인이 없는 땅을 정복하고 통치하는 것은 당연한 '정복의 권리'라고 주장되었다. 16세기 초 스페인은 중남미 지역을 정복하고 식민지 지배를 정당화하기 위해 이러한 이유를 제시했다. 또한 17세기 북아메리카를 식민통치하게 된 영국과 프랑스는 원주민들의 땅을 불법으로 수탈한 것이 아니라 '주인이 없는 빈 땅(無主地)'에 원주민의 동의하에 정착, 개발하게 되었다고 주장했다. 즉 무주지에 대해 울타리를 치고 사적 소유를 추구한 것은 '자연법'에 따라 정당한 것으로 인식되었다. 다른 한편, 유럽 열강들은 기독교를 믿지 않는 이교인들을 개종할 필요성을 강조하면서, 식민지 주민들에게 기독교 전파를 하기 위해 희생을 무릅쓰고 선교사들을 파견한다고 주장하기도 했다.

2) 제국주의의 등장과 그 배경

제국이라는 용어는 고대 로마시대부터 사용되었지만, 제국주의라는 개념은 19세기에 본격적으로 형성된 것으로, 식민주의보다 한편으로는 더 일반적이고 광의적이며, 다른 한편으로는 보다 특정적인 의미가 있다. 즉 제국주의는 기본적으로 식민주의와 같은 의미로 다른 지역의 집단(즉, 인종 또는 민족)에 대한 정치·경제적 억압, 침략, 병합을 통한 지배와 그 집단과 종속적·지배-피지배 관계를 뜻한다. 넓은 의미에서 제국주의는 공식적인 영토의 지배를 전제로 하지 않는다는 점에서 식민주의보다 오히려 포괄적으로 규정될 수 있으며, 이 경우 제국주의에 바탕을 둔 제국은 공식적 제국과 비공식적 제국으로 구분될 수 있다. 공식적 제국은 식민지의 영토와 국민, 그리고 주권의 합병과 이에 따른 지배와 통치를 수행하지만, 비공식적 제국은 법적으로 독립된 국가들에 대해 다양한 방식으로 절대적 영향력을 행사함으로써 간접적으로 통치하는 제국을 의미한다.

다른 한편, 제국주의는 특정적으로 19세기 말부터 1945년 사이 서구 열강과 일본에 의해 수행된 팽창정책을 지칭한다. 즉, 이 시기는 유럽 국가들에서 산업자본주의의 성숙으로 자본이 유휴화될 상황에서 잉여자본을 해외에 투자하여 이윤을 획득하고자 하는 금융자본이 등장하게 되었고, 이를 뒷받침하기 위해 제국주의가 발달한 것으로 해석된다. 특히 영국은 제국의 유지와 확대, 강화를 위해 시장 확대의 절대적 필요성을 역설했는데, 이러한 새로운 팽창주의 또는 식민주의를 의미하는 용어로 제국주의라는 단어가 사용되기 시작했다. 이러한 점에서 제국주의 개념은 제국의 경제적 이해관계를 정치적 목적과 연계시켜 해석함으로써 보다 명확하게 이해될 수 있다. 물론 제국주의의 등장 원인을 단지 경제적 요인에서만 찾는 것은 한계가 있으며, 본국의 정치적 및 사회문화적 요인들과 주변부(식민지) 요인 등과도 관련된 것으로 이해되어야 한다.

제국주의의 등장 배경을 우선 경제적 측면에서 보면, 서구 제국들은 18세기 말 이후 산업혁명이 촉진되면서 새로운 공업원료의 획득, 새로운 제품시장의 확보, 증가한 인구를 위한 식량 확보 및 이민 배출, 그리고 잉여자본의 새로운 투자처 등이 필요하게 되었다. 특히 대규모 공장제의 발달에 따른 과잉생산으로 인해 공황이 발생하게 됨에 따라, 상품을 판매할 새로운 시장이 필요했다. 또한 이 국가들에서 자본주의가 국가독점적으로 발달하고 금융자산에 의한 경제·정치적 지배가 확립되면서 누적된 잉여자본은 보다 이윤이 높은 투자 기회를 찾아 해외로 진출하게 되었다.

이와 같이 제국주의의 등장 배경을 자본주의의 발달 단계와 관련시키려는 주장은 제국주의 이론의 주류를 이룬다(장상환·김의동 외, 1991; 박지향, 2000). 1902년 『제국주의론』의 출간으로 '경제적 제국주의 이론의 초석'을 마련한 홉슨(1995)에 의하면, 19세기 영국은 산업자본주의에서 금융자본주의로 전환했으며, 이러한 점에서 제국주의의 등장은 상품시장의 개척 때문이라기보다는 금융자본의 해외투자의 필요성 때문이라고 주장된다. 특히 그는 제국주의를 자본주의적 축적이 초래한 노동자계급의 궁핍화와 이로 인한 과소소비에 기인한 것으로 보았다. 즉 국내에서 부의 불균등한 분배로 소수 지배층은 과잉 저축을 이루게 된 반면, 다수 대중은 저소비에 직면하게 되었고, 이러한 저소비는 국내 산업의 위축과 이윤율 저하를 초래하게 되자, 축적된 자본이 해외 시장으로 유출하게 되었다는 것이다. 뒤이어 1910년 『금융자본론』을 출간한 힐퍼딩(2011)은 제국주의에 대한 이러한 경제적 이해를 정치적 측면으로 확장시키고자 했다. 즉, 금융자본주의는 자유방임 자본주의와는 달리 경제적 자유와 경쟁이 아니라 지배/종속 관계의 조직을 필요로 하며, 이로 인해 강력한 국가(즉, 제국)가 등장하게 되었고, 이들 간의 경쟁은 필연적으로 식민지 쟁탈 전쟁으로 이어진다고 주장한다. 이와 같이 자본주의가 제국주의라는 새로운 단계로 발전하게 되었다는 점에 대한 해석을 둘러싸고 마르크스주의에 대한 수정 또는 폐기를 주장한 수정주의와 이에 반대해 마르크스주의를 계속 견지해야 한다는 교조주의가 대립하기도 했다.

제국주의에 관한 정치경제학적 해석과 이를 둘러싼 논쟁을 비판적으로 재구성한 이론가는 레닌(1986; 1917년 초판 발행)이었다. 그는 제국주의를 모든 수단을 동원해 팽창하려는 속성을 가진 독점자본주의단계라고 규정했다. 즉, 자본주의는 1870년대 이후 생산의 집적과 기술 발달, 그리고 자본의 집중으로 경쟁단계에서 독점 단계에 들어섰으며, 금융자본과 산업자본이 유착하면서 상품의 수출과 자본의 수출이 더 중요한 의미를 갖게 되었다는 것이다. 이에 따라 결국 국제적 자본가의 독점체제가 형성되고 세계가 분할되게 되는데, 이는 자본주의가 최고로 발달한 최후의 단계로 규정되었다. 즉, 그는 제국주의의 등장 배경을 ① 생산과 자본의 집적으로 독점체 형성 → ② 은행자본과 산업자본의 융합과 금융과두제 형성 → ③ 상품수출과는 구별되는 자본의 수출 → ④ 국제 자본가들의 독점 동맹 형성 → ⑤ 전 세계의 영토적 분할로 이어지는 과정으로 설명했다. 이 마지막 단계에서 독점자본주의는 독점을 유지하기 위해 천연자원과 시장 확보를 위해 끊임없이 식민지 쟁탈전쟁을 벌이는데, 레닌은 제1차 세계대전을 제국주의 전쟁으로 파악하고, 이 전쟁이 혁명을 유발해 자본주의의 종말을 가져올 것이라고 추정했다.

19세기 후반 제국주의의 등장 배경에 관한 경제적 이해에 대해 사회이론가들이나 역사가들은 대부분 동의하지만, 경제적 측면만으로 제국주의의 모든 것을 설명하기에는 한계가 있다고 하겠다. 우선 지적될 점은 19세기 후반 이전의 자본주의 발전과 결부되어 나타났던 식민지 지배는 어떻게 설명될 수 있는가라는 의문이다. 비록 제국주의라는 용어가 사용되기 이전이라고 할지라도, 그 이전의 식민주의도 자본주의 발달과 분명 긴밀한 관계를 가진다고 하겠다. 이러한 점에서 브로델(Braudel)이나 월러스틴(Wallerstein)의 세계체계론에서는 이미 장기 16세기 자본주의 초기 단계부터 자본주의적 세계체계가 구축되었다고 주장한다. 다른 한편, 유럽 산업자본가들의 관점에서 보면 제국주의 시기에도 식민지 시장은 이들의 이해관계를 실현하기에는 매우 빈약했을 것이다. 특히 당시 식민지 쟁탈전이 가장 격심한 지역이었던 아프리카는 경제적 측면에서 보면 이윤의 획득 가능성, 즉 자본투자의 수익률이 가장 낮은 곳이었다. 실제 독일과 프랑스 등은 잉여자본의 일부만 식민지에 투자했으며, 사실 프랑스는 러시아에 더 많은 자본을 투자했다. 반면 금융자본이 발달하지 않았던 자본수입국들(예: 당시 미국, 러시아, 포르투갈, 이탈리아 등)도 식민지 쟁탈전에 참여했다. 이러한 사실들은 고전적 제국주의론만으로는 해석되지 않는 점이다.

제국주의의 발달 배경을 국제정치적 측면에서 파악하는 주장은 1870년대 이후 유럽 국가들 간 관계의 변화에 주목한다. 즉 1815년 이후 균형을 유지하던 국제관계가 독일과 이탈리아의 통일로 인해 붕괴되었고, 유럽 국가들 간 힘의 대립은 아시아와 아프리카 등의 주변부 지역에서 식민지 쟁탈전쟁으로 표출되었다는 것이다. 예로 1880년에 있었던 영국의 이집트 지배와 아프가니스탄의 점령은 러시아의 남하에 대비하는 한편, 동아시아 국가들과의 전략적 교통로 확보를 목적으로 했다. 또한 독일과 이탈리아 등은 통일 과정에서 민족주의가 팽배하게 되어 식민지 획득을 통해 민족의 위신을 고양시키고자 했다는 것이다. 이와 유사한 설명으로, 국내 문제가 발생했을 때, 국민 통합과 긴장 완화를 위해 관심을 외부로 끌기 위해 식민지 침탈을 자행했다는 주장도 있다.

다른 한편, 로빈슨과 갤러거(Robinson and Gallagher, 1953)은 유럽의 제국주의적 팽창을 설명하면서, 유럽 제국들의 내적 요인에 따른 주장들을 비판하고, 주변부의 상황이 제국들의 분할쟁탈전을 초래했다고 주장한다. 예로 영국이 아프리카 분할에 참여하게 된 것은 1881년 이집트에서 발생했던 반란으로 토착권력이 붕괴되자 수에즈 운하를 방어하기 위해 이집트를 점령한 것이고 따라서 사전에 거대한 계획을 가지고 있지는 않았다고 설명된다. 또한 이들은 제국주의의 개념에 공식적인 식민지 영토 확장과 직접적인 통치뿐만 아니라 해외 교역과 상업망 구축을 통해 실질적으로 개입하는 이른바 '비공식적 제국'도 포함시켜야 한다고 주장했다(송승원, 2009). 그러나 제국주의에 대한 이러한 설명은 유럽 제국들의 강력한 지배욕 또는 팽창욕을 간과한 것이며, 주변부의 문제로 제국주의 정책이 추진되었다면 왜 1870년대 이후 갑자기 이러한 문제가 나타났는지를 설명할 수 없고, 결국 주변부의 문제가 그 자체로 발생한 것이라기보다 외부의 압력과 침략의 결과라는 점에서, 제국주의는 기본적으로 주변부라기보다 중심부 제국들의 문제로 설명되어야 할 것이다.

요컨대 제국주의는 "경제적·정치적·군사적인 힘을 전략적으로 이용해서 상대방의 주권을 침해하는 행위 또는 그것을 의도하는 이념"으로 정의된다(박지향, 2000). 또한 제국주의는 세계 지배를 향한 열강들 사이의 식민지 침탈을 위한 지정학적 투쟁을 19세기 후반 이후 자본주의의 구조적 변동과 관련시켜 이해하면서, 특히 자본과 국가의 융합이 증대한 것이 중요한 원인으로 이해된다. 이러한 점에서 하비(2005)는 자본주의적 제국주의를 영토적 권력 논리와 자본주의적 권력 논리 간 변증법적 관계로 설명한다. 즉 제국주의는 국가 조직의 영토적 권력과 화폐 및 자산 등 자본의 흐름과 순환을 통제하는 자본주의적 권력 간의 갈등과 모순 관계에서 비롯된 것으로 이해된다(Choi, 2003; 최병두, 2004b). 이와 유사하게 캘리니코스(2011)도 제국주의를 경제적 경쟁과 지정학적 경쟁의 결합으로 이해한다. 경제적 경쟁은 더 많은 이윤을 얻기 위한 자본가들 간의 경쟁을 의미하며, 지정학적 경쟁은 식민지 지배 및 영토 분쟁, 제국들의 영향력과 패권, 군사적 지배력 간의 경쟁을 의미하며, 제국주의는 이러한 두 가지 유형의 경쟁이 결합된 것으로 설명된다.

그러나 다른 한편, 네그리(2000)는 지구화시대의 '제국'에 관해 논의하면서, '제국'을 탈영토화된 전 지구적 지배구조, 즉 국가와 초국가적 기구들로 이루어진 국가 경계를 벗어난 혼합적 구성으로 이해한다. 특히 '제국' 구성의 핵심이 주권의 탈영토화에 있다고 주장하고 이를 위해 지구적 수준의 민주주의가 필요하다고 주장한다(이화용, 2014). 이들이 말하는 '제국'은 전통적 제국주의론에서 규정되는 제국의 성격과는 다른 것으로, 국민국가의 경계를 허물고 전 지구적 차원에서 형성된 자본주의적 지배·착취 체계를 의미한다. 그러나 이러한 개념규정에 의하면, 제국은 지정학적 경쟁과 갈등이 없는 자본주의로 이해된다는 점에서 이론적으로뿐만 아니라 현실적으로 많은 비판이 뒤따르고 있다.

2. 식민지 침탈과 통치

1) 식민지 침탈의 역사

식민지 침탈의 역사는 고대 페니키아, 그리스, 로마, 카르타고 등의 식민제국 시대까지 거슬러 올라간다. 그리스의 도시국가들은 자원과 무역로 등을 확보하기 위해 지중해 연안에 많은 도시를 건설했고, 고대 로마는 지중해를 중심으로 유럽, 중동, 아프리카 북부 지역 전반에 걸쳐 식민지를 구축하고 군대를 파견하여 통치했다. 식민지를 의미하는 영어 단어 colony는 그 당시 파견된 군대의 식량 공급을 위해 마련된 경작지를 지칭하는 콜로니아(colonia)에서 유래한다.

근대적 식민주의는 15세기 대항해 시대 이후 포르투갈과 스페인에 의해 본격적으로 시작

표 8-2. 유럽 열강의 식민지 침탈

시기	대상 지역	식민 본국	주요 계기	경제체제
15~16세기 이후	아메리카	스페인, 포르투갈	토르데시야스 조약 (1494)	상업자본주의
17~18세기 이후	아시아	영국, 프랑스, 네덜란드	영국 동인도회사 설립(1600)	산업자본주의
19세기 이후	아프리카	영국, 프랑스, 독일, 이탈리아, 스페인 등	베를린 회의 (1884~1885)	금융자본주의

자료: Gilmartin(2009)의 내용 일부를 수정해 작성.

되었다. 길마틴(Gilmartin, 2009)은 유럽의 식민지 침탈과 팽창과정을 특정한 영역들과 관련시켜 3단계로 구분한다. 첫 번째 시기는 15~16세기 남북 및 중앙아메리카 대륙을 목표로 스페인과 포르투갈에 의해 촉진되었던 시기로, 1494년 이들 간에 이루어졌던 토르데시야스 조약은 세계의 식민지 영토분할에 관한 계기가 되었다. 두 번째 시기는 영국과 프랑스 등이 식민지 침탈에 나섬에 따라 이 조약이 의미를 상실하게 되고 대신 1600년 영국의 동인도회사 설립 등을 통해 유럽 열강들에 의해 아시아 대륙의 식민화가 추진되었던 시기이다. 세 번째 시기는 1880년대 이후 유럽 열강들이 아프리카 대륙을 두고 식민주의가 추진되었던 시기로, 베를린 회의(Berlin Conference, 1884~1885)를 계기로 아프리카 영토의 대부분은 영국, 프랑스, 독일, 포르투갈, 벨기에, 이탈리아, 스페인 등에 의해 분할되었다.

이러한 3단계의 식민주의 또는 제국주의의 팽창을 자본주의의 발달과 연계된다. 첫 번째 시기는 유럽 봉건제의 해체와 상업자본주의 시작, 두 번째 시기는 상업자본주의의 발달과 공업의 발달, 그리고 세 번째 시기는 새로운 시장의 확보로 유럽 자본주의가 공고화된 시기로 이해된다. 이러한 역사적 식민지 침탈 및 통치는 거의 대부분 (미국과 일본을 제외하고) 유럽 열강들의 식민제국들에 의해 이루어졌으며, 특히 1880년대부터 시작된 제국주의적 식민지 침탈로 아프리카의 거의 전 지역이 유럽 열강들에 의해 경쟁적으로 침탈·분할되었다. 이에 따라 세계에서 서양의 식민 본국들을 제외한 지역의 95% 정도가 유럽 국가들이나 미국, 일본의 식민지 또는 반식민지가 되었다. 특히 이 과정에서 식민제국들 간의 전쟁에서 이긴 국가들은 '패권(헤게모니) 국가'로서 세계의 정치경제적 지배에 절대적 영향력을 가졌다.

이러한 유럽 열강들의 근대적 식민지 침탈과정을 좀 더 자세히 살펴보면, 첫 번째 시기는 15세기 포르투갈과 스페인에 의해 시작되었다. 즉, 유럽의 근대 식민주의는 대항해와 특히

자료 8-1:

식민제국과 패권(헤게모니)국가

식민제국(colonial empire)은 식민지를 기반으로 제국적 지배력을 가진 국가를 지칭한다. 고대 로마 제국도 식민통치에 기반을 두었지만, 당시의 식민지는 주로 정착형 식민지였기 때문에 식민지도 본토의 연장으로 간주되었다는 점에서 근대의 식민제국과는 다르다. 근대의 식민제국은 식민지인을 본토의 국민들과는 동등하지 않은 존재로 간주했으며, 따라서 식민지 통치도 식민 본국과는 차별화되었다.

임덕순(1997: 314)에 의하면, 역사적으로 식민제국에는 덴마크, 스페인, 프랑스, 영국, 네덜란드, 포르투갈, 노르웨이, 미국 등이 포함된다. 미국을 제외하고 이들은 유럽에 위치한 강력한 해양세력 국가들이며, 자본주의 경제발전에 기반을 두고 식민제국이 되었다. 미국이 식민제국에 포함되는 것은 전 세계에 제국적 영향력을 행사하고 있을 뿐 아니라 푸에르토리코, 버진, 메리아나, 사모아, 괌, 미드웨이, 마셜, 팔라우 등과 같은 태평양이나 카리브 해역에 식민지를 갖고 있다. 그 외 러시아, 독일, 일본, 이탈리아, 스웨덴, 벨기에, 등도 식민국가들이라고 할 수 있다. 그러나 러시아는 동유럽에서 시작해 내륙을 통해 시베리아를 거쳐 극동아시아로 확장해 나갔고 그 땅들은 식민지라기보다는 러시아의 본토로 간주된다.

패권(헤게모니) 국가라는 용어는 식민제국과 같은 맥락에서 이해될 수 있지만, 그 의미는 다소 다르다. 패권(헤게모니)이란 어떤 집단을 주도할 수 있는 권력이나 지위 또는 한 지배 집단이 다른 집단을 대상으로 행사하는 정치·경제·문화적 영향력을 지칭한다. 『옥중수고』에서 제시된 그람시(2006)의 주장에 의하면, 헤게모니는 한 국가나 사회가 어떤 실체로 존속하기 위해 지배계급이 집행력을 갖춰야 할 뿐 아니라 강제적인 힘과 더불어 전체 사회의 동의의 확보 또는 합의를 통해 피지배계급을 승복시킬 수 있는 지배력을 의미한다. 이와 같이 헤게모니는 지배권의 자발적 동의를 통해 이루어지지만 또한 동시에 이에 대항하거나 도전하는 집단의 권력이나 지위, 즉 대항헤게모니를 동반한다.

임덕순(1997: 335~336)은 헤게모니 국가를 "인구규모, 군사력 등에 있어서 강대국일 뿐만 아니라 경제적으로도 잠재적인 면에서 결정적 우위를 지니고 있어서 세계무대에서 정치, 군사, 경제적인 강한 발언권과 지도-지배권 내지 패권을 가진 나라"로 규정한다. 그는 월러스틴과 모델스키(Modelski)가 제시한 역사적 헤게모니 국가들을 표와 같이 제시했다. 이 표에서 명시된 바와 같이, 헤게모니 국가란 결국 식민지 쟁탈전에서 우위를 점한 국가로서, 세계적 차원에서 당대의 초강대국이라고 할 수 있다.

표 8-1. 역사적 헤게모니 국가들

패권국(기간)	도전국(기간)	관련 전쟁
포르투갈(1516~1539)	스페인(1560~1580)	이탈리아 및 인도양 전쟁(1494~1516)
네덜란드(1609~1639)	프랑스(1660~1688)	스페인-네덜란드 전쟁(1580~1609)
영국(1714~1739)	프랑스(1764~1792)	루이14세의 전쟁(1688~1713)
영국(1815~1849/1917)	독일(1874~1914)	나폴레옹 전쟁(1812~1815)
미국(1945~)	소련(1945~1990)	제1차 및 제2차 세계대전(1914~1945)

자료: 임덕순(1997: 336).

이러한 패권국가의 개념과 역사에서 흥미로운 점은 제2차 세계대전 이후 세계적 헤게모니 국가가
된 미국이 이를 언제까지 지속시킬 수 있는가라는 점이다. 2008년 글로벌 경제위기 이후 미국의 패권
은 약해졌고 트럼프 대통령은 이를 만회하기 위해 노력한 것처럼 보이지만, 실제 앞으로 더욱 약화될
것으로 예상된다. 그렇지만 어느 나라도 미국을 대신해 국제사회를 이끌어갈 역량이 부족하다고 평가
된다. 최근 부상하고 있는 중국은 세계에 대한 영향력은 더 커지고 있지만, 지구촌의 연대를 도모할 능
력은 부족한 것 같다. 이러한 상황에서 헤게모니 국가가 존재하지 않고 대신 권력이 분산돼 세계연방
정부가 이상적인 체제라고 강조되기도 한다.

　　콜럼버스가 아메리카 대륙을 탐험한 이후 스페인이 1520~1530년대에 중남미 지역을 정복
함으로써 본격적으로 시작되었다. 이 시기에 체결된 토르데시야스(Tordesillas) 조약은 스페
인과 포르투갈 간 유럽 대륙 외 지역에 대한 영토 분쟁을 해결하기 위해 맺은 조약으로, 양
국은 태평양과 대서양에 영토 분계선(서경 46도 기준, 남북 방향의 일직선)을 정하고, 동쪽 부분
은 모두 포르투갈이, 서쪽 부분은 스페인이 차지한다는 조약을 맺었다. 이에 따라 포르투갈
은 아시아, 아프리카 대륙 전반에서 그리고 아메리카 대륙에서는 브라질만 식민지를 가질
수 있게 되었고, 스페인은 아메리카 대륙의 대부분을 차지하기로 했다. 이 조약으로 포르투
갈은 인도산 후추를 독점했고, 아프리카 해안과 인도에 무역 거점들을 설치하고 식민주의를
추진했지만, 아시아 국가들에 대해서는 군사력을 발휘하지는 못했다.

　　유럽 열강들은 그 이후 16~18세기에 북아메리카 대륙에도 진출해, 영국, 프랑스뿐만 아니
라 스페인, 네덜란드 등도 식민지 쟁탈전에 참여했다. 멕시코를 먼저 차지했던 스페인은 그
후 현재 미국의 플로리다, 뉴멕시코, 캘리포니아 지역에, 네덜란드는 뉴욕주(당시 뉴네덜란드)
에 식민거점을 구축했다. 프랑스는 16세기부터 5대호 연안과 미시시피강 유역을 거쳐 멕시
코만에 이르는 지역을 식민지로 통치했다(현재의 캐나다, 아카디아, 허드슨만, 뉴펀들랜드, 루이지
애나 등). 영국은 17세기 초에 아메리카대륙에 식민지를 마련하고자 했으나 초기에는 스페인
을 두려워했지만, 점차 적극적으로 나서서 체사피크만, 버지니아, 뉴잉글랜드 등을 식민지로
통치하게 되었다. 나아가 영국은 유럽에서 발생했던 오스트리아왕위계승전쟁(1740~1748)
과 이의 여파로 식민지에서 발생했던 '조지 왕 전쟁' 그리고 유럽에서 7년 전쟁과 식민지에서
발생한 프렌치 인디언 전쟁(1754~1763)을 통해 프랑스를 물리치고 북미대륙을 통합한 식민
지를 건설하게 되었다. 그러나 이에 뒤이어 1776년 13개 식민지들은 미국의 독립을 선언하
면서 영국의 지배에서 벗어나게 되었고, 스페인령 아메리카에서도 유럽의 나폴레옹 전쟁기
간 동안 독립운동을 전개해 1800년대 전반부에 대부분 독립을 선언하게 되었다.

미국 제국주의의 역사

제국주의의 역사를 서술하기란 이의 개념을 정의하는 것만큼 어렵다. 왜냐하면, 상이한 학자들은 이의 상이한 시발점과 상이한 시기 구분으로 그 역사를 이해하고 있기 때문이다. 아민(Amin, 2001)은 제국주의의 역사를 15～16세기에 상업자본주의에 동반된 첫 번째 단계, 산업자본주의에 동반된 두 번째 단계, 그리고 세 번째의 새로운 제국주의 국면으로 구분한다. 포스터(Foster, 2003)는 제국주의 역사를 세 단계, 즉 19세기 후반에서 20세기 초에 시작해 제2차 세계대전으로 끝나는 제국주의의 고전적 단계, 제2차 세계대전 이후에서 냉전의 해체에 이르는 두 번째 단계, 그리고 현재 아메리칸 신제국주의라고 할 수 있는 세 번째 단계로 구분한다.

하비(2005)는 포스터와 유사하게 단계 구분을 하지만, 특히 19세기 말 이후 미국 헤게모니의 물질적 기반의 이행에 초점을 두고 아메리칸 제국주의의 역사를 서술한다. 그에 의하면, 미국 제국주의의 역사는 부르주아적 제국주의의 등장(1870~1945), 아메리칸 헤게모니의 전후 역사(1945~1970), 그리고 신자유주의적 헤게모니(1970~2000) 단계를 거쳐, 현재 신제국주의의 선택적 국면에 있다. 제국주의 역사에 관한 아래 서술은 하비의 시기 구분에 따라 제국주의의 역사를 약술한 것이다(최병두, 2004b; 유재건, 2017 참조).

(1) 첫 번째 단계: 고전적 제국주의 (19세기 후반부터 제2차 세계대전까지)

19세기 후반 세계 강대국들은 세계의 대부분을 분할·점령했다. 당시 미국의 28대 대통령이었던 윌슨(Woodrow Wilson)이 인정한 바와 같이, 이러한 제국주의적 분할은 "세계의 유용한 지역들이 간과되거나 사용되지 않고 방치되지 않도록 하기 위해 식민지들이 획득되고 이식되어야만 한다"는 주장을 반영했다. 그러나 문명화되었다고 주장하는 제국주의자들은 말 못 할 잔혹함으로 그들의 미래 신민들을 복종시켰다. 예로 1898년 시작된 미국의 필리핀 점령은 "필리핀인들이 '자기 통치에 부적합'하다는 선언"에 의해 정당화되었고, 실제 이 기간 동안 수만 명의 필리핀인들을 학살했다.

미국의 제국주의적 팽창은 남북 전쟁 이후 국가 재건과 서부 개척수행 이후 나타난 외적 팽창주의로 이해될 수 있다(강택구, 2007). 미국의 식민지 통치를 위한 중요한 동기는 물론 영토 확장과 이윤 추구였다. 식민지들은 자본가들에게 식민 권력에 의해 보호된 투자의 출구를 제공했으며, 투자와 유통을 위한 경로를 보호하기 위한 군사적 기지를 제공했다. 그러나 제국들이 팽창함에 따라, 그리고 정복될 영토가 점차 줄어들게 됨에 따라, 주요 강대국들은 점차 서로 갈등에 빠지게 되었다. 각 국가들은 그 자신의 무장된 힘을 길렀고, 종국에는 수천만 명을 죽음으로 내몬 양대 세계대전으로 끝나게 될 전쟁으로 치닫게 되었다.

(2) 두 번째 단계 : 근대적 제국주의(제2차 세계대전 이후에서 냉전의 와해까지)

제2차 세계대전의 끝으로, 한국을 포함해 많은 식민지 국가들이 강대국들로부터 해방되었으며, 이에 따라 탈식민화로 이전의 제국들은 그들의 헤게모니를 상실하고 약화될 것으로 예상되었다. 그러나 실제 제국주의는 제2차 세계대전과 이에 이은 탈식민화 운동으로 끝난 고전적 단계를 넘어서 계속 진화했다. 물론 근대적 제국주의는 중요한 방식으로 그 자신을 변화시켰다. 여러 상이한 강대국들 간의 경쟁은 2개의 초강대국, 즉 미국과 소련에 의해 지배되는 두 개의 세계적 군사동맹에 의한 세계적 영토 분할로 대체되었다. 양대 초강대국들은 정치적·경제적 그리고 흔히 군사적 수단을 통해 세계의 여타 약소국들에 그들의 경제적·정치적 의지를 계속 부가했다.

이러한 근대적 제국주의의 역사적 특성에서 중요한 점은 자본주의 세계시장에서 미국이 영국의 헤게모니를 대신하게 되었다는 점이다. 또 다른 점은 소련의 존재로서, 그 자체로서 자본주의와 대립되는 공산주의 체제를 추구했을 뿐만 아니라 제3세계 국가들에게 혁명운동을 위한 공간을 창출하도록 지원했다. 이러한 점들은 주요 자본주의 국가들 간 냉전적 군사동맹을 통해 결속하도록 함으로써 미국의 헤게모니를 강화시키는 데 이바지했다. 나아가 미국은 그 헤게모니적 지위를 활용해 당시 자본주의 세계경제의 기반을 이루었던 브레턴우즈(Bretton Woods) 체제를 수립하고, GATT(관세무역일반협정)에서 WTO(세계무역기구)로의 전환과 국제통화기금(IMF), 세계은행(World Bank) 등의 운영에 직간접으로 개입했다.

(3) 세 번째 단계 : 신자유주의적 제국주의(소련의 와해 이후 현재까지)

1980년대 후반 소련의 해체는 미국 제국주의의 주요한 군사적 라이벌의 제거를 가져왔다. 미국은 세계의 가장 강력한 정치적 및 군사적 대국으로 남겨졌으며, 그 통치자들은 세계에 대한 무적의 지배자처럼 군사력을 행사함에 있어 모든 제약으로부터 자유로움을 느끼게 되었다. 1990년대 이후 미국은 세계적인 정치·경제적 지배를 유지하기 위해 국제적 개입을 점점 더 강화시켰다. 1991년 걸프전과 마찬가지로 9·11테러사건 이후 아프가니스탄과 이라크 침공은 (최소한 부분적으로) 중앙아시아 및 중동의 석유 및 천연가스에 대한 접근성을 확보하고자 하는 미국 지배계급들의 욕망에 의해 동기화된 것이었다.

이러한 미국 제국주의는 단순히 냉전체제하에서 소련과의 경쟁의 산물이거나 소련 붕괴의 결과라고 할 수도 없다. 미국 제국주의는 자본주의 세계경제의 헤게모니적 권력으로서 미국의 필요에 깊게 뿌리를 두고 있으며, 필요할 경우 무력에 의존해 세계 여타 국가들의 정치 및 경제에 개입해 자국의 이익을 확보하고 세계적 패권을 유지하고자 했다. 이러한 미국 일극주의적 세계질서는 세계 정치의 안정과 경제 번영을 가져온 것처럼 인식되었지만, 실제 미국의 신제국주의는 제국적 권력의 과잉 행사와 미국발 세계금융위기, 그리고 중국의 급속한 성장과 국제적 영향력의 확대로 인해 심각한 한계에 봉착하게 되었다.

두 번째 시기는 영국이 동인도회사(East India Company)를 설립해 인도 진출을 도모하면서 시작되었다. 그 이전에도 포르투갈이 1510년 인도의 고아를 식민화하면서 해상무역권을 장악했으나 점차 영국과 네덜란드에 밀리면서 쇠퇴했다. 영국은 동인회사 설립 이후 본격적으로 인도에서 나아가 아시아 대륙 전반에 걸쳐 식민지를 확보하고자 했다. 네덜란드도 1602년 동인도회사를 설립해 동남아 지역으로 진출하고자 했으나 영국과의 전쟁에서 패배하면서 인도에서의 주도권을 내주었다. 프랑스도 1664년 동인도회사를 설립하고 인도 진출을 시도했지만 영국과의 전투에서 패배하며 1757년 벵골의 독점 무역권을 영국에 내주었다. 그 이후 영국은 인도 전체를 식민화하고 19세기 중엽 펀자브 지역까지 장악하면서 인도

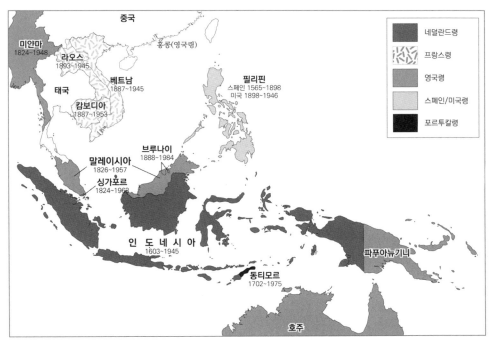

그림 8-1. 서구 열강의 동남아시아 식민지배

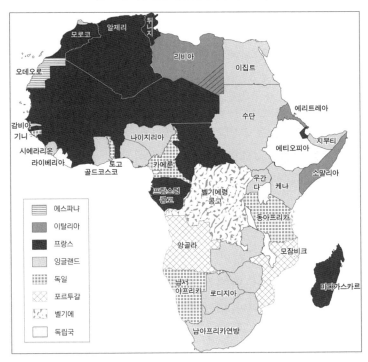

그림 8-2. 서구 열강의 아프리카 식민지배

를 완전히 지배하게 되었다.

　이와 같이 영국이 아시아 특히 인도를 식민화하는 데 선도적 역할을 담당하면서, 다른 유럽 국가들, 포르투갈, 네덜란드, 프랑스 등도 아시아대륙의 식민지 획득에 참여했다. 영국은 인도뿐만 아니라 오스트레일리아, 뉴질랜드 등을 식민지로 확보하는 한편, 러시아의 인도양 진출을 위한 남진정책을 차단하기 위해 페르시아, 아프가니스탄, 버마 등에 대한 지배권을 확보했다. 네덜란드는 자바와 보르네오, 독일은 뉴기니 일대, 프랑스는 인도차이나를 점령했다. 중국은 서방 국가들의 각축장이 되어버렸고, 반면 1850년대 근대화를 이룩한 일본은 청일전쟁과 러일전쟁에 잇따라 승리하면서 아시아의 강자로 부상했다.

　세 번째 시기는 유럽 열강들이 1880년대 이후 아프리카 대륙에 관심의 초점을 두고 식민지 쟁탈전을 벌였던 시기이다. 특히 19세기 말 유럽에서 산업자본주의 성숙과 금융자본주의로의 전환 과정에서 제국주의가 등장했고, 또한 산업적 생산력의 증대로 강력한 군사력을 구축했을 뿐 아니라 국가별로 민족적 자긍심을 고양시키기 위해 식민지 쟁탈전이 가열되었다. 이 시기에 독일의 비스마르크에 의해 개최되었던 베를린회의(1884~1885)는 표면적으로 '자유무역'에 관한 협상을 목적으로 했으나, 실제로 아프리카 쟁탈과정에서 발생할 수 있는 유럽 국가들 간 전쟁을 피하고 이해관계의 충돌을 조정하려는 목적이 있었다. 이에 따라 이 회의는 유럽 열강들에 의한 아프리카 식민 쟁탈을 정당화하고, 이들 간에 아프리카 대륙을 분할할 것으로 공식적으로 비준하게 되었다. 특히 이 조약에서 유럽 열강들은 식민지 주권을 주장하기 위해 영토를 효과적으로 점령할 것을 명시하고 자신들을 해방자라고 칭하기도 했다.

　유럽열강의 아프리카 침탈은 19세기 초까지만 해도 대륙의 서부와 남부에 위치한 일부 해안지역에 한정되어 있었다. 그러나 19세기 중반 이후 제국주의 경쟁과 쟁탈전은 아프리카에 집중되어 1875년에는 대륙의 11%가 유럽인의 식민지배하에 들어갔고 1902년경에는 95%에 달했다. 1910년 아프리카의 독립국은 에티오피아와 라이베리아 2개국뿐이었다. 이러한 현상을 부채질한 것은 영국이 수에즈 운하를 확보하기 위해 이집트를 점령한 사건이었다. 이후 영국과 프랑스가 주도하던 아프리카 분할에 독일, 이탈리아, 벨기에 등도 뛰어들어 치열한 영토 확보 경쟁을 벌였다. 이 과정에서 영국의 대륙 종단 정책과 프랑스의 대륙 횡단 정책이 교차되었고, 독일, 이탈리아, 벨기에 등도 아프리카 대륙의 식민 분할에 가담해 쟁탈전은 더욱 격화되었다.

2) 식민제국의 통치 전략

식민제국들은 식민지를 침탈·점령한 이후 이를 통치하기 위해 국가별로 다소 상이한 전략과 정책들을 채택했다. 물론 식민제국들의 통치 전략은 기본적으로 식민지의 주권을 박탈하고 식민 본국의 경제·정치적 이해관계를 위해 식민지 주민들을 억압하고 영토 자원들을 수탈했다는 점은 공통적이었다. 그러나 이를 위해 특정 식민제국이 식민지를 통치하는 전략은 식민지별로 다소 달랐고, 시간이 경과하면서 국제정치 및 식민지 여건의 변화에 따라 채택한 전략이나 정책들도 변화했다. 이러한 식민제국의 식민통치 전략을 간략히 서술하면 다음과 같다(임덕순, 1997: 315~327; 박영준, 2017 등 참조).

(1) 영국의 식민통치 전략

영국의 식민지 침탈은 1600년대 초부터 시작되었지만, 본격화된 것은 프랑스와의 7년전쟁(1756~1763)에서 승리한 이후부터이다. 영국은 이 전쟁의 승리를 계기로 캐나다, 미시시피유역, 인도 등을 획득했고, 그 이후 강력한 해상력을 동원해 제1차 대전 전까지 세계 육지의 약 1/4, 또한 세계인구의 약 1/4(약 4억 5800만 명)을 지배하는 거대 식민제국으로 2세기에 걸쳐 세계를 지배하는 패권국가, 역사적으로 가장 넓은 식민지를 통치하는 '해가 지지 않는 국가'가 되었다. 그러나 제1차 및 제2차 세계대전을 거치면서 많은 영토가 독립해 영국의 연방국으로 관계를 맺고 있다.

영국의 식민통치 전략은 "공통적이고 지속적인 정책의 수행이 아니라 지역마다 다른 원주민과 문제에 대처해서 융통성 있게 채용되는, 말하자면 적지적책(適地適策)주의를" 채택했다. 하지만 이러한 영국의 식민통치전략은 몇 가지 공통점, 즉 영연방 내에서 자치령화 정책, 간접통치책, 그리고 분할통치책에 기반을 두고 있었다(임덕순, 1997: 317). 영국의 식민정책은 기본적으로 자유주의에 기반을 두고 식민지 자치국을 매개로 한 자치령화 통치전략을 구사했다. 즉 영국은 식민지의 최고 통치자로 총통을 파견했지만, 원주민들에게 상당 정도의 권력을 부여하고 이들이 자신들의 선거를 통해 지역의회를 구성하고 현지 통치 각료들도 원주민들이 담당하도록 했다. 이러한 자치령화 정책은 식민지에 대한 간접통치 정책이라고도 할 수 있다. 즉 영국은 원주민의 기존 통치체제나 제도를 지원하고 현지 대표자들(예: 인도의 현지 지도자나 아프리카의 부족장)을 이용하는 통치 방식을 구사했다.

구체적인 정책 사례로 영국은 식민지 출신의 교육받은 소수 엘리트들을 지원하여, 식민지의 기존 전통과 권위에 맞서면서 식민통치에 직간접적으로 참여하여 영국의 이해관계를 대변하도록 했다. 그러나 실제 교육 받은 원주민 출신 엘리트들의 일부는 식민통치에서 배제되고 영국에 대해 저항적 입장을 가지면서 독립운동의 중심 세력이 되었다. 다른 한편, 영국은 식민지 원주민의 민족, 종교, 사회문화적 차이를 최대한 활용해 서로 갈등과 모략을 유발함으로써 이들의 통합력을 깨뜨리고 식민통치에 저항할 힘을 약화시켰다. 특히 이러한 분할통치정책은 영토가 광대했던 인도의 식민통치에 잘 나타나며, 그 결과로 결국 인도와 파키스탄이 분리 독립하게 되었다.

(2) 프랑스의 식민정책

프랑스는 17~18세기 식민지 쟁탈전에서 영국에 대한 경쟁자였지만, 7년 전쟁에서의 패전으로 캐나다를 영국에 양도하면서 세력이 점차 약화되었다. 프랑스의 식민통치 전략은 영국과 달리 기본적으로 동화주의에 바탕을 두었다. 동화주의 전략은 프랑스혁명의 전통, 즉 평등, 박애정신, 그리고 온정주의 정치철학에 바탕을 두고 있다. 이는 '피부색과 관계없이 프랑스 식민영토에 사는 모든 사람은 프랑스인이며, 헌법이 정한 권리를 인정받는다'(1792년 아프리카 노예제 폐지 포고문)는 원칙에 잘 반영되어 있었다. 이에 따라 식민지 사람들도 파리 국회에 보낼 자신들의 대표를 선출할 권리를 가지고 있었고, 본국인에 준하는 교육을 받기도 했다. 이러한 동화주의 정책은 식민지와 그 주민들로 하여금 프랑스 영토화, 프랑스 국민화의 인식을 가지도록 했다.

그러나 19세기 후반 이러한 동화주의 정책은 보호주의 정책으로 대체되었다. 프랑스혁명 정신은 약화되었고, 대신 제국주의적 팽창 욕망이 대신했다. 대부분 아프리카 지역에 있었던 프랑스 식민지의 사람들은 국민이 아니라 통치의 대상으로 전락했고, 본국 정치 참여에도 배제되었다. 식민통치 정책은 인종차별주의로 변질했고, 교육도 크게 확대되지 않았으며, 소득과 착취 경제 구조하에서 불균등이 심화되었다. 게다가 문화(종교)적 차이에 따른 저항, 즉 아프리카에서는 이슬람교 문화의 저항, 인도지나에서는 불교문화의 저항으로 인해 동화정책들이 제대로 실천될 수 없었다.

이러한 동화주의 전략은 식민지역에 따라 정도가 달리 시행되었는데, 프랑스에 가까운 아프리카 북부에서는 이를 반영한 정책들이 제대로 시행되었지만, 먼 식민지들에는 그렇지 못했다. 특히 사하라사막 남쪽 지역에는 대우나 동화의 정도가 낮았고, 무력에 의한 수탈과 억압이 심해졌다. 제1차 세계대전 이후에는 영국의 간접통치 정책과 비슷한 결탁정책을 추진하면서, 현지 출신 엘리트들로 하여금 식민 본국과의 연결과 협력을 담당하도록 했다. 이러한 정책은 특히 인도차이나 반도 식민지에 적용되어 현지 토착왕족과 프랑스정부 간 결탁과 협력을 통해 식민통치를 유지했다.

(3) 그 외 유럽 국가들의 식민통치 전략

스페인은 15~16세기에 라틴아메리카 대부분과 미국 남부에 걸친 방대한 식민지를 가진 '식민제국의 영광'을 누렸지만, 16세기 말부터 영국, 프랑스, 네덜란드 등과의 경쟁과정에서 패배함으로써 다수의 식민지를 잃었다. 스페인의 식민통치 전략은 스페인 지배자를 정점으로 군사적 압력을 행사해 원주민들이 충성하도록 하는 무력적 동화주의에 기반을 두었다. 또한 이와 더불어 원주민과의 혼혈정책을 시행해 원주민과의 결혼을 통해 식민 본국에 대한 반감을 해소시키고자 했다.

포르투갈은 식민주의를 가장 먼저 실행해 스페인과 함께 식민제국을 형성했고, 프랑스와 유사한 동화정책을 채택했지만, 제대로 성과를 거두지 못했다. 포르투갈은 아프리카 식민지 주민들을 '문명화'하기 위해 가톨릭으로 개종하게 하고, 본국의 문화를 받아들이도록 했다. 이렇게 '문명화'(즉, 동화)된 사람들은 식민 정부로부터 우대를 받았지만, 실제로 이러한 사람은 극소수에 불과했고 대부분의 원주민들은 기존의 관습을 유지한 채 식민 정부의 통치에 따른 강제노동에 동원되었다.

네덜란드는 스페인과 포르투갈이 식민제국으로서 지위를 잃어가는 과정에서 등장해, 동인도 제도와 남아메리카 북동부 등에 식민지를 갖게 되었다. 네덜란드는 동인도회사나 서인도 회사를 통해 식민지 착취 정책을 시행했는데, 동인도 제도에서는 특수작물을 재배하기 위한 플랜테이션 농업체제를 구축했다. 20세기 초에는 원주민들의 자치기구도 일부 인정하면서 이들의 복지도 고려했다. 벨기에는 온정주의에 입각해 식민통치를 시행했는데, 식민지 주민들의 생활안정을 도모했지만, 정치적 저항을 우려해 노동조합이나 시민권은 인정되지 않았고, 교육정책도 제대로 시행하지 않았다.

(4) 미국의 식민통치 전략

미국은 1776년 독립되기 이전까지 스페인, 프랑스, 그리고 영국의 식민지 통치를 받았지만 독립 후 19세기에 인구가 급속히 증가하고 농업 및 공업이 크게 성장해 국력이 비약적으로 확대되었다. 미국은 19세기 말 스페인과의 전쟁(1898)에서 승리함으로써 푸에르토리코를 획득했고, 쿠바 내 해군기지(관타나모) 기지도 조차했으며, 1916년 파나마 운하 보호를 명분으로 버진아일랜드를 덴마크로부터 구입했다. 또한 미국은 아메리카 대륙에 영향력을 확대했고, 특히 카리브해를 사실상 미국의 내해 또는 호수, 즉 마레노스트룸(mare nostrum)으로 만들었다. 이러한 과정을 통해 미국은 1916년까지 쿠바, 니카라과, 도미니카, 아이티, 파나마 등을 보호국으로 만들었다.

또한 미국은 19세기 중반 이후 태평양으로 진출해, 1854년 일본의 문호를 개방했고, 우리나라와도 1866년(서면호 사건) 이후 문화개방을 요청해 1882년 수교조약을 맺었다. 1887년 하와이 진주만을 조차했고, 1898년에는 합병했으며, 스페인 전쟁에서 승리해 괌과 필리핀을 식민지로 획득했고, 이에 이어 사모아제도의 일부(1899)와 웨이크섬(1900) 등을 확보했다. 또한 미국은 1867년 러시아제국으로부터 알래스카를 매입했는데, 이러한 과정들을 통해 미국은 19세기 말 이후 태평양에 지배적 영향력을 행사하는 최대 식민제국이 되었다.

19세기 이후 미국은 한편으로 먼로 독트린(Monroe Doctrine, 1823)을 선언해 유럽제국들로부터 아메리카 대륙의 보호를 명분으로 이 지역에 지배력을 강화했고, 다른 한편으로 윌슨대통령이 주장한 것처럼 미국은 세계의 미사용 유용 지역들을 활용하기 위하여 식민지 경영과 인구 이식이 필요하다고 인식하면서 식민통치를 정당화하고 강행하고자 했다. 예로 미국은 스페인의 식민통치로부터 필리핀을 해방시킨다는 명분으로 필리핀을 정복(1898~1901)한 후 식민통치하면서, "필리핀인들이 '자기 통치에 부적합'하다는 선언"을 통해 이를 정당화하고, 이에 저항하는 필리핀인 수만 명을 학살했다. 이러한 미국의 식민통치는 영국을 이어서 미국이 20세기 세계적인 패권국가로 부상하는 한편, 자본주의적 경제대국으로 발전하는 데 기여했다.

(5) 일본의 식민통치 전략

일본은 1868년 메이지 유신 이후 제국으로 성장하기 시작해 청일전쟁, 러일전쟁 그리고 제1차 세계대전 이후 강력한 제국으로 등장하게 되었다. 일본 제국은 부국강병의 기치 아래 아시아에서 가장 일찍 그리고 가장 빠르게 산업화와 군사화 과정을 추진했으며, 1920년대 대공황 이후 일본 내부의 군국주의, 민족주의, 전체주의가 극심해졌고, 제2차 세계대전에서 독일, 이탈리아 등과 함께 추축국에 가담해 아시아-태평양 지역에 광대한 영토를 침략해 식민지화했다. 식민지 침탈의 시작으로 일본은 우선 1872년 오키나와를 침공해 1879년 영토를 일본에 편입시켰다. 일본은 청일전쟁의 승리 후 맺은 시모노세키조약으로 1895년 청나라로부터 타이완을, 러일전쟁의 승리로 포츠머스조약에서 사할린섬 남부를 할양받았다. 그리고 1905년 대한제국으로부터 외교권을 강탈한 후 1910년 한반도를 강제 병합해 식민지배했다. 또한 중국 및 동남아시아 지역에 여러 괴뢰국가들(만주국, 베트남국, 캄보디아왕국, 필리핀 제2공화국 등)을 세워서 간접 통치를 했고, 그 외에도 랴오둥반도를 조차하고 남양군도를 위임 통치했으며, 제2차 세계대전 동안 홍콩, 미얀마, 말레이연방, 인도네시아, 뉴기니 등을 점령하기도 했다.

일본의 식민정책은 기본적으로 무력에 의한 동화주의 전략에 기반을 두었고, 부분적으로 일본 제국주의 경제를 위한 자원 수탈과 통치를 위한 수단과 제도들을 강구했다. 일본은 대한제국을 강제병합한 후 '완전히 그리고 영구히 지배할 것'을 천명하면서 내선일체(內鮮一體, 내지 즉 일본과 조선이 한 몸이라는 뜻)를 표방했다. 이러한 일제의 통치전략은 조선을 단순한 영토적 식민지라기보다 영구적인 일본화를 추진했음을 의미한다. 이에 따라 식민통치 정책은 정치경제적 지배를 넘어서 조선의 정체성과 민족을 말살시키려는 의도로 조선역사와 조선어 교육을 금하고 일제 말기에는 창씨개명, 신사참배 등을 강제했다.

이러한 일본제국의 통치전략은 일제 스스로 내세운 '무단통치'라는 강압정책에 의해 추진되었다. 일본에서 파견된 조선 총독은 입법, 사법, 행정 모든 분야에서 절대적 권한을 가졌고, 조선인의 권리는 기본적인 것조차 주어지지 않았다. 조선인의 저항을 조기에 말살하고 조선 영토를 식민통치하기 위한 억압정책은 헌병경찰제도와 군대에 의해 무력으로 뒷받침되었다. 또한 일제는 이러한 식민통치체제를 조직하기 위해 행정구획 개편, 교통시설 확충, 교육제도 정비 등을 추진했다(강창일, 1999: 83). 또한 일제는 한반도 주민들의 의사와는 무관하게 일제의 필요에 따라 농업 및 산업입지 정책 등을 추진했다. 특히 이러한 식민지 경제정책은 기본적으로 일본 경제를 위해 필요한 식량 공출과 자원 수탈, 그리고 대륙 침략을 위한 전진기지 건설에 있었다. 이뿐만 아니라 오랜 민주적 경험을 가진 영국의 인도 통치와 비교해 보면, 민주주의 경험 없이 파시스트적 성격을 가진 일본의 한반도 식민통치는 훨씬 억압적이고 가혹했던 것으로 분석된다(이옥순, 2002).

3. 식민지의 독립과 탈식민화

1) 식민지 해방운동과 국가 독립

(1) 식민지 해방운동과 민족주의

독립은 기존 국가에 속한 일부 지역이나 다른 국가의 통치하에 있었던 식민지가 그 지배에서 벗어나 새로운 국가를 설립하는 것을 의미한다. 한 국가로 독립하기 위해 국가를 구성하는 기본 요건으로 일정한 영토와 국민 그리고 주권이 필요하며, 또한 이러한 요건을 갖추고 독립을 주장하는 지역이 실제로 국가로 인정받기 위해서는 다른 국가들이나 국제기구들의 승인이 필요하다. 독립운동 또는 해방운동은 다른 국가나 세력에 의해 직간접적으로 지배를 받는 지역이 자치권의 획득이나 주권의 복원을 위해 벌이는 모든 활동을 말한다. 독립운동은 식민지의 특성과 더불어 식민제국의 여건에 따라 지역별로 다양한 시기에 상이한 방식들로 전개되었지만, 새로운 국민국가를 형성하기 위한 정치적 노력은 기본적으로 민족주의 운동의 성격을 가졌다(제2장 참조).

민족주의는 자본주의 서구 국가들에서 자국(인)의 우월성을 강조하면서 식민지 쟁탈전을 촉진했던 침략민족주의와 서구 제국주의 식민지 통치로부터 해방을 추구하는 제3세계 저항민족주의로 구분된다. 침략민족주의는 유럽과 미국, 일본에서 형성된 부르주아 민족주의의 변질된 형태로, 제국주의 자본가들의 경제적 이익과 정치적 목적 달성을 위해 식민지를 침탈, 통치하면서 사회문화적으로도 식민화하고자 한다. 저항(해방 또는 제3세계)민족주의는 서구 열강의 침략민족주의에 의해 세계가 분할되고 식민통치를 받게 되자 이에 저항하면서 민족해방을 추구하는 과정에서 형성된 개념이다.

식민지배에 대한 민족 저항은 저항민족주의가 형성되는 역사적 계기가 되었지만, 이를 실현하기 위한 해방운동의 양상은 민족적·지역적·시기별 특성에 따라 다르게 나타났다. 특히 저항민족주의라고 할지라도 매우 폭넓은 이념적 스펙트럼을 가진다. 즉, 서구 침략민족주의를 주도한 세력은 부르주아지 세력이었지만, 저항민족주의에서도 민족자본의 형성과 연결된 민족부르주아지에 의해 주도되는 것이 일반적이었다. 이로 인해 제3세계 국가들이 식민제국으로부터 독립된 이후에도 이념적으로 좌우파로 구분되는 민족주의의 갈등으로 인해 심각한 정치적 대립과 심지어 치열한 내전이 발생하기도 했다.

또한 이러한 식민통치로부터 민족해방을 추구하는 제3세계 민족주의는 식민제국의 통치

그림 8-3. 라틴아메리카 국가들의 독립

전략으로 동원되기도 했다. 즉, 식민제국은 식민지인들에 대한 회유정책으로 이들의 요구를 부분적으로 받아들이는 정책들을 시행하기도 했다. 이뿐만 아니라 미국은 윌슨주의를 통해 민족자결주의가 식민지에도 적용되어야 할 원칙이라고 제시하기도 했다. 다른 한편, 제1차 세계대전을 전후로 민족주의와 사회주의 이념이 결합한 사회주의적 저항민족주의가 확산되면서, 아시아와 아프리카 지역들에서 식민지 독립운동이 본격화되었다. 이러한 식민지인들의 지속적인 저항과 두 차례의 세계대전으로 유럽의 식민국가들의 세력 약화로 인해 제2차 세계대전 이후 대부분의 식민지들은 정치적으로 독립을 쟁취하게 되었다.

(2) 아메리카 국가들의 독립운동

식민지 독립운동의 역사를 보면, 우선 아메리카 대륙에서 각국의 독립 과정을 살펴볼 수 있다. 미국은 유럽 제국들로부터 가장 일찍 독립한 국가라고 할 수 있다. 유럽 대륙에서 있었던 7년 전쟁의 일환으로 북아메리카에서 벌어진 프랑스-인디언 전쟁이 끝난 후 영국은 제국의 유지 비용의 상당 부분을 식민지에서 충당하려 하자 식민지의 대표들은 이에 반대해 독립운동을 시작했고, 1773년 보스턴 차사건 후 민병대를 조직해 1775년부터 영국제국을 상대로 독립전쟁을 벌이게 되었다. 이 과정에서 1776년 13개 식민지 대표들은 미국 독립선언에 서명했고, 1783년 양국 간에 파리조약으로 평화협정을 맺으면서 전쟁을 끝내게 되었다. 식민지 대표들은 중우정치에 대한 우려로 민주주의에 대해 처음에는 부정적이었지만, 독립운동을 전개하면서 민주주의를 미국적 가치로 수용하면서, 미국의 독립운동은 프랑스 혁명과 함께 민주주의 혁명으로 인식되고 있다. 그러나 미국의 독립운동 지도자들은 부르주아들이었고, 미국은 독립 후 빠르게 경제·정치적으로 성장하면서 영국제국을 이어 새로운 제국주의적 패권국가가 되었다.

라틴아메리카 국가들은 스페인과 포르투갈 등의 식민통치하에서 19세기 초 정치적 독립을 위해 운동을 전개했다. 이 지역에서 독립운동을 주도한 집단들은 과중한 조세부담과 억압적 통치 정책에 반발한 크리오요(criollo: 아메리카 대륙에서 태어난 백인)들이었다. 이들은 프랑스의 계몽사상과 미국의 독립운동에 고무되어 나름대로 '민족주의'적 정신과 '공화주의' 사상에 기반을 두고 식민 본국 태생으로 정치권력을 독점한 정치가들을 공격했다. 라틴아메리카에서 독립전쟁은 1810년에 시작해 1926년에 종결되었는데, 독립운동의 수행 방식은 지역적 특수성을 반영하면서 다양한 양상으로 이루어졌다. 예로 아이티는 1790년 노예반란을 통해 1804년 프랑스로부터 정치적 독립을 달성한 최초의 라틴아메리카 국가가 되었다. 멕시코에서는 민중세력을 중심으로 독립운동이 전개되었으며 1810년 스페인과 독립전쟁을 시작해 끈질긴 투쟁 끝에 1821년 스페인으로부터 독립을 획득하게 되었다.

멕시코 독립전쟁을 전후해 스페인의 식민지였던 많은 라틴아메리카 국가들이 독립했다. 브라질은 포르투갈의 황태자가 이끄는 식민지 정부가 1822년에 독립을 선포하면서 전쟁 없이 정치적 독립을 달성했다. 1824년에는 페루에서 남아메리카 애국군에 의해 스페인제국의 군대가 대패함에 따라 남아메리카의 여러 국가들이 독립하게 되었다. 이와 같이 대부분 국가들이 19세기 초반에 독립한 것과는 달리 쿠바는 1898년 미국-스페인 전쟁을 계기로 독립을 쟁취하게 되었지만 다시 미국의 반식민지로 전락했다. 다른 한편, 캐나다는 1837~1838년 소규모 독립운동을 전개했으나 실패했지만, 이를 계기로 영국은 캐나다를 통합해 연방을 구성하면서 자치령으로 전환했고, 그 후 캐나다 연방에 다른 여러 주들이 합쳐져서 1931년 주권국가로서 영연방을 구성했고 1949년 법적으로 완전히 독립했다.

(3) 아시아 국가들의 독립운동

19세기 말부터 아시아 지역에서는 서구 제국들의 침탈에 저항하는 민족주의와 민족운동이 전개되었다. 특히 제1차 세계대전 직후 아시아 각국에서는 반제국주의적 민족주의에 기반을 둔 독립운동이 활발하게 일어났다. 한국, 중국, 베트남 등은 그 이전부터 민족적 결속을 전제로 했지만, 필리핀이나 인도네시아는 그렇지 못했다. 전자의 국가들은 공통적으로 민족주의적 입장에서 서양과 일본 제국주의 세력의 침탈에 대항했다. 러시아 혁명 이후 아시아의 민족운동 진영은 자본주의를 지향하는 우익과 사회주의를 추구하는 좌익으로 나뉘었다. 중국과 한국에서는 좌우익의 대립과 연합을 반복했고, 베트남에서는 1930년대부터 좌익이 우세했다.

중국은 서양 열강들의 침탈에 조차지를 내어주는 정도였지만, 청일전쟁 이후 일본의 압박이 점차 커졌고 1930년대 이후 일본과의 전쟁에서 일부 지역이 점령을 당했다. 중국에서는 외세에 저항하는 여러 운동들(변법자강운동과 의화단운동 등)이 실패한 후 쑨원을 중심으로 신해혁명이 발발해 1911년 군주제가 폐지되고 공화정으로 전환했다. 또한 1919년 베이징 대학생들을 중심으로 발생한 5·4운동은 각계각층이 호응하는 전국 운동으로 확산되었는데 반제국주의, 반군벌, 국권 회복을 위한 민족운동으로서 의의를 가진다. 그 이후 쑨원의 국민당은 중국 공산당과 제휴해 제1차 국공합작(1923~1927)을 이루었고, 그의 뒤를 이은 장제스가 1937년 일본과의 전쟁이 본격적으로 발발하자 제2차 국공합작(1937~1945)이 성립되었다. 제2차 세계대전이 일본의 패망으로 끝나자 국민당과 공산당은 일본 점령지에 대한 배분을 둘러싸고 무력 충돌하면서 합작이 결렬되었다. 이에 따라 국공내전에서 승리한 공산당의 주도로 중화인민공화국이 1949년 타이완을 제외한 중국 본토에서 건국되었다.

인도에서는 영국의 식민지배로 민족적 자각이 고조되면서 종교적 개혁운동과 더불어 독립운동의 일환으로 자치정부 수립 투쟁이 발생했으며, 1885년 지식인과 지주층 실업가들이 인도 국민회의를 조직해 합법적 민족운동을 전개했다. 1906년 국민회의가 결의한 자치, 국산품 애용, 민족교육 등의 목표는 영국의 식민통치에 전면적으로 반대하는 저항운동으로 전개되었고, 힌두교도뿐만 아니라 이슬람교도들의 전폭적인 성원이 있었다. 영국은 이러한 민족주의적 독립운동에 대해 친영단체를 결성해 분열을 꾀했지만, 간디를 중심으로 한 국민회의파는 완전 자치를 주장하며 비폭력, 불복종의 민족운동을 전개했다. 이러한 운동에 힘입어 인도는 1947년 독립을 했지만, 힌두교와 이슬람교도 간의 민족분열이 벌어지고 말았다.

그 외 동남아 국가들 가운데 필리핀은 300여 년 스페인의 식민지였지만, 19세기 후반 미국-스페인 전쟁 동안 필리핀 공화국을 수립하고 독립을 선포했다. 그러나 전쟁에서 이긴 미국은 독립을 승인하지 않았고, 필리핀인들은 미국을 상대로 독립운동을 전개했다. 1935년 미국의 허용하에 독립과도정부가 성립되었지만, 제2차 세계대전의 발발로 일본군에 의해 점령되었다. 일본은 미국과의 전쟁을 위해 필리핀공화국의 독립을 허용했지만, 다시 미군이 점령한 후 미국에 망명해 있던 독립과도정부 요인들을 중심으로 1946년 필리핀공화국이 수립되었다.

베트남의 경우는 또 다른 독립운동과정을 거쳤다. 19세기 인도차이나반도 일대로 유럽 열강의 침탈이 진행되면서, 베트남은 프랑스 보호령으로 편입되었다. 이에 저항하는 운동들이 전개되었지만 경제적 수탈과 문화적 억압을 당했다. 제2차 세계대전 중 일본이 진주했지만, 형식적으로는 전쟁 말기까지 프랑스가 통치했다. 종전 직후 많은 식민국가들이 독립했지만, 프랑스는 식민정책을 포기하지 않음에 따라 호찌민을 중심으로 민족주의 저항세력은 프랑스와의 제1차 인도차이나 전쟁(1946~1954)을 통해 남북에 각각 분단된 공화국을 수립했다. 그 후 베트남은 미국과의 제2차 인도차이나전쟁(1964~1975)을 통해 남북통일을 이루었다.

(4) 아프리카 국가들의 독립운동

유럽 제국들에 의해 분할·통치되었던 아프리카의 여러 민족들은 제1차 세계대전 이후 민족주의를 자각하고 민족운동을 추진하게 되었다. 즉, 아프리카 민족주의는 양차 대전 사이 약 20년 동안 형성되었는데, 그 시작은 해외 거주 아프리카 지식인들에 의해 파리에서 구성된 범 '아프리카' 운동 모임에서 찾을 수 있다. 제2차 세계대전 동안 아프리카를 지배하던 서구 국가들은 독일의 침략전쟁에서 아프리카인들의 협력을 확보하기 위해 전쟁 후 자치독립을 약속했고, 또한 식민지 당국자들에 대한 아프리카인들의 불만 등은 아프리카 민족주의를 촉진했다. 제2차 세계대전 이후에는 특히 북아프리카 민족주의에 영향을 받았고 또한 전쟁 후 각지에 보급된 근대 교육에 힘입어 민족운동이 급속히 확산되었다.

이에 따라 우선 리비아, 이집트, 수단, 모로코, 튀니지 등이 독립했다. 예로 이집트는 1922년 입헌군주국으로 영국으로부터 독립했고, 1953년 나세르가 군부 쿠데타를 일으켜 공화국을 선언했다. 수단은 1956년 영국과 이집트의 공동관리하에서 벗어났지만, 2011년 국민 투표로 남수단이 분리 독립하면서 석유 지대 및 종교 문제로 갈등을 겪고 있다. 1955년 인도네시아 반둥에서 열린 제1차 아시아아프리카 회의와 1957년 카이로에서 열린 아프리카 국민회의 등을 통해 민족해방운동의 국제적 유대가 강조되었다. 1958년에는 가나에서 아프리카 대표들이 모여 '전 아프리카 국민회의'를 설립했고, 1960년에 17개국이 한꺼번에 독립하는 '아프리카의 해'를 맞기도 했다.

그러나 아프리카 민족주의 운동은 인위적으로 획정된 국경선과 원주민들 내 부족적·인종적·언어적 대립으로 통합이 저해되고, 신생 독립국들도 여러 국내 사정과 과거 식민 본국과의 관계에 따른 친서방계 국가들과 민족주의계 국가들로 구분되어 대립하기도 했다. 또한 여전히 백인우월주의가 잔존해 예로 남아연방에서는 인종격리를 위한 다양한 제도들에 의해 원주민들이 억압되었고, 이러한 인종차별은 다른 국가들에 영향을 미쳤다. 유엔 총회에서는 거의 해마다 아프리카 인종차별에 대한 비난 결의안이 다루어졌다. 이에 따라 반식민·반제국주의에 따른 아프리카 민족주의 운동이 지속되었지만, 앙골라, 콩고, 르완다 등 여러 국가들에서는 민족운동 단체들이나 인종 집단들 간에 갈등이 초래되었고, 이에 대한 강대국들의 개입으로 심각한 내전을 치르기도 했다. 현재 아프리카에는 서 및 동 아프리카의 섬들의 일부와 서사하라 등 몇 군데 식민지가 잔존해 있다.

2) 식민통치의 영향과 탈식민화

(1) 식민통치가 미친 영향

식민통치로부터의 해방은 식민지인들에게 독립된 국가 수립을 통해 경제·정치적 발전을 이룰 수 있는 여건을 가져다줄 것으로 기대되었다. 그러나 실제로는 독립을 쟁취한 식민지인들 대부분은 내적으로 정치적 무질서와 내전, 빈곤과 불평등 그리고 외적으로 경제적·군사적·문화적 예속을 벗어나지 못했다. 이러한 점에서 식민통치가 식민지역에 미친 영향을 검토할 필요가 있다. 식민통치란 결국 식민제국이 식민지인들의 정치적 주권과 자유를 박탈하고, 자신의 운명을 스스로 결정할 수 없게 만드는 것이었다. 식민제국의 통치 특성이나 식민지의 지리적 여건에 따라 식민체제의 성격은 다소 달랐지만, 식민지인들을 억압하고 식민지 수탈을 목적으로 했다는 점은 차이가 없었다. 식민지인들은 정치, 외교, 군사적 자주권을 빼앗겼고, 식민지는 식민 본국의 요구와 이익에 기여하도록 강제되었다. 식민지인들은 자생적으로 발전시킬 수 있는 기회를 원천적으로 차단된 것이다.

식민통치가 미친 부정적 영향은 오늘날 아프리카 국가들의 국경선과 부족 간 갈등과 내전에서 잘 나타난다. 유럽인들은 아프리카 식민지의 많은 경계선을 식민지인들의 의사와는 무관하게 식민제국들 간 타협에 따라 멋대로 획정했다. 이 경계선들은 종족이나 문화를 무시한 것으로, 독립 이후 새로 탄생한 국가들은 이러한 국경선을 그대로 물려 받았다. 게다가 종족들을 분할 통치함에 따라 독립 후에도 잔존한 종족 간 분열로 인해 심각한 분쟁이 발생하고 심지어 종족의 대학살로 치닫기도 했다. 예로 벨기에는 1919년 중앙아프리카에 위치한 르완다를 지배하면서 소수부족인 투치족을 내세워 식민통치를 함에 따라, 벨기에가 물러간 후에 투치족과 다수 집단인 후투족 간에 갈등과 내전이 시작되었다. 1959년 시작된 이들 간 전쟁이 끊이지 않고 지속되어, 1994년 후투족 민병대가 투치족 민간인 20~50만 명을 살해하는 참사가 벌어지고도 했다. 또한 생태환경적 측면들이 고려되지 않았기 때문에, 오늘날에도 자원의 생산이나 하천 이용, 바다로의 출구 문제 등을 둘러싸고 인접국들 간에 많은 분쟁들이 발생하고 있다.

식민통치에 대한 이러한 부정적 영향은 특히 아프리카 국가들에서 심각하게 나타나고 있지만, 식민지배를 경험했던 대부분의 국가들은 긍정적인 영향보다는 부정적 결과를 더 많이 안게 되었다고 하겠다. 물론 현재 발생하고 있는 모든 문제들을 과거의 식민통치의 결과로 해석하는 것은 옳지 않겠지만, 식민지배를 옹호하는 것은 더 큰 문제라고 할 수 있다. 즉, 서구 제국이나 일본의 문물을 선진된 것으로 착각하고, 식민통치가 그 지역의 근대화를 촉진하고 문명의 혜택을 가져다주었다는 사고는 식민제국의 관점에서 주장되는 것으로, 이러한 주장은 자신들의 억압적 식민통치를 정당화·미화하기 위한 것이라고 할 수 있다.

오늘날 한국은 이러한 식민통치의 부정적 영향에도 불구하고 정치경제적으로 발전한 국가들의 대표적 사례라고 할 수 있다. 식민지 근대화론은 한국의 경제·정치적 발전의 근원을 일제 식민통치의 역사에서 찾는 관점이다. 식민지 수탈론과 대립되는 이러한 관점은 일제의 무단통치에 이어 문화적 통치 기간 동안 조선에 근대적 문명이 이식되었다고 주장한다. 또한 이 시기 각종 도로, 철도, 항구 등의 물적 기반과 제조업 공장 등이 건립되어 자본주의 경제가 시작되었다는 점이 강조된다. 그러나 일제 통치하의 조선인은 정치에 참여할 수 없었고, 입법·사법·행정의 모든 권한을 총독이 장악하고 있었기 때문에, 일제에 의해 근대적 정치제도가 마련되었다는 주장은 사실이 아니다. 또한 경제적 측면에서 일제에 의해 근대화가 촉진되었다는 주장도 사실과 부합되지 않는다. 일제에 의해 근대적 공업지역이 형성된 곳은 대부분 한반도 북부 지역이고 일제의 만주 침탈을 위한 병참기지의 역할을 담당했으며, 반면 남부지역에는 공업이 별로 입지하지 못했지만 실제 오늘날 산업이 발전한 지역은 남한이다. 또한 사회문화적 측면에서도 한글과 한국말을 쓸 수 없었고 창씨개명과 신사참배 강요 등으로 조선인은 차별과 억압을 당했다.

이와 같이 식민주의 일반, 특히 일본의 식민통치에 대해 비판적 입장이 필요한 몇 가지 근본적 이유는 다음과 같이 열거할 수 있다(채오병, 2019). 첫째, 식민주의의 긍정적 측면을 강조하는 것은 식민제국의 기만성에 따른 것이다. 즉, 서구 식민주의는 흔히 '문명화'에 기여를 강조하고 특히 일제는 '동양의 평화' 등을 주장했지만, 이는 식민주의를 미화하기 위한 수사 또는 이데올로기에 불과하다. 둘째, 식민주의는 피통치민으로부터 동의에 기초하지 않는다. 식민통치의 결과가 설령 긍정적 측면이 일부 있다고 할지라도, 식민지인들의 동의가 없었다면 정당한 통치라고 할 수 없다. 셋째, 식민통치는 식민지인들에게 실질적으로 엄청난 피해를 입혔다. 식민통치는 정치, 경제, 사회문화적으로 식민지인들에게 차별과 불이익을 가져다주었다. 넷째, 식민통치는 통치 기간만 아니라 그 이후에도 많은 경제적·문화적 해악과 갈등을 초래했다. 예로 영국이 인도를 식민통치하기 이전 무굴제국하에서 불교, 이슬람, 힌두교가 나름대로 서로 적응하며 공생했지만, 영국의 분할통치 전략으로 인해 통치 기간뿐 아니라 분리 독립한 이후에도 이들 간에 갈등이 빈번하게 발생하고 있다. 요컨대 식민제국의 식민지를 수탈하고 식민지인들을 차별하지 않았다면, 식민주의 자체가 성립할 수 없다.

(2) 신식민주의와 새로운 종속

독립은 식민 본국의 억압적 통치로부터 벗어나 독자적인 국민국가를 꾸리는 과정이다. 식민통치를 겪었던 많은 지역들이 법적·정치적 독립을 쟁취한 것은 매우 중요한 의미를 가진다. 그러나 법적·정치적 독립이 경제적으로나 사회문화적으로 식민주의로부터 즉각적이고 완전한 탈피를 가져다주는 것이 아니다. 상당수 국가들은 정치적 독립 이후에도 식민 본국에 여러 이유로 여전히 종속적 위치에 놓여 있다. 임덕순(1997: 328)은 이러한 점에서 식민지를 2가지 유형, 즉 정치적 주권이 박탈당한 (그리고 경제적·사회문화적으로도 억압된) 고전적 식민지와 정치적으로 독립을 했지만 경제적·군사적으로 여전히 강대국에 의존해 있는 비고전적 식민지로 구분한다. 이러한 구분이 필요한 이유는 정치적 독립이 형식적이고 대외적 명분이나 국민의 민족의식에 이바지하겠지만, 그 이상의 힘을 발휘하지 못하기 때문이다. 따라서 경제적·군사적으로 강대국에 의존하는 종속국의 지위에 있는 국가는 사실상 식민지를 벗어나지 못한 국가라 할 수 있으며, 이러한 식민지배의 유형은 신식민주의로 지칭될 수 있다.

　고전적 식민지가 거의 사라진 이후에도 이와 같은 경제적 종속국 또는 신식민지 국가가 생성되는 경우는 ① 과거 식민 본국에서 독립했지만 여전히 경제적으로 종속된 경우, ② 독립 이후 또 다른 강대국에게 경제적으로 종속된 경우, ③ 과거에는 식민지가 아니었지만 경제적 식민지로 전락한 경우 등 3가지 유형으로 구분된다(Organski의 분류, 임덕순, 1997: 329 재인용). 오늘날에도 아프리카 일부 국가들에서 ①의 경우를 찾아볼 수 있지만 독립 후 식민 본국과의 관계가 단절되었고(예: 베트남과 프랑스, 인도네시아와 네덜란드 관계), 오히려 ②가 더 흔하게 나타난다. 특히 미국과 소련이라는 초강대국들로 세계가 양분되었던 냉전체제 기간에 신생 독립국이나 약소국은 어떤 강대국에 의존하지 않고서는 존립하기 어려웠다. 이로 인해 약소국들은 경제적·사회문화적으로 의존하는 강대국에 종속될 뿐만 아니라 군사적 및 이념적으로도 강대국의 정치노선에 동조할 수밖에 없었다. 이러한 새로운 지배/종속 관계의 사례로 라틴아메리카 국가들과 미국, 동유럽의 여러 국가들과 소련 간 관계에서 찾아볼 수 있다.

　이와 같이 냉전체제하에서 강대국에 종속되는 국가들 가운데 일부 국가들은 차단지로서 위성국이라고 불리기도 했다. 차단지란 어떤 국가의 주변에 위치해 외부의 침략으로부터 그 국가를 막아줄 수 있는 방패와 같은 역할, 즉 외침을 차단시켜 주는 역할을 담당하는 지역을 말한다. 강대국이 자국 주변에 이러한 차단지를 존속시키려면, 해당 지역이나 국가에 대해 효과적인 영향력을 발휘하거나 지배할 수 있어야 한다. 이를 위해 강력한 정치적 간섭, 경제적 원조, 군사적 동맹관계 등을 유지할 필요가 있고, 이로 인해 강대국의 영향력하에 놓인 국가들, 즉 위성국들은 결국 식민지적 지위에 있다고 할 수 있다. 특히 구소련의 위성국들은 고전적 식민지들보다 더 교묘하고 완벽하게 지배되었고, 미국의 보호하에 있는 주변 국가들도 이러한 위성국적 성격을 내재하고 있었다. 이들은 강대국들 간의 충돌을 차단하거나 심지어 이러한 충돌을 대리하는 국지적 전쟁을 겪기도 했다.

　제2차 세계대전이 끝나고 기존의 많은 식민지들이 독립했음에도 불구하고, 여전히 많은 국가들은 강대국에 의존하거나 또는 강대국의 직접적 개입이나 영향력 행사로 경제적·정치적·사회문화적으로 종속적 지위를 벗어나지 못하고 있다. 특히 많은 식민지들이 독립된 후 반세기가 더 지났음에도 후진국과 선진국, 즉 글로벌 남부와 북부 간 경제적 격차는 더욱 확대되었고, 이러한 경제적 격차는 가까운 장래에 해결될 것처럼 보이지 않는다. 또한 문제는 과거 식민지배 과정에서 우월한 지위에 있던 국가들은 여전히 자인종 중심적 우월주의에 빠져 있는 반면, 식민통치의 아픈 경험을 가진 국가들과 국민 가운데 상당수는 과거 식민지배 과정에서 생성된 열등의식을 여전히 벗어나지 못하고 있다는 점 때문이다.

(3) 포스트식민주의와 탈식민문화

오늘날 공식적 제국은 더 이상 존재하지 않는다는 점에서, '포스트식민' 시대라고 할 수 있다. 여기서 포스트(post)란 두 가지 의미, 즉 시간적으로 식민주의가 끝난 후라는 의미와 식민통치는 끝났지만 식민주의에 의해 깊은 영향을 받은 채로 있는 상황을 탈피하고자 하는 비판적 담론을 의미한다. 즉, 애슈크로프트(Ashcroft)에 의하면, 포스트식민주의(postcolonialism)란 "식민주의 시기로부터 현재에 이르기까지 제국주의적 영향으로부터 자유로울 수 없었던 모든 문화를 포괄하는 통칭적 개념으로 사용"된다(오인영, 2002: 3). '포스트'란 흔히 '탈-'을 의미하며, 따라서 제2차 세계대전 이후 아프리카, 아시아에서 많은 독립국가들이 출현한 것을 고려하면 탈식민시대라고 할 수 있지만, 이 국가들이 서구의 지배를 완전히 벗어나 진정한 탈식민 상태에 있는 것은 아니라는 점에서 '포스트'식민시대라고 불린다.

포스트식민주의는 1978년 출간된 사이드(E. Said)의 『오리엔탈리즘(Orientalism)』(2015)에 근원을 두고 있다. 사이드는 지식과 권력의 결합에 관한 푸코의 주장에 영향을 받고, 서양은 인식론적 체계를 통해 동양을 지배했으며, 제국주의 통치는 무력의 문제보다 인식의 문제가 더 심각하다고 주장한다. 이러한 점에서 식민주의 권력의 정치·경제적 작동 방식으로부터 지배권력의 유지에 기여한 지식체계에 대한 관심의 전환이 요청된다. 포스트식민주의는 서양의 지식체계와 방식을 세계적 보편성을 가지는 것으로 간주하는 유럽의 인식론에 도전해 비판하고자 한다. 그러나 바바(H. Bhabha)는 이러한 사이드의 주장 역시 서양의 본질주의와 다르지 않다고 비판하면서, 지배/피지배라는 이분법적 대립이 아니라 다양한 종류의 모호함과 혼종성이 식민주의 담론을 특징지운다고 주장한다. 또 다른 포스트식민주의 이론가인 파농(F. Fanon)도 역시 식민지 지배자와 종속민 사이에 존재하는 불가피한 상호의존 관계에 주목해, 식민지 종속민의 조건을 '모방성'의 징후로 진단하면서 지배자를 증오하면서도 찬탄하고 선망하는 종속민의 정서를 지적한다(박지향, 2017).

자료 8-3:

'오리엔탈리즘'과 포스트식민주의

동양을 의미하는 오리엔트(orient)는 서양(occident)과 대비되는 말이다. 그러나 이 용어는 동양과 서양을 구분하는 단순한 지리적 용어가 아니라 문화적 재현, 정체성과 타자화, 권력 등을 함의한다. 여기서 동양은 단지 물리적 공간이나 위치로 동쪽 지역이나 국가들을 지칭하는 것이다. 서구인들에 의해 인식된 동양, 즉 이성적으로 성숙하지 않은 미개한 세계, 근대화에 뒤처진 낙후된 세계, 민주주의 전통보다는 아시아적 전제주의가 만연한 세계, 서구적 합리주의 대신 동양적 신비주의가 지배하는 세계 등으로 인식된다. 가난과 질병, 불결함과 비위생적 환경, 미신과 무지 등이 이러한 인식을 구체화하는 이미지로 떠오른다. 즉, 동양은 단순히 '예루살렘'의 동쪽에 있는 지역이 아니라, 이러한 표상들을 떠올리는 표상(또는 재현)된 세계이다.

만약 동양이 지리적 개념이라면, 그것은 이런 표상이나 이미지들로 구성된 지리적 개념이고, 이런 이미지를 만드는 담론이나 서술 또는 상상력 속의 공간이라고 할 수 있다. 동양은 실제 경험된 세계가 아니라 서양에 특징적인 것을 기준으로 이러한 특징들이 결여된 세계로 규정된다. 동양은 지리적으로 경험되거나 존재하는 '동양'이 아니라 이미지로 재현된 '비서양'이다. 이러한 재현된 동양에 비해 서양은 합리적·근대적·민주적·과학적·위생적 사회라는 동일성을 획득하게 된다. 반면 동양은 이들이 결여한 사회로 정체성이 부여되는 '타자'가 된다. 나아가 동양은 이러한 보편적 기준에 따라 열등하기 때문에, 서양의 지배를 받아야 하며, 이를 통해 자신을 이성적으로 성숙시키고 사회를 합리적으로 재편하는 문명화의 길로 나아가야 한다는 점이 강조된다.

오리엔탈리즘에 대한 이러한 비판적 인식은 에드워드 사이드의 동명 저서 『오리엔탈리즘』에서 제시된 것이다. 여기서 사이드는 오리엔트라는 말에 따라다니는 관념과 이미지를 추적하고자 한다. 오리엔트라는 용어가 재현하는 이미지는 미개한 동양, 어두운 동양, 일그러진 동양 등이고, 이러한 용어는 항상 이러한 이미지로 덮어씌우려는 '일반의지'를 드러낸다. 예로, 동양과 마찬가지로 동양인에 대한 이미지는 서양의 백인 중년남자를 기준으로 미성숙된 야만인, 흑인이나 중동의 유색인, 허약한 여성으로 재현된다. 따라서 이들은 이성적으로 성숙될 때까지 서양의 식민지배를 받아야 하는 것으로 치부된다. 동양(식민지) 사람은 이러한 동양, 동양인에 대한 재현에 대해 아무런 반론을 할 수 없다. 왜냐하면 이 이미지는 서양인들의 자기 정체성에 대한 타자화로 구축된 것이기 때문이다.

사이드는 이러한 동양, 동양인에 대한 상상된 이미지와 이를 공간적으로 투영한 상상의 지리에 대해 비판하고자 한다. 그는 "우리 가운데 누구도 지리 밖에 또는 이를 넘어 존재하지 않는 것처럼, 우리 누구도 지리를 둘러싼 투쟁에서 완전히 자유로울 수 없다. 이 투쟁은 복잡하고 흥미롭다. 왜냐하면 이는 단지 군인과 대포에 관한 것만 아니라 사고, 형식, 이미지의 상상하기에 관한 것이기 때문이다"(Said, 1993: 7; 그레고리, 2013: 503 재인용)라고 주장한다. 이러한 점에서 포스트식민주의는 매우 '지리'적이다. 공간, 중심과 주변, 경계와 같은 어휘들은 포스트식민주의를 구성하는 용어들이며, 우리가 세계를 바라보는 방식에 따라 지도와 경관을 통해 (재)생산된다(샤프, 2011). 그레고리(2013)는 이러한 사

표 8-3. 옥시덴트와 오리엔트

옥시덴트/동일	오리엔트/타자
합리적	비합리적
역사적	영구적
남성적	여성적

자료: 그레고리(2013: 525).

이드의 (지리학적) 서술을 푸코와 비교하면서 논의하면서, 옥시덴트(서양)과 오리엔트(동양)을 <표 8-3>처럼 대비시키고 있다.

에드워드 사이드의 저서 『오리엔탈리즘』은 학술적 및 대중적으로 큰 충격을 주었다. 이 저서는 학술적으로 비서구사회의 지식인들에게 서구의 관점이 아니라 자신의 관점에서 자신의 역사와 사회를 성찰하고, 또한 일반 시민들이 자기 정체성을 바탕으로 사회를 이해하도록 한다. 예로 인도의 포스트 식민주의 연구자들은 '서발턴(subaltern)'의 개념 등을 통해 식민주의 역사학에서 배제된 민중을 역사의 주체로 복원하고자 한다. 또한 포스트식민주의 페미니즘의 관점에서, 제3세계 여성들은 특권적 지위를 가진 백인 여성보다는 자신과 같은 지위 또는 국적을 가진 남성과 더 많은 공유점을 가진다고 생각한다.

이러한 점에 근거하여 『오리엔탈리즘』은 포스트식민주의의 시작으로 평가되고 있다. 물론 포스트 식민주의와 관련된 여러 학자들과 저서들이 있다. 예로 파농은 『검은 피부, 하얀 가면』(2014/1967)에서 식민주의적 권위는 흑인들에게 백인의 문화를 흉내 내도록 함으로써 작동한다고 주장한다. 사실 사이드의 『오리엔탈리즘』은 서구 포스트모더니즘의 이론적 영향을 받았다는 점에서 탈식민주의의 효시로 간주되기에는 한계가 있다. 포스트식민주의는 탈구조주의적 해체론에 근거한 포스트모더니즘뿐 아니라 마르크스에 기초한 제3세계의 반식민적 민족주의의 영향도 많이 받았기 때문이다. 또한 포스트식민주의에는 식민지 독립 이전부터 전개되어 온 제3세계의 자생적이고 주체적인 반식민주의 운동의 전통을 이어받은 것이라고 주장되기도 한다.

이와 같이 이분법적 구분과 본질주의에 반대하는 견해, 특히 혼종성 개념과 더불어 포스트식민주의 연구에 중요하게 기여한 일군의 연구자들로 인도 출신의 서발턴(subaltern) 학파를 들 수 있다. '서발턴'이란 한 사회 내에서 국가에 의해 배제되고 억압된 사람들, 민족이라는 거대 담론에 의해 그 존재가 인식되지 않은 사람들을 지칭하는 용어로 여성, 농민, 노동자, 그 외 종교적·사회적 소수집단을 포함한다. 서발턴 연구자들은 이들의 '파편화된 우연의 역사'를 찾아내어 역사에서 생략된 이들의 정치를 쓰는 것이 중요하다고 주장한다. 이들에 의하면, 이러한 서발턴의 정치는 유럽의 식민주의자들과 토착 엘리트의 정치와는 구분되는 독자적 영역을 가지고 있으며, 이들의 정치는 기존의 식민주의, 민족주의, 마르크스주의 이론으로도 이해될 수 없고 민족이나 계급의 개념과도 어울리지 않는 집단과 영역을 구축한다. 특히 정치지리적 또는 지정학적 관점에서 국가에 의해 배제되거나 주변화되고 거대 담론에 의해 침묵을 강제당하는 서발턴의 목소리에 대한 포스트식민주의적 연구를 위해 '서발턴 지정학'이라는 용어가 사용될 수 있다(류제원 외, 2020).

이러한 포스트식민주의는 포스트모던 사회이론에서 영향을 받고, 연구의 범위를 담론 분석에 국한하면서, 기존의 역사를 단지 텍스트 또는 '거대사서'로 이해하고, 식민주의나 민족주의 자체를 부정한다는 점 등에서 한계가 있다. 그러나 포스트식민주의 연구는 유럽제국의 지식체계나 토착 엘리트의 민족주의는 식민지인의 생활과 정치를 설명하는 데 적절하지 않다고 강조하고, 또한 식민지인들이 식민통치에서 수동적인 종속자가 아니라 자신의 목적을 가진 행위자로서 이해하고자 했으며, 서양/비서양 관계와 이에 따른 지배/종속의 개념보다 상호작용적 성격에 초점을 두고 있다는 점에서 의의를 가진다. 특히 이러한 포스트식민주의는 (정치)지리학적으로 공간에 대한 식민지배에 내재된 지리적 함의를 드러내고, 식민주의적 이분법에 근거한 중심 지향적 사고에서 벗어나 탈경계적 관점에서 장소나 도시를 이해할 수 있도록 한다(이영민, 2011). 또한 식민주의 담론에서 지리적 재현이 가지는 특성과 국지적 지리의 기획과 전개 과정을 식민 본국의 이론이나 전체주의적 재현체계로부터 분리시키며, 식민지배하에서 서발터에 의해 점유되고 의미가 부여된 숨겨진 공간들을 고찰하고자 한다는 점에서 의의를 가진다(전종환, 2009).

식민통치의 역사를 벗어나기 위해, 즉 진정한 의미의 탈식민화를 위해 식민제국으로부터 정치적으로 독립하는 것이 무엇보다 중요하지만, 또한 경제적 자립과 더불어 식민시대에 억압되었던 식민지인들의 정체성과 담론을 회복하는 것도 매우 중요한 의미를 가진다. 다른 한편으로 과거 식민 본국이었던 국가들이 현재에도 여전히 노골적 또는 암묵적으로 드러내고 있는 제국주의적 욕망을 탈피하는 것이 매우 중요하다. 대표적 사례로 일본은 최근 과거 침략전쟁과 식민통치를 미화하면서 역사를 왜곡하고 있을 뿐 아니라, 새로운 제국주의적 국가가 되기 위해 헌법을 개정할 움직임을 보이고 있다. 하지만 일본을 포함하여 과거 식민제국들은 가해자로서 자신의 과오를 인정하고 식민지 피해자들에게 사죄와 보상을 해야할 뿐 아니라 식민지인들의 역사와 문화, 정체성을 인정하는 의식을 가져야 한다. 진정한 의미의 탈식민화는 과거 식민지였던 국가들에 잔존하는 물질적·정신적 유산을 청산해야 할 뿐 아니라 식민제국들이 아직도 고수하고 있는 제국주의적 욕망을 벗어나서 상호 신뢰하고 협력할 수 있을 때 이루어질 수 있을 것이다.

제 9 장

냉전과 탈냉전의 세계 정치지리

1. 고전지정학과 냉전 시대의 지전략

1) 고전지정학의 발달

지정학은 시기와 내용 면에서 크게 두 가지 유형으로 구분된다. 하나는 고전(또는 전통)지정학으로, 국가운영 원리(state craft)로서의 지정학이다. 고전지정학은 1900년대 전반부에 라첼의 정치지리학의 영향력하에서 발달한 전략 또는 담론으로, 강대국의 세계전략을 국가의 위치 및 지리적 관계를 중심으로 설명한다. 세계정치에서 주축지역을 장악한 대륙세력이 역사의 중심이라고 주장한 매킨더(H. Mackinder)의 심장지역이론이나 주변지역의 해양력을 강조한 스파이크만(N. J. Spykman)과 마한(A. T. Mahan)의 저작들은 이러한 고전지정학의 이론적 기반을 제공했다. 고전지정학은 대륙세력과 해양세력의 대립이라는 서술 방식을 통해 지속적으로 등장하는 개념이지만, 어떤 합리적 근거를 가지는 체계화된 이론이라기보다 환경결정론적 담론이나 전략이라고 할 수 있다.

다른 하나는 비판지정학 또는 신지정학으로, 국가의 위치가 국가의 운명을 결정짓는다는 고전지정학의 기본 가정을 비판하고, 헤게모니 국가들의 세계 전략 이면에 숨은 의도들을 밝히고자 한다. 1990년대 발달한 비판지정학은 포스트모던 방법론에 기반을 두고 다양한 행위 주체들이 어떻게 지리적(물리적 및 담론적) 관계를 구축해 권력을 행사하는지를 설명하고자 한다(지상현·플린트, 2009). 이러한 점에서 우선 고전지정학의 내용 구성을 구체적으로 살펴보고, 이를 현실의 전략적 정책으로 활용하고자 했던 과거 냉전시대의 지정학적 전개 과정을 서술해 볼 수 있다. 또한 탈냉전시대의 도래로 이러한 고전적 지정학 전략의 의미는 많이 탈색되었지만, 여전히 잔존하면서 현실 정치에 반영되고 있음을 확인할 수 있다.

고전지정학은 제국들의 정치공간적 전략의 수립과 이를 정당화하기 위해 발달했다. 특히 독일의 지정학은 라첼의 국가유기체설에 기반해, 국가의 존립을 위해 필요한 생활공간(Lebensraum)을 강조했으며, 지정학적 위치를 국가의 흥망성쇠를 좌우하는 주요 요인으로 간주했다. 이러한 고전지정학은 독일 나치정권뿐만 아니라 영국, 미국, 일본 등에서 자신들의 국제정치적 이해관계와 이를 실현하기 위한 정치공간적 전략 또는 이른바 '지정학적 책략'에 응용되었다. 이러한 점에서 주요 책략으로 심장지역(heartland)이론과 주변지역(rimland)이론 그리고 이와 관련해 냉전체제하에서 시행되었던 정책들을 살펴볼 수 있다(임덕순, 1997; 1999; 김택, 2007; 이강원, 2011 등 참조).

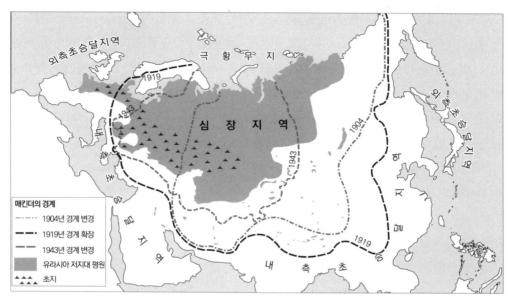

그림 9-1. 시기별 심장지역 경계의 변화
자료: Cohen(2003: 18); 김택(2007: 28).

심장지역과 주변지역은 지구적 차원에서 위치를 고려해 설정한 지역 개념이다(임덕순, 1997: 369). 이 두 개념은 양차 세계대전 기간과 제2차 세계대전 후 냉전체제에서도 지정학 분야의 학자들뿐만 아니라 현실 정치가들의 관심을 끌었다. 특히 매킨더가 제시한 심장지역이론은 냉전체제하에서 미국의 세계정치 전략의 기본 바탕이 되었고, 탈냉전 시대에서도 세계적 차원의 지전략적 사고에 큰 영향을 미치고 있다. 이 이론에 반대하는 입장에서 스파이크만이 제시한 주변지역이론 역시 냉전체제에서 소련에 대한 미국의 지전략 수립에 크게 영향을 미쳤으며, 세버스키(A.P. de Seversky)가 제시한 결정지역론도 나름대로 전략적 의미를 가졌다.

좀 더 구체적으로 살펴보면, 옥스퍼드대학교 지리학교수였던 매킨더는 1904년 발표한 논문, 「역사의 지리적 추축(The geographical pivot of history)」에서 '추축지역'이라는 개념을 제시했다. 추축지역은 체스스카야만(러시아), 모스크바 서쪽, 흑해와 카스피해 사이, 이란 고원, 톈산산맥, 몽골 북쪽과 샤안산맥, 아나디르산맥 서부를 연결한 선의 내측에 해당된다. 유라시아 대륙의 내륙 대부분에 해당하는 이 지역의 주요 특징은 레나강, 예니세이강, 오비강, 볼가강 등의 대하천 유역이지만, 앞의 3개 하천은 북극해로 흐르고, 볼가강도 카스피해로 유입하기 때문에 외부 해양과는 단절되어 있어서 영국 등의 해양세력이 접근할 수 없다.

추축지역의 바깥쪽에 인접해 둘러싸고 있는 지역은 내측 초승달 지역(inner crescent, 또는 주변 초승달 지역 marginal crescent)이라고 불리며, 여기에는 서유럽, 그리스, 튀르키예, 이란, 인도, 인도차이나, 중국, 한국 등이 자리 잡고 있다. 내측 초승달 지역 바깥쪽에는 외측 초승달 지역(outer crescent, 또는 도서적 초승달 지역 insular crescent)이 있는데, 여기에는 북아메리카, 라틴아메리카 국가들, 남아프리카, 오스트레일리아 등이 포함되며, 영국과 일본은 조금 안쪽에 있지만 외측 초승달 지역에 속하는 것으로 간주된다.

매킨더는 그의 저서 『민주주의적 이상과 현실(Democratic Ideals and Reality)』(1919)에서 추축지역의 개념을 발전시켜 심장지역이론을 제안했다. 심장지역은 추축지역의 범위에 발트해, 다뉴브강의 중·하류, 흑해, 소아시아, 아르메니아, 이란, 티베트, 몽골 등을 더한 것으로, 아시아의 2분의 1과 유럽의 4분의 1가량에 달하는 유라시아 내부지역에 해당한다(안영진, 2005: 91~92). 이 지역은 대하천 유역으로 광대하고 비옥한 토지와 유용한 자원이 풍부하고, 대양과 접촉하기는 어렵지만 장기적으로 대제국이 성장할 수 있는 지역으로 간주된다. 매킨더의 주장에 의하면, "동부유럽을 지배하는 자는 심장지역을 지배하고, 심장지역을 지배하는 자는 세계 섬(world island)[즉 유럽아시아, 아프리카의 연결된 대륙]를 지배하며, 세계 섬을 지배하는 자는 세계를 지배한다". 매킨더는 심장지역을 차지하고 있는 러시아가 비록 해운은 좋지 않지만 철도망의 확충을 통해 유라시아 내부지역을 장악해 급성장했고 인접 국가들, 예로 핀란드, 스웨덴, 폴란드, 튀르키예, 페르시아(이란), 인도에까지 압력을 행사하고 있다고 보았다. 그는 심장지역의 러시아(구소련)가 해양 지역으로 진출하는 것을 막아야 하며, 그렇지 못하면 주변지역이 러시아의 세계지배를 굳건하게 하는 바탕이 될 것이라고 우려했다.

매킨더는 1943년 발표한 '둥근 세계와 평화의 승리(The round world and the winning of peace)'라는 제목의 논문에서 심장지역의 범위를 일부 수정했다. 이러한 수정은 1904년 및 1919년 이후 세계 정치지리의 변화에 부응하기 위한 것으로, 투영법도 기존의 메르카토르 도법에서 극중심의 극도법으로 바꾸었다. 매킨더는 러시아 대륙의 서부 인구희소지역인 레나랜드(레나강 유역으로 예니세이강 동쪽 전 지역)를 빼고 그 범위를 대폭 축소했다. 이에 따라 심장지역 경계는 동쪽으로 레나랜드, 서쪽으로 발트해와 흑해 사이의 광대한 지협(地峽), 남쪽으로 중앙사막지대(고비사막, 티베트사막, 이란사막), 북쪽으로 북극해 연안으로 좁혀졌다. 또한 매킨더는 제2차 세계대전 당시 공군의 위력을 새롭게 평가하면서, 심장지역만이 가장 중요한 전략지역이 아니라 북대서양도 전략적으로 매우 중요하다고 보았다.

매킨더의 심장지역이론은 19세기 말 미국 해군 제독이었던 마한이 주장한 해양세력 우세론에 대항하기 위한 것으로, 해양의 중요성을 인정하면서도 육지세력의 우세론을 강조한 것으로 해석된다. 특히 그는 제1차 세계대전을 육지세력과 주변세력, 즉 해양세력 간의 마찰이 고조된 결과로 이해하고, 만약 제1차 대전에서 해양 이점과 육지세력을 겸한 독일이 승리했다면, 세계적 강국이 되었을 것이라고 주장했다. 그러나 그는 해양세력의 중요성을 무시하지 않았다. 이러한 점에서 가령 인도는 러시아(구소련)가 유라시아의 남부지역으로 팽창하는 것을 막아야 할 필수적 보루이기 때문에 영국이 인도를 계속 지배해야 한다고 보았다. 그렇다고 해서 매킨더가 심장지역의 중요성을 포기하지 않았으며, 오히려 과거보다 더 유효하다고 강조했다. 특히 심장지역은 광활한 잠재력이 있으며, 따라서 만약 제2차 세계대전 이후 소련이 해양의 이점을 가지는 독일을 점령할 경우, 세계 최대의 육지 세력이 출현할 것으로 우려했다.

이러한 심장지역이론과 매킨더의 주장은 다소 상반된 의미로 해석되었다. 한편으로 러시아의 남하를 막기 위해 영국이 인도를 계속 지배해야 한다는 주장은 결국 매킨더의 심장지역 이론도 영국 제국주의를 옹호하는 쪽으로 기울어져 있었다고 하겠다(임덕순, 1997: 372). 또한 매킨더의 심장지역이론은 해양 지향적인 영국에서보다는 영토의 광대화와 유용 자원 확보를 지향하며 해양 접근성도 지닌 독일의 지정학자와 정치가들에게 크게 받아들여져, 한때 독일의 세계지배의 전략적 이론으로 간주되기도 했다. 즉, 심장지역 이론과 매킨더의 주장에 매혹된 독일의 히틀러는 제2차 세계대전에서 심장지역을 차지하기 위한 야망으로 폴란드를 공격했고, 나아가 소련을 침공했지만, 결국 자원 및 병력의 부족으로 인해 패했다. 이런 점에서 종전 후 매킨더의 지정학은 많은 학자들로부터 비판을 받지만, 냉전시대 현실 정치에서 서독은 자유세계, 특히 소련과 경쟁적 관계에 있는 미국에게 지정학적으로 매우 중요한 의미를 가졌다.

다른 한편, 이러한 심장지역 이론이 제시된 책의 제목이 『민주주의적 이상과 현실』이라는 점에서 다른 관점으로 해석할 수도 있다. 즉, 매킨더의 논의에서 '심장지역이론' 그 자체에 가려져 큰 주목을 받지 못한 부분으로, 그는 대전 후 새로운 국제질서의 수립을 위해 국제연맹의 중요성을 강조했으며, 이러한 '이상'을 이루기 위해 지리적 '현실'을 직시해야 한다고 주장했다. 즉, 매킨더가 심장지역이론을 통해 궁극적으로 주장하려고 한 바는 '심장지역 지배를 통한 세계지배'가 아니라 '민주주의'라는 이상을 지키기 위해 심장지역이 전제국가에 의해 장악되는 것을 막아야 한다는 점을 부각한 것으로 해석될 수 있다(김택, 2007: 28~29).

이와 같이 심장지역이론은 그 시대적 상황에서 많은 관심을 끌면서 실제 제1차 및 제2차 세계대전에서 핵심 전략으로 적용되기도 했지만, 기본적으로 몇 가지 주요한 의문이나 한계를 자아낸다. 첫째, 유라시아 대륙의 내부 지역의 풍부한 잠재력과 중요성이 인정된다고 할지라도 해군력과 해양의 이점과 비교해 더 큰 가치를 가진다고 할 수 있는가, 둘째, 실시간에 초공간적으로 지구의 어느 곳이든 공격할 수 있는 공군력과 대륙 간 중거리 유도탄 등의 발달이 고려되지 않았으며, 셋째, 현재 초강대국으로 발전한 미국이 이 이론에서는 반영되지 않았다는 점 등이 지적된다. 이러한 점에서 해양이나 상공 지배의 전략적 우월성을 강조하는 주변지역이론이나 결정지역 이론이 제시되었다.

주변지역이론은 미국 예일대 국제관계학 교수 스파이크만이 제안한 것으로, 그는 매킨더의 지정학적 이론을 거부하기보다 이를 비판적으로 발전시키고자 했다. 그는 1944년 출판한『평화의 지리학(The Geography of the Peace)』에서 "주변지역을 지배하는 자는 유라시아를 지배하고, 유라시아를 지배하는 자는 세계 운명을 지배한다"라고 주장했다. 그는 영국과 미국 해양세력 및 소련 육상세력의 확고한 연합은 독일이 유라시아의 해안지역을 점령하고 그 결과 '세계 섬'에 대한 지배권 장악을 막을 수 있다고 주장했다. 또한 유럽의 해안, 중동, 인도, 동남아시아와 중국을 포함하는 유라시아의 연안지역은 많은 인구, 풍부한 자원, 내해로의 활용 등에 따라 세계지배를 위한 핵심지역이라고 설명했다.

스파이크만이 설정한 주변지역은 매킨더의 내측 초승달 지역에 해당되며, 심장지역을 둘러싸고 있는 외곽지역이다. 스파이크만은 심장지역 이론을 비판하면서 다음과 같은 점들을 지적했다. ① 심장지역은 기후가 불량해 농사에 부적합하다. ② 석탄, 석유, 수력 등의 자원은 실제 심장지역 중에서도 핵심 구역도 아닌 우랄산맥 서쪽에 많이 매장되어 있다. ③ 심장지역은 동, 북, 남, 서가 눈, 얼음, 산맥 등으로 막혀 있기 때문에 교통이 불편하다. ④ 심장지역 자체가 중앙적 위치라고 하지만 이는 어느 한 방향에서 그러한 것이고 가변적이다. 반면 스파이크만에 의하면, 주변지역은 ① 우량이 많고 농사짓기 좋으며, ② 인구 집중 지역이고, ③ 정치적 통일과 권력의 집중은 약하지만, ④ 해상교통이 용이하고 외부와 잘 결합될 수 있는 조건을 갖추고 있다. 따라서 이처럼 주변지역이 심장지역보다 더 큰 가치를 가지기 때문에, 주변지역의 장악이 더 중요하다는 것이다.

다른 한편, 결정지역이론은 미국의 공군장교 세버스키가『상공세력: 생존의 열쇠(Air Power: Key to Survival)』(1950)에서 주장한 것으로, 해양세력이나 육지세력에 대해 상공세력의 중요성을 강조한다. 세버스키에 의하면, 하늘의 패권을 장악하는 국가가 다른 것들도 장악할 수 있다는 것이다. 결정지역의 범위는 다음과 같다. 즉, 북극을 중심으로 남북아메리카, 유라시아, 아프리카를 바라보고, 미국의 중심지역(특히 공업지대)을 중심으로 원을 그리면 그 내부는 미국의 공군지배하에 있고, 소련의 중심지역(역시 공업지대)을 중심으로 원을 그리면 그 내부는 소련의 공군지배하에 있게 된다. 이렇게 미국 중심의 원과 소련 중심의 원이 겹치는 부분이 '결정지역'이 된다. 이 결정지역을 미국과 소련 중 누가 장악하는지에 따라 세계 상공의 지배가 좌우된다. 이 이론은 냉전시대 미소의 대립 구도에서 나온 것이며 항공, 우주시대에 상공 세력은 주요한 의미를 가지지만 전적으로 받아들이기는 어렵다.

2) 냉전시대의 지전략과 국제정치

매킨더의 심장지역이론과 스파이크만의 주변지역이론은 사실 동전의 양면과 같다. 즉, 세계 전체는 심장지역과 주변지역으로 구성된 정치체로 간주되며, 제2차 세계대전 이후 구축된 냉전체제는 심장지역-주변지역 구조 속에서 이들 간 대립으로 긴장과 갈등이 야기되었던 시대라고 할 수 있다. 매킨더는 심장지역 우월론을 견지했지만 해양세력을 무시한 것은 아니었고, 스파이트맨은 주변지역이론으로 매킨더를 비판하고자 했지만 결국 내륙세력과 해양세력 간 대립구도를 전제로 했다. 특히 스파이크만은 심장지역에 대한 직접적인 영향력 행사보다는 심장지역에서 출현한 강대국이 '세계 섬'으로 확장되는 것을 막아야 하며, 이를 위해 주변지역에 대해 미국의 영향력을 확고히 해야 한다고 보았다.

이러한 주장이나 해석들은 기본적으로 전통적 지정학에 바탕을 둔 것이다. 비판지정학적 관점에서 본다면, 제2차 세계대전 이후 미국의 안보문제와 지정학적 전략은 달리 해석될 수 있다. 즉, 냉전체제하에서 미국이 고전지정학적 전략을 구사한 것은 세계전략 그 자체를 위한 것도 있겠지만, 또한 동시에 담론적으로 소련이나 여타 미국에 위협이 되는 잠재적 국가들을 매우 다른 위험한 존재로 인식하고, 이들이 미국에 접근하지 못하도록 지리적으로 봉쇄해야 한다는 점을 미국인에게 심어주기 위한 것으로 해석할 수 있다. 이러한 점에서 전통적 지정학은 한편으로 봉쇄정책의 이론적 기반이 되었지만, 또한 이는 이러한 정책을 통해 우리와 타자를 구분하는 이데올로기의 전파 과정이 된다(지상현·플린트, 2009: 172). 이와 같이 전통적 지정학적 이론들은 종전 후 미국, 나아가 세계의 국제정치에서 기본적인 틀을 구성하는 바탕이 되었으며, 또한 동시에 이러한 전략을 정당화하는 이데올로기였다고 할 수 있다.

전략적 측면에서 보면 냉전시대 동안 미국의 방위, 나아가 세계의 정치적 대립은 심장지

지역 집단화

국가는 정치경제적·영토적 이익을 위해 때로 정치 이념이나 체제를 뛰어넘고 지리적으로 근접한 국가들 간 협상과 협력관계를 택하면서 집단화를 추구하기도 한다. 지역적 집단화는 다양한 목적과 방식으로 이루어지며, 또한 협력과 결합의 정도도 상이하다. 특히 국가 간 정치적·군사적 집단화는 제2차 세계대전 후 냉전체제가 구축되면서 초강대국들을 중심으로 양대 블록의 형성에 기여하거나 이를 반영했다(임덕순, 1997). 냉전체제가 해체되고 자유무역을 강조하는 신자유주의적 지구화가 촉진되면서 국가의 이해관계에 기반한 국제정치의 지역집단화가 다소 완화될 것으로 예상했지만, 실제 NATO와 같은 군사적 집단화는 잔존·확대되었으며, 유럽연합(EU)이나 북미자유무역협정(NAFTA)과 같이 경제적 측면에서 지역 집단화 과정은 강화되는 경향을 보였다.

1) 정치적·군사적 집단화

- **북대서양조약기구(NATO: North Atlantic Treaty Organization)**: 군사적 집단화의 대표적 사례인 이 기구는 제2차 세계대전이 끝난 후 냉전체제가 구축되면서 서방 국가들이 군사적 목적으로 연합해 창립한 것이다. 1947년 서유럽의 부흥을 위해 미국이 제시한 마셜 플랜에 의거해 경제적 혜택을 받은 국가들이 집단화에 참여해 이 기구를 결성했다. 설립 당시 회원국은 미국과 캐나다 그리고 영국, 프랑스 등 서유럽 12개국이었지만, 그 후 계속 늘어나 2020년 북마케도니아가 30번째로 가입했다. 이 기구는 초기에 구소련과 동유럽 국가들을 주요 대상으로 군사적 훈련을 전개했지만, 구소련의 분리와 동유럽 국가들의 민주화 이후 이 국가들 가운데 일부가 가입했다. 현재까지 실전에 직접 군사적으로 개입한 경우는 코소보전쟁 당시 1998년 유고 공습작전과 2011년 1차 리비아 내전 때 공습작전뿐

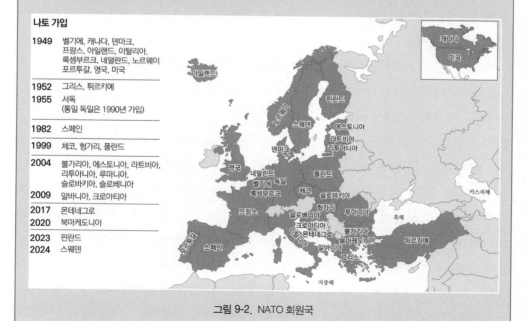

나토 가입

1949	벨기에, 캐나다, 덴마크, 프랑스, 아일랜드, 이탈리아, 룩셈부르크, 네덜란드, 노르웨이 포르투갈, 영국, 미국
1952	그리스, 튀르키예
1955	서독 (통일 독일은 1990년 가입)
1982	스페인
1999	체코, 헝가리, 폴란드
2004	불가리아, 에스토니아, 라트비아, 리투아니아, 루마니아, 슬로바키아, 슬로베니아
2009	알바니아, 크로아티아
2017	몬테네그로
2020	북마케도니아
2023	핀란드
2024	스웨덴

그림 9-2. NATO 회원국

이다. 구소련의 해체로 러시아의 위협이 크게 줄어들었지만, 최근 러시아의 군사력 증강이 다시 가시화되면서 다른 주변 국가들도 가입 의사를 밝히고 있다. 2022년 러시아가 우크라이나를 침공한 주요 이유는 우크라이나가 나토 가입을 추진하면서 봉쇄의 폭을 좁혀오기 때문이다.

- **그 외 군사적 집단기구들**: 냉전체제하에서 구소련은 NATO의 결성과 군사 활동에 대항해 1955년 소련과 동유럽 국가들로 구성된 집단안전보장체제로 바르샤바조약기구를 결성했다. 그러나 독일의 통일과 구소련체제의 붕괴, 냉전 종식 등으로 인해 1991년 해체되었다. 그 외 냉전시대의 군사적 집단화로 구소련의 중동지역 진출을 저지하기 위해 튀르키예, 이란, 파키스탄, 영국 등으로 구성된 중앙조약기구(CENTO, 1959~1979), 태평양지역으로 공산 세력의 진출을 막기 위해 오스트레일리아, 뉴질랜드, 미국으로 구성된 태평양안전보장조약기구(ANZUS, 1951~1986), 비슷한 목적으로 미국, 영국, 프랑스, 오스트레일리아, 뉴질랜드, 파키스탄, 필리핀, 태국 등이 결성한 동남아시아조약기구(SEATO, 1954~1977) 등이 활동을 했으나 냉전 종식과 회원국 내부 갈등 등으로 해산되었다.
- **미주기구 또는 아메리카국가기구**(Organization of American States: OAS): 이 기구는 군사적 활동은 하지 않지만 집단적 정치 동맹체로 1948년 창설되었다. 현재 아메리카 대륙의 거의 모든 국가들(캐나다, 가이아나, 바하마, 쿠바 제외 35개국)이 참여하는 이 기구는 워싱턴에 본부를 두고, 회원국들 간 평화와 안정, 정치질서와 경제발전을 공동으로 추구한다. 그러나 최근 미국과 중남미 국가들 간에 존재하는 갈등 요인들로 점차 유명무실해져 가고 있다.
- **아프리카단결기구**(Organization of African Unity: OAU)**와 아프리카연합**(African Union): 1953년 설립된 국제기구로, 2002년 해체를 선언하고 아프리카 연합으로 대체되었다. 아프리카의 30개 국가들의 참여로 시작된 이 기구는 회원국의 정치적 독립과 영토보전, 결속 강화 및 식민주의 배격 등을 목표로 활동했다. 회원국 54개국(아프리카 국가들 가운데 서부사하라를 인정하지 않는 모로코 제외)으로 구성된 아프리카연합으로 전환한 후에도 비슷한 목표로 활동하고 있다.

1945년대	사우디아라비아, 이집트, 요르단, 이라크, 시리아, 레바논, 예멘
1950년대	리비아, 수단, 모로코, 튀니지
1960년대	쿠웨이트, 알제리
1970년대	바레인, 카타르, 오만, 아랍에미리트, 모리타니, 소말리아, 팔레스타인, 지부티
1980년대	코모로

그림 9-3. 아랍연맹 회원국

- **아랍연맹**(Alab League): 1945년 사우디아라비아, 이집트 등 7개국이 모여 정치적 단결, 집단 안전 보장, 사회 개선 등을 목표로 창립했으며, 그 이후 회원국이 증가해 현재 북아프리카 및 서남아시아의 아랍지역 국가들 대부분이 회원국(이란 제외, 이집트는 1979년 이스라엘과 평화협정을 체결했다는 이유로 자격정지, 1989년 복귀)으로 가입해 있다. 이 기구는 아랍제국을 대표하지만, 최근에는 국가(이익)주의로 인해 회원국들 간 갈등이 유발되기도 한다.

2) 경제적 집단화

- **유럽연합**(EU: European Union): 대부분 유럽에 위치한 26개 회원국으로 구성된 정치경제 통합체로, 그 역사는 1951년 프랑스, 독일과 이탈리아, 벨기에, 네덜란드 룩셈부르크 6개국이 결성한 유럽석탄철강공동체(ECSC)와 1958년 창설된 유럽경제공동체(EEC)에 기원을 둔다. 1967년 이 양 기구가 통합하고 영국, 아일랜드, 덴마크, 그리스, 스페인, 포르투갈 등 6개국이 추가된 유럽공동체(EC)로 확대되었다. 유럽공동체는 경제적 통합에 정치적 성격을 추가해 자체 의회와 각료회의를 운영해 오다가 1993년 유럽연합(EU)으로 확대 개편되었고 2002년 단일 통화를 사용하게 되었다. 그러나 2000년대에 들어와서 기존 회원국인 서유럽 국가들보다 상대적으로 낙후된 중앙유럽 국가들이 가입하면서 지역불균등발전과 서유럽 국가들의 실업난 등이 유발되었다. 2009년 프랑스, 독일을 중심으로 유럽연방안이 제시되었으나 제대로 논의되지 않았고, 2020년 영국이 탈퇴하면서 진통을 겪고 있다.
- **동유럽상호경제원조회의**(COMECON): 냉전체제하에서 1949년 소련의 주도로 만들어 기구로, 서구 부흥을 위한 마셜 플랜(1947)에 대응해 동유럽 국가들의 경제적 협력을 목적으로 출범했고, EEC의 대항적 집단화로 인식되었다. 회원국으로 구소련과 동유럽 사회주의 국가들 그리고 비유럽의 쿠바, 몽골, 베트남이 가입했다. 구소련의 권위주의와 회원국들의 낙후된 경제 상태로 활성화되지 못했고 또한 1970년대 서유럽 국가들과의 관계 개선 등으로 회원들 간 관계가 느슨해졌으며, 결국 구소련과 동유럽에서 사회주의 경제체제가 붕괴되면서 1991년 해체되었다.
- **동남아국가연합**(ASEAN)과 **아시아태평양 경제협력체**(APEC): 동남아국가연합은 1967년 '아시아의 EEC'를 표방하면서 결성된 지역 경제 집단화로, 역내의 경제사회적 성장과 평화 유지 및 문화공동체 등을 목적으로 한다. 회원국은 인도네시아, 타이, 필리핀, 말레이시아, 싱가포르(창립국), 보르네오, 베트남, 라오스, 미얀마, 캄보디아 10개국이며, 파푸아뉴기니, 동티모르는 준회원국이다. 이 기구의 목표는 단일 시장과 생산 기지, 지역 경제경쟁력, 공평한 경제발전, 세계 경제통합에 기여 등이다. 이 기구와는 별도로 아시아태평양경제협력체(APEC)는 환태평양 국가 12개국이 경제·정치적 협력과 결합을 목적으로 1989년 결성되었으며, 현재 21개국이 참여해 있다.
- **안데스공동체**(CAN): 라틴아메리카에서 아르헨티나, 브라질, 멕시코의 경제적 확장에 대응하기 위해 안데스 지역 5개국(콜롬비아, 페루, 에콰도르, 볼리비아, 칠레)이 1969년 결성한 안데스공동시장(ANCOM)에서 발전한 지역 경제통합체이다. 회원국들 간 경제사회 협력과 통합, 균형 발전, 일자리 창출, 공동시장 구축 등을 목적으로 활동하며, 최근 무역자유화, 지적재산권, 인적 이동, 환경문제 등에 관심에 주력하고 있다. 정회원국 4개국(칠레는 1976년 탈퇴 후 2006년 준회원국으로 재가입), 준회원국 5개국(아르헨티나, 브라질, 파라과이, 우루과이, 칠레), 옵서버국(스페인)으로 구성되어 있다.
- **북미자유무역협정**(NAFTA): 미국, 캐나다, 멕시코가 1992년 자유무역을 위해 체결된 협정으로, 북

미 지역의 경제성장과 대외 경쟁력 강화를 목적으로 한다. 미국이 주도했던 이 협정으로 3개국은 교역장벽의 단계적 제거, 공정한 경쟁 조건 확립, 투자기회 증대, 지적재산권 보호 등을 통해 자유무역권을 구축하게 되었고, 3개국 간 노동의 국제적 분업이 이루어진 대표적 사례로 인식되었다. 하지만, 이로 인해 미국 기업들이 대거 멕시코로 이전해 미국에서 제조업 공동화가 촉진됨에 따라, 최근 트럼프 대통령은 이를 '재앙적 무역협정'이라고 비판하고, 재협상을 천명하기도 했다.

- **석유수출국기구**(OPEC: Organization of the Petroleum Exporting Countries): 석유 수출국들의 이익을 도모하기 위해 1960년 결성된 기구로, 회원국들의 석유 공급량과 가격을 조정하고 있다. 특히 1973년 중동전쟁 이후 석유 감산 조치로 세계적인 석유 파동을 초래했다. 2019년 현재 사우디아라비아, 이란, 이라크, 베네수엘라 등 13개 국가가 가입해 있고, 창립을 주도한 사우디아라비아 등의 영향력이 강하고 인도네시아, 카타르, 에콰도르 등도 한때 회원국이었지만 탈퇴했다.

역-주변지역 구도에 입각한 지전략적 봉쇄(또는 포위) 정책에 따른 것이었다. 이러한 구도에 입각해 입안·시행된 지정학적 전략으로 우선 미국이 1947년 3월 서남유럽에 취해졌던 트루먼 독트린(Truman Doctrine)과 이의 실천계획인 마셜 플랜(Marshall Plan)을 들 수 있다. 트루먼 독트린은 당시 대통령이었던 트루먼이 소련이 동유럽 국가뿐만 아니라 그리스와 튀르키예로 세력을 확장하는 것을 막고 서유럽의 전후 경제적 부흥을 지원하기 위해 발표한 선언이다. 마셜 플랜은 미국 국무장관 마셜이 트루먼 독트린의 구체적 실천 프로그램으로 제시한 것으로, 정식 명칭은 유럽부흥프로그램(European Recovery Program)이다. 이들은 궁극적으로 전후 소련의 팽창주의를 견제하는 한편, 서유럽의 정치적·경제적 위기를 극복하고, 이를 통해 서유럽을 미국 영향권 내에 두고자 했다.

또한 미국을 중심으로 1949년 이후 결성된 다양한 지역집단적 방위 조약들, 즉 NATO, CENTO(METO에서 변경), SEATO, ANZUS 등과 지정학적 이해관계를 가진 개별 국가와 방위조약, 예로 한-미 방위조약, 미-필리핀 방위조약, 미-일 방위조약, 미-타이완 방위조약 등도 이러한 대립구도에 근거를 두고 공산주의적 소련을 중심으로 심장지역 내지 육지 세력의 팽창을 봉쇄·방어하려는 의도로 구축되었다. 스파이크만은 1942년 소련의 팽창에 대항해 주변지역을 보호할 수 있는 NATO와 같은 개념을 가진 지역방어기구의 창설을 주장했는데, 미국은 제2차 세계대전 후 이 아이디어를 채택한 것이다. 이러한 지역집단적 방위조약들은 기본적으로 심장지역을 에워싸는 지역들이 육지 세력의 팽창을 저지하는 한편, 해양인접성에 바탕을 두고 이 지역을 세계 지배를 위한 핵심지역으로 부각시키기 위한 전략의 일환으로 이해될 수 있다.

한국의 6·25전쟁에 미국의 참여나 베트남 전쟁에의 참여도 이러한 봉쇄정책의 현실적 표현으로 이해될 수 있다. 미국의 관점에서 보면 남한은 소련과 중국을 중심으로 한 공산주의 세력의 팽창을 막을 수 있는 방패의 역할을 할 수 있고 해양세력에 지전략적 편의를 제공하는 지역으로 간주된다. 또한 소련과 중국의 관점에서도 북한이 미국을 중심으로 한 자유민주주의 진영과 마찰이나 충돌을 막아주는 완충지 역할을 하는 것으로 이해된다. 즉, 한반도가 통일되어 어느 한 진영에 편입되어 동북아의 세력 균형이 깨지는 것보다 분단된 상황에서 현상 유지가 더 선호되었다고 하겠다. 이같이 한반도는 심장지역세력(대륙세력)과 주변지역세력(해양세력)이 서로 접하고 있는 전선으로, 양 진영의 강력한 영향하에 있었고, 이러한 상황에서 긴장과 갈등이 고조되면서 6·25전쟁이 발생했다. 미국과 중국의 적극적인 개입으로 확전된 조짐도 있었지만, 결국 휴전을 통해 다시 세력 균형이 이루어지면서 한반도 분단이 지속되었다.

그 외에도 소련은 자국에서 멀리 떨어져 있는 해외기지를 확보하기 위해 다양한 외교적·군사적 노력을 기울였다. 예로 베트남의 캄란, 구 남예멘의 스코트라, 북한의 나진 등에 해군기지를 확보하고 인도양과 태평양 등으로 해군력 진출을 도모했다. 이러한 전략은 대륙세력으로서 취약한 해양진출 능력을 확충함으로써 서방 진영의 봉쇄를 극복하고 나아가 세계적 활동과 영향력 행사를 위한 중요한 거점을 확보하기 위한 것으로 간주된다. 이러한 소련의 해양 진출 노력에 대해 미국과 그 동맹국들의 봉쇄전략은 지중해로의 진출을 위한 해협들이나 운하, 인도양-태평양 연결 해협들, 그리고 동북아에서 동남아로 연속된 5개의 호(arc, 즉 알래스카반도-알류샨열도, 캄차카반도-쿠릴열도, 사할린-일본 본토, 한반도-규슈-오키나와 열도, 그리고 타이완-필리핀-보르네오-스마트라-말레이반도)의 통제 또는 장악이 매우 중요했다.

이러한 전통적인 의미의 지정학적 전략들은 냉전의 장기화와 그 후 탈냉전으로 이어지면서 점차 약화되었지만, 완전히 사라지지 않았다고 하겠다. 특히 미소양극체제에서 미, 소, 중, EU, 일 등의 다극체제가 등장하면서 화해 분위기가 형성되었으며 힘의 분포가 변화했고, 이러한 상황에서 국가들 간 이해관계가 달라졌다. 트루먼 독트린, 마셜플랜 그리고 미국 주도의 NATO 체제 구축 등은 서방 동맹체제를 군건하게 함으로써 공산주의적 팽창의 봉쇄, 미국 주도적 군사경제체제 유지 등을 가능하게 했다. 그러나 이를 이어받은 미국 레이건 대통령의 공산주의 팽창 대응 정책(즉, 레이건 독트린)은 그의 퇴장 및 동서 화해 분위기로 소멸되었다. 또한 소련 중심으로 마셜 플랜에 대응해 구축된 모로토프 플랜(Morotov Plan, 소련-동유럽 국가들 간 무역경제협력 프로그램), 중소상호동맹조약, WTO(NATO에 대응하는 바르샤바조약기구) 등을 통해 소련의 정치적 지위를 강화했다. 그러나 이러한 소련 중심의 내륙세력 구축도 고르바초프의 등장과 뒤이은 동유럽 국가들의 민주화, 냉전체제의 붕괴, 그리고 이 와 동시에 전개된 신자유주의적 지구화 등으로 해체되는 경향을 보였다.

그러나 최근 이러한 지정학적 세력들 간 대립의 해체 경향은 역행하여 다시 강화되는 조 짐을 보인다. 1990년대 이후 2010년대 중반까지 대체로 협력적 관계를 유지했던 미국과 중 국 간 관계는 트럼프 정부의 등장으로 경쟁과 갈등 관계로 바뀌었고, 바이든 정부에서도 이 러한 관계가 지속되고 있다. 미국과 중국 간 경쟁과 갈등은 단지 무역이나 경제 분야에 한정 된 일시적인 것이 아니라 과학, 기술의 안보화, 미국의 타이완 지원과 같은 군사적 대립 등 으로 확장되고 있다. 이러한 미·중 간 문제뿐 아니라 러시아-우크라이나 전쟁은 우크라이나 를 지원하는 서방 세력과 러시아 간의 대립 구도를 보이면서, 고전적 영토 전쟁과 이로 인한 자원(석유, 가스 및 곡물) 안보문제를 심화시키고 있다.

이러한 미국-중국, 미국-러시아 간의 대립 양상은 동아시아와 한반도에도 그대로 투영되어 구체적 전략으로 드러나고 있다. 즉, 미국은 일본 등과 긴밀한 협력관계를 바탕으로 안보 협 의체 퀴드(Quad)와 인도-태평양 경제프레임워크(IPEF: Indo-Pacific Economic Framework)를 활용해 대륙을 포위하며 중국의 확장을 억제하고자 한다. 중국은 '일대일로(一帶一路)' 정책 등 을 통해 미국 중심의 포위망을 돌파하기 위한 전략을 구사하고 있다(제3절 참조). 이러한 상황 에서 중국과 러시아의 후원을 업은 북한은 핵 위협을 격화시키고 있다. 이처럼 한국-미국-일 본의 해양세력과 북한-중국-러시아의 대륙세력 간 전형적인 대립 구도가 복원되면서, '지구화 의 시대'에서 다시 고전적 '지정학의 시대'로 회귀하는 양상을 보이고 있다.

2. 냉전체제의 전개와 붕괴

1) 냉전체제의 구축과 제1차 국면

냉전은 제2차 세계대전 이후부터 1991년 구소련의 해체까지 미국과 소련을 중심으로 양 측의 동맹국들 사이에 형성된 정치적·외교적·군사적·이데올로기적 경쟁과 갈등이 이어진 지정학적 대립 시기를 말한다. 1945년 영국의 소설가 오웰(G. Orwell)은 핵전쟁의 위협 속 에서 살아가는 세계를 "평화가 없는 평화"라고 표현하면서 이를 영구적인 '냉전'이라고 지칭

표 9-1. 냉전시대 주요 사건

일자	주요 사건
1945.2	미·영·소 지도자 독일 나치 정권 패망 3개월 전 얄타회담, 전후 세계 상황 결정
1946.3	처칠 영국 총리, 소련이 유럽 중앙을 가로지르는 '철의 장막'을 치고 있다고 비난
1946.3	중국 2차 국공내전 발발(1949), 중화인민공화국 수립, 장제스 정부는 타이완 철수
1947.3	미국 트루먼 독트린 선언, 공산주의 팽창 저지 목적으로 미국의 적극적 대외정책 천명
1947.6	전후 유럽 경제 부흥을 지원하기 위한 미국의 마셜플랜 시작, 동구권은 이를 거부
1948.6	소련에 의해 서베를린 차단 시작(1949.5 해제)
1949.4	북대서양조약기구(NATO) 창설협약 체결
1950.6	한국 전쟁 발발(1953.7 휴전협정)
1955.5	소련을 중심으로 동유럽국가들 바르샤바조약기구 출범
1956.10	헝가리 봉기, 소련군에 의해 진압
1956.10	제2차 중동전쟁, 친소 노선 이집트 수에즈운하 국유화, 영·프, 이스라엘 동맹, 이집트 공격
1961.8	동독 탈주자가 증가함에 따라 이를 막기 위해 베를린 장벽 설치 시작
1962.10	쿠바 미사일 위기(소련 흐루시초프가 미국 케네디의 요구를 받아들여 미사일 철수)
1963.7	미·영·소 핵실험 금지조약 서명, 1968. 유엔 군축위와 총회에서 승인, 137개국 비준
1964.8	베트남전쟁, 냉전시대 대리전쟁, 1975.4 사이공 함락, 1976년 사회주의 베트남 정권
1968.8	프라하의 봄, 체코 민주화운동을 소련 주도 바르샤바조약기구가 진압
1969.7	미국 닉슨 독트린, 미국의 지나친 국제 개입 자제, 아시아 각국의 자주 행동 지원
1970.8	서독 브란트, 소련 브레즈네프, 상호 무력 사용 포기 협정, 유럽 해빙(데탕트) 시작
1971.4	미국 탁구대표팀 방중, 양국 간 스포츠외교 시작해 전반적인 화해 분위기 조성
1972	미소 대륙간 탄도미사일 수 제한 등 제1차 전략무기제한협정(SALT-1) 체결
1975.8	동서 진영의 34개 유럽 국가들과 미, 캐나다, 헬싱키협정, 유럽의 국경과 영향권 인정
1979.12	소련군 아프가니스탄 침공(1989.2 철수)
1980	공산정권하의 폴란드 자유노조 합법화로 민주화 시작
1980.9	이라크, 이란을 기습 침공, 이란 반격으로 이란-이라크 전쟁
1985.3	소련 고르바초프, 개혁개방(글라스노스트와 페레스트로이카) 정책 시작
1987.12	미소 중거리 핵미사일 폐기(INF) 협정 체결
1989.11	베를린 장벽 붕괴, 동유럽 공산정권 몰락, 1990.10 동서독 재통일
1990.11	나토 16개국, 바르샤바조약기구 6개국, 적대적 관계 청산을 위한 냉전 종식 공동 선언. 미국 부시, 냉전 종식 선언, 상호 국경선 불가침 등 합의, 유럽안보협력회의(ESCE) 창설

자료: ≪매일경제≫, 2002.5.24 참고해 작성.

했다. 그러나 세계의 초강대 세력들 간의 지정학적 대립이라는 의미로 냉전(cold war)이라는 용어는 1947년 트루먼 독트린에 관한 논쟁 중에서 처음 사용되었다. 냉전은 직접 상대국들 간 무력 충돌을 일으키는 전쟁(즉, 열전)이 아니라 두 세력 간 군사 동맹, 군대 배치, 군비 경쟁, 핵무기와 우주 진출, 대리전, 그리고 기술개발과 이데올로기 대립을 의미한다. 냉전 기간 동안 대립과 갈등이 지속되는 과정에서 어느 정도 긴장이 완화되었던 시기(즉, 데탕트, 1964~1970년대 후반)도 있었다는 점에서 냉전 시기는 대체로 2단계로 구분된다(Short, 1993).

냉전을 어떻게 개념 규정하고 이를 시기별로 서술할 것인지에 관한 관점이나 방법론의 문제가 지적될 수 있다. 우리가 알고 있는 냉전에 관한 정치지리적 서술은 흔히 세계의 초강대국이었던 미국과 소련 간의 대립을 전제로 특히 서구의 관점에서 제시된 것이다(이동기, 2015). 냉전은 그 자체가 세계적 현상이며, 세계의 역사에서 특정 시기에 관한 서술이라는 점에서 특정 국가나 지역에 한정된 것은 아니다. 하지만 개별 국가는 이 시기에 발생했던 많은 사건들을 각기 다른 정치적·사회적 배경을 가지고 저마다 다른 현실로 냉전을 경험했을 것이다. 미소 냉전의 최전선에 위치해 남북 분단과 6·25전쟁을 겪은 우리나라도 냉전에 대한 특이한 경험과 의미를 가진다고 할 수 있다. 냉전, 나아가 세계의 정치지리 또는 지정학에 관한 서술은 항상 이러한 점을 전제로 한다.

많은 학자들은 냉전의 기원을 제2차 세계대전 직후로 보지만, 일부 학자들은 19세기 중엽부터 러시아제국과 여타 유럽 국가들 및 미국 사이에 긴장이 있었다는 점에서, 제1차 세계대전이 끝나면서 냉전이 시작되었다고 주장한다. 특히 1917년 볼셰비키혁명 이후 소련은 공산주의 세력이 지배하면서 서구 자본주의 국가들과 대립하게 되었다는 것이다. 예로 소련은 1926년 영국의 노동자 총파업을 지원했고, 스탈린의 대숙청 당시 서유럽 국가들의 간첩 행위가 거론되기도 했다. 1939년 8월 제2차 세계대전을 1주일 앞두고 소련과 독일은 불가침조약을 체결하면서, 소련과 서방 간 관계는 더욱 악화되었다. 독일은 이 조약을 파기하고 소련을 침공했지만, 소련은 영국과 미국이 이러한 나치 독일의 소련 공격을 묵과했다고 의심했다. 반면 영국과 미국은 동북아시아에서 일본이 원자폭탄 투하로 항복을 하자 그 때야 소련이 만주로 진군한 것에 대해 불만을 가졌다.

이러한 역사적 배경 속에서 제2차 세계대전 당시 미국, 영국, 프랑스, 중화민국 등은 동맹을 맺고 연합국을 결성해, 독일, 일본, 이탈리아 등의 추축국 세력에 맞서 싸웠지만, 전후 세계 재편을 놓고 이견을 보였다. 1945년 2월 미국, 영국, 소련의 지도자들은 얄타회담을 통해 나치 독일의 패망 후 전후 세계 상황을 논의·결정했다. 소련은 점령한 동유럽 지역들의 일부(에스토니아, 라트비아, 리투아니아 등)를 자국 영토로 편입시켰고 그 외 지역들(동독, 폴란드, 헝가리, 체코슬로바키아, 루마니아, 알바니아 등)은 위성국가로 예속시켜서 세력권을 형성했다. 이에 대해 영국의 처칠 총리는 소련이 유럽 중앙을 가로지르는 '철의 장막'을 치고 있다고 비난하기도 했다. 미국은 1947년 트루먼 독트린을 발표하고, 소련의 팽창전략을 봉쇄하고자 했다. 이에 따라 미국은 유럽 국가들에 대해 경제 원조를 지원하는 마셜 플랜을 실행해 자유민주주의와 자본주의 경제체제의 유지와 발전을 도모했다. 미국이 서유럽과 그리스, 튀르키예 등에 대한 수십 억 달러의 경제·군사적 원조를 시행함에 따라, 그리스 군부는 내정에서 승리했고, 이탈리아 기독민주당은 1948년 선거에서 공산주의-사회주의연합을 이겼다.

미국은 특히 독일 경제가 회복해야 유럽이 번영할 수 있다는 입장을 가지고, 마셜 플랜에 따라 서독 경제를 재건하고 산업화를 촉진했다. 또한 미국과 서유럽 국가들은 서방 연합국의 독일 점령지를 연방정부체제로 통합하는 협정을 발표했다. 이러한 상황에서 소련의 스탈린은 베를린 봉쇄를 감행해 서베를린에 식량과 물자의 공급을 차단하자, 미국과 그 동맹국들은 대규모 '베를린 공수 작전'으로 항공로를 통해 서베를린에 식량과 물자를 공수했다. 베를린 봉쇄는 냉전 초기에 발생한 가장 큰 위기로 꼽히며, 스탈린은 1949년 5월 이 조치를 해제했다. 이러한 과정을 겪으면서 미국과 서유럽 동맹국들은 소련의 팽창전략을 차단하기 위한 봉쇄 정책의 일환으로 북대서양조약기구(NATO)를 결성했고, 소련도 이에 맞서 바르샤바조약기구를 결성해 동맹국들 간 유대를 강화하고자 했다.

다른 한편, 아시아에서는 또 다른 방식으로 대륙세력과 해양세력(이념적으로 공산세력과 자유민주세력)이 충돌하는 양상을 보였다. 중국에서는 1949년 마오쩌둥의 인민해방군이 미국의 지원을 받았던 중화민국의 국민당을 격퇴시켜서 타이완섬으로 물러나게 했다. 국공내전에서 승리한 마오쩌둥은 1949년 중화인민공화국을 수립했고, 소련은 즉각 동맹을 체결한 반면, 미국의 트루먼 정부는 봉쇄정책을 강화했다. 이러한 봉쇄정책은 동아시아뿐만 아니라 아프리카, 라틴아메리카로 확대되었는데, 이는 소련이 유럽 식민지배를 받는 지역들에서 형성된 저항민족주의적 독립 세력을 지원하면서 영향력을 확대하고자 했기 때문이다. 이에 따라 미국은 1950년대 초 아시아와 태평양 연안의 여러 국가(예: 일본, 오스트레일리아, 뉴질랜드, 태국, 필리핀 등)과 동맹관계를 강화하고 여러 곳에 군사기지를 확보했다.

냉전 초기 또 다른 중요한 충돌은 한반도에서 발생한 6·25전쟁이다. 제2차 세계대전이 끝나고 한반도는 일본의 식민지배에서 벗어나 독립하게 되었지만, 일본군 무장해제를 명분으로 38선을 기준으로 남과 북에 진주한 미국과 소련이 한반도를 분할 점령해 정치적·이념

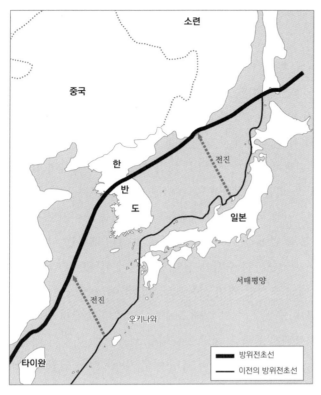

그림 9-4. 6·25전쟁 전후 미국의 동아시아 방위전초선의 변화(애치슨라인)
자료: 임덕순(1999: 143).

적 대립을 벌이게 되었다. 남한에 대한민국 정부가 수립되자 미국은 주한미군을 철수(1949년 6월)했고, 미국의 극동방위선도 타이완의 동쪽 즉 일본 오키나와와 필리핀을 연결하는 선으로 정한 애치슨(Acheson) 선언(1950년 1월)을 발표했다. 이러한 상황에서 중화인민공화국과 구소련의 지지를 받은 북한은 1950년 6월 25일 남한을 침략해 1주일 만에 낙동강 전선까지 내려오는 대공세를 펼쳤다. 유엔안전보장이사회의 의결로 미국을 중심으로 조직, 파견된 유엔군의 전쟁 참여로, 대규모 반격이 이루어졌고 전선은 압록강

부근까지 이르렀다. 하지만 11월 중국 인민해방군의 개입으로 다시 전세가 바뀌었고, 오랜 공방전 끝에 1953년 7월 휴전협정을 체결하게 되었다. 이처럼 냉전시대 미국과 소련 간 대리전쟁의 성격을 가졌던 6·25전쟁은 남북한 간 적대적 대립을 심화시켰고 현재까지 분단체제가 지속되는 결과를 초래했다.

1953년 소련의 스탈린이 사망하고 흐루쇼프가 최고 지도자가 되었으며, 미국에서도 트루먼 행정부가 끝나고 아이젠하워 대통령이 취임했다. 미·소 양측의 지도자가 바뀌면서 냉전의 양상도 다소 달라졌지만, 1960년대 전반까지 기본 성격은 유지되었다. 아이젠하워 정부는 전시에 적에 대해 핵무기를 사용할 수 있음을 주장했고, 소련의 흐루쇼프도 핵무기로 서방을 위협했다. 핵무기까지 동원된 이러한 대립 구도 속에서 미국의 아이젠하워는 1956년 발생한 수에즈 위기 중 소련의 중동간섭 위협을 제압했고, 소련의 흐루쇼프는 헝가리 혁명

에 개입했다. 1955년에 흐루쇼프는 베를린 전체를 비무장 '자유도시'로 전환하기 위해 서베를린에 주둔한 군대의 철수를 요구했으나 NATO는 이를 거부했다.

그 외에도 소련은 세계 여러 지역(예: 과테말라, 이란, 인도차이나, 필리핀 등)에서 민족주의운동 세력과 동맹을 맺으면서 거점을 마련해 혁명운동을 지원했다. 미국은 중앙정보국을 통해 친소련 계통의 정부를 전복시키기 위해 군사적 개입을 감행하기도 했고, 친서방 정권(예: 당시 남베트남)의 몰락을 막기 위해 경제 원조와 군사 고문을 파견하기도 했다. 하지만 아시아, 아프리카, 라틴아메리카의 일부 신생국들은 이러한 미·소 간 경쟁과 냉전체제에서 벗어나기 위해, 1955년 인도네시아의 반둥 회담을 개최했고, 1961년 비동맹 운동을 창설했다. 이처럼 다양한 제3세계 독립운동들로 인해 국제정치가 다원화되는 양상을 보이기도 했다.

냉전 중 독일과 베를린의 지위를 놓고 벌어진 또 다른 사건으로 1961년 베를린 위기를 들 수 있다. 제2차 세계대전이 끝난 후 1950년까지 수백만 명의 동독인이 서독으로 탈주했고, 분단이 고착화된 1950년 이후에도 매년 수십만 명이 서독으로 이탈하여, 1961년까지 동독 인구의 약 25%(380만 명)이 서독으로 이주했다. 이로 인해 소련은 서방연합군에게 서베를린에서 철수하라고 했고, 이 요구가 거부되자 동독은 철망으로 벽을 세웠는데, 이것이 베를린 장벽 건설로 확대되었다. 다른 한편, 소련은 1959년 쿠바 혁명 이후 카스트로가 집권한 쿠바와 동맹을 맺었다. 1962년 소련이 쿠바에 핵미사일을 설치하려 하자, 미국 케네디 대통령은 해상 봉쇄로 대응하면서, 세계는 핵전쟁의 위협에 빠지게 되었다. 이 사건 이후 미국과 소련은 핵 군비 경쟁에서 핵 군축과 관계 개선을 처음으로 시도하게 되었다.

2) 데탕트, 제2차 국면 그리고 붕괴

1960~1970년대 국제정치는 양대 세력의 대립 구도에서 다소 변화해 더욱 복잡해진 새로운 질서를 맞게 되었다. 이러한 변화는 주로 경제적 측면에서 추동되었다. 사실 냉전은 경제적 측면에서 미국의 아이젠하워 대통령이 지칭한 '군산복합체(military-industrial complex)', 즉 기술산업과 군사자문의 결합에 의해 추동되었다고 할 수 있다. 소련 역시 군사적 이해관계를 강화하기 위한 강력한 군산복합체 체제를 갖추고 있었다(Short, 1993: 50). 또한 이러한 냉전체제하에서 전후 서유럽과 일본 경제는 급속히 성장하면서 경제적 다극체제를 구축하게 되었지만, 동유럽 경제는 정체를 벗어나지 못했다. 그리고 1973년 석유 파동이 일어나고 석유수출국기구나 비동맹운동과 같은 제3세계 국가들의 연대가 강화되면서 양대 초강대국의

압력에 대해 저항하기도 했다. 이러한 분위기 속에서 소련의 지도자들은 '데탕트(detente, 협력)'의 개념을 받아들였고, 미국도 상당히 유화적인 외교정책을 강구했다. 이에 따라 미소 양국 간에는 평화적 공존이라는 수사와 실행이 증가하게 되었다.

하지만 이러한 데탕트 시대라고 할지라도 여전히 국지적 대립이나 사건들이 발생하면서 긴장이 이어졌다. 예로 미국의 존슨 대통령은 쿠바 혁명 후 라틴아메리카에서도 이런 혁명이 발생할 것을 우려해, 도미니카 공화국에 병력을 파견했다. 미국은 제3세계의 친미 정권을 적극 지원했지만, 오히려 지역적 갈등을 초래하기도 했다. 이의 대표적 사례로 베트남전쟁을 들 수 있다. 제1차 인도차이나전쟁(1945~1954) 이후 분단되었던 베트남에서 1955년부터 1975년까지 진행되었던 이 전쟁은 남북 베트남 간 전쟁이지만 동시에 냉전시대 자본주의 진영과 공산주의 진영이 대립한 대리전쟁의 양상을 띠었다. 미국은 1964년 통킹만 사건을 이유로 개입하면서, 북베트남(정규군)과 남베트남 해방민족전선(게릴라군)을 물리치기 위해 50만 명이 넘는 병력을 파견했다. 하지만 전쟁이 장기화되면서 1973년 평화협정을 체결한 후 미군은 철수했고, 결국 1975년 사이공이 함락되면서 북베트남이 통일을 달성했다.

다른 한편, 체코슬로바키아에서는 1968년 이른바 '프라하의 봄'이라는 긴장 완화의 시기를 맞아 자유화 액션플랜이 채택되었는데, 이의 주요 내용으로 출판, 언론, 이동의 자유보장, 소비재 생산 촉진, 다당제 인정, 비밀경찰의 권력 억제, 바르샤바조약 탈퇴 가능성 등이 언급되었다. 이에 소련은 다른 바르샤바조약 동맹국들과 함께 체코슬로바키아를 침공했고, 이로 인해 체코인들의 대규모 이주가 발생하기도 했다. 소련의 브레즈네프는 이 침공 한 달 뒤 연설에서 브레즈네프 독트린을 제시하면서 마르크스-레닌주의를 거부하는 나라에 대해 주권을 침해할 수 있다고 주장했지만, 일부 동맹국들로부터 상당한 비판을 받았다.

1970년대 들어와서 미국의 닉슨 대통령은 중소 국경 분쟁으로 인해 친중파와 친소파로 분열된 공산권의 내분을 이용해 중국에 관계 개선을 요청했고, 소련 주도의 공산권에서 고립되어 있던 중화인민공화국도 미국의 도움이 필요함에 따라 미·중 관계 개선이 이루어지게 되었다. 1971년 미국 탁구선수단의 중국 방문을 계기로 이른바 '핑퐁 외교'가 시작되었고, 이어서 1972년 미국의 키신저 국가안보담당보좌관과 닉슨 대통령이 방문해, 1979년 이루어진 미·중 수교의 단초를 만들었다. 닉슨 대통령은 중국 방문에 이어 모스크바를 방문해 전략무기제한 협상을 벌여서 탄도 요격미사일과 핵미사일의 개발을 제한하는 군축조약을 체결했다. 닉슨과 브레즈네프는 평화적 공존을 위한 양국의 데탕트를 통해 적대 관계를 대체하고 서로 공생할 것을 선언했다.

그러나 이러한 데탕트 시기에도 중동, 칠레, 에티오피아, 앙골라 등 제3세계에서 미국과 소련 간 간접적인 분쟁은 계속되었다. 1979년 이란혁명과 니카라과혁명으로 친미 정권이 붕괴되었고, 그해 12월 소련이 아프가니스탄을 침공하면서 제2차 냉전(또는 신냉전) 국면에 접어들게 되었다. 소련은 아프가니스탄의 공산주의 정부 수상이 암살을 당하자 이를 계기로 7만 5000명의 병력으로 침공을 했지만, 미국과 다른 동맹국들의 지원을 받은 무슬림 게릴라의 격렬한 저항에 직면해 교착상태에 빠지게 되었다. 이러한 점에서 '소련의 베트남' 전쟁으로 불리기도 했던 아프가니스탄 전쟁으로 인해 소련은 미궁에 빠진 해외 전쟁을 수습해야 하는 문제와 함께 소련 국내 정치의 불안 문제를 겪게 되었다.

미국도 여러 해외 분쟁에 개입했다. 1983년 미국 레이건 행정부는 여러 세력으로 분리되어 싸운 레바논 내전에 개입하고, 카리브해에 위치한 그레나다가 혁명 후 공산화되는 것을 막기 위해 침공했다. 또한 미국은 니카라과의 친소련 정권을 전복시키기 위해 준군사조직인 중앙아메리카의 콘트라 반군(니카라과의 친미 반정부 민병대)을 지원하기도 했다. 레이건 행정부는 소련을 '악의 제국'이라고 지칭하면서 공산주의를 역사의 잿더미로 사라지도록 하겠다고 공언했다. 그레나다와 리비아에 대한 레이건의 개입은 미국 내에서 지지를 받았지만, 콘트라 반군 지원은 논란을 유발했다.

데탕트하에서 군비를 축소했던 미국과 소련은 제2차 냉전 국면에 접어들면서 다시 군비를 증강시키게 되었다. 대통령 선거에서 군비지출 인상과 소련에 대한 대응을 공약한 레이건 대통령이 1981년 취임한 지 얼마 되지 않아 미국 군대를 대규모로 증강해 미국 역사에서 평시 최대 규모의 군대를 이루게 되었다. 이에 소련도 미국을 능가하는 수준으로 군대와 군수품 비축을 늘렸다. 이러한 군사력을 유지하기 위해 소련은 국민이 사용할 소비재 생산과 민간부문 투자에 국내총생산의 25% 정도만 지출했다. 소련은 비효율적인 계획경제에다가 군비 경쟁 및 여타 냉전 관련 지출의 증대로 인해 심각한 경제 침체에 빠졌다.

이러한 상황에서 1985년 소련 고르바초프는 침체한 소련 경제를 되살리기 위해 개혁개방(즉, 페레스토로이카와 글라스노스트)을 추진하고자 했다. 이 과정에서 소련은 군사적 부담을 줄이기 위해 미국과 여러 차례 정상회담을 개최했으며, 냉전 종식을 선언하고, 동유럽 국가들에 대한 내정 불간섭, 아프가니스탄에서 소련군 철수, 독일 통일 동의 등을 이행하고자 했다. 이로 인해 소련과의 동맹 체계가 해체된 동유럽 국가들 대부분은 민주화와 시장경제체제를 수용하게 되었다. 마침내 1991년 12월 소련을 구성했던 공화국들, 특히 러시아, 우크라이나, 벨라루스 등이 '독립국가연합(CIS)' 창설을 선언하면서, 구소련은 완전히 해체되었다.

구소련 해체의 구조적 배경과 전개 과정

구소련이 왜 해체되었는가는 역사적 의문으로 남아 있지만, 어떤 특정 요인으로 설명될 수 없는 구조적 배경을 가지고 있었음은 분명하다. 다른 정치적 사건들처럼 구소련의 해체의 원인으로 간접적 요인(경제 전반의 침체, 중공업 중심의 산업구조적 특성, 군비 경쟁과 국방비 과다 지출 등)과 직접적 요인(지도 그룹, 특히 고르바초프와 옐친의 갈등)으로 구분해서 살펴볼 수 있을 것이다(김종명, 2001). 또한 소련의 정치구조적 문제, 즉 '실질 권력'으로서의 당과 '명목 권력'으로서의 정부라는 이중 체제와 다양한 민족 구성에 의한 국가 정체성의 한계에서 초래된 것으로 파악될 수 있다(구자정, 2011). 또한 자본주의와 비교해 사회주의 이데올로기의 한계가 지적되거나, 외적 국제 환경의 변화에 기인한 것으로 이해되기도 한다(홍헌익, 1998). 이러한 점에서 구소련 붕괴의 구조적 요인들과 전개 과정을 살펴볼 수 있다.

구소련은 1980년대 중반 이미 상당한 구조적 문제들을 안고 있었다. 이 문제들은 크게 3가지로 구분된다. 첫째는 사회주의 체제의 위기이다. 소련 경제는 생산수단의 국가소유와 국가 독점적 계획경제로 운영되었다. 이러한 소련경제는 60년대 초반까지 서구 선진국들보다 대체로 높은 경제성장률을 보였다. 그러나 그 이후 중공업중심의 자원 투입형 생산의 한계로 생산성이 감소하고 경제 침체에 빠지게 되었다. 이러한 상황에서 노동자·농민 중심의 사회주의 이데올로기가 약화되었고, 공산당의 권위와 통치 정당성도 점차 와해됨에 따라 사회정치적 통제가 급속히 이완되었다.

둘째는 잠재된 다민족 문제이다. 구소련의 민족구성은 매우 복잡해, 인구의 51%를 차지했던 러시아인, 각 자치공화국을 구성했던 주요 소수 민족 외에도 자치단위를 갖지 못한 여타 소수 민족들을 합치면 백여 개의 민족들이 있었다(1917년 인구조사에서 101개 인종이 확인되었고, 이 중 절반 이상이 전체 인구의 0.5% 이하였다). 러시아인 중심의 공산당과 중앙정부는 민족주의라는 원심력적 요소를 배제하고 민족을 뛰어넘는 국가를 위해 다양한 통제정책을 구사했다. 스탈린의 대숙청, 강제이주와 민족희석정책, 인위적 경계 획정과 민족 간 반목 조장 등 다양한 방법과 억압적 수단이 동원되었다. 또한 민족들 간 경제적(산업 배치), 정치적(정치권력 배분), 문화적 불평등이 심화되었다. 이로 인해 민족들의 불만이 고조되고 민족의식이 자각됨에 따라 연방 붕괴의 잠재적 위험 요소가 되었다.

셋째는 국제적 환경 변화이다. 소련은 70년대 초반 미국과 전략적 균형의 동반자로 인정되면서 국제적 위상이 높아졌지만, 이러한 데탕트의 분위기 속에서 중동과 아프리카 국가들에 사회주의 혁명을 수출하고자 했다. 특히 아프가니스탄에 무력으로 침공하면서 막대한 전비를 소모해 경제난을 가중시키기도 했다. 또한 서유럽 국가들은 1970년대 경제 침체를 정보통신기술의 혁신으로 극복하게 됨에 따라, 소련과 서방 국가들 간 경제적 격차가 커졌다. 또한 미국의 직간접적 개입(원유가 통제, 시베리아-유럽 파이프라인 건설사업 방해, 대공산권 기술 수출 저지 등)으로 외화 수입이 감소하고, 서방의 선진 기술 도입도 어렵게 되면서, 경제 침체를 벗어나기가 더욱 어렵게 되었다.

이러한 구조적 문제들을 안고 1985년 공산당 서기장이 된 고르바초프는 침체한 소련 경제를 되살리기 위해 근본적인 구조 변화가 필요하다고 결론을 내리고, 1987년 페레스트로이카(재편)라는 경제 개혁 의제를 발표했다. 페레스트로이카는 생산할당제를 완화해 기업의 사적 소유를 허용하고 해외 투자의 유치도 촉진하기 위한 것이었다. 이를 통해 국가의 자원을 냉전과 관련된 군사비로 지출하는 대신 민간 부문의 경제에 투입하고자 했다. 그는 서방과 군비 경쟁을 계속하는 대신 소련의 악화된 경제 상황을 회복하는 데 주안점을 두었다. 또한 고르바초프는 글라스노스트(개방)를 추진해, 국가 기관의 투명성을 높이고, 출판 및 정보의 자유를 제한적으로 보장하고자 했다. 이를 통해 그는 관료주의, 특히 공산당 지도부의 부패와 권력 남용을 억제하고자 했다.

개혁과 개방에 대한 고르바초프의 이러한 구상과 실행은 미소 간 군사 감축 협상으로 이어졌다. 1985년 열린 첫 회담에서 미국의 레이건과 소련의 고르바초프는 단독으로 만나 양국의 핵 비축량을 50%로 줄이는 원칙에 합의했다. 두 번째 정상회담에서 협상은 실패했지만, 1987년 세 번째 정상회담에서 중거리 핵전력 협정이 타결되어, 사정거리가 500~5500km에 이르는 지상 발사탄도 및 순항 핵미사일과 인프라를 모두 철거하게 되었다. 또한 1989년 모스크바 정상회담에서 고르바초프와 조지 부시는 제1차 전략무기 감축 협상을 체결했고, 같은 해 12월 이들은 몰타회담에서 냉전의 종식을 선언했다. 또한 소련은 공식적으로 동유럽 동맹국들의 내정에 더 이상 간섭하지 않기로 공식 선언했고, 1989년 아프가니스탄에서 소련군을 철수했으며, 1990년에 고르바초프는 독일 통일에 동의함으로써 베를린 장벽이 무너졌다. 이에 따라 동구권 동맹국들의 지도자들은 연달아 권력을 잃게 되었고, 동맹체제가 붕괴되면서 민주화 열풍을 맞게 되었다.

고르바초프는 동유럽 국가들의 민주화 과정에 대해서 관대했지만, 소련 영토 내에서의 분열 조짐에 대해서는 강경했다. 실제 공화국들의 민족주의는 그렇게 강하게 표출되지 않았고, 소비에트 연방의 존속에 대해 전체 연방의 국민투표 결과 연방 유지 여론이 압도적으로 높게 나왔다. 그러나 1991년 라트비아와 리투아니아에서 유혈 사태가 발생하자, 소련의 보수세력은 연방 해체 조짐에 대한 고르바초프의 온건한 대응에 반발해 쿠데타를 시도했다. 하지만, 러시아의 초대 대통령이 되었던 옐친이 이끄는 시위대와 국민의 저지로 실패했고 오히려 소련의 해체를 촉진하는 계기가 되었다.

고르바초프는 국가보안위원회(KGB)와 소련군을 해산하면서도 소련의 해산을 막으려 했지만, 결국 1991년 12월 서기장에서 사임하고, 권력은 옐친에게로 넘어갔다. 발트 3국 등 여러 공화국들이 독립을 선언했고, 마침내 슬라브계의 세 공화국(러시아, 벨라루스, 우크라이나)의 지도자들이 모여 독립국가연합(CIS: Commonwealth of Independent States) 협정에 서명했다. 소련을 구성했던 공화국들은 느슨한 국가연합 형태로 '독립국가연합'을 유지할 것으로 인식되었지만, 실제 개별 독립국가로 해산되면서 소련은 건국 후 69년 만에 역사 속으로 사라졌다.

구소련의 해체 이후, 15개 공화국 가운데 12개국은 독립국가연합이라는 '느슨한 국가협력체'를 구성하고 있지만, 상호 협력과 연대보다는 갈등과 대립 양상을 보이면서, 세계의 지정학적 구도를 바꾸어 놓고 있다. 특히 과거 '거대제국'의 영향력을 유지하고자 하는 러시아와 점차 서방세계로 기울어지고 있는 여타 국가들 간 관계는 상당히 심각한 갈등 양상을 보여왔다. 에스토니아·리투아니아·라트비아 등 발트 3국은 2004년 유럽연합(EU)과 북대서양조약기구(NATO)에 동시 가입하며 러시아와 멀어졌다. 우크라이나와 조지아도 오래전부터 NATO 가입을 추진했고, 러시아는 이를 반대하면서 천연가스 공급 중단이나 가격 인상 등으로 이들을 압박하고 있다. 2014년 러시아는 우크라이나 정권 교체 과정에서 러시아인 보호를 명분으로 크림반도를 점령해 합병시키기도 했다.

　이러한 상황에서 2021년 러시아는 우크라이나와의 국경 인근 지역에 병력을 배치해 침공할 준비를 했고, 2022년 2월 이를 감행했다. 그동안 러시아가 우크라이나를 침공할 의지를 보이는 것은 역사-지정학적으로 러시아의 팽창주의에 기인하거나(강정일, 2019), 또는 구소련의 해체 이후 러시아는 구소련 지역의 대안 정체성이며 세계화 과정에서 발생한 지역주의로서 '유라시아주의를 추구하기 때문인 것으로 해석되기도 한다(김홍중, 2014). 보다 현실 정치적 측면에서 보면, 우크라이나가 나토와 군사협력을 강화하고 유럽연합 가입을 강력히 희망하는 친서방 노선을 밟고 있으며, 이로 인해 서방이 우크라이나를 '교두보'로 삼아 러시아를 위협하고 있다고 추정하기 때문이다. 또한 러시아 국민은 우크라이나를 '한 나라, 한 민족'으로 보는 인식이 강하기 때문인 것으로 설명되기도 한다.

　다른 한편, 구소련의 해체와 동유럽 국가들의 민주화와 시장경제체제로의 전환은 중국과 베트남 등 소련의 영향하에 있지는 않았던 공산권 국가들에게도 영향을 미침으로써 중국 덩샤오핑의 시장사회주의론이나 베트남의 도이모이 운동과 같은 개방정책이 추진되도록 했다. 중국에서는 1976년 마오쩌둥의 사망 후 10년간 지속된 문화대혁명을 청산하고 권력을 장악한 덩샤오핑에 의해 개혁개방이 추진되었지만, 초기에는 하급 관료들의 부정부패와 실업 및 빈부격차 문제가 심각했다. 이로 인해 1989년 6월 천안문광장에서 부정부패 척결과 민주화를 요구하는 대규모 시위가 있었고, 인민해방군과의 충돌로 많은 사망자들이 발생하기도 했다. 서방 국가들은 천안문민주화운동에 대한 중국 당국의 탄압을 비판하며 경제적 제재를 가하고자 했지만, 소련의 붕괴와 걸프전쟁 등으로 유명무실해졌다. 중국은 정치적 억압을 강화하면서도 경제적 개혁개방을 촉진함으로써 그 후 높은 경제성장률을 보이게 되었다.

3. 탈냉전과 신자유주의적 경제·정치체제

1) 냉전 및 탈냉전의 세계 경제체제

(1) 냉전시기 세계 경제체계

　냉전 시기 국제질서는 국제안보체제와 국제경제체제 간 높은 결합도를 통해 상대적으로 안정되어 있었다. 미국과 소련은 정치적 힘에 있어서뿐만 아니라 경제력에 있어서도 1위와

2위를 차지하면서, 자본주의와 사회주의 블록경제를 형성해 배타적 경쟁체제를 구축했다. 유엔의 통계자료에 의하면, 1970년 미국의 국내총생산(GDP)은 1조 759억 달러였고, 소련은 상당한 차이가 있긴 하지만 4334억 달러로 2위였다. 당시 세계 3위 경제 강국으로 떠오른 일본의 GDP는 2090억 달러였다. 그 이후 1983년 소련의 GDP는 9930억 달러로 성장했지만, 이 시기 미국의 GDP는 3조 6381억 달러로 소련의 3배 이상 앞섰다.

이처럼 소련은 갈수록 경제력에서 미국에 뒤떨어졌고, 사회주의 블록경제체제를 구축하고 있었던 동유럽 국가들의 경제발전 수준도 자본주의 경제의 서유럽국가들에 비해 상대적으로 상당히 낮았다. 양 진영 간 경제적 교류는 거의 없었고, 사회주의권에 대한 전략 물품 수출 통제를 담당한 코콤(COCOM 대공산권수출조정위원회)은 군사 목적으로 이용될 가능성이 있는 거의 모든 민간기술의 수출을 금지했다. 소련이 붕괴하면서 1994년 3월 코콤은 해체됐고, 세계경제는 자본주의 경제체제로 통합됐다. 사실 냉전체제가 해체된 것은 소련 중심의 사회주의 경제 블록의 패배, 즉 국제 정치적 갈등에 기인하기보다 경제력 격차의 확대와 이를 초래한 사회주의경제에 내재된 모순(사회주의 경제의 비효율성, 군비 경쟁 과정에서 생필품 생산을 위한 경공업부문과 괴리된 중화학부문의 비정상적 성장)에 기인한 것이라고 주장되기도 한다.

냉전 시기 국제질서에서 주목해야 할 또 다른 점은 이른바 제3세계의 등장이다. 제1세계는 자본주의 경제블록 국가들, 제2세계는 사회주의 경제블록 국가들로 구성된다면, 제3세계는 이 두 블록에 속하지 않는 국가들을 통칭한다. 제2차 세계대전이 끝나면서, 세계는 양분된 것이 아니라 삼등분되었다고 할 수 있다. 특히 과거 식민화되었던 제3세계 국가들은 종전 후 정치적으로 독립했지만, 경제적으로 여전히 식민 본국에 의존하고 있었다. 그러나 1960년대 이후 신식민지적 상황을 자각한 여러 제3세계 국가들은 미소지배의 세계질서에 대항하고 선진국들에 대한 경제적 종속을 탈피하기 위해 독자적인 정책과 협력체제를 구축하고자 했지만, 대부분 빈곤 상태를 벗어나지 못했다. 냉전체제의 해체와 더불어 제2세계라고 할 수 있는 사회주의경제 블록이 붕괴된 후 제3세계라는 용어도 점차 사용되지 않게 되면서, 대신 다른 용어들, 예로 후진국, 개발도상국, 신흥국, 체제전환국(과거 사회주의 국가), '남부' 국가 등이 사용된다. 그러나 제3세계라는 용어로 표현되던 빈곤국가 또는 세계적 차원의 불균등발전은 여전히 심각한 문제로 남아 진행되고 있다.

다른 한편, 1970~1980년대의 세계 경제체제에 커다란 변화가 발생했다. 냉전체제의 후반부에 세계경제는 미국과 구소련이 지배하는 정치적 2극 체제가 아니라 미국을 중심으로 한 북미 경제, 영국, 프랑스, 독일, 이탈리아 등을 중심으로 한 서유럽 경제, 그리고 일본을 중심

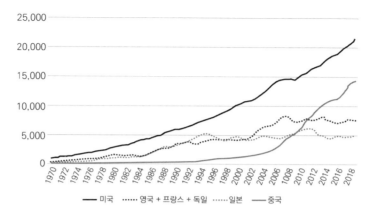

그림 9-5. 주요 국가별 국내총생산 성장 추이 [단위: 10억 US$(달러 환산 국내총생산)]

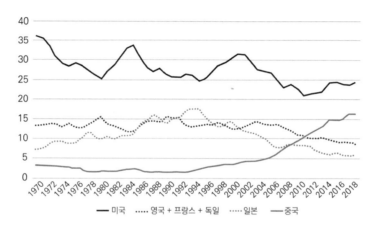

그림 9-6. 세계경제에서 국가별 비중 변화 [단위: 달러 환산 국내총생산 기준 구성비(%)]

으로 한 동아시아 경제 등으로 3극화된 세계체제를 이르게 되었다. 서유럽 국가들은 전후 부흥기를 통해 경제성장을 촉진하게 되었고, 제2차 세계대전에서 패전국이었던 일본도 1960~1970년대 경제성장을 촉진하면서 경제 강국으로 부상하게 되었다. 세계경제에서 일본이 차지하는 경제 규모는 1970년 7.2%에서 증가해 1990년 13.8%, 1995년 17.6%에 달하여, 영국, 프랑스, 독일 3개국의 국내총생산 합계를 넘어서기도 했다.

이와 같은 일본의 급속한 경제성장으로, 1980~1990년대 세계경제는 미국, 서유럽, 일본을 중심으로 3극 체제를 구축하게 되었고, 그 영향력하에 있었던 국가들과의 관계는 세계체계론에 따라 중심-반주변-주변 국가들의 권역으로 구분되기도 했다(임덕순, 1997:

그림 9-7. 세계경제의 3극 체제와 중심/준주변/주변부
자료: Flint and Taylor(2011); 임덕순(1997: 338).

332, 338). 이러한 세계경제의 3극 체계는 세계도시체계의 3극 구조와 조응한다. 월러스틴 (Wallerstein)이 제시한 세계체계론에 의하면, 세계는 16세기 이후 북서유럽을 중심으로 한 중심부(core), 약소지역이 주변부(periphery), 그리고 이들 사이 국가나 지역들로 구성된 준주변부(semi-periphery)로 분화되어 왔으며, 이 지역들 간 분업에 의해 서로 연계된 하나의 체계를 구성한다.

오늘날 중심부 국가들은 세계경제의 3극을 구성하는 미국, 서유럽, 일본이고, 주변부 국가들은 라틴아메리카(멕시코, 브라질 등 일부 국가 제외), 아프리카 국가들(남아공 제외), 남아시아 국가들(방글라데시, 인도, 스리랑카, 베트남, 라오스, 캄보디아 등)을 포함하며, 준주변부 국가들은 흔히 신흥공업국으로 불리는 멕시코, 브라질, 한국, 말레이시아, 유럽의 동유럽 국가들 헝가리, 체코, 폴란드 등을 포함한다. 이와 같은 세계경제의 3극 체제와 그 내부 3개 유형의 계층화된 지역 구분은 기본적으로 세계경제의 자본주의 분업체계 속에서 경제적 차별화로 인해 유발된 것으로 이해된다. 이와 같은 세계경제의 3극체계에 기반한 세계지역 구분은 매킨더의 심장지역/내부 초승달 지역/외부 초승달 지역이라는 1극체계적 세계지역 구분과 비교된다(Flint and Taylor, 2011). 이러한 세계경제의 3극 체제는 사회주의 경제체제의 해체와 신자유주의적 세계경제의 재편과정에서 점차 약화되었지만, 그 틀은 아직도 잔존하고 있다.

1970년대에 들어오면서 미국과 서유럽 경제는 이른바 전후 서구 경제를 안정적으로 발전시켰던 포드주의적 축적체제의 내부적 한계와 더불어 외적으로 일본 및 동아시아 신흥공업국들의 경제성장에 따른 세계시장의 잠식과 경제적 추격이라는 외적 충격으로 인해 심각한 경제 침체와 재정 위기를 맞게 되었다. 이러한 위기에 대처하기 위해 미국과 영국을 필두로 복지 재정을 축소하고 시장경제에 대한 국가의 개입을 최소화하기 위한 탈규제 정책을 추진하게 되었다. 이러한 서구 국가들의 정책은 시장의 자유를 강조하는 자유주의 이데올로기에 근거를 두고 침체된 경제를 새롭게 활성화하고자 했다는 점에서 '신자유주의'라고 불린다. 신자유주의는 시장의 자유를 신봉하는 이데올로기이며, 또한 자본주의 경제체제에서 실제 작동하는 메커니즘이라고 할 수 있다(하비, 2007).

1970년대 후반 미국(레이건 대통령)과 영국(대처 수상)을 중심으로 추진된 신자유주의는 그 후 서유럽 국가들뿐만 아니라 세계적으로 새로운 경제 운용의 원리로 확산되었다. 특히 미국은 세계은행과 국제통화기금 등을 동원해 다른 선진국들뿐만 아니라 위기에 처한 개도국들에게 거시경제의 안정과 자유무역과 투자를 위한 개방과 시장 확대 등 신자유주의적 정책을 수용하도록 압박했다. 우선 미국은 1985년 일본, 영국, 독일, 프랑스와 합의해 달러가치를 인위적으로 떨어뜨리고자 했다. '플라자합의'라고 불리는 이 합의를 통해, 미국 달러 가치의 하락은 미국의 수출을 확대시키면서 경상수지 적자의 감소와 경기 침체에서 탈피를 가능하게 했다. 그러나 일본은 엔화가 폭등하면서 불황으로 치닫게 되었고, 이를 무마하기 위한 일본의 저금리 정책은 오히려 부동산과 주식 투기를 가속화해 거품 경제의 가열을 초래했고, 그 후 거품이 꺼지면서 경제 침체가 지속되는 이른바 '잃어버린 10년'을 겪게 되었다.

(2) 탈냉전 시기 세계 경제체계

1990년대에 들어오면서, 소련과 동유럽 국가들의 사회주의 경제의 해체, 중국의 경제개혁과 시장개방 등이 촉진되는 한편, 기존 자본주의 국가들도 신자유주의를 새로운 경제정치 운영 논리로 받아들이면서 자유시장 세계경제체제에 편입하고자 했다. 이에 따라, 전 세계적 차원에서 신자유주의적 자본주의의 지구화가 촉진되게 되었다. 이른바 '워싱턴 컨센서스(Washington consensus)'는 미국 재무부와 국제통화기금, 세계은행, 그 외 국제금융자본이 미국식 신자유주의를 개도국의 발전 모델로 제안하자고 합의한 것을 일컫는다. 이를 통한 신자유주의적 지구화는 국가나 지역별로 불균등하게 전개되었을 뿐만 아니라 신자유주의적 시장경제의 취약성과 자본의 변동성 심화 등으로 여러 차례 위기를 유발했다.

예로 서유럽 국가들 가운데 독일은 1980년대를 거치면서 전반적으로 신자유주의 기조를 받아들여 구조조정을 진행했지만, 프랑스는 1995년 이후에야 우파정권이 집권하면서 복지 재정의 축소와 신자유주의적 시장경제 노선을 택하게 되었다. 라틴아메리카에서는 미국의 영향력하에 대체로 일찍 신자유주의 체제를 수용하게 되었지만, 국가별로는 다소 차이가 있었다(최병두, 2012: 20). 중동 국가들도 종교적 이유로 시장경제의 확대를 거부했지만 결국 신자유주의를 수용하게 되었고, 동아시아의 여러 국가들, 특히 발전국가 모형을 채택했던 국가들도 경제 침체와 위기를 겪으면서 신자유주의를 부분적으로 받아들이는 전략을 채택했다.

이러한 신자유주의적 지구화 과정에의 편입을 배경으로, 세계경제는 지역별로 다양한 유형의 위기 상황을 겪었는데, 1992년 파운드화 위기, 1997년 동아시아 금융위기, 1998~1999년 러시아와 아르헨티나, 브라질 금융위기 등이 주요 사례들이다. 이러한 위기들은 대체로 초국적 자본, 특히 세계적 금융자본에 의해 초래되었다. 특히 1997년 한국을 포함해 동아시아의 여러 국가들(예: 태국, 홍콩, 말레이시아, 필리핀, 인도네시아 등)은 이른바 'IMF (외환)위기'를 겪으면서, 유동성 자본을 확보하기 위해 국제통화기금(IMF)이 요구하는 신자유주의 경제정책을 받아들여야 하는 상황에 내몰리게 되었다. 한국이 IMF 위기에 빠지게 된 직접적 원인은 외환관리정책의 미숙과 실패 때문이라고 하겠지만, 위기 직전에 악성 금융자본(이른바 헤지펀드)의 투기적 유입이 있었고, 이로 인해 유동성 위기가 발생하자 IMF는 구제금융을 명목으로 초국적 자본에게 유리한 경제체제의 수용과 국가 경제구조 조정을 요구했다. 이러한 요구에 대해 국가별로 대처방안은 다소 달랐지만, 경제구조가 취약한 대부분 국가들은 이를 수용할 수밖에 없었다.

2000년대에 들어오면서, 세계의 거의 모든 국가는 신자유주의적 시장경제체제에 편입되었고, 이를 연계하는 지구적 생산체계(즉 글로벌 공급사슬)가 구축되면서, 상품과 자본뿐만 아니라 기술(정보)과 노동력의 세계적 흐름이 급증했다. 그러나 이러한 신자유주의 경제체제로의 전환은 실제 세계경제의 성장을 촉진하지는 못했다. 즉, 1990년대 중반 이후 세계경제 성장률은 다소 높아졌지만, 2008~2009 글로벌 금융위기 이후 세계경제는 침체 국면에 빠지게 되었다. 이러한 신자유주의 경제 이념과 정책의 결과를 통해 보면, 신자유주의는 세계경제 성장에 직접 기여하기보다는 자본계급의 이해관계와 권력을 회복하기 위한 프로젝트로 이해된다(하비, 2007: 36). 달리 말해, 신자유주의적 경제체제는 국가 간 불균등의 심화와 더불어 국가 내 계층 간 소득 및 자산의 불균형(양극화)을 심화시켰다.

세계적으로 신자유주의는 경제시장을 통합시키면서 생산체계를 지구화했지만, 이를 통제하는 핵심 역량은 선진국들의 다(초)국적 기업들에 의해 장악되었고, 그 결과로 지구적 가치사슬의 핵심에 있어 연결성이 높은 국가들이 지구화에 따른 효과의 대부분을 차지했다.

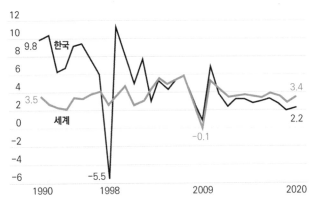

그림 9-8. 한국 및 세계의 경제성장률(단위: %)
주: 2019, 2020년은 당시 전망치.

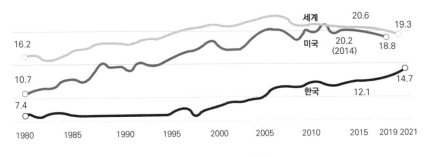

그림 9-9. 상위 1%의 소득 점유율(단위: %)

국내적으로도 최상위 계층의 소득은 급격히 증가하는 반면, 중하위 계층의 소득은 정체하면서 소득격차와 경제적 양극화 현상은 심화되었다. 소득 불평등은 보유 자산의 격차뿐만 아니라 자동화 및 노동의 유연화와 맞물리면서 실업과 비정규직을 양산하는 고용의 불평등, 일상생활에 교육·의료보건 등의 불평등으로 이어졌다. 이러한 신자유주의적 경제체제가 초래한 또 다른 중요한 문제는 자원고갈과 환경파괴를 지구적 규모로 확산시켰다는 점이다. 기후위기는 점점 더 심각한 현실로 드러나게 되었고, 생물 다양성이 급속히 감소했고, 플라스틱 폐기물이 지구적 규모로 누적되었다.

이 같은 세계경제의 신자유주의화 과정은 2007년 미국의 서브프라임모기지 사태로 인해 초래된 글로벌 금융위기로 인해 심각한 한계를 드러내면서 약화되는 경향을 보였다. 미국 경제에서 사태의 배경은 2000년대 초로 올라간다. 당시 미국 IT 산업의 버블 붕괴와 더불어

9·11테러와 아프간/이라크 전쟁으로 인해 경기가 악화되자 미국은 경기부양책으로 초저금리 정책을 펼쳤고 이에 따라 주택담보대출(서브프라임 모기지)이 커졌다. 그러나 2004년 저금리 정책을 끝내면서 주택담보대출 금리가 올라갔고 대출자들이 원리금을 갚지 못함에 따라 금융기관들의 파산이나 부실화로 이어졌다. 이로 인해 세계금융시장에서 신용 경색이 초래되었고, 실물경제에 악영향을 주면서 2008년 세계금융위기로 폭발했다.

이러한 세계금융위기의 충격으로 세계 초대형 금융 기간의 몰락, 글로벌 초국적기업의 파산, 이로 인한 세계경제 성장률의 극감, 신자유주의와 양극화에 대한 불만 폭발 등이 초래되었다. 이러한 과정으로 인해 미국발 세계금융위기는 신자유주의 세계경제 질서의 기반을 흔들어 놓은 것으로 이해된다. 실제 그 이후 미국 달러 본위제가 불안정해지고, 미국과 중국 간 환율전쟁, 무역 전쟁이 발발했다. 세계무역기구(WTO)를 중심으로 한 자유무역체제는 선진국과 개도국 간 갈등을 초래하면서 국가주의적 보호무역주의로 선회하는 경향을 보였다. 이러한 신자유주의 국가 정책과 세계경제질서는 2020년 코로나 팬데믹으로 인한 사회경제적 충격으로 인해 거의 막을 내리게 된 것처럼 보인다.

2) 신자유주의 시대의 세계 정치

(1) 신자유주의적 지구화와 세계정치

구소련의 해체에 따른 탈냉전과 신자유주의적 지구화는 국제정치에 커다란 영향을 미쳤다. 이는 크게 3가지 사항들, 즉 신자유주의 지구화 속에서 국가의 역할 변화와 다양한 세계적 행위자들의 활동 증대, 미국 일극체제 가능성과 도전국으로서 중국의 등장, 그리고 지정학에서 지경제학으로의 전환 또는 이들을 혼합한 복합적 메커니즘의 작동을 내포하고 있었다. 이러한 사항들을 중심으로 아래에서 제시된 설명은 기본적으로 국제정치에서 현실주의적 접근에 따른 것이다. 국제정치 질서의 변화를 설명하는 접근 또는 시각은 현실주의적 접근 외에도 제도주의적 접근, 네트워크화론 등으로 구분된다(이상현, 2011).

• **현실주의적 접근**: 패권 안정 및 변화에 관한 이론 등과 같이 전통적 국제정치 주류를 이룬다. 국가 정책,전략에 영향을 미치는 가장 중요한 요인은 국가 간 힘의 배분 상태이다. 절대적으로 우월한 힘을 가진 패권국이 존재할 경우 단극체제형 국제 레짐이 형성·유지되지만 그 패권국이 쇠퇴하면 국제 레짐도 쇠퇴한다.

- **제도주의적 접근**: 자국의 이해관계를 우선하는 합리적 국가들이 협력관계를 통해 제도적 효용을 얻기 위해 국제 레짐을 형성·유지한다는 기능주의적 입장을 취한다. 다자주의의 특정 형태보다는 국가 간 협력을 저해하는 거래 비용과 정보 비용을 감소시키는 데 제도의 긍정적 효과를 강조한다.

- **네트워크화 접근**: 21세기 국제질서의 새로운 속성인 네트워크화에 초점을 둔다. 네트워크는 "이로운 협력을 가능케 하도록 서로 연결된 행위자들의 집합"으로 정의된다. 네트워크의 중심 요소는 표준(standard)이며, 이는 한 네트워크에 속하는 구성원들을 서로 연결하는 특정방식으로서 이들 간 협력을 촉진하는 공유된 규범이나 관행을 의미한다.

신자유주의 이론 또는 담론의 관점에서 보면, 자유시장 메커니즘을 강조하는 신자유주의적 지구화 과정에서 국가의 역할은 국내외적으로 약화될 것으로 예상되었다. 국내적으로 복지의 축소와 탈규제를 통한 시장으로의 복귀와 세계시장에서 자유무역의 확충 등을 위해, 국가의 기능이 축소될 것으로 추정했기 때문이다. 또한 지구화 과정에서 초국적 기업들의 역할과 규모가 급성장하고 유엔, 세계은행, 국제통화기금 등의 역할이 활발해지고, 또한 동시에 지역적으로 지방정부의 역할과 시민사회운동이 지구적 차원으로 확장될 것으로 추정되었다. 이러한 상황에서 과거 국민국가의 역할은 위로부터뿐만 아니라 아래로부터 발달한 힘에 의해 위축될 것으로 예상되었다.

그러나 실제 국가의 역할은 시장으로의 복귀를 명분으로 오히려 세계적으로 또한 지방적으로 확장되는 경향을 보였다. 물론 초국적기업의 힘은 개별 국가의 통제를 벗어났고, 국제통화기금이나 세계은행 등은 개별 국가들이 신자유주의적 위기에 봉착했을 때 위기 구제를 명분으로 다양한 방식으로 이들에게 개입했다. 또한 유럽연합과 같이 국제적 차원의 지역화도 개별 국가의 역할을 상당히 대체할 것으로 추정되었지만, 실제 개별 국가의 역할은 거의 그대로 유지되었다. 특히 신자유주의적 지구화의 취약성으로 인해 발생한 세계금융위기 이후 세계 각국이 암묵적으로 보호무역주의로 선회하는 모습을 보였고, 코로나 팬데믹 이후 이러한 경향은 더욱 명시적으로 드러났다.

다른 2가지 사항에 대한 현실주의적 접근에서 우선 지적할 수 있는 점으로, 냉전체제에서 한 축을 이루었던 구소련의 해체는 미국이 자연스럽게 세계 최강의 유일한 패권국가로 인식되도록 했다는 점이다. 실제 1990년대 및 2000년대에는 이에 도전할 경쟁국이 부상하기 어

표 9-2. 탈냉전-신자유주의 시대 주요 사건

일자	주요 사건
1990.8	걸프전쟁, 쿠웨이트를 침공한 이라크와 다국적군 간 전쟁, 1991.2 쿠웨이트 독립 회복
1991.6	슬로베니아, 크로아티아, 분리 독립 선언, 내전 돌입, 그 후 보스니아전쟁(1992.4.~1995.12), 코소보전쟁(1998.2~1999.6), 마케도니아반란(2001.1~11) 등으로 이어짐
1991.12	구소련 15개 국가로 해체, 독립국가연합(CIS) 선언
1992	중국, 시장경제 이행기(1978~1991)를 거처 본격적으로 사회주의 시장경제로 전환
1993.11	유럽연합(EU) 설치를 위한 마스트리히트 조약 발효, 유럽의 정치·경제통합체 구성
1995.1	WTO(세계무역기구)체제 출범, 세계적 무역자유화 확대와 공정한 국제무역 질서 목표
2001.9	미국 9·11사건, 조지 부시 대통령 테러와의 전쟁 선포
2001.10	미국 아프가니스탄 침공, 2020년 아프가니스탄 철수
2003.3	미국 이라크 침공, 미군 2011년 이라크 철수
2007.4	미국 서브프라임모기지 관련 금융기업들의 파산신청 시작, 2008. 세계금융위기 촉발
2008	베이징올림픽 개최 과정에서, 서구 국가들이 중국의 '소수민족 탄압, 홍콩, 타이완 개입' 등 비판
2011.3	시리아 내전 시작, 반정부 시위격화, 저항군 조직해 내전화
2013.8	중국 일대일로 계획 발표
2014	러시아, 우크라이나의 크림반도 침입, 합병, G8에서 러시아 축출, NATO 국방력 재구축
2016.2	중국을 중심으로 주요 20개국(G20) 중앙은행장 세계금융시장 안정을 위한 상하이합의
2016.6	영국, 국민투표로 브렉시트 결정, 2020.1 유럽연합 정식 탈퇴
2016.7	국제상설중재재판소, 중국의 남중국해 영유권 주장 패소, 중국은 이에 반대, 분쟁 심화
2017.1	미국 트럼프, 환태평양경제동반자협정(TPP) 탈퇴, 2017.11 인도태평양 구상 호응 발표
2019.6	홍콩 범죄인 인도법 반대 시위, 미국은 중국 견제 목적으로 타이완동맹보호법 제정
2020.1	중국 우한 발 코로나19 바이러스 감염증 세계적 확산, WHO 2020.3 코로나 팬데믹 선언, 2023.5 종식
2021.9	미국 바이든, 쿼드(Quad) 정상회의 개최, 동맹국들과 관계 강화
2022.2	러시아의 침공으로 러시아-우크라이나 전쟁 발발
2023.10	이스라엘-하마스 전쟁, 하마스의 기습 공격에 대응하여 가지지구 침공

려운 상황으로 간주되었다. 구소련이 해체되면서 12개 독립국가로 구성된 '독립국가연합(CIS)'의 등장은 러시아 연방이 주도하긴 했지만 초강대국으로서 지위를 유지하기 어려웠을 뿐만 아니라 결국 존속 자체가 불가능했다. 독립국가연합은 시장경제체제로의 전환 문제와 더불어 핵무기 통제와 국방·군사적 문제, 카자흐스탄 등 중앙아시아 회교 국가들의 향방 등 소수민족 문제, 그리고 러시아의 독주에 대한 여타 독립국가들의 의구심과 우려 등으로 세계정치에 영향력을 행사하기보다는 내부 문제로 인해 스스로 약화되는 과정을 겪었다.

다른 한편, 서유럽은 독일 통일과 유럽연합의 구성으로 새로운 경제·정치적 영향력을 행사할 것으로 예측되었지만, 내적 구성의 다양성으로 인해 그렇게 강력한 힘을 갖지는 못했고, 결국 영국이 탈퇴하는 결과를 맞게 되었다. 1970년대 이후 경제적으로 초강대국으로 부상했던 일본은 프라자합의 이후 1990년대로 들어오면서 심각한 경제 침체를 맞았을 뿐 아니라 제2차 세계대전 이후 제한된 군사력과 정치적 제약으로 인해 국제정치에 큰 영향력을 행사하기에는 한계가 있었다. 이러한 점에서 1990년대만 하더라도 미국을 대체할 새로운 패권세력이 출현할 가능성이 낮았기 때문에, 세계정치질서는 단일체제의 양상을 보였다.

물론 신자유주의적 지구화 과정에서 그동안 낙후되어 있었던 중국과 인도 등이 급격한 경제성장을 달성하면서, 국제경제에서 점차 자신의 지위를 높여 갔지만, 미국 패권을 위축시킬 정도는 아니었다. 미국은 1970년대 이후 영국과 더불어 경제 침체를 겪었지만, 신자유주의 경제체제가 본격화되면서 경제성장률도 겉으로는 다소 회복되는 기미를 보였다. 사실 미국은 영토의 크기, 자원, 기술 수준, 군사력, 다원주의적 민주체제, 정치적 지도력 등 경제·정치적으로 월등한 힘의 우위를 갖추고 있었다. 또한 신자유주의적 세계경제 질서를 구축하기 위해 세계은행과 국제통화기금 등 국제기구의 역할이 커졌고, 다자간 협상이 더 유의한 것으로 간주되었다. 이러한 점에서 탈냉전 이후 다양한 경제·정치적 사건들이 있었고 이로 인해 미국의 힘이 상대적으로 약화됨에 따라 이른바 '포스트 아메리카 시대'로의 전환이 거론되기도 했지만, '덜 지배적인 국가'일지라도 미국은 여전히 초강대국, 즉 세계적 패권국가라고 할 수 있다.

(2) 신자유주의적 세계정치와 지경학

2008년 미국발 세계금융위기로 신자유주의 세계질서의 바탕이 붕괴되는 조짐을 보였고, 이와 더불어 패권국가로서 미국의 지위도 흔들리게 되었다. 물론 특정 국가의 패권이 특정 이념과 동일한 것은 아니지만, 미국 패권의 쇠퇴는 국제 정치경제질서에서 (신)자유주의 질서와 연계되어 있었다. 미국의 패권이 약화되는 징후는 여러 측면에서 나타났다. 국내적으로 복지재정의 축소 등으로 인한 소득 불평등과 양극화의 심화, 이에 대한 국민들의 저항, 그리고 국제적으로 신자유주의적 세계화로 인한 지구적 불균형의 심화, 영·미식 자본주의의 과도한 시장원리 강조로 인한 워싱턴 컨센서스의 한계 그리고 미국 경제의 취약성에 내재된 달러화 문제와 국제통화질서의 불안정 등이 이슈가 되었다. 미국은 이러한 상황에 대한 대응능력이 약한 상황에서 미국 패권의 과도한 지정학적 특권을 향유하고자 했다. 이러한 특권 행사의 대표적 사례로 9·11테러 이후 미국의 아프간 및 이라크의 침공을 들 수 있다.

미국은 2001년 9월 11일 아침 이슬람 과격 테러단체인 알카에다가 자행한 것으로 추정되는 연쇄 테러 공격으로 뉴욕의 세계무역센터의 쌍둥이 빌딩이 붕괴되었고 미 국방부 건물인 펜타곤이 일부 파손되었다. 약 3000명에 달하는 사망자와 2만 5000명 이상의 부상자를 유발했던 이 사건은 미국이 외부 공격을 받은 유일한 사건이었다(최병두, 2002). 미국은 이 사건의 배후로 빈 라덴과 알카에다 조직을 상대로 '테러와의 전쟁'을 선포하고 2001년 말 이들의 근거지로 추정되는 아프가니스탄을 침공했고, 2003년에는 당시 이라크 대통령 후세인의 독재정치와 대량 살상무기 보유를 이유로 이라크를 침공했다. 이 전쟁을 통해 미국은 국가의 자존심을 세웠을지는 모르지만, 엄청난 아프가니스탄인과 이라크인의 살상을 초래하는 '해서는 안 되는 전쟁' 또는 '실패한 전쟁'을 치렀고, 그 대가로 미군의 희생뿐만 아니라 엄청난 재정 투입이 있었다. 미국은 2021년 그동안 희생에 대한 아무런 대가 없이 결국 아프가니스탄으로부터 완전 철수를 하면서, 아프간 정부를 탈레반에게 넘겨주었다. 이러한 미국의 지정학적 전략은 '제국주의의 과잉 전개'라는 비판을 받을 뿐만 아니라 스스로 국가의 힘을 소진시키는 계기가 되었다. 또한 미국의 과잉 대응은 전통적 군사적 대립과 지정학적 개입이 국제정치에서 복원되는 상황을 만들어냈고, 국제적 테러조직 활동이 간헐적이지만 지속되는 결과를 초래했다.

그러나 미국의 이러한 지정학적 전략의 전개에도 불구하고, 세계정치는 전반적으로 지정학에서 지경학으로 전환하거나 또는 이들의 복합적 관계에 의한 작동으로 이해된다. 특히 미국과 중국 간 정치경제적 갈등 상황을 서술하기 위해 '지정학의 귀환'이라는 용어도 새롭게 사용하게 되었지만, 또한 동시에 지경학(geo-economics)이라는 용어도 등장, 유행하게 되었다. 지경학이라는 용어는 루트왁(Luttwak, 1990)이 신자유주의적 세계화 과정에서 경제적 수단이 군사적 수단을 대체하게 되었다고 주장하면서 제시된 것으로(신욱희, 2021), 무역과 투자, 에너지 및 원자재 거래, 경제협력 및 제재 등 경제적 수단을 통해 정치지리적 목표를 달성하고자 하는 정책이나 전략을 의미한다. 이는 과거 지정학적 수단(예: 군사적 수단)을 통해 달성하고자 하는 목표와 경제적 수단을 통해 달성하고자 하는 목표가 본질적으로 동일하며, 신자유주의 세계체계에서 후자의 수단이 더 효율적이며 유의성을 가진다는 점을 함의한다.

이러한 지경학이라는 용어가 사용된 것은 대체로 세계금융위기 이후 미국의 국제경제책략과 중국과의 관계 변화에 기인한다(김치욱, 2020; 박주현, 2021). 1978년 중국이 개혁개방전략을 채택한 이후부터 2008년 미국에서 시발된 금융위기 이전까지 두 국가는 갈등 사안들에도 불구하고 '달러 리사이클링(dollar-recycling)'이라는 메커니즘에 의거해 밀월관계를 유지해 왔다. 즉, 중국은 풍부한 노동력을 바탕으로 세계의 공장역할을 수행하면서 생산된 상품을 전 세계에 저렴하게 수출했고 이를 통해 벌어들인 달러로 미국 재무부가 발행하는 국채를 사들였다. 미국은 저렴한 상품 수입과 원활한 국채 매도 덕분에 낮은 물가상승률과 이자율을 유지하면서 상당한 경제성장을 이룰 수 있었다. 그러나 2008년 발생한 금융위기를 극복하기 위해 미연방준비은행은 '양적 완화' 통화정책을 통해 위기를 극복하고자 하면서, 중국은 이에 반발해 독자노선을 모색하게 되었다. 미국의 양적 완화 정책은 인플레이션을 유발하며, 세계 각국이 보유하는 미국 국채의 달러 표시 자산의 실질가치를 떨어뜨리기 때문이었다.

이러한 상황에 직면해, 중국은 자국의 부가 미국의 통화정책에 의해 훼손되는 상태를 방치할 수 없었고, 이를 이용해 내수시장 개척과 위안화의 국제화를 시도했다. 이러한 상황에서 미국은 '환태평양경제동반자협정(TPP)'을 주도하면서 중국을 견제하고자 했고, 중국은 '역내포괄적 경제동반자협정(RCEP)'의 추진으로 반발했다. 이와 같이 미국과 중국 간 지경제적 관점에서 경쟁과 대립 관계가 점차 심화되게 되면서, 양국의 전략은 지경학적 및 지정학적 전략을 혼합적으로 구사하게 되었다. 이러한 점에서 지경학은 자본주의의 세계화를 영토의 경제적 재편 및 시장 규정력, 특히 국경을 가로지르는 지구화의 지리적 상상력과 관련시키고자 하는 지정학적 투쟁과 전략을 이해하고자 하는 시도라고 주장된다. 특히 자본주의적 경제 규정력과 정치적 국제관계는 상호관계적으로 영향을 미친다는 점에서 지정학과 지경학의 변증법으로 이해될 수 있다는 점이 강조된다(Sparke, 2007; 2018).

지정학과 지경학의 상호관련성은 국지적 차원의 연구에도 응용될 수 있다. 예로 박배균·백일순(2019)은 한반도의 접경지역이 지니는 다중적·복합적·혼종적 성격을 파악하기 위해 포스트영토주의적 입장에서 접경지역을 영토성에 기반한 '안보'의 논리와 이동성을 지향하는 '경제'의 논리가 서로 경합하면서 결합되는 '안보-경제 연계'를 고찰하고자 한다. 지정학과 지경학의 복합적 상호관련성은 보다 거시적 차원에서도 확인된다. 예로 이승주(2017)는 미국과 중국을 포함한 동아시아 주요국들이 왜 갈등과 협력이라는 이중 동학이라는 외견상 모순된 대외전략을 추구하는가에 관해서 지정학과 지경학의 복합적 상호작용이라는 관점에서 설명하고자 한다. 또한 이승욱 외(Lee et al., 2017)는 지정학적 및 지경제적 권력관계의 다중적 차원에서 영토가 재편되며, 이러한 영토화의 실행은 자본주의적 국가 형태의 (재)생산과 관련된다고 주장하고, 이러한 주장에 근거해 미국의 범태평양파트너십과 중국의 일대일로 정책을 분석하고 있다. 또한 최재덕(2019)은 문재인 정부의 신남방정책과 미국이 주도하는 '인도-태평양 전략'이 지정학과 지경학의 상호보완성에 바탕을 두고 상호 연계되어 있음을 밝히고자 한다.

이와 같이 지정학과 지경학의 혼합적 전략 또는 상호관련성은 동아시아에서 전개되는 국제정치에서 직접 확인해 볼 수 있다. 예로 2011년 미국 오바마 대통령은 21세기의 지정학이 아시아태평양에서 결정될 것이며, 미국은 반드시 그 현장에 있어야 한다고 말했다. 2012년 중국 공산당 총서기로 선출된 시진핑의 첫 공식 연설 주제는 '중화민국의 위대한 부흥'이었고, 2013년에는 '아시아인프라투자은행(AIIB)' 설립과 일대일로 프로젝트를 천명했다. 중국의 초강대국화를 우려한 미국은 이를 견제하기 위해 중국과의 직접적 무역 분쟁을 지경학적으로 촉발했을 뿐만 아니라 중국을 봉쇄하기 위해 한국과 일본, 타이완 그리고 동남아시아와 인도까지 포괄하는 인도-태평양동맹체제를 지정학적으로 구축하고자 한다. 이러한 세계정치체계의 구축은 기존의 냉전체제의 바탕이 되었던 대륙세력-해양세력 대립구도를 재현하는 것이라는 점에서, 제2의 냉전이라고 불리기도 한다.

미국의 대외정책은 트럼프 행정부로 넘어오면서 상당한 변화를 보여주었다. 트럼프 대통령은 미국의 경제회복과 군사력 강화를 통해 미국을 다시 위대하게 만들겠다는 공약을 수행하면서, 초기에 신고립주의 전략을 채택할 것으로 추정되었다. 그러나 실제 트럼프 행정부는 군사력 재강화정책을 바탕으로 국제정치에 적극적으로 개입했으며(예: 아프가니스탄, 시리아 등에 개입, 북한과 회담 등), 또한 한국, 일본, NATO 등 동맹국들에게 분담금 증액을 요구하면서 전반적으로 세계적 패권을 유지하고자 했다. 경제적 측면에서는 미국우선주의를 관철시키기 위해 환태평양동반자협정 탈퇴, 북미자유무역협정이나 한미자유무역협정 등을 개정하고자 했을 뿐 아니라 전반적으로 보호무역정책을 추구했다. 그러나 이러한 트럼프 행정부의 대외정책은 쇠퇴하는 패권국의 대외적 행태를 보여주는 것으로 해석된다(김관옥, 2017). 특히 트럼프 대통령은 2017년 아시아 순방 이후 미국과 인도, 일본, 호주가 주도하는 인도-태평양 구상을 제안함으로써 국제적 주목을 받았다. 인도-태평양 구상이란 태평양과 인도양을 서로 연결 및 통합된 지정학적 공간으로 규정하고, 이를 바탕으로 외교, 경제, 안보 등의 각 부문에서 역내 국가들 간 협력 강화를 추구하는 전략이다. 이는 태평양과 인도양의 전략적 연계성과 상호의존성을 강조하면서 중국의 세력 확장을 우려하는 대응 전략으로 해석된다(김재엽, 2018).

미국과 중국 간 패권 경쟁

동아시아에서 미국과 중국 간 패권 경쟁과 이로 인한 영토 공간의 재편은 기본적으로 지정학과 지경학의 복합적 관점에서 이해되어야 할 것이다(Lee et al., 2018). 사실 2010년대 이후 세계정치에서 미국의 패권은 점차 쇠퇴하는 경향을 보인다. 미국은 과도한 제국주의적 힘을 과시적으로 사용함으로써 세계 경제 및 정치질서를 불안정하게 만들었다. 예로 경제적 측면에서 기축통화로서 달러 신용이 위기를 노정시켰고, 정치적 측면에서 무모한 아프가니스탄 및 이라크 침공으로 세계정치의 신뢰를 약화시켰다.

물론 경제적 측면에서 미국의 무역적자나 재정적자가 바로 국제정치에서 힘의 약화로 이어지지는 않는다. 지난 몇십 년 동안 세계경제에서 무역수지 불균형과 기축통화인 달러의 과잉 발행 속에서도 미국의 패권은 유지되어 왔다. 문제는 미국이 이러한 위기 상황을 언제까지 패권의 논리로 해결하거나 지연시키면서 견뎌낼 수 있는가 여하에 달려 있다. 1990년대에도 무역불균형과 환율문제가 있었지만 미국은 플라자합의를 통해 그 비용을 일본에 전가시켰다. 최근 미·중 간 환율 및 무역 분쟁은 이러한 불균형의 조정 비용을 누가 감당할 것인가를 두고 발생한 갈등이라고 하겠다.

세계 강대국의 패권 유지/교체는 다양한 측면에서 해석될 수 있다(임혜란, 2012).

- **물질적 권력**: 경제적 차원에서 국내총생산이나 군사력으로 가늠해 볼 수 있다. 물질적 힘은 직접적으로 행사할 수 있는 1차원적 권력을 의미한다. 미국의 국내총생산(GDP)은 2010년 중국의 2배 정도였지만, 중국은 그 이후에도 높은 경제성장률로 2020년 14조 7000억 달러로 미국(20조 9000억 달러)의 70%를 상회하게 되었지만, 1인당 GDP로 계산하면 중국은 미국의 1/6 수준이다. 또한 미·중 군사력을 비교하면, 아직 미국은 중국에 월등히 앞선다. 그러나 중국 경제는 2028년 중국경제 규모는 미국을 추월할 것이며, 위안화 가치가 상승하면 이는 앞당겨질 것으로 전망된다.
- **제도적 권력**: 각 영역에서 국제제도의 의사결정에 개입하거나 정치적으로 영향력을 행사할 수 있는 권력으로 이는 제도를 통해 간접적으로 행사되는 2차원적 권력이다. 이러한 점에서 코로나 팬데믹 상황에서 세계보건기구(WHO)에 대한 미국과 중국 간 영향력 경쟁이 있었다. 대체로 미국은 아직 국제기구나 서구 선진국들과 여러 신흥국에 제도적 장치를 통해 패권의 힘을 가장 잘 반영할 수 있는 국가라고 할 수 있다.
- **구성적 권력**: 기존 질서를 정당화하거나 대안적 질서를 전파할 수 있는 능력을 말하며, 이를 통해 경제·정치적 규범 및 이념(예: 신자유주의적 시장논리, 자유주의적 민주주의 등)을 설파함으로써 기존 제도를 정당화하거나 새로운 질서를 유도해 낼 수 있다. 구성적 권력은 물질적 힘보다는 소프트파워(soft power)와 연관된다. 미국은 창조력과 자발적 태도를 강조하는 문화와 가치를 선도하고 있으며, 과학기술, 연구개발, 대학의 수준 등은 여전히 세계적으로 가장 우수하다.

중국이 지난 몇십 년 사이 급속한 경제성장과 더불어 이를 뒷받침한 사회주의적 국가 권력체계가 공고히 된 것처럼 보이지만, 앞으로 중국이 세계적 패권국이 되기 위해서는 내부적으로 개혁이 이루어져야 할 많은 과제들을 안고 있다는 점에 많은 학자들과 대중매체들이 동의한다. 우선 중국은 급속한 경제성장 과정에서 유발된 계급적 문제(한편, 국가통제를 벗어나고자 하는 자본가들과 아직은 잠재된 노동운동 문제 등)와 부동산 문제를 해결해야 한다. 미국과 서구 국가들이 지속적으로 문제시하

미국		중국
7405억 달러	**국방비(2021)**	2090억 달러
148만 명	**병력 규모**	218만 명
2281대	**전투기·폭격기**	1950대
11척	**항공모함**	2척
3800개	**핵탄두**	200개 이하

(가) 미·중 간 군사적 패권 경쟁(2021)

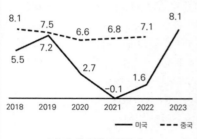

(나) 미·중 국방비 증가 추이

그림 9-10. 미·중 군사력 비교

자료: 미국 국방부, 중국 재정부;
≪서울신문≫, 2022.3.29 참고해 작성.

는 중국의 권위주의적(사회주의적) 권력 구조와 인권 문제 및 소수민족 문제는 쉽게 풀릴 문제가 아니라고 하겠다. 또한 중국이 현재 지지하는 중상주의적 자유무역 정책이 국제적으로 통용되어야 하며, 위안화가 세계경제의 기축통화가 되려면 국내 경제 및 금융제도의 개혁이 필요하다.

물론 중국이 세계적 패권국이 될 수 있는가는 중국의 관점에서뿐만 아니라 미국이 어떤 선택을 할 것인가에 따라 달라질 수 있다. 미국의 선택은 한편으로 국제적 여건과 함께 국내 상황을 반영해 이루어질 것이다. 만약 미국의 중산층이 자유주의적 패권질서로부터 혜택을 받는다고 인식하면, 이를 세계정치에 투사하고자 할 것이다. 그렇지 않을 경우, 미국은 탈냉전-신자유주의 시대에 작동했던 단극체제의 패권질서로의 복귀를 도모하지 않을 수도 있다. 반면 세계정치에서 패권국으로서 미국의 역할이 약화된 상황일지라도 세계정치에 확연한 변화가 없다면, 관성적으로 미국의 패권이 유지될 가능성도 있다. 그 외의 상황으로 복수의 패권국이 경쟁과 타협으로 세계정치질서를 조정하거나 또는 경제적 상호보완성, 지리적 근접성, 문화적 유사성 등에 기반한 블록화와 지역질서로 나갈 가능성도 있다고 하겠다(강선주, 2020).

이러한 트럼프 행정부 다음에 등장한 바이든 행정부는 한편으로 미국의 '글로벌 리더십 복원', 다른 한편으로 트럼프 행정부의 '미국우선주의'라는 2가지 전략을 혼합한 현실주의적 대외정책을 강구하는 것처럼 보인다. 대외정책은 보다 안정적이고 예측 가능하게 추진될 것으로 예상되었지만, 아프가니스탄에서 미군 철수가 갑작스럽게 추진되면서 여러 문제를 남겼다고 비판되기도 했다. 바이든 행정부도 앞선 행정부와 유사하게 동맹 또는 파트너들과의 협력을 통한 중국 견제에 초점을 두고, 중국의 패권 도전에 대한 대응으로 인도-태평양 전략을 강화할 것처럼 보인다(민정훈, 2021). 그러나 미국이 이러한 정책과 전략을 통해 중국을 견제하고 세계정치의 패권을 계속 유지할 것인가의 여부는 불확실하다. 이러한 상황에서 전개되고 있는 러시아-우크라이나 전쟁과 이스라엘-하마스 전쟁에서 각 전쟁 당사국들의 전쟁 수행 능력뿐만 아니라 우크라이나와 이스라엘에 대한 미국과 서방 국가들의 지원이 언제까지 지속될 것이며, 어떻게 끝나게 될지에 대해서 예측하기 어려운 양상으로 빠져들고 있으며, 그 외 국가들도 매우 우려스러운 눈으로 지켜보고 있다.

제 10 장

동아시아와 한반도의 정치지리

1. 비판지정학과 국제 안보

1) 비판지정학의 발달과 특성

비판지정학 또는 신지정학은 1980년대 이후 포스트모더니즘의 영향을 받은 토알과 애그뉴(Ó Tuathail and Agnew, 1992; Ó Tuathail, 1996) 등에 의해 제시된 후, 정치지리학자들뿐만 아니라 이에 관심을 가지는 여러 전공 분야의 연구자들에 의해 발달되었다(지상현·플린트, 2009). 비판지정학은 지정학을 담론적 실천으로 규정하고, 텍스트 해체와 같은 포스트모던 연구 방법을 채택한다. 포스트모던 지정학으로서 비판지정학은 지리적 지식을 권력관계의 관점에서 이해한다. 즉, 푸코의 지식/권력 개념에 영향을 받아 지리를 정치적 이데올로기나 담론으로 간주하고, 지리적 지식의 생산과 유통을 둘러싼 권력관계를 연구하고자 한다. 또한 비판지정학은 주체의 객관화를 반대하고 주체의 자율성을 강조하면서, 개별 주체들이 권력을 위해 특정한 공간적 이미지를 포함한 담론을 어떻게 만들어내고, 이를 전략적으로 이용하는지를 분석한다. 전통지정학이 국가 간 관계를 둘러싸고 전개되는 거시적 세계정치에 관심을 가졌다면, 비판지정학은 권력이 작동하는 사회공간적 관계를 다규모적으로 분석하며, 특히 이로 인해 지역사회에서 어떤 문제들이 발생하는가에 관한 미시적 지정학에도 관심을 가진다(최병두, 2003).

이러한 비판지정학은 다음과 같은 몇 가지 주요한 특징이 있다(지상현·플린트, 2009). 첫째, 비판지정학은 여러 측면에서 고전지정학을 비판한다. 우선 전통적 지정학은 국가의 전략 수행과 이를 정당화하기 위한 정치적 행위라고 비판된다. 과거 지정학은 국제정치에서 지리적 요인의 중요성을 이해하는 데 기여했지만, 이론이라기보다는 국가전략의 일환으로서 국가 행위에 정당성을 부여하기 위한 수단으로 이용되어 왔다. 또한 전통적 지정학은 영토성을 지나치게 부각함으로써 안보에 대한 과잉담론을 유발했다는 점이 지적된다. 즉, 전통적 지정학은 위치와 영토를 절대적 공간에서 고정된 것으로 인식하고, 결정론적 관점에서 가변적·유동적 물질성을 가진 국제정치를 제대로 이해하지 못했다. 그리고 전통적 지정학은 국가 중심적으로 단일 공간적 차원을 설정함으로써, 네트워크로 연계되고 다규모적으로 전개되는 국제정치의 역동성을 이해하지 못한다고 비판된다(이정태·은진석, 2019). 즉, 전통적 지정학은 국가주의적 관점의 함정에 빠져, 지구적 차원 및 국지적 차원의 행위자들이 네트워크로 상호 연계되어 역동적으로 작동하는 과정을 파악하지 못한다고 비판된다(김세윤, 2020).

　이러한 비판적 관점에서 비판지정학은 담론으로서 지정학과 현실주의 정치학 간에 어떤 논리적 연계성이 있음을 지적한다. 현실주의적 정치학에 의하면, 국가는 불가피하게 권력을 추구하는 주체이며, 때로 영토 확장을 위한 전쟁도 불가피한 것으로 가정한다. 그러나 비판지정학은 이러한 현실주의적 정치학의 가정을 '현실적'이라는 명분에 사로잡힌 담론체계 또는 이데올로기라고 비판한다. 즉, 현실주의 정치학은 사람들에게 현실주의가 어떤 담론이 아니라 '실제적인 것'으로 믿도록 한다는 것이다. 그러나 현실 세계에는 권력을 위한 투쟁이나 전쟁보다는 상호 공존과 협력을 통한 평화적 관계가 더 일반적이라고 할 수 있다. 이러한 점에서, 비판지정학은 현실주의적 정치학이나 전통지정학이 설정하는 권력 추구와 사회공간적 통합의 주체로서 국가의 역할 또는 존재 이유를 설정하는 것을 부정한다.

　둘째, 비판지정학은 담론으로서의 지정학을 강조하고 재현의 지리에 관심을 가진다. 고전지정학은 지리적 조건을 배경으로 어떻게 국가의 운명이 좌우되는지를 분석하는 과학으로 간주되지만, 비판지정학의 관점에서 지정학은 특정한 발언이나 재현(representation)이 영향력을 가지는 문화적 현상으로 간주된다. 즉, 지정학은 국가통치에서 담론의 실천으로 규정된다. 비판지정학은 현실의 국가전략과 그 결과보다는 담론에 초점을 둔다. 이러한 점에서 토알과 애그뉴(Tuathail and Agnew, 1992; 지상현·플린트, 2009: 174 재인용)는 "전쟁은 실천에 속하는 것이지만, 이러한 실천은 담론을 통해 이루어진다. 정치인들은 담론을 이용해 행동하고, 간단한 지리적 지식을 이용해 대외정책을 설명하며, 이미 통용되는 지리적 사고방식을 통해 전쟁을 의미 있는 것으로 만들어낸다"라고 서술한다.

　비판지정학은 이러한 지정학적 담론의 분석에서 지식의 중립성과 객관성을 부정하는 포스트모던 인식론에 기반을 둔다. 비판지정학의 관점에서, 세계는 단순히 존재하는 것이 아니라 재현되고 해석되는 대상이 된다. 고전 지정학, 나아가 세계정치에서 제시된 지리적 재현은 유럽 중심의 세계관을 반영해 세계를 구분하고 지도화한 것이라고 지적된다. 비판지정학은 기존의 문명/야만, 선진국/후진국, 서양/동양이라는 이분법적 세계관을 부정한다. 왜냐하면, 현실 세계가 이러한 이분법으로 규정되기에는 너무 복잡하고 서로 연계해 있기 때문이다. 예로 헌팅턴의 '문명의 충돌' 이론은 세계를 몇 개의 문화지역으로 구분하는 과도한 단순화와 서구 중심적 세계관을 담고 있다고 비판된다.

　셋째, 비판지정학은 다규모적 공간과 다수의 지정학 주체(행위자)를 분석 단위로 설정한다. 고전지정학에서 분석 단위는 기본적으로 국가이며, 각 국가는 정치적·영토적 이해관계를 실현하기 위해 국제관계를 구축한다는 논리에 바탕을 둔다. 그러나 애그뉴(Agnew, 1994)에 의하면, 이러한 논리는 국가 중심적 '영토의 덫(territorial trap)'에 빠지는 것이라고 주장된다. 영토의 덫에 빠지게 되면, 국가는 자국의 영토 안에서 배타적 권력을 가지며, 국내정치와 국제정치는 구분되어 각각 다른 논리 구조로 작동하고 한국 사회, 미국 사회 등과 같이 사회는 영토적 국민국가에 의해 규정되는 것처럼 이해된다. 그러나 비판지정학에서는 국가만이 유일한 정치적 행위자가 아니며, 국내/국제 정치 구분이나 영토의 물리적 구분에 기반한 사회적 특성 규정은 그렇게 중요하지 않다. 공간은 국지적·국가적·지구적 차원 등 다규모적으로 구성되며, 이에 따라 내부/외부, 포섭/배제는 고정된 것이 아니라 가변적으로 설정된다. 이러한 점에서 신지정학은 절대적 공간관에 기반을 둔 전통적 영토 개념의 한계에서 벗어나기 위해 '포스트 영토주의' 관점을 강조한다(박배균·이승욱 외, 2019).

이러한 비판지정학 또는 신지정학은 그동안 전통적 지정학에서 다루지 않았던 많은 주제들을 새롭게 탐구하고자 한다. 즉, 신지정학은 지구화와 지방화, 탈영토화와 재영토화 등의 개념들을 중심으로 공간과 권력을 이해하며, 새로운 주제로 신자유주의적 지구-지방화 과정에서 재편된 국제관계, 경계와 영토적 갈등의 성격 변화, 그리고 자원 및 환경 갈등과 생태적 정치, 장소와 정체성의 정치, 지리적 지식의 동원 및 정치적 힘의 상징적 재현 등을 다루고자 한다(최병두, 2003b). 특히 신지정학은 전통지정학의 주요 관심사인 군사적 대립이나 전략보다는 정체성의 정치, 지역사회의 시민권 등 일상생활 공간에서 전개되는 미시적 권력에 관심을 가진다. 신지정학은 이러한 연구 주제들을 거시적/미시적 규모로 이원화하는 것이 아니라, 미시적 현상들을 거시적인 배경과 관련시켜 이해하고자 한다. 이러한 점에서 신지정학은 위치나 경계의 고정성을 전제로 한 절대적 공간 개념이 아니라 행위자들 간의 상호관계를 통해 형성/소멸되는 공간, 국지적·국가적·지구적으로 다층적으로 구성된 다규모적 공간 개념을 전제로 한다.

이러한 비판지정학 또는 신지정학의 관점은 실제 동아시아와 한반도의 정치지리적 상황이나 사건들을 설명하는 데 다양하게 원용되고 있다. 동아시아 차원의 연구 사례로, 이철호(2007)는 전통지정학에서 강조되는 대륙-해양의 역학 표상이 동아시아 국제관계의 공간적 변용 과정에서 어떻게 작동하는지에 관해 비판지정학적 관점으로 규명한다. 그에 의하면, 동아시아의 역사는 해양아시아와 대륙아시아의 반복적 교체로 이루어지며, 이는 '두 개의 중국', 즉 '해양 중국'과 '대륙 중국'이 비대칭적으로 발전해 온 궤적과 연동된다고 주장한다. 특정 국가의 전략에 관한 연구 사례로, 김세윤(2020)은 중국이 추진하고 있는 '일대일로' 전

자료 10-1:

중국의 일대일로 전략을 보는 3가지 관점

중국의 시진핑 주석이 2013년 처음 밝힌 일대일로 전략은 국제사회에서 기대감과 우려를 동시에 자아내었다(Sum, 2018; 김세윤, 2020). 한편으로, 일대일로는 전통적 실크로드의 협력 공간을 유라시아 대륙 및 해양 전체로 확대해 새로운 경제발전의 가능성을 모색하는 전략으로 이해된다(이창주, 2017). 그러나 다른 한편으로 이에 대해 상당히 부정적인 반응도 있다. 일대일로를 추진한 중국의 능력과 그 동기에 대한 의혹, 그리고 일대일로 주변 국가들과 문화, 종교 등 문명 충돌과 정치적 안정성 저해, 그리고 세계적 패권 국가로서 미국에 대한 도전으로 인식될 가능성 등 때문이다. 이러한 상반된 인식은 일대일로에 관한 여러 유형의 지정학적 재검토에도 반영된다.

전통지정학적 관점에서 보면, 중국은 이미 1990년대부터 해양대국을 위한 지정학적 전략으로 해양방위선을 단계적으로 확대시키는 열도선 전략을 세웠으며, 일대일로 전략은 이의 연장으로 이해할 수 있다. 또한 중국의 일대일로 정책은 미국의 대중국 봉쇄 전략과 이에 대한 지정학적 대응 전략으로 해석된다. 미국은 오래전부터 중국의 유라시아 내륙으로의 서진과 인도양·태평양 바닷길을 통한 해양 진출을 억제하고자 했고, 중국은 이에 대해 2010년대 초에 '뉴실크로드 이니셔티브'와 '아시아 재균형 전략'을 추진했다는 것이다. 중국이 이처럼 '중국몽' 실현 전략으로 일대일로 정책을 추진하자, 미국은 이를 세계 패권에 도전하는 거대한 지정학적 전략으로 파악하고, 이에 대응하는 새로운 지정학적 전략으로 '인도-태평양 구상'을 내놓았다고 할 수 있다.

그러나 지경학적 관점에서 보면, 중국의 일대일로 정책은 전통지정학적 긴장을 완화하기 위한 측면도 없지 않다. 즉, 일대일로 정책은 주변국들과의 경제협력과 이익 공유를 추구함으로써 기존의 군

그림 10-1. 중국의 일대일로 노선

사 및 안보 패러다임과 이를 뒷받침하던 이데올로기를 시장 패러다임으로 전환하자는 제안으로 볼 수 있다(이정태, 2017). 일대일로 정책은 전통적 지역경제협력 모델을 능가해, 상호협력 속에서 자국의 경제를 발전시킬 수 있는 상생의 유라시아 단일 경제권을 목표로 한다. 특히 이 정책은 지리적 배경이 되는 내륙 및 해양 물류 확충을 위한 인프라의 구축을 통해 복합적·개방적·통합적 교류 및 협력을 통해 육상 및 해상 물류 네트워크를 활용하고자 한다. 중국은 이를 추진하기 위해 필요한 금융 인프라를 확보하기 위해 주변 관련국들이 참여하는 아시아인프라개발은행의 설립을 추진했다. 결국 중국은 이 전략을 통해 경제의 재도약과 자원 확보, 나아가 국제적으로 지경학적 영향력을 강화시키고자 하는 것으로 파악할 수 있다(주용식, 2015).

그림 10-2. 중국의 열도선(列島線) 전략
자료: 연합뉴스, 2013.1.22; ≪경향신문≫, 2013.1.22 참고해 작성.

비판지정학적 관점에서도 일대일로 정책을 해석해 볼 수 있을 것이다. 이러한 관점, 특히 행위자-네트워크이론을 원용해 일대일로를 해석한 한 연구에 의하면(김세윤, 2020), 이 정책은 단순히 역내 국가들 간 협력적 활동으로 간주하기보다는 일대일로 자체를 비국가 행위자로 인식하고, 이를 플랫폼으로 설정해 참가하는 다양한 주체 간 유기적 네트워크 공간을 분석해 볼 수 있다고 주장된다. 일대일로 정책은 분명 단순하게 인프라의 구축과 이를 통한 무역 활성화만을 추구하는 것이 아니라, 참여국들과의 교류를 확대하는 '정책소통', 사람, 문화, 기술 등의 교류를 확대하는 문화적 연계 등을 포함하며, 일대일로는 이러한 교류 확대를 위한 담론적 또는 이데올로기적 플랫폼이 될 수 있다. 이러한 점에서 일대일로 전략은 지문화적 권력과 관련된 것으로 해석되기도 한다(Winter, 2021).

그러나 비판지정학적 관점에서 일대일로에 관한 연구는 정책 자체를 긍정적으로 해석하기보다는 이 정책을 통해 제시되는 목표나 이념을 둘러싼 담론과 실천 과정 등을 비판적으로 분석하는 것이다. 예로 인도는 중국이 어떤 의도로 이러한 정책을 추진하고자 하는지를 분석해, 이를 기회보다는 위협으로 인식하고 참여하기를 거부하고 있다. 그동안 중국과 인도 간 지정학적 관계를 분석하면 양국은 사실 역내 패권 경쟁국이라는 인식을 가지고 있음을 알 수 있고, 실제 중국이 인도 주변국에 막대한 투자를 추진하는 것은 인도 입장에서 상당한 안보적 위협으로 간주된다. 또한 스리랑카, 말레이시아 그리고 아프리카 여러 국가에서 실제 중국의 지원을 받아 건설한 인프라의 운영권을 빼앗기거나 채무 위기 한계에 직면한 사례들이 언론을 통해 보도되고 있다는 점에서, 일대일로에 대한 경계심이 국제적으로 확산되고 있다는 점도 지적될 수 있어야 한다(최재덕, 2018).

략을 전통지정학, 지경학, 비판지정학의 관점에서 비교 고찰한다. 또한 비판지정학적 접근은 다양한 행위자들이 다규모적 관계에서 어떻게 작동하는가, 또는 특정 정치적 행위나 사건이 어떤 담론을 통해 이루어지는지를 설명하는 데 원용되기도 한다. 이러한 관점에서, 예로 최병두(2003b)는 한반도 전쟁 억제와 동북아 세력 균형을 명분으로 대구에 주둔하는 미군기지가 지역사회 및 도시 발전에 어떤 부정적 영향을 미치는지를 분석했으며, 윤철기(2015)는 주한미군 기지의 평택 이전과 관련된 여러 행위자들, 즉 기지 이전을 추진하는 주한·미군, 이를 반대하는 지역사회, 그리고 이들 간 갈등의 중재자로서 한국정부 간의 관계를 설명한다. 또한 홍건식(2019)은 비판지정학적 관점에서 2000년 6·15 정상회담과 2007년 10·4 정상회담의 개최 조건을 비교 분석하면서, 각 정부(즉, 김대중·노무현 정부)의 지정학적 담론 구성과 확대가 이들의 남북정상회담 개최를 만든 조건으로 작동했다고 주장한다.

그러나 이러한 비판지정학의 유의성을 인정하면서도, 이를 전통지정학과 분리시켜 독자적 관점이나 이론을 적용하는 데 대한 반대 주장도 제기된다. 예로 김상배(2017)에 의하면, 동북아와 한반도는 유럽에 비해 훨씬 더 많은 전통안보의 지정학적 요소가 잔존해 있는 지역으로 간주된다. 미·중 간 타이완해협과 남중국해 갈등, 국가 간 영토 분쟁(중·일 조어도 분쟁, 한·일 독도영유권 분쟁, 일·러 북방도서 분쟁)뿐만 아니라 북한의 핵실험과 미사일 발사 등 다양한 지정학적 쟁점들이 상존해 있다는 것이다. 이런 상황에서 비판지정학으로의 전환이 새로운 연구 방법과 주제들에 대한 관심 유발이라는 점에서 중요성이 있다고 할지라도, 동북아와 한반도 차원에서는 전통지정학적 논리가 여전히 동아시아 국가들의 전략과 이를 해석하기 위한 틀로 간주되고 있다고 주장한다. 이러한 점에서 고전지정학, 비판지정학, 그리고 비지정학과 탈지정학 등을 포괄하는 의미로 복합지정학(complex geopolitics)의 개념이 제안된다.

또한 비판지정학 또는 신지정학은 다른 관점의 연구자들로부터 여러 한계가 있다고 지적된다(지상현·플린트, 2009). 페미니스트 지정학자들은 비판지정학이 여전히 페미니즘적 시각과 젠더 문제에 관한 논의를 빠뜨리고 있음을 지적한다. 이들은 예로 제국주의 담론에서 탐험은 남성성의 상징으로 서술되는 한편, 탐험과 정복의 대상인 세계는 여성성의 상징으로 표현되고 있음을 지적하면서, 비판지정학도 고전지정학과 마찬가지로 남성 중심적 사고에 기반을 두고 있음을 비판한다(Dowler and Sharp, 2001). 물론 제국주의 침탈 과정에서 실제 여성의 참여는 거의 없었다고 할지라도, 제국주의적 식민지배 과정에서 현지 여성의 노동과 몸(성)이 어떻게 착취되었는지에 대한 연구는 분명 중요한 주제로 인식되어야 할 것이다. 다른 한편, 정치경제학적 지리학은 비판지정학이 국제정치에 관한 담론구조나 사용된 언어 분석에 지나치게 의존하고 있다고 비판한다. 또한 비판지정학이 포스트모던 연구방법론에 의존하면서 경제적 요인의 분석을 소홀히 했으며, 인종과 젠더 문제가 과잉 강조되는 반면, 계급적 관점이 누락된다는 점이 지적된다. 특히 제국주의적 안보전략은 정치적 고려만으로 이해될 수 없고, 자본주의적 논리를 포함한 정치경제학적 접근이 지정학 연구에 필요하다고 주장된다(Choi, 2003). 또한 비판지정학이 정치적 담론의 해체와 비판에는 기여했지만, 고전지정학에 대한 '비판'으로 끝나면서, 대안적 지정학과 현실 정치에 대한 대안 모색에는 미흡하다고 하겠다.

2) 국제안보 개념의 변화

국가 영토를 중심으로 국제정치를 전략적으로 설정하는 고전적 지정학이 비판되는 것과 비슷한 맥락에서, 국제안보 연구에서 과거 영토 수호를 전제로 설정된 '국가안보'가 비판되면서 새로운 안보 개념으로 '인간안보'가 부각되고 있다. 고전지정학은 기본적으로 제국들의 영토 침탈과 지배 또는 국제적 영향력의 확대와 패권 장악을 위한 전략이나 논리를 전제로 했다. 이러한 지정학과 동전의 양면처럼 긴밀하게 연계된 개념이 국제안보라고 할 수 있다. 물론 고전지정학이 강대국의 영토 침탈과 지배의 정당성을 뒷받침했다면, 국제안보의 개념은 영토의 보존과 주권의 보장을 목적으로 한다는 점에서 차이가 있다. 일반적으로 '안보'란 개인을 포함해 국제정치 행위자의 핵심 가치에 대한 위협이 없는 상태로 규정된다. 그러나 안보를 어떻게 정의하고, 그 초점을 어디에 둘 것인지에 대해서는 상당한 견해 차이가 있다.

안보에 관한 연구는 제2차 세계대전 이후 등장한 학문 분야로, 당시의 국제정치의 특성을 반영해 국가의 영토 보전, 정치적 독립, 가치 체계의 유지 등에 초점을 둔 안보 개념을 증진시키면서 출발했다. 따라서 당시 안보는 국가안보(national security)에 초점을 맞추면서 세력 균형, 정치군사적 동맹, 세력 팽창의 억지와 방위라는 군사적 관점에서 정의되었으며, 현실주의적 시각을 반영했다(이수형·전재성, 2005). 이러한 점에서 국가와 영토를 중심으로 한 전통지정학은 국제적 관계에 관한 초기 전통적 안보 개념이나 이론과 조응하는 것이었다. 그 이후 냉전체제와 탈냉전체제로 전환하는 과정에서 지정학의 개념이 변화한 것처럼 국제안보 개념도 변화하고 있다.

냉전체제에서 국제안보의 핵심 개념은 '국가안보' 패러다임이었다. 국가안보는 국가의 주권과 이것이 적용되는 범위 내 국민 보호와 영토 수호를 최우선 가치로 설정하고 안전하게 지키는 것을 목적으로 했다. 국가안보로 지칭되는 안보 개념은 서구 사회에서 베스트팔렌 조약 이후 형성된 국가 주권과 국민국가의 형성에 따라 발전해 왔다. 특히 냉전 시대의 초강대국인 미국과 소련의 군사적 대립 속에서 국가들은 인지된 군사적 위협으로부터 주권과 영토, 국민을 보호하기 위해 적절한 군사력과 다양한 무기체계를 유지하는 것이 국가안보의 기본 사항으로 간주했다. 초강대국인 미국의 입장에서 국가안보 패러다임은 패권 경쟁에서 승리하기 위한 방책으로서 군사적 전략 연구와 거의 일치하는 경향을 보였다.

이러한 국가안보의 개념을 일반화하면, 이는 개별 국가가 가지는 군사력과 경제력에 바탕을 둔 안보라는 점에서 '경성안보(hard security)'의 성격을 가진다(이성우·정성희, 2020). 개별 국가의 안보를 위한 국력은 군사 인력과 장비, 국방비 지출 등과 함께 첨단기술이나 산업체계를 군사력으로 대체할 능력 등으로 평가되었다. 이에 따라 국제질서는 군사력과 경제력, 인구 및 영토(자원) 규모에 바탕을 두고 전통적 지정학적 관점에서 구축되었다. 이로 인해 국제정치는 개별 국가들의 안보를 보장하기 위한 노력이 아니라, 군비 경쟁과 군사력의 행사 등으로 긴장과 갈등, 끊이지 않는 국지적 전쟁들로 이루어졌다. 이러한 상황에서 역설적으로 군사적 수단을 통한 영토 보전, 주권 수호와 정치적 독립을 유지하는 것이 국가안보의 최우선 과제로 설정되었다.

이러한 국가안보 개념은 1970년대 국제체제의 변화, 즉 데탕트(detente) 시기에 접어들면서 점차 한계를 드러냈다. 지나친 군사적 대립과 이를 위한 재정 투입은 경제적 침체를 초래한다는 점에서, 미소 간 군사적 대결과 지나친 경쟁을 억제하는 군축협상들이 이루어졌다. 그 이후 냉전의 두 번째 국면을 맞긴 했지만, 탈냉전의 도래로 국가안보의 핵심 과제였던 군사적 위협이 기본적으로 제거 또는 완화되었다. 그 대신 신자유주의적 지구화가 국제정치에 지대한 영향을 미침에 따라, 새로운 국제안보 문제들이 부각되었다. 빈민과 질병, 경제적 불평등의 심화, 다양한 유형의 지구적 생태위기 발생, 문화적 충돌과 테러의 위협 증대, 안보 주체의 다양화와 역할 확대 등이 새로운 안보 의제로 등장하게 되었다. 이러한 의제들에 대응하기 위한 안보 대책은 기존의 군사력이나 경제력에 바탕을 둔 영토와 주권 수호의 국가안보 논리로는 수립될 수 없고, 따라서 새로운 안보 패러다임으로의 전환이 필요했고, 이에 따라 국가안보 논리는 인간안보(human security) 개념으로 전환했다.

인간안보는 일상생활에서 빈곤에서 탈피하기 위한 복지와 안전을 강조하고 인간 생명과 건강을 지키기 위한 보건 안보 등을 우선한다. 인간안보의 목표는 주권이나 영토의 보전이라기보다는 인간 생명과 삶 그리고 지구 생태계의 보전이라고 할 수 있다. 인간안보에서 필요한 위기 대응 능력은 빈곤과 기아, 질병 등과 같은 인류 공동의 문제와 기후변화와 환경 파괴와 같은 지구적 생태위기에 대응할 수 있는 능력을 의미한다. 이러한 능력에 바탕을 둔 정책은 투명성, 개방성, 민주성 등을 전제로 하며, 국가 간 연대와 협력을 요구한다. 이러한 점에서 인간안보는 '연성안보(soft security)'의 성격을 띤다. 이러한 인간안보의 개념은 새로운 지정학적 관점과 조응하는 것으로 이해된다.

이러한 인간안보의 개념은 다양한 근원을 가지지만, 그중에서도 우선 1994년 유엔개발계획(UNDP)의 「인간발전보고서 1994: 인간안보의 새로운 차원」이 거론된다. 이 보고서에서 인간 안보는 영토보다 사람의 안보를 우선하고, 군사력보다는 인간 발전에 근거한 능력이 더 강조되며, 국가적 차원에서 지구적 차원으로 확장된다는 점을 천명한다. 이러한 인간안보의 개념은 기존의 안보 개념을 뒤집는 것으로, 물리적 폭력이나 군사력의 위협으로부터의 자유, 즉 '공포로부터 자유'와 더불어 빈곤과 기아로부터의 자유, 즉 '결핍으로부터의 자유'가 안보의 새로운 과제임을 밝혔다는 점에서 의의가 있었다. 이 보고서에 따르면, 인간안보를 구성하는 다양한 요소가 위협받고 있지만, 가장 심각하게 위험에 처한 요소들은 경제, 식량, 보건, 환경, 개인, 공동체, 정치 등 일곱 가지이다.

국가안보에서 인간안보로의 전환은 중요한 의미가 있다(최병두, 2020). 우선 인간안보는 군사력과 경제력에 기반한 국가중심안보에서 사람들의 안전을 위한 투명하고 민주적인 위기 대처 능력에 기반을 둔 인간중심안보로의 전환을 의미한다. 그리고 인간안보는 국가의 역할에 있어 국민을 통제하고 국가를 위해 희생을 요구하는 권력 행사가 아니라 국민들의 생명과 삶을 보호해야 할 책무를 우선하도록 한다는 점에서 의의를 가진다. 이뿐만 아니라 인간안보는 국제관계에서 정치경제적·군사적 긴장과 갈등 및 대립을 벗어나서 위기관리를

표 10-1. 안보 패러다임의 변화

	국가안보	인간안보
관심의 대상	국가의 주권과 영토	인간의 생명과 생활환경
안전 문제	국가 주권과 영토의 침해	인간 생명과 생존의 위협
안보의 공간성	영역: 국가 영토	장소: 생활공간
보장 수단	군사력과 경제력	사회적 협력과 연대
주요 이념	국가중심주의	인간중심주의
안보의 목표	'공포'로부터 자유	'결핍'으로부터 자유

자료: 최병두(2020).

위한 협력과 연대를 촉구한다. 또한 인간안보는 이를 위한 의견 개진과 실천을 위해 세계안보무대에서 다양한 행위자, 즉 국가뿐만 아니라 지방정부와 기업, 시민단체와 개인들의 참여를 고취시킨다.

탈냉전시대의 도래로, 고전지정학이 신지정학으로 전환한 것처럼 국제안보 개념도 국가안보에서 인간안보의 개념으로 전환하고 있다. 우리나라에서도 코로나19 위기가 진행되고 있던 2020년 5월, 문재인 대통령은 취임 3주년 특별 연설에서 "오늘날 안보는 전통적인 군사 안보에서 재난, 질병, 환경 문제 등 안전을 위협하는 모든 요인에 대처하는 '인간안보'로 확장됐다"라고 말하면서 "모든 국가가 연대와 협력으로 힘을 모아 대처"해야 함을 천명했다. 그러나 현실 정치에서 이러한 담론이 어느 정도 실효성 있게 추진될 것인지는 불확실하다. 인간안보를 천명하면서, 시민사회의 참여보다는 국가 주도를 강조했으며, 기후변화 대책이나 지구적 생태위기에 관한 지구적 협력이나 연대에 관해서는 아무런 언급이 없었다.

사실 모든 국가들이 기존의 국가안보에서 인간안보로 관심을 옮긴 것은 아니다. 특히 국제안보체계에 강력한 영향력을 행사하고 있는 초강대국, 즉 미국과 중국은 권위주의적 국가안보 체제를 더욱 강화하면서 전통적 지정학의 관점에서 세계정치에서 경쟁적 우위를 확보하기 위한 전략을 강구하고 있다. 물론 이 국가들도 코로나 팬데믹과 같은 지구적 공동위기에 대응하기 위해 보건안보에 필요한 의료기술과 보건 관리 등 연성 안보로 역량을 이동시키고 있다. 하지만 이러한 관심사의 이동 배경에는 코로나 팬데믹 위기에 대한 책임과 이에 대처할 수 있는 능력에 있어 체제 우월성 경쟁이 깔려 있는 것으로 보인다.

이러한 상황과 관련해 2가지 대응 방안이 제시되고 있다. 하나의 방안은 현실주의적 정치와 이에 따른 기존 안보 논리를 인정하는 것이다. 즉, 현실적으로 세계정치는 여전히 영토와 경제를 중심으로 한 국가안보 논리를 벗어날 수 없다는 주장에 동의하는 것이다. 그러나 다른 한편, 21세기에 들어와서 현실주의적 안보정책이 효력을 상실했을 뿐만 아니라 큰 부작용을 낳고 있으며, 특히 오늘날 현안이 되고 있는 테러리즘 등 주요 안보 현상을 제대로 설명하지 못한다고 비판된다. 이러한 부정적 인식과는 달리 현실주의가 여전히 적실성을 가진다고 주장되기도 하지만(이동선, 2009), 현실주의 안보 개념으로의 복귀는 최근 새롭게 부각되는 안보 이슈들을 배제하는 것이 된다. 이러한 점에서 다른 한 방안으로, 21세기 세계정치의 새로운 의제로 등장한 환경 위기, 난민 문제, 보건의료 문제, 사이버안보 문제 등이 심각한 안보 위험 요소가 되며, 이들을 방치할 경우 전통안보의 위기도 초래될 정도로 중요하다는 점을 인식하는 것이다. 물론 이러한 위험 요소들에 대처하기 위해 단순히 이분법적으로 구분된 경성안보에서 연성안보로의 전환이 아니라, 이를 능가하는 새로운 안보 패러다임이 필요하다.

이러한 점에서 제시된 '신흥안보(emerging security)' 개념(김상배, 2017; 2020)은 한 정치 시스템 내 미시적 상호작용이 양적으로 증가하고 질적으로 변화해 임계점을 넘어서게 되면, 거시적 차원에서 국가안보를 위협하는 심각한 문제가 된다는 점을 강조한다. 또한 시스템 내 여러 요소가 서로 밀접하게 연계되어 있기 때문에 어느 한 분야에서 위험은 다른 분야들의 위험을 유발한다는 '이슈 연계성'을 부각시킨다. 이러한 점에서 신흥안보 개념은 전통안보와 구분되는 비전통안보 영역의 이슈들을 새롭게 다루기보다는 양자가 상호 작용하는 메커니즘을 분석하는 데 있다고 주장된다. 신흥안보의 개념과 관련된 사례로 박근혜 정부에서 제안되었던 '동북아평화협력구상'을 검토해 볼 수 있다(김상배, 2017). 이 구상은 동아시아에서 협력의 필요성은 큰 반면, 지정학적 특성으로 인해 실제 협력이 제대로 이루어지지 않는 '아시아 패러독스' 상황에서 상대적으로 민감성이 덜한 '연성안보' 분야부터 시작해 전통적 경성안보 분야의 협력을 이끌어내자는 취지를 담고 있었다. 이 구상은 나름대로 의미가 있지만, 연성안보와 경성안보를 이분법적으로 구분하고 하위정치 영역인 연성안보에서 상위정치 영역인 경성안보로 나아가겠다는 것은 현실적 문제들(제국주의적 침탈의 역사, 정치체제의 이질성, 경제력의 차이, 문화적 다양성, 지역통합 리더십의 부재 등)을 제대로 인식하지 못했다는 점이 지적된다.

2. 동아시아와 한반도의 정치지리

1) 동아시아 국가들 간 협력과 갈등

한국, 중국, 일본을 중심으로 한 동아시아 국가들은 역사적으로 긴밀한 유대관계를 가져 왔을 뿐만 아니라 최근 경제적으로도 밀접한 상호의존성을 보이고 있다. 특히 1980년대 이후 중국의 경제성장률은 연평균 9.2%를 기록하면서, 세계 평균 2.8%보다 3배 이상 높았다. 이러한 성장에 따라 중국이 세계경제에서 차지하는 비중은 1.7%에서 16.3%로 높아졌다. 그 동안 중국의 경제성장은 내수시장보다는 수출입 규모의 급속한 증가에 따른 것이라고 할 수 있다. 특히 중국은 2001년 WTO 가입을 계기로 증가폭을 크게 확대시키면서 2010년대 중반에는 세계 1위의 수출국, 2위의 수입국이 되었다. 이러한 중국의 경제성장과 교역 증대는 세계의 공장이라고 불릴 정도로 세계 전체를 상대로 한 것이지만, 특히 중국의 대외무역 수출입 규모에서 상위 3위를 차지하는 국가는 미국, 일본, 한국이다.

그러나 3개국 가운데 미국의 대중국 상품 무역수지 적자는 2000년 840억 달러에서 2017년 3750억 달러로 확대되어 그 이후 미·중 무역 분쟁의 계기가 되었다. 반면 한국과 일본은 중국과의 교역에서 무역수지 흑자를 보이면서, 상호 교역관계를 확대시켜 왔다. 중국과 미국, 일본, 한국과의 교역관계는 2010년대 후반 미·중 무역 분쟁이 심각해지는 상황에서도 대체로 유지되었다. 예로 한국의 대중국 수출은 지속적으로 증가해 2000년대 초반 미국 수출 비중을 능가했고, 그 이후에도 계속 증가해 2020년에는 31.4%에 달했다. 한·중·일 3국은 이와 같은 교역 관계를 통해 자국의 경제 발전과 함께 동아시아의 경제력 신장을 주도한 것으로 해석되었다.

그러나 한국의 경우 2021년 이후 대중국 수출의 비중은 급속히 줄어들었고(반면 대미국의 비중은 상당히 늘어났지만), 2022년 한국의 무역수지는 478억 달러 적자를 보였으며, 2023년에도 적자가 지속되었다. 이러한 무역수지 악화는 수입 증가보다는 수출 감소, 특히 중국으로의 수출 감소에 크게 기인한 것으로, 중국의 산업구조 변화(특히 중간재 자립화)에 따른 것으로 분석된다(조의윤, 2023). 실제 2022년 중국의 수출은 전년 대비 7%, 수입은 1.1% 증가하여, 한편으로 무역수지는 8776억 달러로 사상 최대치를 기록했고, 다른 한편으로 수입 증가율의 둔화는 중국 경제 자립화 향상을 보여준다(한국무역협회, 2023).

이와 같은 한국의 대중국 무역수지의 악화와 더불어 중국 산업구조의 자립화와 같은 경

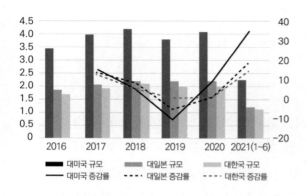

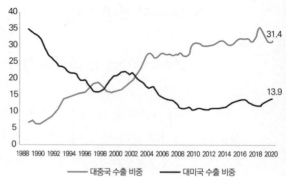

그림 10-3. 중국의 3대 교역국 수출입 변화 추이(단위: 조 위안, %)
자료: 해관총서(海关总署): 권흥매(2021).

그림 10-4. 한국의 대중, 대미 수출 비중의 변화
주: 대중국 수출은 홍콩 포함, 12개월 이동평균값
자료: 김학균(2020).

제 여건의 변화는 코로나 팬데믹에 의한 일시적 봉쇄효과라기보다는 더욱 구조적으로 동북아시아의 지경학과 지정학의 불안정한 결합에 기인한 것으로 이해된다. 지경학적 관점에서 동북아 국가들 간 관계는 경제적 상호의존성을 전제로 미래 전망을 열어나간다고 하지만, 또한 동시에 지정학적 관점에서 보면 정치적 갈등과 긴장의 고조가 중국 경제의 자립화를 촉진하고 있음을 보여준다. 이러한 점에서 동아시아 지역의 협력과 갈등에 관한 논의는 기본적으로 이 지역의 지정학적·지경학적 역사를 배경으로 한다.

지정학적 관점에서 동아시아의 근대 역사는 중국과 일본의 대립적 발전 과정과 한반도의 중간적 역할을 기반으로 한다. 즉, 중국(청)은 19세기 중반 영국과 두 차례의 아편전쟁에서 패한 후 몰락의 길로 들어서게 된 반면, 일본은 메이지유신 과정(1850~1880년대)을 통해 광범위한 변혁 과정을 거치면서 급속히 성장했다. 일본은 청일전쟁(1894.7~1895.4)과 노일전쟁(1904.2~1905.9)에서 승리한 후 동북아에 강력한 영향력을 행사할 수 있는 제국으로 위상을 확보했고, 1910년 한반도를 식민화했다. 그 이후 일본은 중국 및 동아시아로 영토 확장을 시도하면서, 1931년 만주사변을 일으켜 만주국을 건립했고, 1937년에는 중일전쟁을 일으켜 중국 내륙을 침략했으며, 1940년 동남아 지역을 침탈하는 '남진정책'을 강구했고, 1941년 12월 진주만을 기습했다.

이 과정에서 일본은 이른바 '대동아공영권' 개념을 제시했다. 이는 지역의 협력과 공동체를 추구하는 전략이 아니라 지역의 영토적 점령과 식민화를 위한 침략주의 또는 제국주의를 위한 이데올로기였다. 일제는 일본과 동아시아가 운명의 공동체이자, 인종적 유사성을 공

유하는 단일한 정치 단위임을 강조했지만, 사실 이 개념은 일본의 팽창주의를 뒷받침한 지정학에 근거를 두고 있었다. 특히 일제는 독일 지정학의 생존공간(Lebensraum) 개념을 도입해 일본이 더 넓은 영토를 갖는 것이 당연하다는 논리를 폈다(지상현, 2016).

일본이 태평양전쟁에서 패배하고 제2차 세계대전이 끝나면서, 대동아공영권 개념과 지정학적 논리는 사라졌고, 동아시아 국가 간 협력과 지역 공동체 의식도 점차 희미해졌다. 냉전체제하에서 동아시아 국가들은 사회주의 국가들(소련, 중국, 북한)과 자본주의 국가들(한국, 일본, 미국 등)로 양분되었고, 국제관계에서 각국의 일차적 목표는 지역 내 협력보다 외부 강대국과의 동맹을 통한 안보 추구에 있었다. 냉전체제하에서 이러한 대립 구조는 자본주의와 사회주의의 이념적 대립과 대륙세력과 해양세력의 지정학적 대립의 결합으로 이해될 수 있다(김성해, 2013). 이처럼 냉전 시기 동아시아 국가들이 추구한 최우선 과제는 국가안보였다. 미국과의 군사동맹을 통해 안보를 보장받았던 동아시아 국가들은 방위비 분담과 더불어 자국의 영토 내 미군기지 허용, 미국이 주도하는 전쟁에 군대 파견, 국제 원조의 성과로 경제력 성장 등을 추구했다. 반면 사회주의 진영은 내적 갈등과 분열을 노정시키는 여러 사건들(예: 중소 국경 분쟁, 중국, 베트남 국경 분쟁 등)을 겪었다. 당시 북한은 중국과 전통적 우호 관계를 지속하고 소련과도 원만한 관계를 지속하고자 했다. 이처럼 냉전 시기 동아시아는 치열한 이념적 대립 속에서 힘의 균형을 이루면서 발전해 왔다.

탈냉전 시기를 거치면서 국가 간 이념적 대립은 크게 변했다. 구소련의 해체로 기존 사회주의 국가들은 자본주의적 시장경제체제로 편입되었고, 중국도 개혁개방을 통해 급속한 경제성장을 촉진했다. 서구에서 시작된 신자유주의적 지구화 과정은 동아시아 지역의 경제 및 정치체제에서 지정학적 요인보다 지경학적 요인을 더 유효한 것으로 인식되도록 했다. 물론 중국이 추진한 개혁개방과 시장경제체제로의 전환이 '신자유주의적'인지, 그리고 그렇다면 '중국식' 신자유주의는 어떤 특징을 가지는지는 논란거리이다(하비, 2007). 하지만 최소한 자유시장과 자유무역을 강조하는 신자유주의적 지구화가 없었다면, 중국이 과연 급속한 경제성장을 달성했을지는 알 수 없다.

다른 한편, 동(남)아시아지역에서도 아세안(ASEAN)을 중심으로 정치적·안보적·경제적 협력 관계를 위해 아세안지역안보포럼(ARF)이 1994년 설립되었고, 1989년 구성된 아시아태평양경제협력기구(APEC)도 회원 수를 늘리게 되었다. 동아시아 국가들은 서유럽의 통합 수준에는 미치지 못하지만 협력과 통합을 위한 큰 합의를 이루고 있다. 특히 1997년 동아시아 외환위기는 이 지역 국가들에게 처음으로 공통의 이해관계를 느끼도록 한 계기가 되었고, 그 이후 APEC를 중심으로 동아시아 지역의 협력 가능성이 주요 이슈가 되었다. 이에 따라, 지경학적으로 동북아와 동남아의 협력이 주요 의제로 부상했고, ASEAN+3이라는 새로운 지역협력의 틀이 형성되었다. 이는 기존 ASEAN 국가들과 동북아의 한국, 중국, 일본이 참여하는 새로운 지역 조직이며, 이를 계기로 한·중·일 3국은 2000년부터 정상회의를 정례화했다.

그러나 동아시아에서 경제적 협력과 통합의 분위기는 이 지역에 잔존한 냉전적 질서와 지정학적 대립 관계로 인해 제대로 실현되지 못하고 있다. 한반도의 분단 상황과 북한의 핵무장에 따른 군사적 위협은 동아시아 지역의 불안과 긴장을 초래하고 있다. 북한과 중국은 빈번하게 상호 우호적 관계를 과시하는 한편, 한국과 미국은 동맹관계를 드러내기 위해 정기적으로 군사훈련을 수행하고 있다. 또한 한국과 일본, 중국과 일본, 러시아와 일본 간 영토 분쟁이 점점 가시화되면서 악화되고 있고, 일본의 제국주의 침략과 관련된 과거사 문제와 '전쟁 가능 국가'로 재무장하기 위한 헌법 개정 문제는 이 지역의 심각한 국제 이슈로 부상하고 있다. 이러한 점에서 지정학적 갈등과 위협은 지경학적 협력과 희망을 능가하고 있다. 예로 2019년 일본은 2015년 한·일 일본군 위안부 합의 파기와 2018년 일제 강제징용 피해 배상 판결에 대한 불만의 표시로 "군사 전용 가능성이 있는 문자와 기술의 무역을 적절히 관리"한다는 명분으로 수출 규제 조치를 단행했고, 이에 대응해 한국은 한일 군사정보보호협정(GSOMIA)을 조건부로 연장하는 일이 발생하기도 했다. 현 정부에 들어와 한·일 관계는 급선회하여 우호적 관계로 전환했지만, 이로 인해 중국 및 북한과의 지정학적 및 지경학적 관계는 악화되는 상황을 맞고 있다.

다른 한편, 미·중 간 무역분쟁, 특히 각국을 중심으로 구성되는 환태평양경제동반자협정(TPP)과 아시아인프라투자은행(AIIB)은 동아시아 지역에 내재하는 '지정학적 단층선'을 자극했다(지상현, 2016: 299). 2005년 브루나이, 뉴질랜드, 칠레, 싱가포르의 주도로 시작된 TPP는 2010년 미국의 참여와 더불어 호주, 멕시코, 캐나다, 일본 등이 참여를 결정했다. 미국이 TPP에 참여한 동기는 중동 중심의 외교 전략을 수정해 보다 적극적으로 동아시아 정책을 추진하기 위한 것으로 해석되었다. 반면 AIIB는 중국의 주도로 아시아 지역의 37개 국가와 역외 20개국의 참여로 출범했는데, 이는 세계은행에 맞서서 중국이 이끄는 새로운 경제 질서의 구축을 위한 사업의 일환으로 파악된다.

그러나 2017년 1월 미국은 7년여의 협상 끝에 2015년 타결된 TPP로부터 탈퇴를 선언했는데, 이는 '미국 우선주의'를 강조하는 트럼프 행정부의 보호무역 강화와 더불어 동아시아로부터 미국의 퇴장을 알리는 신호로 해석되기도 했다. 하지만 같은 해 11월 트럼프 대통령은 아시아 순방 후 미국과 인도, 일본, 호주 등이 주도하는 인도·태평양 구상을 발표했다. 이는 중국의 일대일로 정책에 대응하기 위해 미국이 발표한 정책으로, 중국을 지정학적으로 포위하기 위한 전략으로 이해된다. 미국의 바이든 행정부는 이러한 인도·태평양 구상을 이어받아, 이 지역에서 미국과 일본, 인도, 호주 등의 주도적 역할을 강조한다는 점에서 일컬어진 쿼드(Quad)라는 4자 협의체를 추진하고 있다. 이는 4개국 간 안보협력을 위한 것일 뿐 "특정 국가를 대상으로 한 것이 아니"라고 주장되지만, 무엇보다도 중국의 급속한 성장과 이에 따른 국제적 영향력 확대를 통한 중국 패권주의에 대한 우려와 견제를 전제로 한 것이라 하겠다.

이처럼 탈냉전 시대 동아시아는 한편으로 경제적 교류를 확대하면서, 지경학적 관점에서 협력과 통합을 위한 분위기를 성숙시키고 있으며, 이에 고무되어 관광 및 문화적 교류도 코로나 팬데믹 이전까지는 확대되는 경향을 보였다. 그러나 이 지역은 냉전적 지정학적 대립 구도의 잔존 또는 부활로 경제적 협력과 통합의 실현을 통해 상호 이익을 향유하기보다는 오히려 갈등이 고조되고 있다고 하겠다. 심지어 정치적 갈등으로 인해 경제·문화적 교류가 빈번히 전략적으로 차단, 억제되기도 한다. 요컨대 동아시아 지역은 한편으로 경제 규모를 급속히 팽창시키면서 경제·문화적 교류를 확대하고 있지만, 다른 한편으로 지역의 협력과 발전보다는 오히려 정치적 대립과 긴장으로 암울한 미래를 맞을 것으로 우려된다.

동아시아 지역에는 경제적 교류나 협력뿐만 아니라 환경, 에너지, 자원, 교통(인프라 구축), 보건과 의료, 문화 부문 등에서 긴밀한 협력을 요하는 사안들이 산적해 있다. 자원개발과 유통, 교통 인프라의 확충 등을 위한 협력은 각국의 경제성장에 기여할 수 있는 의제라고 할 수 있다. 하지만 또한 이를 위한 협력체계의 구축(예: 환경안보를 위한 동아시아 거버넌스의 구축)은 각국의 경제적 이해관계가 걸려 있을 뿐만 아니라 국제정치와 복잡하게 연계되어 있기 때문에 쉽게 이루어질 수 없는 문제라고 할 수 있다(최병두, 2004a). 그러나 현재 세계적으로 직면해 있는 기후변화나 지구적 생태위기에 대처하기 위한 세계적 및 동아시아 지역적 협력은 가능할 것이다. 실제 미국과 중국은 치열한 무역전쟁과 여기서 파생되는 지정학적 문제들을 둘러싸고 심각한 갈등을 보이는 상황에서도, 2021년 11월 유엔기후변화협약 당사국 총회에서 기후변화 대응에 관한 공동선언을 발표하고, 양국은 2030년 전에 실무그룹을 구성해 가동하기로 합의했다는 점은 세계적으로뿐만 아니라 동아시아 지역적 차원에서도 매우 고무적인 현상이라고 할 수 있다.

자료 10-2:

동아시아 문화 교류와 지문화적 갈등

한국·중국·일본은 최근 경제적 상호 교류를 확대시켜 왔을 뿐만 아니라 문화적 교류에서도 괄목할 증가 추세를 보이지만, 또한 동시에 지정학적 관계에 민감하게 반응하고 있다. 예로 관광 교류를 살펴보면, 한·중·일 3국 간 관광 방문자 수는 2010년 이후 전반적으로 증가하는 양상을 보인다. 즉, 2018년 한·중·일 3국의 관광객 수는 1억 944만 명으로 2010년의 7307만 명 대비 59.8%나 늘었고, 관광 수입은 2018년 968억 달러로 2010년 693억 달러 대비 39.6%나 증가했다. 특히 한·중·일 3국 간 관광 교류의 상호의존성이 점차 커졌다. 한국의 전체 외국인 관광객 가운데 중국과 일본 관광객의 비중은 2011년 56.2%에서 2015년 59.1%로 증가했으나 2017년에는 사드 배치에 따른 중국의 반발로 관광객이 감소했고, 그 여파가 계속되고 있다. 중국의 경우 한·일 관광객의 비중은 2011년에 비해 2017년 감소한 반면, 일본은 한·중 관광객의 비중이 2011년에 비해 2017년 많이 증가했다. 이는 한·중 간 관광 교류가 감소하면서 이 국가들의 일본 방문 관광객이 증가한 것으로 추정된다(장병권, 2019).

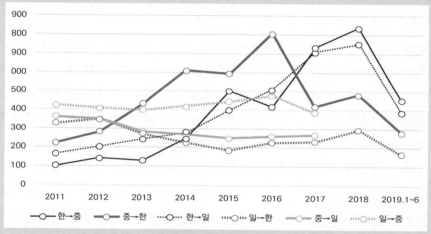

그림 10-5. 한·중·일 3국 간 관광 방문자 증감 추이(단위: 만 명)
자료: 유엔세계관광기구(UNWTO); 장병권(2019).

표 10-2. 한·중·일의 상대 2개국 관광 의존도

	2011	2013	2015	2017
한국	56.2	58.3	59.1	48.6
중국*	36.8	32.9	34.2	29.1
일본	43.4	36.4	45.6	52.3
평균	45.1	42.5	46.3	43.3

주: * 중국의 총관광객에서 홍콩, 마카오, 타이완인 제외.
자료: 유엔세계관광기구(UNWTO); 장병권(2019).

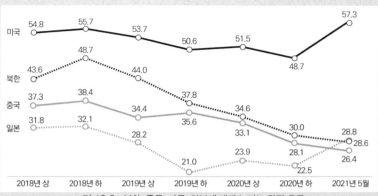

그림 10-6. 북한, 중국, 미국, 일본에 대해 느끼는 감정 온도
주: 2018~2020년 한국리서치 조사,
2021년 ≪시사IN≫ 조사(0=매우 부정적; 100=매우 긍정적).

　이처럼 한·중·일 간 관광 의존성은 상대적으로 높지만, 또한 이들 간 관광 교류의 불확실성은 점차 커지고 있다. 이러한 불확실성은 대체로 이 국가들 간 지정학적 갈등에 기인한다. 2010년대 초반에는 일본의 과거 제국주의 역사 왜곡으로 인해 중국인의 일본 여행 취소 사태가 발생했고, 이에 대한 반대 급부로 한국을 찾은 중국인 수가 증가했다. 반면 2017년 이후 한국의 사드 배치로 인해 중국인의 한국 방문이 절반 수준으로 급감했다. 당시 중국 정부는 주요 여행사들을 통해 한국 단체여행 상품 전면 중지와 더불어 한국 전세 항공기의 신규 취항 및 증편 불허, 크루즈사의 한국 노선 운항 중단 등의 조치를 취했고, 그 결과 중국인의 해외여행 행선지로 일본이 급부상했다. 또한 2019년 한·일 간 외교 분쟁과 일본 정부의 대한국 수출 규제로 인해 한국인의 일본 여행 불매운동이 발생함에 따라 일본 관광객이 크게 줄었다.

　다른 한편, 한국 문화에 기반을 둔 한류의 세계화와 동아시아 특히 중국과 일본에서 발생하고 있는 한류/혐한과 이에 따른 정체성 의식은 지(地)문화(geoculture)의 관점에서 이해될 수 있다. 월러스틴(Wallerstein, 1991)에 의하면, 지문화(geoculture)는 "세계체계를 걸쳐 널리 채택된 일단의 사고, 가치, 규범"을 의미하며, 지정학과 동전의 양면과 같다. 이러한 지문화의 개념은 널리 사용되지는 않지만, 지정학, 지경학의 개념과 더불어 지리적 관계와 문화적 정체성과의 관계 분석에도 원용될 수 있다(Winter, 2021). 지문화적 관점에서, 한류는 한국의 (대중)문화가 해외에서 많은 관심을 끌 뿐만 아니라 이를 일상생활의 일부로 수용하는 현상을 의미한다. 그러나 최근 한류는 이를 수용하는 국가나 지역에서 반한 감정이나 혐한(嫌韓)이라는 문화적 갈등과 충돌을 유발하기도 한다.

　이러한 한류/혐한 의식은 때로 해당 국가의 정부에 의해 정치적으로 관리되고 조장/통제되기도 한다(김종법, 2015). 물론 중국과 일본 등에서 나타나는 한류와 혐한은 상호관계적인 것으로, 친중/반중, 친일/반일 의식과 연계성을 가지며, 나아가 직접 정치적 사안들(예: 쿼드 가입 또는 일대일로 정책)에 대한 의식에도 영향을 미친다. 한국에서 주변국들에 느끼는 감정은 최근 상당한 변화를 보이지만, 미국에 대해서는 호감도가 높은 반면, 북한과 중국에 대해서는 점차 낮아지고 있다. 일본의 경우는 호감도가 가장 낮았지만, 2021년에 들어와서 상당히 높아진 것으로 나타난다. 미국과 중국에 대한 이러한 호감도의 차이는 각 국가가 주도하는 지정학적 전략에 대한 지지율에도 그대로 반영되고 있다.

2) 동아시아 속의 한반도와 남북관계

동아시아는 세계정치에서 유럽과 중동 국가들을 제외하고는 주요 핵심 국가가 모두 포함되어 있다는 점에서 지정학적 및 지경제학적으로 매우 중요한 지역이다. 한반도는 단순히 동아시아라는 절대적 공간 속에 위치해 있다기보다는 이러한 핵심 국가들 간에 구성된 국제적 정치·경제의 지정학적 및 지경제학적 관계의 틀 속에 위치해 있는 것으로 이해되어야 한다. 특히 한반도의 긴장과 불안정은 남한과 북한 간의 관계만이 아니라 세계적 수준의 정치가 투사된 동아시아 국제질서의 형성 및 변화와 긴밀하게 연관되어 있다. 동북아 정치는 남북관계를 규정하고, 남북관계의 변화는 동북아 정치와 나아가 세계의 정치질서에 곧바로 영향을 미치고 있다. 이처럼 한반도는 동북아 경제정치와 부단히 상호작용하면서 변화해 왔으며 동아시아라는 매개 고리 또는 중간 항을 통해 세계 경제정치체제에 지대한 영향을 받는 동시에, 영향을 미치고 있다(이수훈, 2009).

사실 역사적으로 한반도는 동아시아의 정세 변화와 긴밀한 관계를 가지고 변화·발전해 왔다. 이에 관한 설명을 위해, 임덕순(1997)은 중간적 위치로서 한반도와 주위 세력 간의 관계에 관한 통일장 이론의 틀을 제시한다. 중간적 위치는 두 개 이상의 국가 세력 사이에 있는 위치를 의미하며, 기능상 통과 지역 또는 완충지 역할을 한다. 중간적 위치의 국가는 그 성격이 이론물리학의 장(field)과 같은 기능을 한다. 즉, 장은 밀려오는 세력선의 강도와 성질에 의해 성격이 달라지는 '사이' 공간을 의미한다. 장은 세력선들의 집합처이며, 이에 따라 그 성격이 변화하는 공간이며, 절대적 공간이 아니라 관계적 공간으로 개념화된 것이다. 한반도는 이러한 중간적 위치의 전형으로 간주된다. 즉, "구한말 이래 중·러·일·미의 한국[한반도]에 대한 운동량(뻗치는 힘의 양)의 변화에 따라 그 공간의 의미, 성격, 가치가 자주 바뀌어 왔다"(임덕순, 1997: 115). 이와 유사한 틀로 권오국(2010)은 한반도를 둘러싸고 전개되는 동아시아에서 작동하는 세력들 간 관계를 설정하고, 남북한과 그 관계는 지구적 차원에서 대륙세력/해양세력, 지역적 차원에서 동양세력/서양세력의 상호 영향력하에서 규정되는 것으로 설명한다.

실제 조선시대 말기 한반도 및 동아시아 정치에서 강대국들의 개입 상황은 매우 치열하고 복잡하게 전개되었고, 이 과정에서 한반도는 상대적으로 우월한 세력을 구축하게 된 일제에 의해 식민화된 아픈 역사를 겪었다. 그뿐만 아니라 제2차 세계대전이 끝난 후 한반도는 일제로부터 해방이 되었지만, 다시 남한과 북한이 각각 미국과 구소련에 의해 분할통치

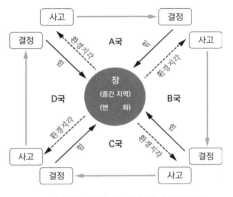

그림 10-7. 중간지역과 주위세력 간 관계
자료: 임덕순(1997: 116).

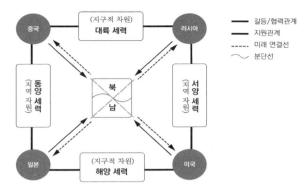

그림 10-8. 한반도 주변국들의 개입 구도
자료: 권오국(2011: 38).

되면서 분단체제로 들어서게 되었고, 6·25전쟁 과정에서 유엔군과 중국군이 개입하면서 냉전체제의 대리전을 치르기도 했다. 냉전체제에서 한반도는 동아시아 및 세계 강대국의 영향력하에서 남북 간 군사적·이데올로기적 적대적 관계로 갈등이 고조되고, 이로 인해 국내 정치와 경제의 파행을 겪었다.

1990년에 들어와서 세계적으로 냉전체제가 붕괴되면서, 동아시아 국가들에도 상당한 변화가 있었다. 해체된 구소련의 유산을 물려받은 러시아는 동아시아에서 영향력이 약화되었고, 중국은 본격적으로 시장경제체제를 받아들였다. 그러나 한반도에 우선 관심을 두고 보면, 동아시아 지역에는 탈냉전의 분위기가 지체되는 양상을 보였다. 한반도에서 분단된 남한과 북한은 확연히 다른 궤적을 보여주었다. 남한은 중국과 국교정상화를 이루고 경제적 교류를 급속히 확대했지만, 북한은 미국과 적대관계를 불식하지 못하고 오히려 점점 더 고립 상황으로 빠져들었다. 이 과정에서 북핵 문제가 대두되어 점차 심화되었고, 이는 한반도 차원뿐만 아니라 동북아 수준에서 심대한 위협 요인이 되고 있다. 이러한 점에서 탈냉전 시대 동아시아 질서 형성은 냉전체제의 부분적·비대칭적 해소, 다자성의 강화, 지역통합성의 제고라는 세 가지 특징으로 요약되기도 한다(이수훈, 2009).

다른 한편, 냉전체제의 붕괴와 신자유주의적 세계화 과정에서 중국은 자본주의 세계경제 질서에 편승했고, 특히 동아시아 지역경제에 지대한 상호 영향을 미쳤다. 일본과 한국의 기업들은 상품 교역뿐만 아니라 막대한 해외투자로 중국에 진출했고, 한·중·일 삼국은 긴밀한 분업체제로 상호의존성을 높였다. 중국의 급속한 경제성장은 세계정치 및 동아시아 국제정치에서 자신의 지위와 역할을 강화했다. 중국은 1971년 당시 유엔 창립 회원국이었던 타이완을 밀어내고 유엔 안보리 상임이사국이 되면서 세계정치 무대에서 강력한 영향력을 행사했고 한반도 문제를 포함해 동아시아 국제정치에서 적극적 역할을 수행하고 있다. 중국은 동북아 지역질서와 한반도 문제에서 미국에 버금가는 영향력을 갖춘 것이다.

좀 더 구체적으로 살펴보면, 탈냉전의 세계적 분위기 속에서 노태우 정부는 적극적으로 북방정책을 추진했고, 그 결과 1992년 중국과 관계를 정상화할 수 있었다. 한·중 수교는 경제적 관계의 급진전과 함께 인적·문화적 교류가 급속하게 증가했다. 한·중 교역은 2007년 1450억 달러에 달했고 한국은 약 190억 달러의 흑자를 기록했다. 또한 한국의 해외투자에서 중국은 가장 큰 비중을 차지하게 되었다. 투자 회수의 위험 요인이 상존했음에도 불구하고 지리적 근접성과 문화적 유사성으로 인해 중국은 한국 기업의 매력적인 투자국이 되었다. 이러한 경제적 교류를 배경으로, 한국과 중국은 관계 정상화 후 불과 10년 만에 '전면적 협력동반자관계'를 발전시켰고, 2008년에는 '전략적 협력동반자관계'로 격상시켰다.

이처럼 한·중 관계는 급진적으로 개선되었지만, 미국은 북한과 아무런 변화 없이 적대적 대립 관계를 유지하거나 확대했다. 이러한 점에서 동북아 냉전체제는 부분적·비대칭적으로 완화되었다고 하겠다. 한·중 수교를 통한 관계 정상화는 중국과 전통적 혈맹관계를 유지하고 있었던 북한에 커다란 충격을 주었다. 구소련의 해체, 동유럽의 탈사회주의화, 동서독의 통일에 이어 한·중 관계의 정상화는 북한을 고립 상태에 빠뜨렸다. 이러한 상황에서 북한은 핵카드를 활용했다. 1993년 3월 북한은 핵확산방지조약(NPT: nuclear proliferation treaty) 탈퇴를 선언함으로써 미국과의 군사적 충돌 직전까지 가게 되었다. 이렇게 야기된 '제1차 북핵 위기'는 카터 전 대통령의 담판 외교로 최악의 전쟁 시나리오를 면했고, 국면이 반전되면서 1994년 '제네바합의'를 이끌어 내었다.

그러나 제네바합의 결과인 한반도에너지개발기구(KEDO)에 의한 북한 신포지역 경수로 건설 사업이 북미 간 상호 불신으로 진척되지 못하고, 2001년 부시행정부는 북한을 '악의 축'으로 규정하면서 노골적인 적대 정책을 보임에 따라, 북미관계는 악화되면서 2002년 말 '제2차 북핵 위기'를 맞게 되었다. 이는 당시 포용정책(햇볕정책)으로 남북정상회담까지 했던 김대중·노무현 정부와 심각한 불협화음을 일으켰다. 2005년 제4차 6자회담이 성사되면서 난항 끝에 북한의 핵무기 파기와 NPT 및 IAEA로의 복귀를 약속한 9·19 공동성명 등 여러 합의들이 있었지만, 핵 '불능화' 단계에 이르지 못한 채 북한은 2009년 5월 제2차 핵실험을 강행했고 6자회담은 실효성을 상실했다. 오바마 행정부가 들어서자 북한은 미사일 발사와 핵실험을 감행함에 따라 대북제재를 촉진했다. 2010년 천안함 침몰사건과 연평도 포격사건으로 남북 간 긴장관계가 고조되었다. 북한은 2013년 제3차 핵실험을 감행했고 남한은 개성공업지구에서 철수했다. 그 이후에도 남북 간 긴장과 화해 분위기가 반복적으로 교차했다. 2016년 북한은 제4차 핵실험 격인 수소폭탄 실험을 감행하자, 남한은 개성공업지구 폐쇄를 선언했다.

2017년 문재인 정부의 출범 직후에도 경색되어 있었던 남북관계는 2018년 북한의 평창 올림픽 참가를 계기로 평화 무드로 급선회했고, 남북정상회담으로 이어졌다. 또한 싱가포르에서 역사상 처음 북미정상회담이 이루어졌고, 후속 조치로 북한에 수감된 미국인 송환, 대륙간 탄도미사일 조립시설 폐쇄, 풍계리 핵실험장 파괴 등이 이루어졌다. 그러나 비핵화의 수준과 방식을 둘러싼 북한과 미국 간 불신으로 2019년 2차 북미정상회담이 아무런 합의 없이 끝나면서, 남북 및 북미 간 갈등과 대립이 되풀이되고 있다. 미국 트럼프 대통령은 북한 비핵화를 위한 '중국 역할론'을 제기했지만, 중국은 한반도의 비핵화 해법으로 북한 핵미사일 도발과 한미연합군사훈련 중단(雙中斷), 그리고 한반도 비핵화 프로세스와 미북 평화협정 협상(雙軌竝行)을 일관되게 주장해 왔다. 미국이 중국 역할론을 제기한 것은 미·중 경제 갈등의 맥락에서 중국이 대북제재를 제대로 수행하지 않는 것으로 판단했기 때문인 것으로 추정된다. 미국의 바이든 행정부도 북한이나 이란 등에 대해 '징벌적 제재' 정책을 유지하고 있지만, 국제문제에 대해 외교적 노력 없이 제재만으로 접근하는 것은 한계가 있다고 하겠다.

북한은 그동안 6차에 걸친 핵실험과 수십 차례 미사일 발사 등으로 유엔의 안보리 결의나 미국, 일본, 중국, 한국, 유럽연합 등이 독자적으로 수행하는 대북제재를 겪고 있다. 제재는 북한의 국제 금융거래 차단과 대북한 수출입 규제 강화, 북한 노동자 해외 파견 중단 등을 포함한다. 이로 인해 북한의 국제무역 규모는 크게 감소했고, 국내 경제도 상당한 타격을 받는 것으로 추정된다. 예로 북한의 수출입 규모는 2010년대 중반 약 50억 달러 수준이었으나, 2016년 대북제재가 강화되면서 2017년부터 감소하기 시작했고, 2020년 코로나 팬데믹 사태와 겹치면서 급감했다. 그러나 폐쇄적이고 중국 의존적인 북한 경제의 특성으로 인해, 북한을 굴복시키기 어렵고, 오히려 북한은 미국의 대북제재에 맞서 핵무장 강화라는 공세적 대응을 취하는 결과를 초래하고 있다(나호선·차창훈, 2020).

요컨대 오늘날 동아시아와 한반도의 정치지리적 구조는 3중(차원 또는 층위) 패러독스를 안고 있는 것으로 요약할 수 있다(김준형, 2015). 첫 번째 패러독스는 세계적 차원에서 미국

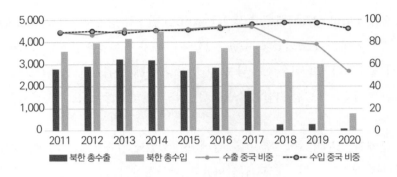

그림 10-9. 북한 수출입 추이(단위: 백만 $, %)

자료: KOTRA, 2020 북한대외무역 동향.

과 중국은 그동안 경제적으로 상호의존성을 증대시켜 왔지만, 이에 따른 무역 갈등과 더불어 패권 경쟁으로 갈등을 심화시키는 역설을 안고 있다. 두 번째 패러독스는 이른바 '아시아 패러독스'라고 불리는 것으로, 전 세계가 동아시아를 경제발전의 새로운 엔진으로 인정하고 관심을 모으고 있지만, 또한 이 지역의 중심 국가들인 한국, 중국, 일본은 경제적 협력의 필요성에도 불구하고, 오히려 영토 분쟁 등으로 갈등과 대립을 증폭시키고 있다. 세 번째 패러독스는 한반도 차원에서 작동하는 것으로, 한편으로 남북 분단 구조의 지속과 핵무기 및 미사일 개발 등으로 안보 위협이 고조되고 있지만, 다른 한편으로 남북한은 각각의 동맹국들과의 결속력 강화하면서도 동시에 남북한 상호관계 개선과 경제적 협력이 절실히 요구되고 있다는 점이다.

3. 남북 분단과 통일의 정치지리

1) 한반도 지정학과 북한 연구

1945년 한반도의 해방과 더불어 시작된 남북 분단의 역사는 냉전체제와 초강대국의 패권 경쟁 속에서 정치·군사적·이데올로기적 대립 관계를 지속해 왔다. 이러한 대립 관계는 남북한 쌍방을 인식하거나 분단과 통일을 서술하는 연구나 일상적 담론을 심각하게 왜곡시키고 한계를 가지도록 했다. 이러한 상황은 탈냉전 상황에서도 지속되고 있다는 점에서, 한반도 분단과 통일에 관한 정치지리적 연구는 미래 상황을 임의적 추정하면서 '우리'(남한) 관점에서 서술하기보다는, 한반도의 지정학적 상황을 올바르게 이해하고, 나아가 한반도의 평화와 상호협력을 위해 논의되는 관련 주제들이나 정책들, 예로 국토 및 도시·지역 정책을 재검토하고, 대안을 모색해 보는 것이 더 바람직하다고 하겠다.

우선 지리학 내에서 한반도의 지정학에 관한 논의는 형기주(1963)에서 시작되었다. 이 글에서 그는 지정학의 이론적 내용을 소개하고 한반도 분단 과정을 설명한 후, 당시 미국과 소련의 양극체제하에서 단기간에 통일을 기대하기는 어렵기 때문에 경제적 자립과 폭넓은 외교가 필요하다고 주장했다. 한반도의 지정학에 관한 본격적인 연구는 임덕순(1969)에 의해 제시되었다. 그는 존스(S.B. Jones)의 통일장 이론을 원용해 한반도를 둘러싼 주변 국가들의 이해관계를 배경으로 한반도 분단을 설명하고자 했다. 그 이후 주목할 지정학적 연구로, 류우익(1993)은 동북아지역의 경제협력체로서 동북아권을 배경으로 황해권과 동해권의 부분권 및 4개의 발전 거점(동경, 서울, 베이징, 상하이)을 상정했다. 이 연구는 국가들 간 대립과 갈등을 전제로 한 기존의 전통지정학과는 달리 세계화 과정에서 경쟁과 협력의 지리적 조건들을 강조했다는 점에서 지경학적 관점의 연구라고 할 수 있다.

2000년대에 들어오면서, 전통지정학의 연장선상에서 이루어졌던 연구들과는 달리, 비판지정학적 관점에서 연구가 제시되었다. 지상현은 비판지정학의 발달과 특성을 상술하면서 한반도 적용 가능성을 제시했고(지상현·플린트, 2009), 나아가 기존 지정학의 사고에서 한반도의 생존전략을 외부와의 관계에 의해 결정된다는 수동적 해석을 환경결정론적 지정학이라고 비판하는 한편(지상현, 2013), 비판지정학의 관점에서 동아시아 협력을 위해 '영토의 함정'에서 벗어나 평화와 번영의 지정학으로 나아갈 것을 강조한다(지상현, 2016). 비판지정학은 정치지리학적 담론 분석을 강조한다는 점에서, 강경원(2015)은 '한반도'라는 자연지리적 용어에 관한 역사적 이해, 즉 일제가 이 용어의 의미를 어떻게 정치적으로 해석했는지, 오늘날 헌법에 어떻게 명시되게 되었는지, 그리고 이 용어가 지리교육적 측면과 정치·외교적 측면에서 어떤 문제점을 가지고 있는지를 설명하고자 했다. 남종우(2014)는 북한의 지정학적 담론을 검토하면서, 분단 이후 북한이 주변국들을 적으로 간주하고 한반도의 위협 세력이라는 부정적 정체성을 어떻게 구성하게 되었는지를 밝히고자 했다.

한반도의 정치지리학에 관한 또 다른 연구 주제는 남북한 및 북중 경계와 접경지역에 관한 것이다. 임덕순(1972)은 휴전선의 생성 과정을 설명하고, 경계 유형과 기능을 특정하고자 했다. 2000년대 이후 연구로 GIS를 활용한 비무장지대(DMZ)의 범위 재설정(김창환,

2007)이나 비무장지역 내 마을 분포 특성 연구(김창환, 2009), 경계로서 서해 북방한계선 (NLL)의 한계에 관한 연구(김재한, 2009) 등이 있었다. 또한 북한과 중국 간 북방경계 및 접경지역에 관한 연구들도 다수 제시되었다(이옥희, 2011 등). 특히 베이징조약(1860) 이후 러시아에 귀속된 두만강 하구 녹둔도에 관한 연구(이기석 외, 2012)가 있었고, 김재한(2014)은 조선과 중국 간 경계의 역사적 변화 과정을 살펴보고, 현재 국경의 투과성 문제와 통일 후 국경조약의 법적 승계문제 등을 다루었다. 다른 한편, 접경지역에 관한 연구로는 접경지역 연구방법의 전환과 새로운 모형 개발(김상빈·이원호, 2004) 등이 있었다. 특히 홍금수(2009)는 '파국이론'을 이용해 양구군 해안면을 사례로 이념 대립과 군사적 충돌에 의해 촉발된 불연속의 측면이 어떻게 전개되었는지를 분석하고자 했으며, 지상현 등(2017)은 경계와 접경지역에 관한 관계론적 시각을 제시하고 이를 원용해, 북한-중국 접경지역인 단둥을 사례 분석하고자 했다.

이러한 개별 연구들과 더불어 공동연구의 결과물들을 종합, 편집한 단행본들이 출간되기도 했다. 박삼옥 외(2005)의 연구는 지구화에 따른 통합 과정의 증대로 과거 변방으로 여겨졌던 접경지역에 대한 인식(소외성과 낙후성)이 변하고 있다는 점을 전제로, 경기도 접경지역에 대한 종합적 분석을 시도했다. 박배균 외(2019)는 최근 "한반도를 둘러싼 전통지정학적 질서에 균열과 파열이 발생"하고 있음을 목도하고, "변화하는 한반도와 새로운 지정학적 상상력의 필요성"을 강조한다. 특히 이들은 한반도 경계와 접경지역에 대한 포스트영토주의 접근의 함의를 설명하면서, 영토주의를 벗어나 안보-경제 연계 및 영토화와 탈영토화의 지정-지경학을 강조하고, 한반도의 냉전 경관, 도시지정학, 페미니스트 지정학 등을 연구하고, 통일과 관련해 남북 협력과 통일을 위한 한반도 자연의 생산, 동화-초국적주의 지정학 공간 프로젝트로서 통일의 개념 등을 제안하고 있다.

이러한 지리학 내에서의 연구들은 기본적으로 고전지정학에서 비판지정학으로의 관점 전환과 연구 주제의 다양화라는 점에서 유의하다고 할 수 있다. 물론 이러한 전환 속의 지정학적 연구뿐만 아니라 다양한 측면들에서 북한 지역에 관한 지리학적 연구들이 이루어져 왔다. 이 연구들의 대부분은 북한의 개별 지역에 관한 지역지리학적 연구라기보다는 특정 도시나 지역을 배경으로 어떤 주제를 고찰한 것이다. 이러한 연구의 대표적 사례로, 개성공단에 관한 연구를 들 수 있다. 2003년 착공하여 2005년 업체들의 입주가 시작되면서 가동되었던 개성공단은 2016년 북한의 4차 핵실험에 대한 대북제재 이행으로 운영이 전면 중단되었다. 개성공단은 남북 간 경제협력과 화해의 상징적 공간이며, 분단된 한반도에서 영토 주권이 유보되는 '예외공간'이라는 점에서 관련 업체나 정부뿐 아니라 연구자들의 많은 관심을 끌었다(이승욱, 2016). 그 외 주요 주제로는 북한의 농업과 농촌, 지역개발과 산업, 교통 및 관광, 경제개방 특구(예: 나진선봉지구), 인구 분포 및 구조, 도시의 발달과 공간구조 변화, 북한 도시 및 행정구역 지명의 변화, 북한의 지리교육 등이 포함되었고, 그 외에도 남한지역에서 북한 난민 개척촌이나 탈북민의 이주와 정착에 관한 연구 등도 이루어지고 있다. 특히 이러한 연구들 가운데 북한의 산업공간에 관한 2권의 단행본, 즉 황만익·이기석(2005)과 박삼옥 등(2007)의 연구가 출간되기도 했다.

지리학에서 한반도와 북한에 관한 (정치)지리학적 연구는 여러 유의성과 한계를 가지겠지만, 특히 사회과학 일반에서 이에 관한 연구들과 별로 상호 연계성을 가지지 못했다는 점에서 한계가 있다. 지리학자들은 사회과학 일반에서 이루어진 한반도의 지정학과 북한연구에 별로 많은 관심을 기울이지 않았고, 또한 사회과학 일반에서의 연구들도 전통적 및 비판적 지정학이 (정치)지리학에 바탕을 두고 있다는 점을 알고 있음에도 불구하고 이에 관한 연구에서 국내 지리학계의 결과물들 가운데 지상현·플린트(2009)의 논의를 제외하고는 별로 활용하지 않고 있다. 사실 그동안 한반도의 지정학에 관한 연구나 북한의 정치공간적 연구는 북한 사회가 가지는 정치경제적 폐쇄성과 남북 간 군사적 대치 상황으로 인해 북한을 고립된 하나의 절대적 영토로 간주해 왔다. 이로 인해 북한학이나 통일학 연구에서 지리학이 소외되었다고 할 수 있지만(김기혁, 2016: 714), 사회과학 일반에서 이루어진 북한 연구나 통일연구에서 공간적 함의가 완전히 빠져 있는 것은 아니다. 이러한 점에서 사회과학 일반에서 전개된 북한 연구의 발전 과정과 그 속에 함의된 공간(특히 영토)의 개념을 살펴볼 수 있다.

고유환(2015; 2019)에 의하면, 북한 연구의 발전 과정은 4시기(또는 세대)로 구분될 수 있다. 제1세대는 냉전시대 북한 연구로, 북한을 객관적 연구의 대상이라기보다 정치적·이데올로기적 타도와 극복의 대상으로 설정했다. 이 시기 북한 연구는 상대를 부정하고 자기정체성을 찾고자 하는 '자폐적 정의관'에 바탕을 두었으며, 남북관계를 제로섬 게임으로 간주하고 적대적 의존관계의 유지와 흡수통일을 추구하는 관변학자들을 중심으로 이루어졌다. 제2세대 북한 연구는 1970년대 전체주의적 접근법에 바탕을 두고, 북한을 하나의 연구 대상으로 설정하면서 실증적 연구방법을 적용한 비교정치학 및 국제정치학 전공자들에 의해 주로 이루어졌다. 제3세대 북한 연구는 1980년대 중반 이후 구소련의 붕괴와 냉전체제의 종식 그리고 국내적으로 민주화와 원자료의 개방 등에 따라 북한체제 성격에 관한 연구가 주류를 이루었으며, '북한바로알기운동' 차원에서 도입된 '내재적' 접근법을 둘러싸고 방법론 논쟁

개성공단의 지정학과 지경학

　개성공단은 2000년 남북한 간 실무 협의가 시작되어 2003년 착공해 2005년부터 업체들의 입주가 시작되었다. 2015년 11월 기준으로 개성공단에는 총 124개 기업이 입주해 있었고, 북측 노동자 5만 4763명, 남측 노동자 803명이 근무하고 있었다. 2005년 생산을 시작한 후 총 31억 8000만 달러의 누적 생산액을 기록했고, 이에 따라 개성공단을 통해 북한에 지불된 현금은 총 6160억 원이고, 정부와 민간에서 투자한 금액도 총 1조 190억 원에 달했다(이승욱, 2016).

그림 10-10. 개성공단 전경
자료: 위키미디어커먼스, ⓒ Mimura

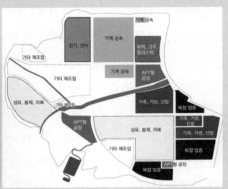

그림 10-11. 개성공단 업종별 배치도
자료: KBS 뉴스(2023.8.9.) 등 참조해 작성.

　개성공단은 남북 화해와 경제협력의 대표적인 상징적 공간이 되었지만, 그 운영은 지정학적 위기에 따라 많은 영향을 받았다. 2008년 북한은 한미군사훈련에 대한 항의로 육로통행을 차단한 바 있고, 2010년 천안함 관련 남측 조치로 개성공단에 대한 신규 투자가 금지되었다. 또한 2013년에는 북한이 한미합동군사훈련에 반발해 북한 노동자들을 철수시킴에 따라 4~8월 동안 가동이 중단되었다가 다시 가동되었지만, 2016년 북한의 4차 핵실험과 미사일 발사에 대한 대북제재의 이행으로 전면 중단되었다. 이러한 개성공단의 운영과 폐쇄를 둘러싸고 다양한 해석과 주장들이 제시되고 있으며, 또한 여러 시각이나 이론적 틀에 근거해 분석되고 있다(정현주, 2018; 백일순 외, 2020).

　개성공단 건설과 운영은 지리적으로 남북한이 접근하기에 용이하고, 특히 원료와 생산품의 운송, 저렴한 노동력 공급이 용이했기 때문이라고 하겠다. 그러나 문제는 왜 개성에 남북협력 공단이 입지하게 되었는가라는 단순한 의문이 아니라, 남북한이 왜 개성공단의 건설과 운영에 합의하고 가동하게 되었는가라는 점이다. 우선 북한의 입장에서 보면, 구소련의 붕괴 이후 심화된 경제적 어려움을 해소하고 지역경제를 활성화하기 위한 정책이 필요했다. 반면 남한의 입장에서, 개성공단은 매우 저렴한 노동력을 이용한 생산과 이윤 확보의 기회뿐만 아니라 개성공단의 사례를 통해 남북 경협과 교류를 확대할 필요가 있었다. 개성공단은 이러한 남북한의 이해관계를 실현하기 위한 타협의 산물로 이해된다.

　이러한 타협의 결과로 개성공단을 운영하기 위해 북한은 개성공단 개발규정, 세금규정, 노동규정, 세관규정, 환경보호규정 등을 채택하면서, 남측과 인력, 물자, 정보의 교류를 제도적으로 보장했다. 그 결과 개성공단은 기존의 북한 영역성과는 다른 새로운 공간이 탄생했다. 즉, 개성공단은 북한 영토 주권에 대한 타협의 산물로서 만들어진 예외공간이라고 할 수 있다(이승욱, 2016). 또한 개성공단은 지정학적 논리가 작동하는 대결, 갈등, 단절의 공간에서 교류와 협력의 지경학적 공간의 예외적 작동을 의미했다. 나아가 남북한은 이러한 '예외 공간'의 사례를 확대시킴으로써 '보편 공간'으로 전환시키고자 했을 것으로 추정된다.

하지만 개성공단은 단순히 지정학적 단절을 허물고 새로운 지경학적 협력을 이끌어내는 기회의 공간인 것만은 아니었다. 개성공단에 관한 국내외의 해석에서 실제 개성공단은 문제의 공간이라는 주장이 제기되었다. 특히 보수적 세력은 개성공단이 시작될 때부터 이는 북한 정권의 체제 유지 비용과 핵무기 및 미사일 개발 비용을 충당하기 위한 현금박스 역할을 할 것이라고 주장했다. 물론 보수세력 중에서도 일부는 개성공단의 유지가 오히려 북한체제 전복을 위한 기회의 공간이라고 주장하기도 했지만, 문제의 공간이라는 주장은 실제 개성공단의 폐쇄라는 현실로 이어졌다.

보수진영 내에서 개성공단을 문제 공간으로 간주하는 경향은 더욱 편향되면서, 북한이 유사시에 남한 노동자들을 인질로 잡기 위한 수단으로 이해하는 '인질 공간'이라는 주장까지 제기되었다. 다른 한편, 보수진영 내에서도 기회의 공간으로 보는 시각, 즉 북한 노동자들에게 지급된 초코파이를 사례로 이를 통해 남한 체제의 우월성을 보여줌으로써 북한 체제의 전복을 가져올 수 있다는 주장도 제기되었다. 물론 진보·중도적 입장에서도 개성공단에 대한 견해는 다소 분화되었다. 즉, 일부 진보적 입장에서 개성공단은 남한 자본가들의 이윤 추구 또는 남북한 정치세력의 권력 유지를 위해 북한 노동자의 임금 착취와 인권탄압이 이루어지는 현장이라는 시각도 함께 작동했다.

개성공단의 폐쇄와 관련해서도 다양한 견해가 표출되고 있다. 진보와 중도적 입장에서는 개성공단 폐쇄로 남북 간 유일한 대화와 교류의 통로였던 교두보가 사라졌고, 이로 인해 지정학적 위협이 더욱 가중되면서 통일은 더욱 멀어졌고 한반도는 냉전시대로 회귀했다고 주장한다. 반면 보수적 입장에서는 개성공단 폐쇄로 북한정권 유지와 무기개발을 위한 현금 유입이 사라졌고, 따라서 북한 체제의 붕괴와 흡수통일의 가능성이 높아졌다고 반박한다. 그러나 이승욱(2016)에 의하면, 이러한 견해들은 각각 나름대로 한계가 있다. 진보·중도 입장의 경우 지경학적인 접근을 통해 한반도의 지정학적 모순과 갈등이 해소될 수 있다는 단선적 논리의 한계를 드러내는 반면, 보수적 입장은 개성공단의 폐쇄로 한반도 안보환경이 더욱 불안정해졌다는 사실을 인정해야만 하는 한계가 있다.

요컨대 의문은 여전히 남아 있다. 개성공단의 운영과 폐쇄는 한반도 분단의 역사에서 어떤 의미를 가지는가? 개성공단은 남북한 경제협력과 관계 개선을 통한 '통일의 교두보'인가, 아니면 '역사적 일탈'에 불과한 '실패한 실험'인가?

이 일어나기도 했다. 제4세대 북한 연구는 1990년대 후반 거시적 상부구조 중심적 연구방법이 사회주의 국가들의 체제 붕괴 또는 체제 전환을 제대로 예측하지 못했다는 반성에 바탕을 두고 '아래로부터의 역사', '미시적 행위'와 '거시적 구조'를 연결시켜 분석하는 다양한 방법론과 분석기법이 도입되었다.

북한 연구의 이러한 단계적 발전 과정에서 공간적 측면이 어떻게 이해 또는 이미지화되었는가는 비판지정학적 연구의 주요 주제가 될 것이다(최병두, 2015b). 예로 제1세대와 제2세대 북한 연구는 기본적으로 상호 적대적 관계 속에서 공존하면서도, 상대 체제와 영토를 전체주의적이면서, 폐쇄적·정태적, 나아가 허구적으로 인식하는 경향이 있었다. 제2세대 연구는 북한 체제에 관한 실증적 자료에 근거해 전체주의를 비판하고자 했다는 점에서 다소 진전된 것이었지만, 체제 및 이념 대립과 경쟁 속에서 미리 주어진 '선험적' 결론에 따라 북한을 '악마의 영토'로 이미지화하는 것이 일반적이었다. 제3세대 북한 연구는 이러한 적대적 대상화와 선험적 결론에서 벗어나서 내재적 관점에서 사회주의 체제의 작동공간으로서 북한을 이해하고자 했다는 점에서 큰 진전이 있었지만, 북한의 영토는 주민의 일상생활이 생략되고 사회주의체제 자체로 유지되는 공간으로 간주되었다. 또한 제3세대에 이르기까지 북한 연구 일반은 북한 사회나 정치의 공간적 측면에 큰 관심을 두지 않았으며, 이에 따라 일부 국제지정학적 관점에서의 연구를 제외하고 명시적으로 북한 사회의 내부 공간을 다룬 연구는 거의 없었다.

최근 북한 연구는 기존에 사용되었던 여러 방법, 예로 전체주의적 접근법, 비교정치방법, 내재적 접근과 비교사회주의방법 등을 여전히 사용하고 있지만, '제4세대'라고 일컬어지는 연구자들은 북한 연구에 대한 대안적 방법으로 일상생활연구방법, 행위자네트워크이론, 도시사연구방법 등을 동원하고 있다. 이러한 연구들은 기본적으로 북한이탈주민들의 인터뷰 등, 보다 풍부해진 자료에 근거해 북한 주민들의 실생활을 고찰하고자 한다는 점에서 공통점을 가진다. 즉, 제4세대 연구들은 공통적으로 상부구조를 중심으로 분석하는 기존의 전체주의접근이나 구조기능이론 등이 사회주의권의 체제전환 등을 예측하지 못했다는 점을 반성하고, 민중에 잠재된 에너지를 규명하기 위해 '아래로부터의 역사'의 관점을 수용하고자 한다는 점에서 의의를 가진다. 이러한 방법론들을 좀 더 자세히 살펴보면 다음과 같다(고유환, 2011; 2019).

• **일상생활연구방법론**: 과거 상부구조 중심의 거시적 연구 또는 거대담론의 한계를 극복하고 주민들의 일상생활을 통해 사회구조적 특성과 동학을 밝히고자 한다. 즉, 북한 사회의 일상생활연구의 우선된 특성은 밑으로부터의 미시-행태적 연구를 통해 거시-구조의 동학을 파악함으로써 위로부터의 거시-구조연구의 한계를 극복하고자 한다는 점이다. 특히 이러한 방법론에 의하면, "일상의 현대성을 서로 다른 시간과 공간의 짜깁기(패치워크) 같은 것으로" 이해한다는 점이 강조된다(고유환, 2011: 11). 이러한 점은 사회-공간적 변증법으로

해석될 수 있는 다음과 같은 주장에서도 확인된다. 즉, "첫째, 물리적 조건으로서 기능하는 공간은 체제의 정치경제적 성장과 위기의 과정을 반영하고 있다. 이는 공간이 특정한 정치경제적 기획의 주도 아래 편성되거나 건설되는 물리적 기반임을 의미한다. 둘째, 이러한 공간은 인민대중의 삶이 영위되는 장, 즉 생활세계의 조건 혹은 결과가 된다. 이는 공간이 인민대중의 물질적 삶을 규정하지만, 동시에 인민대중의 복잡한 삶을 경유해야만 구체화될 수 있음을 의미한다(박순성·전동명, 2006: 167).

- **도시사연구방법**: 일상생활연구방법론에 바탕을 둔 연구와 일부 중첩되지만, 일상생활의 변화와 체제 전환 과정 간 관계를 좀 더 명시적으로 다루면서 개인의 일상생활 공간보다는 도시를 연구 단위로 설정한다. 예로 조정아(2012)는 북한 주민들(특히 탈북 이주민)의 생애사적 구술 자료를 활용해, 북한 도시를 연구하기 위한 방법을 제시한다. 특히 이 연구는 도시공간의 생산을 둘러싸고 다양한 행위자들과 사회세력들 간 경합과 갈등이 어떻게 유발되며 권력관계가 작동하는지를 고찰한다. 장세훈(2006)은 북한 사회주의 체제의 위기 상황에서 도시공간이 어떠한 변화를 겪고 있는지를 고찰한다. 특히 청진, 신의주, 혜산 등 변경의 대도시들은 국가 통제가 느슨해지면서 "도시공간에서 사경제 영역인 시장('장마당')이 크게 활성화되고, 공적 공간으로서 주택이 사생활 공간으로 변모하고 있음이 확인된다. 그러나 이러한 시장 지향적 도시화 노선은 강력한 국가의 덫(규제)에 걸려 있고, 위로부터의 봉쇄 도시 건설은 대외 여건의 미비로 어려움을 겪고 있는 것으로 추정된다. 최봉대(2013)는 이러한 북한 도시 연구를 논평하면서, "북한 도시는 시장 활성화와 연계된 도시 주민의 지향이나 실천이 지닌 체제이행론적 함의를 검토할 수 있는 중요한 연구 대상"이라고 강조한다.

- **행위자-네트워크이론**: 인간과 비인간 행위자들 간 형성된 네트워크에 주목해, 미시/거시, 행위/구조, 자연/사회 등의 이분법들을 극복하며, 또한 근대적 공간 개념(유클리드적 공간)에서 벗어나서 다양한 행위자들의 네트워크로 구성되는 관계적·위상학적 공간을 강조한다. 이 이론은 식량을 찾아 국경을 넘어 이동하는 북한 주민들이 다양한 남한 사회의 영상 매체와 접촉하면서 형성되는 행위자네트워크를 사회공간적으로 추적해 재구성하거나, 거시적인 분단장치나 관련 국가의 이주체제, 그리고 정보통신기술의 발달에 따른 지구적(시공간적) 압축을 배경으로 인간 및 비인간 행위자들 간 네트워크가 어떻게 형성되고 있는

가를 고찰하는 데 적용되었다(이희영, 2012). 또 다른 연구로 홍민(2012)은 북한 연구에서 '공간적 구체성'에 관한 연구가 미흡했음을 지적하고, "북한의 도시를 다양한 사회문화적 실천과 정치적 과정이 펼쳐지는 역사적 장소로서 주목할 것을 제안한다". 그러나 행위자 네트워크이론을 원용한 북한 연구는 이 이론에 함의된 공간적 유의성을 완전히 드러내지는 못했다.

최근 북한 연구에서 나타나는 새로운 연구방법들은 기본적으로 두 가지 측면, 즉 관계적 인식론과 공간적 측면을 강조하고 있으며, 이러한 경향은 최근 지리학뿐만 아니라 사회과학 일반에서 일고 있는 '관계적 전환' 및 '공간적 전환'과 관련된 것으로 이해할 수 있다. 물론 위에서 언급한 바와 같이 그 앞 세대의 연구에서도 영토로서 공간 개념이 내재되어 있었다. 그러나 제1세대는 북한체제를 부정함으로써 영토성이 결여되거나 허구적 영토관, 즉 북한의 체제와 영토를 분리시키고 북한체제의 극복 후 수복되어야 할 영토로 인식했고, 제2세대는 체제 경쟁의 대상 및 적대적 영토성으로서 외재적 영토관, 즉 남한의 관점에서 북한의 영토를 연구하고 사회주의 체제가 담긴 영토로 이해했으며, 제3세대는 북한 체제 자체의 관점에서 이해하는 내재적 영토관, 즉 남한과는 다른 사회주의체제가 작동하는 상이한 체제적 영토공간으로 파악했다. 끝으로 제4세대는 북한 주민들이 살아가는 생활공간, 체험적 관계적 공간관, 즉 북한 주민들의 삶이 영위되거나 탈북주민들이 다른 행위자들과의 관계 속에서 체험하는 공간을 부각시키고 있다.

2) 한반도 평화-통일 프로세스와 사회공간 정책

한반도 통일은 '꿈에도 소원은 통일'이라고 노래할 정도로 국민적 염원이며, 국가 미래의 화두라고 할 수 있다. 이러한 국토통일에 관한 논의는 지리학에서도 상당한 관심을 끌었고, 특히 탈냉전과 독일 통일을 목격하면서 이에 관한 논의가 활성화되었다. 예로 류우익(1996)은 분단 국토의 공간적 문제로, 국토의 일체성 상실, 국토 공간구조의 왜곡, 대륙으로의 접근성 상실, 국토 이용의 중복과 제약에 의한 낭비, 국민의 국토의식과 공간 심리의 왜곡 등을 지적하고, 통일과정에서 통일 초기의 충격 최소화, 단절된 남북 정체성의 통합, 남북의 지역적 이질성과 격차 해소, 대외 관계에서 국토의 능동적 발전, 국토의 효율적 관리체계 구축 등이 필요하다고 주장했다. 김덕현(1996)은 통일국토 정비계획의 필요성을 강조하면서 불균형발전, 인구이동에 의한 혼란, 자원의 대외의존도 심화, 환경오염 등을 지적하고 대비할 것을 강조했다. 이희연 등(1997)은 통일을 대비해 남북 연계성, 상호보완성, 그리고 국토이용 효율성 등에 입각한 국토개발 방향을 제안했다.

그러나 실제 남북통일 방법과 과정에 관한 논의는 매우 민감하고 어려운 문제이며 정권에 따라 통일 방식에 대한 인식과 정책이 상당히 다르다는 점도 문제로 지적된다. 최근 세계 역사의 사례에서 국가의 영토 통합은 3가지 유형, 즉 합의에 의한 통합(예: 재분리 전 예멘), 흡수에 의한 통합(독일), 무력(전쟁)에 의한 통합(예: 베트남) 등으로 구분될 수 있으며, 가장 규범적인 통합은 합의 통합이라고 할 수 있다. 이러한 점에서, 우리나라에서도 현재 정부의 공식 입장은 노태우 정부가 발표한 '한민족공동체통일방안'과 김영삼 정부에서 제시된 '민족공동체 통일 방안'을 계승한 것으로, 자주, 평화, 민주의 기본원칙하에 '화해협력 → 남북연합(남북 공존을 제도화하는 중간단계) → 통일국가 완성(통일 헌법에 따른 민주적 선거로 통일 정부와 국회 구성, 두 체제의 기구와 제도 통합)의 과정으로 설정되어 있다(통일부 홈페이지, 검색일: 2024.8.12). 그러나 이러한 통일 과정이 실제 어떻게 구현될 것인지에 대해서는 아무도 확신할 수 없다. 이로 인해 통일 과정 자체에 대한 논의보다는 통일 이후 국토공간의 재구성에 관한 논의가 더 많이 제시되고 있다.

통일된 국토공간에 관한 연구는 우선 국토종합계획의 일환으로 이루어져 왔다. 예로 이상준 등(2009)은 2030년까지 남북이 별도 정치체제하에서 경제통합을 이룬다는 가정하에, '경쟁'과 '협력', '네트워크'를 키워드로 한반도의 미래 비전과 남북 공동 국토발전 전략을 제시했다. 특히 2가지 시나리오를 전제로, 낙관적 시나리오에서는 정치·사회경제적 장애와 차별이 없는 열린 한반도로서 '네트워크 허브 코리아'를, 현상 유지적 시나리오에서는 주변국 간 교류와 협력을 촉진하는 동아시아의 '가교' 형성을 비전으로 제시한다. 김두환 등(2015)은 남북관계가 한국의 공식 통일 방안에 근거해 '화해·협력'과 '남북연합' 단계를 거쳐 '통일국가'로 나아가는 것을 가정하고, 북한 개발 구상의 기본 관점으로 협력과 공진의 관점, 미래지향적 지속가능발전 관점, 그리고 산업·SOC 병행 발전 관점을 제안했다. 이와 같은 북한 전역을 대상으로 한 종합개발구상 외에도 부문별 또는 권역별 연구가 제시되고 있다.

이러한 연구들은 실제 국토종합계획이나 통일부의 통일 정책에도 반영되고 있다. 예로 제5차 국토종합계획(2020~2040)에 의하면, 남북관계는 거듭되는 대내외 여건 변동으로 2018년 3차례의 남북정상회담을 통한 협력 분위기의 조성에도 불구하고, 가시적 성과는 미흡했다는 점이 지적되며, 앞으로 남북한 교류·협력 기회 상존, 동북아 경제권 주도를 위한

표 10-3. 국토종합개발계획에서 제시된 평화국토 조성을 위한 주요 정책 과제

한반도 평화, 번영의 기반 조성	대륙과 해양을 잇는 관문국가로 위상 강화	글로벌 대한민국의 네트워크 역량 강화
• 남북한 교류협력의 단계적 접근 • 한반도 신경제구상의 이해와 경제협력 • 남북관계 진전에 대비한 협력 과제 추진 • 남북 교통인프라 연결 및 현대화 • 접경지역의 평화적 공동 이용 및 관리 개발	• 대륙연결형 교통물류통합네트워크 구축 • 한반도-동아시아 공동 번영을 위한 동아시아철도공동체 추진 • 초국경 경제협력 추진으로 동북아경제협력체제 구축 • 동북아 산업협력 확대와 문화교류 활성화	• 글로벌 이슈에 대응하는 초국가 간 협력 강화 • 글로벌 국토 프런티어 개척으로 대한민국의 경제영역 확대 • 교역 대상국 확대를 위한 인프라 구축 지원

자료: 대한민국정부(2019).

국가 간 경쟁과 협력 가속화, 국토분야 초국경 협력 수요 증대 등이 전망된다. 이러한 전망을 전제로 3차원, 즉 남북관계의 한반도 차원, 동아시아 차원, 글로벌 차원에서 수행할 주요 정책 과제들이 제시된다. 이와 같은 국토종합계획에서 남북관계와 평화국토 조성 정책은 한반도, 동아시아, 세계 차원으로 다층화되며, 일방적 통일의 가정이 아니라 평화-통일을 전제로 한 미래 국토종합개발계획이라는 점에서 그 이전의 국토종합개발계획과는 다른 의미를 가진다고 하겠다.

그러나 이를 실행하기 위해 국토종합개발계획에서 제시된 한반도 및 동아시아 공간 구상은 과거 제4차 국토종합계획(2000~2020) 및 두 번에 걸친 수정계획(2006~2020; 2010~2020)에서 제시된 모형과 거의 변화하지 않았다. 단지 차이는 남북한을 연결하면서 동아시아와 세계로 나아가는 축의 형태와 방향이 U 자, H 자, 또는 역 파이(π) 자형인가의 차이가 있을 뿐이다. 이와 같은 한반도 국토 공간 구상은 북한 지역을 마치 아무도 살지 않는 텅 빈 공간으로 인식하고 그 위에 기하학적 선을 그려 넣은 것에 불과하다. 북한을 이와 같이 인위적으로 개발해야 할 추상 공간으로 인식하는 것은 북한 연구의 제1 및 제2 단계에서 함의된 허구적 영토관에 상응한다. 북한 공간을 이와 같이 텅 빈 기하학적 공간 또는 관료주의적(그리고 자본주의적) 공간계획이 인위적으로 실행될 수 있는 추상 공간으로 인식하는 것은 북한 주민의 일상생활이나 북한의 기존 도시 및 지역 구조와 사회공간의 편성 체계를 무시한 것이라고 할 수 있다.

이러한 점에서, 한반도의 분단 및 통일 공간에 관한 지리학적 연구에서 우선 허구적 영토 개념이나 기하학적 추상 공간의 개념을 벗어나서 관계적·다규모적 공간 개념으로 전환하는

것이 중요하다. 1990년대 신지역지리학의 등장과 함께 새롭게 강조된 관계적 공간 개념은 우선 현실 세계에서 지구적 이동성과 상호연계성의 확충과 관련된다. 즉, 지구지방화 과정에서 공간은 경계로 구분되는 영역적인 것이 아니라 내부와 외부를 가로지르는 네트워크로 연계된다는 점에서, 관계적 공간 개념이 강조된다. 즉, 현실 세계에서 장소의 공간이 흐름의 공간으로 전환했다는 것이다. 그러나 관계적 공간 개념은 단지 이러한 현실 공간의 변화만을 반영한 것이 아니라 인식론적 존재론적 관점에서 제시된 것이다. 즉, 관계적 공간 개념에 의하면, 인간과 모든 비인간 사물들은 상호 연계된 행위자들로, 상호관계 속에서 실체의 특성을 부여받으며, 공간은 이들 간의 상호관계를 통해서 형성되고, 유지 또는 소멸하게 된다. 달리 말하면, 한 지역의 특성은 그 자체로 형성되기보다는 다른 지역과의 관계 속에서 규정된다.

물론 지역의 관계성에 대한 지나친 강조는 어떤 정치적 조직체의 영역성과 규모의 정치 문제를 간과한다는 점에서 관계적 접근과 영역적 접근의 이분법을 극복하고 변증법적 상호관계로 이해할 필요가 있다. 이러한 점에서 하비(2005)는 공간과 장소의 변증법을 제시한 바 있으며, 또한 자본 축적의 공간적 논리와 국가 권력의 영토적 논리 간 변증법적 관계를 적용해 신제국주의를 설명하기도 했다. 또한 관계적 공간 개념과 더불어 다규모적 공간 인식도 중요하다. 다규모적 공간 인식은 어떤 공간이 단순히 한 스케일에서만 형성되는 것이 아니라 국지적·국가적·지구적 규모 등에 중첩되어 다중적으로 구성되며, 다양한 지리적 스케일에서의 힘과 과정 사이에 복잡한 상호작용이 이루어지고 있음을 고찰하고자 한다.

물론 이러한 관계적·다규모적 공간 인식은 장소나 영역으로서의 공간 인식을 부정하는 것이 아니라 다중적 측면에서 이해하기 위한 것이다. 예를 들면, 분단된 영토에 관한 관계적-다규모적 접근에 의하면, 이념 대립과 체제 경쟁으로 북한 체제만 타도·극복하면 영토는 자연히 통합될 것이라는 사고는 북한 영토를 체제와 분리된 텅 빈 공간으로 잘못 이해하는 것이다. 또한 역으로 북한 주민의 생활공간이 북한의 정치체제에 의해 절대적으로 규정된다고 간주하는 영토관도 잘못된 것이라고 하겠다. 북한의 영토는 어떤 의미에서 북한 체제의 산물이라고 할 수 있지만, 이는 북한 체제의 유지 및 변화에 영향을 미친다. 이러한 점에서 분단된 영토의 적대적 관계와 대립은 사실 남북한 정치체제와 권력의 유지에 암묵적으로 기여한다는 점이 지적될 수 있다(박순성·전동명, 2006).

이와 같은 다규모적·관계적 공간 개념은 그동안 한반도의 (전통)지정학적 연구 또는 이를 암묵적으로 반영한 국토종합계획 등에는 제대로 반영되지 않았지만, 한반도에 관한 정치지리적 연구에서 그 유의성이 강조되고 있다(지상현 외, 2017; 정현주, 2018). 또한 이러한 관계적 다규모적 공간 인식은 단지 철학적 개념이나 수사가 아니라 현실적으로 통일 과정 및 통일 후 한반도 공간계획 및 정책에도 적용되어야 할 것이다. 통일은 상이한 체제로 분단되어 있었던 영토가 통합되어 하나의 체제로 재편되는 과정이다. 그러나 통일 과정은 단순히 물리적 영토의 체제적·기능적 통합만이 아니라 그 공간에서 생활하는 사람들의 사회공간적 정체성과 상호 행동의 통합을 전제로 한다. 이러한 점에서 영토(체제적) 통합과 장소(인간적) 통합을 구분해 볼 수 있다. 영토 통합은 분단된 영토를 물리적으로 통합해 어떻게 통치할 것인가의 문제와 관련된다면, 장소 통합은 장소에 기반한 생활양식과 가치관의 다양성을 인정하면서 어떻게 공통성을 지향할 것인지의 문제와 관련된다. 이러한 점에서 기존의 통일 연구는 체제 통합에만 초점을 두었다면, 새로운 관점에서 남북한 주민들의 생활세계, 생활공간의 차이를 인정하는 한편, 공통성을 확보하는 방안의 모색으로 나아가야 할 것이다.

관계적·다규모적 접근에 의하면, 통일 공간계획은 텅 빈 북한 지역에 인구와 산업의 (재)배치와 물리적 인프라의 확충을 의미하는 것이 결코 아니다. 이는 결국 북한 지역을 지배와 이윤 추구의 대상으로 설정하고 남한의 경제적·정치적 권력을 북한으로 팽창시키는 것이라고 할 수 있다. 따라서 북한 지역을 남한과 동일한 공간으로 편성하려는 발상은 포기해야 한다. 즉, 북한의 공간은 관료적 합리성에 근거해 정책을 수립·시행할 수 있는 텅 빈 공간 또는 기하학적 추상 공간이 아니라 북한의 수많은 사람과 사물들의 관계로 구성된 구체적 공간으로 이해해야 한다. 이러한 대안적 공간 인식은 시간적 측면에서 통일이 어떤 불연속적·단절적 변화가 아니라 기존의 북한 역사와 발전 과정과 접목된 경로 의존적 변화 과정으로 이해하도록 한다. 달리 말해 통일은 남북한 상호 당사자들(정치 당국자라기보다는 주민들)의 의사 결정의 파트너로 상호 인정할 것을 전제로 하며, 나아가 그동안 분단국가로서 남북한의 실효적 영토 점유와 각 지역에 살고 있는 주민들의 다양한 권리를 인정함을 의미한다.

이러한 관계적·다규모적 관점은 통일 후 남북한에 적용되어야 할 사회공간계획의 기본원칙을 설정할 수 있도록 한다. 북한은 그동안 사회주의적 공간계획에 따라 국토공간의 균형, 도시의 자족성, 장소의 직주 근접 등 규범적 측면을 강조해 온 것으로 추정된다. 그러나 실제 북한을 포함한 사회주의 국토 공간은 도시 및 지역 간 연계성의 결여, 불균형의 심화, 경관의 과도한 정치적 상징화, 환경문제의 심화 등의 문제를 안고 있다. 반면 서구의 근대 공간계획은 절차적 합리성에 근거를 둔 물리적 계획, 하향식 계획 등을 강조해 왔다. 이로 인해 자본주의 공간은 자본 축적을 위한 공간의 이용 및 편성과 이로 인한 불균형의 심화 및

	생활공간 (주민-장소)	도시공간 (사회-지역)	국가공간 (국가-영토)	국제공간 (정치경제-공간)
주거 계획	살림집: 개인, 가족, 근린생활	시가지, 신도시 도시 건조환경 주거지 분화	토지주택제도 부동산정책 건설산업	외국 자본, 부동산 소유, 개발대책, 부동산투기 억제
산업입지 계획	일자리: 소득, 소비생활	도시 산업구성 기술인력 육성, 특화 및 분업	산업입지제도 국가 경제정책 국토균형발전	국제개방 경제, FTA 잠정 중단 경제자유구역
교통 계획	이동: 통근, 통학 여가생활	도시 인프라: 도시 내 교통망 내부 접근성	교통통신제도 도시연계성 강화 유통체계 정비	세계적 연계망 인적·물적 교류 에너지유통망

그림 10-12. 통일 후 북한 지역 공간계획: 관계적-다규모적 접근

자료: 최병두(2015).

환경 파괴 등의 문제에 봉착해 있다. 이러한 점에서 관계적·다규모적 공간계획은 도시 및 지역들 간 관계성과 상호보완성 강화를 통해 사회공간적 불균형 관계를 완화 또는 해소하며, 또한 거시적 계획과 미시적 계획의 결합을 통해 생활공간, 도시 및 지역, 국가 영토, 세계 공간 간 다규모적 상호 연계성을 고려해야 한다.

관계적 다규모적 공간계획 모형을 제시하면, 〈그림 10-12〉와 같이 예시될 수 있다. 이 모형은 주거, 산업입지, 교통계획 등의 부문계획과 생활공간(주민 삶의 장소), 도시 및 지역공간(사회공동체 지역), 국가공간(제도화된 국가 영토), 그리고 국제공간(국제-세계적 정치경제 공간)으로 구분된 공간 층위들의 행렬로 구성된다. 각 부문별 계획은 4개 스케일의 다규모적 차원에서 다른 부문들과의 상호관계를 전제로 한다. 주요 계획의 사례로 주거 계획은 생활공간 차원에서는 주민의 삶이 영위되는 살림집으로, 개인과 가족의 일상생활을 위한 사적 공간이며 또한 주거를 중심으로 근린생활이 이루어지면서 장소 정체성과 생활 공동체가 형성되는 단위가 된다. 이러한 주거 계획은 도시 및 지역 차원에서 인구 집중/분산과 이동, 주거공간의 확대와 세대 분화 등을 고려해 시가지 확충과 신도시 개발로 이어진다. 도시 및 지역 규모에서 주거계획은 이 차원에서 남북한 출신별, 소득 계층별 주거지 분화가 심화될 수 있음을 인식하고 이에 대처할 수 있는 방안을 모색해야 한다. 그리고 주거 공급이 급증하고 도시 건조 환경이 확대되면, 토지 및 주택의 사적 소유가 일반화되고, 도시 및 지역별로 부동산시장이 발달하면서 부동산 가격이 폭등하거나 매우 불안정하게 될 수 있다. 이러한 상황에 대

처하기 위해 토지 및 주택의 사적 소유를 가능한 억제하고, 공공주택과 공유지를 최대한 확보할 수 있어야 한다. 또한 북한 도시 및 지역의 경우 정치적으로 상징화된 도시 경관 및 지명 등의 문제에 대처하는 방안들이 모색되어야 한다.

이에 따라 국가-영토적 차원에서 제도적 변화가 초래되고 대응 방안이 모색된다. 북한의 국유/공유적 토지소유를 유지할 것인지의 여부와 국유화 이전 토지소유권에 대한 보상이나 사적 소유로 전환할 경우 배분 문제들이 주요 의제가 될 것이다. 또한 건설(부동산)산업과 시장 관리 강화를 위한 제도를 구축해 실수요에 근거하여 주거 수급이 이루어질 수 있도록 해야 한다. 국제-세계적 차원에서 작동하는 외국 (금융)자본에 의한 북한의 토지 소유 및 부동산 개발 참여 허용 여부도 중요한 의제가 될 것이다. 토지 및 주거 개발 및 부동산 시장 구축의 초기단계에서는 외국 자본의 유입은 가능한 억제되어야 할 것이다.

이처럼 통합된 남북한 공간에서 주거 계획만 하더라도 많은 세부 의제들을 안고 있지만, 다른 부문의 계획들, 예로 산업입지 계획 및 교통 인프라 계획도 이처럼 많은 세부 의제들을 가지고 있다. 그뿐만 아니라 이러한 부문별 계획과 세부 의제들은 생활공간 – 도시 및 지역 – 국가영토 – 세계적 경제정치공간이라는 차원의 상호연계 관점, 즉 다규모적 관점에서 고려되어야 하며, 또한 각 차원에서 부문들 간 관계, 즉 주거 – 산업입지 – 교통이 상호 연계된 계획, 즉 관계적 관점에서 고려되어야 할 것이다. 또한 이러한 공간계획들은 사회-공간의 관계적 관점으로 각 차원에서 등장하는 다양한 행위자들이 어떻게 작동하고 능력과 권력을 행사하며, 이로 인해 어떤 과정이나 결과들이 초래될 것인지를 면밀하게 검토하면서 추진해야 할 것이다.

참고
문헌

강경원. 2015. 「한반도의 개념과 내재적 문제」. ≪문화역사지리≫, 27(3), 1~17쪽.

강명구. 2006. 「행정수도 이전, 분권, 그리고 균형발전: 또 다른 이야기」. ≪행정논총≫, 44(1), 29~54쪽.

강선주. 2020. 『미국의 자유주의 패권질서의 지속가능성: 국내정치 필요조건과 포스트-코로나 국제질서에 함의』. 국립외교원 외교안보연구소(정책연구시리즈 2020-18).

강정일. 2019. 「러시아의 팽창정책과 우크라이나 사태의 원인: 지정학적 관점을 중심으로」, ≪국가전략≫, 25(2), 147~171쪽.

강진연. 2015. 「국가성의 지역화: 한국의 토건국가 형성과정과 성장연합의 역사적 구성」. ≪사회와 역사≫, 105, 319~355쪽.

강창일. 1999. 「일제 초기 식민통치의 전략과 내용」. 한국정신문화연구원 편. 『일제식민통치연구 1: 1905-1919』. 백산서당.

강철구. 2009. 『우리 눈으로 보는 세계사 1』. 용의 숲.

강택구. 2007. 「19세기 말 20세기 초 미국 제국주의의 역사적 성격과 동향」. 경주사학회. ≪경주사학≫, 26, 183~198쪽.

김창환. 2007. "DMZ의 공간적 범위에 관한 연구," ≪한국지역지리학회지≫, 13(4), 454~460쪽.

강현수. 2009. 「'도시에 대한 권리' 개념 및 관련 실천운동의 흐름」. ≪공간과 사회≫, 32, 42~90쪽.

강휘원. 2009. 「스위스의 다중언어정책: 다민족의 공존과 언어의 정치」. ≪한국정책과학학회보≫, 13(1), 263~285쪽.

강희정. 2011. 「머리언과 박물관: 싱가포르의 국가 만들기」. 서강대 동아연구소. ≪동아연구≫, 60, 189~222쪽.

고봉진. 2014. 「사회계약론의 역사적 의의: 홉스, 로크, 루소의 사회계약론 비교」. ≪법과 정책≫, 20(1), 55~82쪽.

고유환. 2011. 「북한연구에 있어 일상생활연구방법의 가능성과 과제」. ≪북한학 연구≫, 7(1), 5~24쪽.

_____. 2015. 「분단 70년 북한연구 경향에 관한 고찰」. ≪통일정책연구≫, 24(1), 29~54쪽.

_____. 2019. 「북한연구방법론의 쟁점과 과제」. ≪통일과 평화≫, 11(1), 5~32쪽.

고태경. 1994. 「국가이론과 공간경제에의 국가간섭」. ≪대한지리학회지≫, 29(3), 281~296쪽.

구자정. 2010. 「소비에트연방은 왜 해체되었는가? 소련의 이중체제와 민족창조정책을 통해서 본 소련 해체문제의 재고」. ≪역사학보≫, 210, 355~403쪽.

권상철. 2019. 『지역 정치생태학 환경: 개발의 비판적 검토와 공동체 대안』. 푸른길.

권오국. 2011. 「남북한 상생의 신지정학」. ≪북한연구학회보≫, 15(2), 25~50쪽.

권용우. 2003. 「수도권 문제해결과 신행정수도의 건설」. ≪대한지리학회지≫, 38(2), 324~334쪽.

권종필·이영혁. 2017. "한국 방공식별구역 운영규칙에 관한 고찰: 항공우주정책". ≪법학회지≫, 32(2), 189~217쪽.

권홍매. 2021.7.3. "중국의 3대 무역 파트너 국가: 미국, 일본, 한국", KOTRA 해외시장뉴스.

그람시, 안토니오(Antonio Gramsci). 2006. 『그람시의 옥중수고 1: 정치편; 2: 철학역사, 문화』 이상훈 옮김. 거름.

그레고리, 데릭(Derek Gregory). 2013. 「에드워드 사이드의 상상적 지리」. 크랭(Mike Crang)·스리프트(Nigel Thriftl) 엮음, 『공간적 사유』. 최병두 옮김. 에코 리브르. 503~578쪽.

김기남. 2020. 「평화와 통일을 위한 한국지리교육과정 구상: 영토와 경계의 관계론적 인식을 중심으로」. ≪한국지리환경교육학회지≫, 28(2), 73~87쪽.

김기혁. 2016. 「한국 인문지리학 분야에서 북한 연구의 동향과 과제」. ≪대한지리학회지≫, 51(5), 713~737쪽.

김대경. 1967. 「한국의 정치지리학적 국경선과 국가론」. ≪전주교대 논문집≫ 2.

김대영. 2004. 「시민사회와 공론정치: 아렌트와 하버마스를 중심으로」. ≪시민사회와 NGO≫, 2(1), 105~144쪽.

김덕현. 1996. 「통일을 준비하는 국토 정비 방향」. 경상대학교 통일문제연구소. ≪민족통일논집≫, 12(1), 5~16쪽.

김도원. 2023. "OECD 통계를 통해 살펴본 주요국의 국제이주 동향"(통계그비프, 2023-02), 이민정책연구원.

김동완. 2013. 「통치성의 공간들: 한국의 정치지리를 고려한 시론적 검토」. ≪공간과 사회≫, 23(2), 131~164쪽.

김동택. 2009. 「한국 근대국가 형성과 3.1운동」. 성균관대학교 대동문화연구원. ≪대동문화연구≫, 67, 403~434쪽.

김두환·최대식·정연우. 2015. 「북한지역 개발협력을 위한 국토종합구상 연구」. ≪LHI Journal≫, 6(2), 89~99쪽.

김명기. 2011. 「통일 후 한중국경문제와 조중국경조약의 처리문제」. 남북법제연구보고서, 87~123쪽.

김부성. 2006. 「스위스, 독일, 프랑스 접경지역에서의 월경적 상호작용」. ≪대한지리학회지≫, 41(1), 22~38쪽.

김부헌·이승철. 2008. 「공간경제 전환의 이론화: 체제전환에 대한 조절이론적 접근」. ≪한국경제지리학회지≫, 11(1), 24~44쪽.

김상배. 2020. 「코로나19와 신흥안보의 복합지정학: 팬데믹의 창발과 세계정치의 변환」. ≪한국정치학회보≫, 54(4), 53~81쪽.

김상배·신범식. 2017. 『한반도 신흥안보의 세계정치』(서울대학교 국제문제연구소 총서 10). 사회평론아카데미.

김상빈. 2002. 「지리학에서 경계 연구의 동향: 중·동부 유럽을 사례로」. ≪지리학논총≫, 40, 1~17쪽.

김상빈·이원호. 2004. 「접경지역 연구의 이론적 모델과 연구동향」. ≪한국경제지리학회지≫, 7(2), 117~136쪽.

김성례. 2021. 「이라크 쿠르드 독립국가 수립의 한계: 몬테비데오 협약과 국가 구성요건을 중심으로」. ≪인문사회 21≫, 12(4), 749~762쪽.

김성배. 2012. 「한국의 근대국가 개념 형성사 연구: 개화기를 중심으로」. ≪국제정치논총≫, 52(2), 7~35쪽.

김성원. 2018. 「영토, 경계 및 영토 주권에 대한 역사적 고찰」. ≪동아법학≫, 81, 87~116쪽.

김성주. 2006. 「주권 개념의 역사적 변천과 국제사회로의 투영」. ≪한국정치외교사논총≫, 27(2), 195~224쪽.

김성해. 2013. 「동아시아 공동체와 담론전쟁: 한국 언론의 동북공정과 독도분쟁 재구성」. ≪언론과사회≫, 21(3), 64~106쪽.

김세윤. 2020. 「일대일로에 대한 비판지정학적 고찰에 관한 연구: 행위자네트워크이론을 중심으로」. ≪한국과 국제사회≫, 4(2), 235~260쪽.

김영학. 2015. 「둠즈데이 북과 신라장적의 비교연구」. ≪한국지적정보학회지≫, 17(2), 97~114쪽.

김용창. 2017. 「동아시아에서 국가의 계획적인 공간 근대화: 한국, 일본, 중국」. ≪지리학논총≫, 64, 3-26.(다운)

김재엽. 2018. 「인도-태평양 구상: 배경과 현황, 그리고 함의」. ≪국가안보와 전략≫, 18*4), 1~42쪽.

김재철. 1999. 「기업가적 지방정치와 지역정책의 변화」. ≪한국지역지리학회지≫, 5(2), 29~45쪽.

김재한. 2009. 「서해5도의 지정학적 고찰」. ≪청대학술논문집≫, 13 S-3, 1~26쪽.

_____. 2014. 「동북아 국제정치질서와 한반도 북방경계선의 변천」. ≪청대학술논문집≫, 24 S-8, 67~86쪽.

김종근. 2020. 「동해 표기 문제에 대한 한일 양국의 입장 및 논쟁점 분석」. ≪문화역사지리≫, 32(3), 32~50쪽.

김종명. 2001. 「구소련 해체과정의 요인과 갈등」. ≪국제정치연구≫, 4(2), 149~167쪽.

김주환. 2021. 「'대한민국의 수도는 서울이다'라는 관습헌법의 허구성」. ≪홍익법학≫, 22(1), 227~252쪽.

김준현. 2014. 「사회서비스 전달체계 공공성 위기 고찰: 정당성 위기를 중심으로」. ≪한국사회와 행정연구≫, 24(4), 187~208쪽.

김준형. 2015. 「동북아 안보구조와 평화공동체 구축의 가능성」. 환황해포럼: 아시아 평화공동체를 향한 첫 걸음, 37~45쪽.

김창환. 2007. 「DMZ의 공간적 범위에 관한 연구」. ≪한국지역지리학회지≫, 13(4), 454~460쪽.

_____. 2009. 「DMZ내 사라진 마을의 공간적 분포와 특성」. ≪한국지리정보학회지≫, 12(1), 96~105쪽.

김치욱. 2020. 「세계금융위기와 미국의 국제경제책략: 지경학 시각」. ≪국가전략≫, 26(1), 5~29쪽.

김택. 2007. 「국제질서 변동의 지정학: 심장지역 이론과 주변지역 이론을 중심으로」. 연세대 대학원 정치학과 석사논문.

김판준. 2015. 「중국의 화교화인 역사, 교육, 문화 네트워크 연구」. ≪재외한인연구≫ 35, 125~149쪽.

김학균. 2020. "미중 갈등과 한국경제: 전경련, 2020". 미중통상전쟁 한국 기업 대응방안 세미나(보도자료).

김호기. 1993. 「조절이론과 국가이론: 제숍의 전략·관계적 접근」. ≪동향과 전망≫, 237~257쪽.

김홍중. 2014. 「유라시아주의의 제 양상: 지정학에서 지역주의로」. ≪노어노문학≫, 26(1), 283~309쪽.

나호선·차창훈. 2020. 「제재이론과 대북제재 효과에 대한 비판적 검토: 피제재국의 대응을 중심으로」. ≪동북아연구≫, 36(1), 43~85쪽.

남성욱·황주희. 2018. 「북한 행정구역 개편의 함의와 행정통합에 관한 연구」. ≪통일정책연구≫, 27(1), 113~142쪽.

남종우. 2005. 「개성공간을 통해 본 남북한 서부 접경지역의 월경적 협력에 관한 연구」. 서울대 석사논문.

_____. 2014. 「북한의 지정학적 담론과 그 변화」. ≪2014 대한지리학회 발표논문집≫, 127~130쪽.

네그리(Antonio Negri)·하트(Michael Hardt). 2001. 『제국』. 윤수종 옮김. 이학사.

노영돈. 2008. 「북한-중국의 국경획정 상황의 고찰」. ≪백산학보≫, 82, 229~261쪽.

다이아몬드, 재레드(Jared Diamond). 2005. 『총 균 쇠: 무기 병균 금속은 인류의 운명을 어떻게 바꿨는가』. 김진준 옮김. 문학사상.

대한민국정부. 2019. 제5차 국토종합개발계획 2020~2040.

딜레니, 데이비드(David Delaney). 2013. 『영역』. 박배균·황성원 옮김. 시그마프레스.

드라이젝(John Dryzek)·던리비(Patrick Dunleavy). 2014. 『민주주의 국가이론: 과거 뿌리 현재 논쟁 미래전망』. 김욱 옮김. 명인문화사.

레닌, 블라디미르(Vladimir Lenin). 1986. 『제국주의론』. 남상일 옮김. 백산서당.

류우익. 1993. 「지정학적 관점에서 본 동북아권」. ≪대한지리학회지≫. 28(4), 312~320쪽.

_____. 1996. 「통일 국토의 미래상: 공간구조 개편 구상」. ≪대한지리학회지≫, 31(2), 44~56쪽.

류제원·조용혁·지상현. 2020. 「아래로부터의 지정학: '한국의 히로시마' 합천의 원폭피해자를 사례로」. ≪대한지리학회지≫, 56(2), 181~195쪽.

르페브르, 앙리(Henry Lefebvre). 2011. 『공간의 생산』. 양영란 옮김. 에코리브르.

매킨더, 헬포드(Halford Mackinder). 2004. 『민주주의의 이상과 현실』. 이병희 옮김. 공주대학교 출판부.

목수현. 2014. 「국토의 시각적 표상과 애국 계몽의 지리학: 최남선의 논의를 중심으로」. ≪동아시아문화연구≫, 57, 13~39쪽.

무페, 상달. 2003. 「시티즌십이란 무엇인가」. 백영현 옮김. ≪시민과 세계≫, 3, 379~388쪽.

문남철. 2014. 「유럽 연합의 국경 소멸과 국경 기능 변화」. ≪국토지리학회지≫, 48(2), 161~175쪽.

_____. 2017. 「유럽연합 유입 난민 및 불법 이주민의 이주경로와 외부국경, 통제의 탈지역화」. ≪국토지리학회지≫, 51(3), 281~295쪽.

민정훈. 2021. 「바이든 행정부의 대외정책과 한미동맹」. ≪연구방법 논총≫, 6(2), 1~28쪽.

바바, 호미(Homi Bhabha). 2011. 『국민과 서사』. 류승구 옮김. 후마니타스.

_____. 2012. 『문화의 위치: 탈식민주의 문화이론』. 나병철 옮김. 소명출판.

박경환. 2011. 「인천의 문화지리적 탈경계화와 재질서화: 포스트식민주의적 탐색」. ≪한국도시지리학회지≫, 14(3), 31~42쪽.

박배균. 2001. 「규모의 생산과 정치, 그리고 지구화」. ≪공간과 사회≫, 16, 200~224쪽.

_____. 2017. 「동아시아에서 국가의 영토성과 예외적 공간」. ≪한국지역지리학회지≫, 23(2), 288~310쪽.

박배균, 김동완 외, 2013, 『국가와 지역: 다중스케일 관점에서 본 한국의 지역』, 알트.

박배균·백일순. 2019. 「한반도 접경지역에서 나타나는 '안보-경제 연계'와 영토화와 탈영토화의 지정-지경학」. ≪대한지리학회지≫, 54(2), 199~228쪽.

박배균·쉬진위·신진숙. 2021. 「지방적 주체의 경계만들기: 대만과 한국의 미시적 경계작업을 사례로」. ≪공간과 사회≫, 31(2), 163~197쪽.

박배균·이승욱·지상현 외. 2019. 『한반도의 신지정학』. 한울엠플러스.

박삼옥·이원호·이현주·김상빈·정은진. 2005. 『사회·경제공간으로서 접경지역: 소외성과 낙후성의 형성과 변화』. 서울대학교 출판부.

박삼옥·허우긍·박기호·박수진. 2007. 『북한 산업개발 및 남북 협력방안: 지리적 접근』. 서울대 출판부.

박순성·전동명. 2006. 「1950~1960년대 북한의 사회주의 공간정책과 생활세계」. ≪현대북한연구≫, 9, 167~208쪽.

박영준. 2017. 「제국주의 질서와 조선의 식민지화: 일본의 제국 부상과 식민지 정책론 저택를 중심으로」. ≪한국정치외교사론총≫, 38(2), 27~58쪽.

박윤하·이승욱. 2021. 「반일의 비판지정학: 유니클로 광고 사태와 불매운동」. ≪공간과사회≫, 31(3), 232~271쪽.

박은홍. 1999. 「발전국가론 재검토: 이론의 기원, 구조, 그리고 한계」. ≪국제정치논총≫, 39(3), 117~134쪽.

박주현. 2021. 「미국-중국 관계에 대한 '지정학의 귀환'과 '지경학' 용어의 의미」. 한국해양전략연구소. ≪KIMS Periscope≫, 241호.

박지향. 2000. 『제국주의: 신화와 현실』. 서울대 출판부.

_____. 2017. 「식민주의/포스트식민주의 연구의 현황과 과제」. ≪서양사연구≫, 54, 5~32쪽.

배규성. 2018. 「환동해 영토분쟁과 미국의 동맹전략: 쿠릴열도와 독도의 비교」. ≪한국시베리아연구≫, 22(1), 51~80쪽.

배용환. 2014. 「도시거버넌스 관점의 도시레짐 연구: 저소득층 기회확장 레짐 정책 사례」. ≪한국행정연구≫, 23(3), 217~246쪽.

백일순·정현주·홍승표. 2020. 「모빌리티스 패러다임으로 본 개성공단」. ≪대한지리학회지≫, 55(5), 521~540쪽.

사이드, 에드워드(Edward W. Said). 2015. 『오리엔탈리즘』. 박홍규 옮김. 교보문고.

샤프, 조앤(Joanne Sharp). 2011. 『포스트식민주의의 지리: 권력과 재현의 공간』. 이영민·박경환 옮김. 여이연.

송래찬. 2017. 「국제 방산시장 환경변화 및 주요 국방산수출정책 연구를 통한 방산 수출 진흥 방안」. 방위사업청.

송상훈·신원득·김동성. 2017. 『사회변화에 따른 지방정부의 개념과 기능』. 경기연구원(정책연구 2017-92).

송승원. 2009. 「19세기 영국의 동남아 식민지화 원인 연구」. ≪아태연구≫, 16(2), 87~104쪽.

슈뢰르, 마르쿠스(Markus Schroer). 2010. 『공간 장소 경계』. 정인모·배정희 옮김. 에코리브르.

신광영. 1994. 『시민사회 개념과 시민사회 형성』. ≪아시아문화≫, 10, 145~180쪽.

신영재. 2016. 「행정구역 분리가 지역의 인구와 산업 변화에 미친 영향에 대한 연구」. ≪대한지리학회지≫, 51(3), 381~399쪽.

신용하. 2006. 「'민족'의 사회학적 설명과 '상상의 공동체론' 비판」. ≪한국사회학≫, 40(1), 32~58쪽.

신욱희. 2021. 「지경학의 시대: 주체/구조와 안보/경제의 수평적 상호작용」. ≪한국과 국제정치≫, 37(3), 35~61쪽.

신윤환·강희정·김은영 외. 2010. 「동남아에서 국가정체성의 구축과 성격: 국립박물관과 기념물을 중심으로」(대외경제정책연구원).

아렌트, 한나(Hannah Arendt). 2009. 『인간의 조건』. 이진우 옮김. 한길사.

안성호. 2011. 「다중심거버넌스와 지방자치체제의 발전방향」. ≪행정논총≫, 49(3), 59~89쪽.

안영진. 2005. 「핼포드 매킨더의 심장지역이론」. 국토연구원 엮음. 『현대 공간이론의 사상가들』. 한울엠플러스.

_____. 2013. 「독일의 지방 행정구역 개편에 관한 고찰」. ≪한국지역지리학회지≫, 19(1), 147~161쪽.

에스핑-안데르센(Esping-Andersen). 2006. 『복지자본주의의 세 가지 세계』. 박형신·정헌주·이종선 옮김. 일신사.

앤더슨, 베니딕트(Bdnedict Anderson). 2018. 『상상된 공동체: 민족주의의 기원과 보급에 대한 고찰』. 서지원 옮김. 길.

오수대. 2019. 「북중 국경관리제도의 특징과 시사점」. ≪국가안보와 전략≫, 19(4), 35~76쪽.

오스트롬, 엘리너(Elinor Ostrom). 2010. 『공유의 비극을 넘어』. 윤홍근 옮김. 알에이치코리아.

오인영. 2002. 「포스트식민주의 이론의 이해와 수용」. ≪동양학≫, 32, 69~85쪽.

오종진. 2022. 「터키 쿠르드족 최근 동향과 대내외 정치적 함의」. ≪투르크-알타이 경제권 이슈≫, no.38. 6~19쪽.

오태영. 2015. 「탈식민·냉전체제 형성기 지정학적 세계인식과 조선의 정위: 표해운의 〈조선지정학 개관〉을 중심으로」. ≪동아시아문화연구≫, 61, 129~158쪽.

옥스팜(Oxfam). 2020. "100만 명 밀집 세계 최대 로힝야 난민캠프 코로나19 발생". 보도자료(2020.5.18).

우준모. 2011. 「우크라이나의 국가성 모색」. 연세대학교 동서문제연구원. ≪동서연구≫, 23(1), 257~289쪽.

우준희. 2019. 「동북아 영토분쟁과 일본의 선택: 독도, 센카쿠, 쿠릴열도에 대한 일본의 다층화전략」. ≪현대정치연구≫, 12(2), 67~115쪽.

유재건. 2017. 「새로운 제국주의와 자본주의: D.하비의 역사지리적 유물론」. ≪한국민족문화≫, 64, 283~308쪽.

유준기. 2009. 「대한민국임시정부의 역사적 정통성과 그 의의」. ≪한국민족운동사연구≫, 61, 5~19쪽.

윤상우. 2009. 「외환위기 이후 한국의 발전주의적 신자유주의화: 국가의 성격 변화와 정책 대응을 중심으로」. ≪경제와 사회≫, 83, 40~68쪽.

윤영미. 2005. 「시베리아 횡단철도: 건설배경과 과정 및 개발정책을 중심으로」. ≪21세기정치학회보≫, 15(2), 263~280쪽.

윤영진·이인재 외. 2007. 복지재정과 시민참여, 나남.

윤철기. 2015. 「주한 미군 기지의 평택 이전과 비판지정학적 해석」. ≪북한학 연구≫, 11(2), 143~179쪽.

이진수·지상현. 2022. 「포스트 식민 한국에서 환경결정론적 지정학의 전유」. ≪대한지리학회지≫, 57(5), 437~450쪽.

이강원. 2002. 「중국의 민족 식별과 민족자치구역 설정: 공간적 전략과 그 효과」. ≪대한지리학회지≫, 37(1), 75~92쪽.

_____. 2008. 「중국의 행정구역과 지명 개편의 정치지리: 소수민족지구를 중심으로」. ≪한국지역지리학회지≫, 14(5), 627~641쪽.

_____. 2011. 「근현대 지리학의 아시아연구 경향과 새로운 의제들」. ≪아시아리뷰≫, 1(1), 111~144쪽.

_____. 2022. 「간도협약에서 간도의 범위, 석을수 그리고 한중 국경: 부도의 검토」, ≪대한지리학회지≫, 57(4), 357~386.

이근욱·최정수·김원수 외. 2014. 제국주의 유산과 동아시아」. 동북아역사재단.

이기석·이옥희·최한성·안재섭·남영. 2012. 『두만강 하구 녹둔도 연구』. 서울대 출판문화.

이나미. 2014. 「근·현대 한국의 민 개념: 허균의 '호민론'을 통해 본 국민, 민중, 시민」. ≪한국동양정치사상사연구≫, 13(2), 143~184쪽.

이대희. 2002. 「현대 프랑스 지정학 연구: 정치학 방법으로서의 모색」. ≪한국프랑스학논집≫, 40, 453~478쪽.

이동기. 2015. 「유럽 냉전의 개요: 탈냉전의 관점에서」. ≪세계정치≫, 22, 17~55쪽.

이동선. 2009. 「21세기 국제안보와 관련한 현실주의 패러다임의 적실성」. ≪국제정치논총≫, 49(5), 55~80쪽.

이문원 외. 2010. 「독도와 주변지역의 부존자원 활용방안」. 국토연구원.

이민자. 2009. 「2008년 티베트인 시위를 통해 본 중국의 티베트문제」. ≪현대중국연구≫, 11(1), 1~43쪽.

이상준. 2008. 「한반도의 지정학적 안보환경과 대응전략: 한반도에 적합한 통일방안 도출과 안보적 대응전략이 필요」. ≪북한≫, 1, 25~31쪽.

_____. 2015. 「북한지역 개발방향에 대한 연구」. ≪LHI Journal≫, 6(2), 101~106쪽.

이상현. 2011. 「세계금융위기 이후 국제 군사안보질서 변화: 미국의 대응과 안보적 함의」. 하영선 편. 『위기와 복합: 경제위기 이후 세계질서』. 동아시아연구원.

이성우·정성희. 2020. 「국제질서를 흔든 코로나19: 인간안보와 가치 연대의 부상」. 경기연구원 ≪이슈&진단 413≫, 1~25쪽.

이성훈. 2008. 「라틴아메리카 국민국가와 정체성 형성과정 연구 시론」. ≪이베로아메리카연구≫, 19(1), 103~123쪽.

이소영·주뢰·조대헌. 2017. 「국회의원 선거 득표율의 시공간적 변화 패턴과 요인」. ≪한국지역지리학회지≫, 23(4), 751~771쪽.

이수형·전재성. 2005. 「국제안보 패러다임의 변화와 동북아 안보체제」. ≪국방연구≫, 48(2), 71~102쪽.

이수훈. 2009. 탈냉전. 「세계화, 지역화에 따른 동북아 질서 형성과 남북관계」. ≪한국과 국제정치,≫ 25(3), 1~31쪽.

이승욱. 2016. 「개성공단의 지정학: 예외공간, 보편공간 또는 인질공간?」. ≪공간과 사회≫, 56, 132~163쪽.

이승주. 2017. 「동아시아 지역경제질서의 다차원화: 지정학과 지경학의 상호작용」. ≪한국과 국제정치≫, 33(1), 169~197쪽.

이옥순. 2002. 「일본의 동아시아 식민지 지배 ; 식민주의의 두 얼굴: 일본과 영국 식민주의의 기초적 비교」. ≪아시아문화≫, 18, 27~43쪽.

이옥희. 2011. 『북·중 접경지역』. 푸른길.

이용균. 2015. 「모빌리티의 구성과 실천에 대한 지리학적 탐색」. ≪한국도시지리학회지≫, 18(3), 147~159쪽.

이정록·구동회. 2005. 『세계의 분쟁지역』. 푸른길.

이정록·송예나. 2019. 『분쟁의 세계지도』. 푸른길.

이정섭. 2012. 「지역균열 정치와 국회의원 선거구 획정의 게리맨더링과 투표 등가치성 훼손」. ≪대한지리학회지≫, 47(5), 719~734쪽.

이정섭·조한석·지상현. 2020. 「제21대 총선의 준연동형 비례대표제의 비판적 검토: 선거제도 개혁의 실패와 선거구제 논의의 실종」. ≪국토지리학회지≫, 54(4), 519~529쪽.

이정태. 2017. 「중국 일대일로 전략이 정치적 의도와 실제 분석」. ≪대한정치학회보≫, 25(1), 207~236쪽.

이정태·은진석. 2019. 「전통적 지정학의 영토성에 대한 비판적 고찰: 행위자-네트워크이론(ANT)을 중심으로」. ≪대한정치학회보≫, 27(2), 47~76쪽.

이종석. 2000. 『북한-중국 관계, 1945-2000』. 중심.

_____. 2014. 『북한-중국 국경 획정에 관한 연구: 경위, 내용, 특징, 평가』. 세종정책연구(2014-4).

이종수. 1993. 「지방정부와 국가이론: 영국에서의 발전과정을 중심으로」. ≪한국행정학보≫, 27(3), 847~862쪽.

_____. 2003. 「각국의 수도이전 사례와 한국에 대한 정책적 시사점: 개념적 유형, 근거규정, 입지 및 대상기관 선정을 중심으로」. ≪지역연구≫, 19(3), 81~98쪽.

이창주. 2017. 『일대일로의 모든 것』. 서해문집.

이한방. 2002. 「국제분쟁지역의 유형 및 형성요인에 관한 연구」. ≪한국지역지리학회지≫, 8(2), 199~215쪽.

이현조. 2007. 「조중국경조약체제에 관한 국제법적 고찰」. ≪국제법학논총≫, 52(3), 177~202쪽.

이현주. 2002. 「유럽공동체의 개방공간상에서 보완지역 간의 초국경적 통합: 프랑스 접경지역을 사례로」. ≪지리학논총, 40, 37~60쪽.

이화용. 2014. 「네그리와 하트의 '제국'론에 대한 재성찰」. ≪국제정치논총≫, 54(1), 9~34쪽.

이희연·홍현철·최재헌. 1997. 「통일을 대비한 북한지역의 국토공간 개발 방안에 관한 연구」. 『한반도 통일론: 전망과 과제』, 건국대학교 출판부, 377~437쪽.

이희영. 2012. 「아날로그의 반란과 분단의 번역자들」. ≪경제와 사회≫, 94, 39~79쪽.

임덕순. 1969. 「한국의 공간변화에 대한 정치지리학적 연구」. ≪대한지리학회지≫, 4(1), 26~40쪽.

_____. 1972. 「한국 휴전선에 대한 정치지리학적 연구」. ≪대한지리학회지≫, 7(1), 1~11쪽.

_____. 1973. 『정치지리학 원리』. 일지사.

_____. 1990. 「양독 통일화 동태의 정치지리학적 요지: 관계열강의 입장과 그 변화를 중심으로」. ≪대한지리학회지≫, 26(2), 23~34쪽.

_____. 1992. 「정치지리학적 시각에서 본 동해지명」. ≪대한지리학회지≫, 27(3), 268~271쪽.

_____. 1996. 「정치지리학과 인문지리학 일반 50년의 회고와 전망」. ≪대한지리학회지≫, 31(2), 295~308쪽.

_____. 1997. 『정치지리학 원론』(개정판). 법문사.

_____. 1999. 『지정학』. 법문사.

_____. 2010. 「독도의 한국소속 타당성: 정치지리학적 시각」. ≪대한지리학회 학술대회논문집≫, 53~62쪽.

임석회·송주연. 2020. 「마산·창원·진해의 행정구역 통합 효과: 도시성장과 균형발전을 중심으로」. ≪대한지리학회지≫, 55(3), 289~312쪽.

임형백. 2013. 「통일과 동북아시아에서 지정학적 위치를 고려한 한국의 국토공간구조 개편 방향」. ≪아시아연구≫, 16(3), 53~92쪽.

임혜란. 2012. 「대변환기의 국제정치경제질서: 패권과 신자유주의 질서의 변환」. ≪한국과 국제정치≫, 28(1), 1~45쪽.

임희섭. 2018. 「현대 한국 시민사회운동의 사회-문화적 성격」. ≪학술원논문집≫(인문사회과학편), 57(1), 219~261쪽.

장명학. 2011. 「독일의 국민국가 형성: 1848년 시민혁명기 공공성과 공동성의 갈등과 대립」. 경희대 사회과학연구원. ≪사회과학연구≫, 37(2), 119~143쪽.

장병권. 2019. "동북아 관광교류 활성화 방향." ≪한국관광정책≫, 77, 18~28쪽.

장상환·김의동 외. 1991. 『제국주의와 한국사회』. 한울엠플러스.

장세용·신지은. 2010. 「폴 비릴리오의 전쟁론에서 로컬 공간 회복의 전망」. ≪역사와 경계≫, 75, 347~380쪽.

장세용. 2006. 「앙리 르페브르의 국가론: 국가주의 생산양식론을 중심으로」. ≪대구사학≫, 85, 189~224쪽.

장세훈. 1997. 「카스텔의 신도시 사회학」. ≪월간 국토≫ 11월호, 88~93쪽.

_____. 2006. 「전환기 북한 도시화의 추이와 전망: 지방 대도시의 공간구조 변화를 중심으로」. ≪한국사회학≫, 40(4), 186~222.

장준호. 2015. 「시민사회의 이론적 단층: 헤겔과 하버마스를 중심으로」. ≪한독사회과학논총≫, 25(3), 195~220쪽.

전우형. 2021. 「다중적 국경경관과 접경의 재현 정치」. ≪역사비평≫, 136, 126~154쪽.

전종환. 2009. 「도시 뒷골목의 '장소 기억': 종로 피맛골의 사례」. ≪대한지리학회지≫, 44(6), 779~796쪽.

정경택. 2011. 「중앙아시아 5개국의 정체성 모색: 역사적 기원과 문자 전환을 중심으로」. ≪슬라브연구≫, 27(4), 217~244쪽.

정병순. 2020. 『서울대도시론: 위기를 넘어서 희망의 도시로』. 서울연구원.

정세진. 2005. 「체첸 전쟁의 기원: 러시아와 체첸의 역사적 갈등 관계를 중심으로」. ≪슬라브학보≫, 20(2), 355~386쪽.

정소영. 2018. 「쿠르드 민족주의: 터키, 이라크 사례 비교분석」. ≪대한정치학회보≫, 26(3), 113~133쪽.

정철수. 2000. 「후기 제숍(B.Jessop)의 '슘페터주의 근로국가'에 관한 연구: '전략-관계 접근'과 '체계-네트워크 접근'의 관계를 중심으로」. 서강대학교 정치외교학과 석사논문.

정태석. 2006. 「시민사회와 사회운동의 역사에서 유럽과 한국의 유사성과 차이: 유럽의 신사회운동과 한국의 시민운동을 중심으로」. ≪경제와 사회≫, 72, 125~147쪽.

정현주. 2006. 「사회운동의 공간성: 사회운동연구에 있어서 지리학적 기여에 대한 탐색」. ≪대한지리학회지≫, 41(4), 470~490쪽.

_____. 2015. 「다문화경계인으로서 이주여성들의 위치성에 대한 이론적 탐색」. ≪대한지리학회지≫. 50(3), 289~303쪽.

_____. 2018. 「공간적 프로젝트로서 통일: 개성공단을 통해 본 통일시대 영토성에 대한 관계적 이해」. ≪한국도시지리학회지, 21(1), 1~17쪽.

정희선. 2004. 「서울시 집회 시위 발생 공간의 특성과 변화: 1990-2003년」. ≪국토지리학회지≫, 38(4), 447~460쪽.

제임스, 이안(Ian James). 2013. 『속도의 사상가 폴 비릴리오』. 홍영경 옮김. 엘피.

조대엽. 1999. 『한국의 시민운동: 저항과 참여의 동학』. 나남.

조아라. 2010. 「일본의 시정촌 통합과 행정구역 재편이 공간정치」. ≪대한지리학회지≫, 45(1), 119~143쪽.

조은상. 2022. 『화교 경제권의 이해』. 커뮤니케이션북스.

조의윤. 2023. 「대중국 수출부진과 수출시장 다변화 추이 분석」. 한국무역협회. ≪Trade Focus≫ 7호.

조정아. 2012. 「구술자료를 활용한 도시연구 이론적 자원과 방법」. ≪북한학연구≫, 8(2), 83~120쪽.

조철기. 2015. 「글로컬 시대의 시민성과 지리교육의 방향」. ≪한국지역지리학회지≫, 21(3), 618~630쪽.

주성재. 2003. 「외국의 행정수도 및 공공기관 이전 사례와 시사점」. ≪지역연구≫, 19(2), 187~208쪽.

_____. 2012. 「동해 표기의 최근 논의 동향과 지리학적 지명연구의 과제」. ≪대한지리학회지≫, 47(6), 870~883쪽.

주용식. 2015. 「중국 일대일로에 대한 전망분석: 동남아시아 지역을 중심으로」. ≪국제정치연구≫, 18(2), 169~190쪽.

주재복 외. 2011. 「지방자치단체의 협력적 거버넌스 재설계 방안」. 한국지방행정연구원.

지상현. 2013. 「반도의 숙명: 환경결정론적 지정학에 대한 비판적 검증」. ≪국토지리학회지≫, 46(3), 291~301쪽.

_____. 2016. 「갈등과 협력의 동북아 지정학: 동향과 과제」. ≪국토지리학회지≫, 50(3), 295~314쪽.

지상현·이승욱·박배균. 2019. 「한반도 경계와 접경지역에 대한 포스트영토주의 접근의 함의」. ≪공간과 사회≫, 67, 206~234쪽.

지상현·정수열·김민호·이승철. 2017. 「접경지역 변화의 관계론적 정치지리학: 북한-중국 접경지역 단둥을 중심으로」. ≪한국경제지리학회지≫, 20(3), 287~306쪽.

지상현·플린트, 콜린. 2009. 「지정학의 재발견과 비판적 재구성: 비판지정학」. ≪공간과 사회≫, 31, 160~199쪽.

지젝, 슬라보예(Slavoj Žižek). 2020. 『팬데믹 패닉』. 강성우 옮김. 북하우스.

차윤·임덕순. 1976. 「지정학이란 무엇인가?(논쟁)」. 『한국논쟁사 III』. 청람문화사.

채오병. 2019. 「식민주의, 상징권력, 그리고 포스트식민주의」. ≪사회이론≫, 56, 95~128쪽.

천자현. 2014. 「동북아시아 영토 분쟁의 역사성과 미국-중국의 부상과 미국의 변화」. ≪대한정치학회보≫, 22(1), 87~108쪽.

최병두. 1987. 「역사 권력 공간: 미셸 푸코와 역사지리학」. ≪지리학 논총≫, 14, 119~139쪽.

_____. 2002. 「세계화와 초테러리즘의 지정학」. ≪당대비평≫, 18, 183~216쪽.

_____. 2003a. 「신제국주의, 미국의 신안보전략, 그리고 동아시아의 미래」. ≪대한지리학회지≫, 38(6), 887~90쪽.

_____. 2003b. 「주한미군이 미시적 지정학」. ≪한국지역지리학회지≫, 9(3), 297~313쪽.

_____. 2004a. 「국제 환경안보와 동북아 국가들의 한계」. ≪대한지리학회지≫, 39(6), 933~954쪽.

_____. 2004b. 「미국의 신제국주의와 동아시아의 미래」. ≪마르크스주의 연구≫, 1(1), 166~206쪽.

_____. 2004c. 「신행정수도 건설과 수도권의 발전 전망」. ≪한국지역지리학회지≫, 10(1), 34~52쪽.

_____. 2005. 「신행정수도 이후 대책의 방향 설정과 과제」. ≪공간과 사회≫, 23, 179~216쪽.

_____. 2006. 「변화하는 동북아시아 에너지 흐름의 정치경제지리」. ≪한국지역지리학회지≫, 12(4), 475~495쪽.

_____. 2007a. 「기업주의 도시 전략의 논리와 한계」. ≪경제와 사회≫, 75, 106~138쪽.

_____. 2007b. 「발전주의에서 신자유주의로의 이행과 공간정책의 변화」. ≪한국지역지리학회지≫, 13(1), 82~13쪽.

_____. 2010a. 「경부고속도로: 이동성과 구획화의 정치경제지리」. ≪한국경제지리학회지≫, 13(3), 312~334쪽.

_____. 2010b. 「한국의 지역정치와 지역사회운동의 전개과정과 전망」. ≪진보평론≫, 43, 14~40쪽.

_____. 2012. 『자본의 도시』. 한울엠플러스.

_____. 2015a. 「협력적 거버넌스와 영남권 지역발전: 개념적 재고찰」. ≪한국지역지리학회지≫, 21(3), 427~449쪽.

_____. 2015b. 「분단 및 통일 담론과 한반도 공간계획: 다규모적-관계론적 접근」. ≪2015년 지리학대회 발표논문집≫, 121~122쪽.

_____. 2017. 「관계적 공간과 포용의 지리학」. ≪대한지리학회지≫, 52(6), 661~682쪽.

_____. 2018. 「시민의 수도로서 서울의 재이미지화와 시민정」. ≪대한지리학회지≫, 53(4), 445~468쪽.

_____. 2020. 「코로나19 위기와 방역국가: 인권과 인간·생태안보를 중심으로」. ≪공간과 사회≫, 74, 7~50쪽.

_____. 2021. 『인류세와 코로나 팬데믹』. 한울엠플러스.

_____. 2023. 「난민의 소외와 장소를 가질 권리로서의 환대」. ≪인간과 평화≫, 4(1), 111~155쪽.

최복현. 1959. 『정치지리학』. 서울사대 지리과.

최봉대. 2013. 「북한의 도시 연구: 미시적 비교의 문제틀 모색과 방법적 보완 문제」. ≪현대북한연구≫, 16(1), 70~105쪽.

최영진. 2012. 「계급투쟁의 장으로서 국가: 자본주의 국가 공간성에 대한 이론적 고찰: 자본 축적과 정치적 조절 사이의 공간적 규모 불일치에 대한 개념화」. ≪도시인문학연구≫, 4(1), 69~114쪽.

최우용·박지현. 2015. 「북한의 지방행정체제와 통일 후 지방자치제의 정책방안에 관한 시론」. ≪동아법학≫, 66, 365~386쪽.

최은주. 2018. 「난민 캠프의 공간성과 정치성: 베를린 템펠호프 폐공항을 중심으로」, ≪인간·환경·미래≫, 21, 41~69쪽.

최재덕. 2018. 「일대일로의 이론과 실제: 중국의 지역패권주의 강화와 일대일로 사업추진에서 발생된 한계점」, ≪한국동북아논총≫, 23(3), 25~46쪽.

_____. 2019. 「신남방정책과 '인도-태평양 전략'의 상호연계 모색: 지정학과 지경학의 상호보완성을 중심으로」, ≪세계지역연구논총≫, 37(4), 321~356쪽.

최준영·조진만. 2005. 「지역균열의 변화 가능성에 대한 경험적 고찰」, ≪한국정치학회보≫, 39(3), 375~394쪽.

칼리니코스, 알렉스(Alex Callinicos). 2011. 『제국주의와 국제 정치경제』. 천경록 옮김. 책갈피.

파농, 프란츠(Frantz Fanon). 2014. 검은 피부, 하얀 가면. 노서경 옮김. 문학동네.

포페스쿠, 가브리엘(Gabriel Popescu) 편저. 2018. 『국가·경계·질서: 21세기 경계의 비판적 이해』. 이영민 외 옮김. 푸른길.

표문화. 1955. 『정치지리학 개요, 지정학적 고찰』. 고려출판사.

표해운. 1947. 『조선지정학 개관』. 건국사.

푸코, 미셸(Michel Foucault). 2003. 『감시와 처벌: 감옥의 역사』. 오생근 옮김. 나남.

_____. 2011. 『안전, 영토, 인구』. 심세광·전혜리·조성은 옮김. 난장.

하버마스, 위르겐(Jürgen Habermas). 1983. 『후기자본주의 정당성 문제』. 임재진 옮김. 종로서적.

_____. 2013. 『의사소통행위이론 1: 행위합리성과 사회합리화』. 장춘익 옮김. 나남.

_____. 2001. 『공론장의 구조변동』. 한승완 옮김. 나남.

하비, 데이비드(David Harvey). 1995. 『자본의 한계』. 최병두 옮김. 한울엠플러스.

_____. 2005. 『신제국주의』. 최병두 옮김. 한울엠플러스

_____. 2007. 『신자유주의』. 최병두 옮김. 한울엠플러스.

_____. 2014. 『반란의 도시』. 한상연 옮김. 에이도스.

한승연. 2010. 「일제시대 근대 '국가' 개념 형성 과정 연구」, ≪한국행정학보≫, 44(4), 1~27쪽.

한홍구. 2019. 「한국민주주의와 지역감정: 남북분단과 동서분열」, ≪역사연구≫, 37, 677~707쪽.

허동현. 2005. 「일본 중학교 역사 교과서(후소샤 판) 문제의 배경과 특징: 역사기억의 왜곡과 성찰」, ≪한국사연구≫, 129, 147~171쪽.

허석재. 2019. 「지역균열은 어떻게 균열되는가? 역대 대선에서 나타난 지역·이념·세대의 상호작용」, ≪현대정치연구≫, 12(2), 5~37쪽.

형기주. 1963. 「국토통일: 지정학상의 가능성」. 홍이섭·조지훈 편. 『20세기 한국』. 박우사.

홉슨, 존(John A. Hobson). 1995. 『제국주의론』. 신홍범·김종철 옮김. 창비.

홍건식. 2019. 「비판지정학과 공간의 정치: 지정 공간 확대와 1,2차 남북정상회담」, ≪문화와 정치≫, 6(1), 33~60쪽.

홍금수. 2009. 「역사지리의 파국적 단절과 미완의 회복」. ≪문화역사지리≫, 21(3), 104~138쪽.

홍면기. 2006. 『영토적 상상력과 통일의 지정학』. 삼성경제연구소.

홍민. 2013. 「행위자-네트워크이론과 북한연구: 방법론적 성찰과 가능성」, ≪현대북한연구≫ 16(1).

홍성원. 2012. 「북극해항로와 북극해 자원개발: 한러 협력과 한국의 전략」, ≪국제지역연구≫(한국외국어대학교 국제지역연구 센터), 15(4), 95~124쪽.

홍시환. 1962. 『국방지리』. 육군사관학교.

홍종혁. 1968. 『정치지리학: 지정학적 고찰』. 중앙인쇄공사.

홍현익. 1998. 「소비에트 연방체제 붕괴의 원인」, ≪세계지역연구논총≫, 12, 209~239쪽.

황만익·이기석. 2005. 「북한 산업 지역 재조직 및 개방지역 확대에 관한 연구」. 서울대학교 출판부.

황진태. 2011. 「도시권의 측면에서 바라본 광장의 정치」, ≪공간과 사회≫, 35, 42~69쪽.

_____. 2018. 「남북한 정치지도자들의 스펙터클 정치와 새로운 '국가-자연'의 생산」. ≪대한지리학회지≫, 53(5). 589~604쪽.

황진태·박배균. 2013. 「한국의 국가와 자연의 관계에 대한 정치생태학적 연구를 위한 시론」, ≪대한지리학회지≫, 48(3), 348~365쪽.

히르쉬, 요아힘(Hoachim Hirsch). 1990. 「국가기구와 자본의 재생산 및 도시갈등」. 최병두 외 옮김. 『자본주의 도시화와 도시계 획』. 한울엠플러스. 319~336쪽.

힐퍼딩, 루돌프(Rudolf Hilferding). 2011. 『금융자본론』. 김수행 옮김. 비르투.

한국무역협회. 2023. 「2022년 중국의 수출입 10대 특징과 시사점」. ≪Trade Brief 8호≫(2023.3.28.)

KIEP 북경사무소. 2017. 『중국의 '일대일로' 추진 현황 및 평가와 전망』. 대외경제정책연구원.

Agnew, J. 1998/2003(2nd ed.). *Geopolitics: Re-visioning World Politics*. Routledge.

_____. 2022. *Hidden Geopolitics: Governance in a Globalized World.* Rowman and Littlefield Publisher.

Agnew, J. and L. Muscara. 2002. *Making Political Geography.* New York: Rowman and Littlefield.

Agnew, J., V. Mamadouh, A. Secor and J. Sharp(eds.). 2017. Companion to Political Geography, Hoboken, N.J.; Wiley Blackwell.

Agnew, J. 1994. "The Territorial Trap: The Geographical Assumption of International Relations Theory." *Review of International Political Economy*, 1, pp.53~80.

Amin, S. 2001. "Imperialism and Globalization." *Monthly Review*, 53(2).

Ansell, C. and A. Gash. 2008. "Collaborative Governance in Theory and Practice." *Journal of Public Administration Research and Theory*, 18(4), pp.543~571

Bergman, E. F. 1975. *Modern Political Geography, Dubuque.* Iowa: W.C.Brown.

Blacksell, M. 2006. *Political Geography.* London: Routledge.

Bowman, I. 1921. New World: Problems in Political Geography, New York: World book Co.

Camilleri, J. and J. Falk. 1992. *The End of Sovereignty? The Politics of a Shrinking and Fragmenting World.* Aldershot, UK: Edward Elgar Pubkishing.

Choi B-D. 2003. "The New Imperialism, New Security Strategy of the U.S., and the Future of East Asia." *Journal of the Korean Geographical Scociety*, 38(6), pp.887~905.

Cohen, S.B. 2002. *Geopolitics of the World System*, Rowman & Littlefield, Maryland.

Cohen, S.B. 1973. *Geography and Politics in a World Divided.* Oxford: Oxford Univ. Press.

Cox, K. 2002. *Political Geography: Territory, State and Society.* New York: Routledge.

Cox, K., M. Low and J. Robinson(eds.). 2008. *Handbook of Political Geography.* London: Sage.

DellaPergola, S. 2011. *Jewish Demographic Policies.* The Jewish People Policy Institute.

Dikshit, R. D. 1982. *Political GEography: A Contemporary Perspective.* New York: McGrawhill.

Douglass, M. 2000. Turning points in the Korean Space-economy: from the Developmental State to Intercity Competition, 1953-2000, Working paper, Asia-Pacific Research Center, Stanford Univ.

_____. 2006. "Local City, Capital City or World City? Civil Society, the (post-) Developmental State and the Globalization of Urban Space in Pacific Asia." *Pacific Affairs*, 78(4), pp.543~558.

Dowler, L and J. Sharp. 2001. "A Feminist Geopolitics?" *Space and Polity*, 5(3), pp.165~176.

East, G. and J.R.V. Prescott. 1975. *Our Fragmented World: An Introduction to Political Geography.* London: Macmillan.

Flint, C., 2016/2021(4th ed.). *Introduction to Geopolitics.* Routledge.

Flint, C. and P. Taylor. 2011(6th ed.); 2018(7th ed.). *Political Geography: World-Economy, Nation-state and Locality.* Routeldge, London.

Foster, B. 2018. "Electoral Geography: From Mapping Votes to Representing Power." *Geography Compass*, 12(1).

Foster, J.B. 2003. "The New Age of Imperialism." *Monthly Review*, 55(1).

Foucault, M., G. Agamben, J.L.Nancy, R. Esposito, S. Benvenuto, D. Dwivedi, S. Mohan, R. Ronchi and M. de Carolis. 2020. "Coronavirus and Philosophers," The European Journal of Psychoanalysis. https://www.journal-psychoanalysis.eu/coronavirus-and-philosophers/.

Gallaher, C. 2009. *Key Concepts in Political Geography.* London: Sage.

Gilmartin, M. 2009. "Colonialism/imperialism." in Gallaher, C., Dahlman, C., and Gilmartin, M.(eds.) *Key Concepts in Political Geography*, Sage, London.

_____. 2009. "Nation-State." in C. Callaher, C. Dahlman, M. Gilmartin and A. Mountz(eds.), *Key Concepts in Political*

Geography, Sage, London, pp.19~27.

Glassner, M.I. 1996(2nd ed.). *Political Geography*, John Wiley & Sons, New York.

Gottmann, J. 1952. *La politique des Etats et leur géographie*. Paris: Armand Colin.

Harvey, D. 2009. *Cosmopolitanism and the Geographies of Freedom*, Columbia Univ. Press, New York.

Hartshorne, R. 1935. "Recent Developments in Political Geography, I & II" *The American Political Science Review*, Vol.29.No.5, pp.785~804; Vol.29.No.6. pp.943~966.

_____. 1939. The Nature of Geography: A Critical Survey of Current Thought in the Light of the Past, Lancaster, Penn: Association of American Geographers.

_____. 1940. "The Concept of "raison d'être" and Maturity of States," *Annals of Association of American Geographers*, 30(1), pp.59~60.

_____. 1950. "The Functional Approach in Political Geography," *Annnals of Association of American Geographers*, 40(2), pp.95~130.

_____. 1960. "Political Geography in the Modern World," *The Journal of Conflict Resolution*, 4(1), pp.52~66.

Jackson, D. 1964. *Politics and Geographic Relationships*. Prentice-Hall: Englewood Cliff. N.T.

Jacobsen, G. A. and M.H. Lipman. 1956. *Political Science*. New York, Barnes.

Jessop, B. 1983. "Accumulation Strategies, State Forms, and Hegemonic Project," *Kapitalistate* 10(11), pp.89~111.

_____. 1990. "Regulation Theories in Retrospects and Prospects," *Economy and Society*, 19(2), pp.153~216

_____. 2001. "Bringing the State Back in (yet Again): Reviews, Revisions, Rejections, and Redirections," *International Review of Sociology*, 11, pp.149~173.

Johnson, C. 1982. *MITI and the Japanese Miracle: the Growth of Industrial Policy, 1925-1975*, Stanford Univ. Press, Stanford.

Johnston, R. J. 1982. *Geography and the State: An Essay in Political Geography*. London: Macmillan.

_____. 1982. *Geography and the State*, Palgrave, London.

Johnston, R. J., F. M. Shelley and P. J. Taylor. 1990. *Developments in Electoral Geography*, New York: Routledge.

Jones, M. et al. 2015 [2004]. *An Introduction Political Geography*, Routledge, New York.

Katz, I., D. Martin and C. Minca. 2017. *Camp Revisited: Multifaceted Spatialities of a Modern Political Technology*. Rowman and Littlefield.

Kolossov, V. 2005. "Border Studies: Changing Perspectives and Theoretical Approaches," *Geopolitics*, 10(4), pp.606~632.

Kasperson, R. and J. Minghi. 1969. *The Structure of Political Geography*. Chicago: Aldine.

Lefebvre, H. 1976~1978. *De L'État*. 4 vols. Paris: UGE,

Lee, S. O., J.Wainwright and J. Glassman. 2018. "Geopolitical Economy and the Production of Territory: The Case of US-China Geopolitical-Economic Competition in Asia," *Environment and Planning A: Economy and Space*, 50(2), pp.416~436.

Logan, J. R. and H. L. Molotch. 1987. *Urban Fortunes: the Political Economy of Place*, New York Univ.

Luttwak, E. 1990. "From Geopolitics to Geo-economics: Logic of Conflict, grammar of Commerce," *The National Interest*, 20, pp.17~23.

Mackinder, H. 1919. *Democratic Ideals and Reality: A Study in the Politics of Reconstruction*. London: H.Holt and Co.

Maddison, A. 2007. *The World Economy: Historical Statistics*. Paris: Organisation for Economic Cooperation and Development.

Muir, R. 1975. *Modern Political Geography*. London: Macmillan.

Mackinder, H. J. 1904. "The Geographical Pivot of History," *Geograpical Journal*, 23, pp.421~437.

_____. 1943. The Round World and the Winning of the Peace, *Foreign Affairs*, 21, pp.595~605.

Minca, C. 2015. "Geographies of the Camp," *Political Geography*, 49, pp.74~83.

Mossberger, K. and G. Stoker. 2001. "The Evolution of Urban Regime Theory: the Challenge of Conceptualization," *Urban Affairs Review*, 36(6), pp.810~835.

Newman,D., and A. Paasi. 1998. "Fences and Neighbours in the Postmodern world: Boundary Narratives in Political goegraphy." *Progress in Human Geography*, 22(2), pp.186~207.

Newman, D. 2003. Boundaries. in J. Agnew, K. Mitchell and G. Toal(eds). *A companion to political geography*. Oxford: Blackwell, pp.123~137.

Nicholls, W. 2009. "Place, Networks, Space: Theorising the Geographies of Social Movements." *Transactions of the Institute of British Geographers*, 34(1), pp.78~93.

OECD. 2023. International Migration Database.

Okunev, I. 2021. *Political Geography*. Bruzelles, Belgium: Peter Lang.

Ostrom, V., C.M. Tiebout and R. Warren. 1961. "The Organization of Government in Metropolitan Areas: a Theoretical inquiry." *American Political Science Review*, 55, pp.831~842.

Ó Tuathail, G and J. Agnew. 1992. "Geopolitics and Discourse: Practical Geopolitical Reasoning in American Foreign policy." *Political Geography*, 11(2), pp.190~204.

Ó Tuathail, G. 1996. *Critical Geopolitics*. Minneapolis, MN: University of Minnesota Press.

_____. 2006. Imperial geopolitics/ Cold War geopolitics/ Twenty-First Century Geopolitics. in Ó Tuathail, Dalby and Routledge(eds.). *The Geopolitics Reader*. New York: Routledge.

Pahl, R. 1975. *Whose City?: and Further Essays on Urban Society*, Penguin.

Painter, J. and A. Jeffrey. 2009. *Political Geography: An Introduction to Space and Power*, Sage, London.

Painter, J. 2006. Prosaic geographies of stateness, *Political Geography*, 25, pp.752~774.

Passi, A. 2005. "Generation and the 'Development' of Border Studies." *Geopolitics*, 10(4), pp.663~671.

Peet, R. 1985. "The Social Origins of Environmental Determinism." *Annals of the Association of American Geographers*, 75(3), pp.309~333.

Peters, M. 2020. "Philosophy and Pandemic in the Postdigital Era: Foucault, Agamben, Zizek, Postdigital Science and Education." https://doi.org/10.1007/s42438-020-00117-4.

Pounds, N. J. G. 1963. *Political Geography*. New York: McGraw-Hill.

Presscott, J. R. 1969. "Electoral Studies in Political Geography." in Kasperson et al(eds.). *The Structure of Political Geography*. Chicago.

Prescott, J. R. V. 1972. *Political geography*. London: Methuen.

Papaioannou, E. and S. Michalopoulos. 2012. "National Institution and African Development: Evidence from Partitioned Ethnicities." *NBER Working Paper*, no. 18275.

Robinson, R. and Gallagher, J. 1953. "The Imperialism of Free Trade." *The Economic History Review*, 6(1), pp.1~15.

Rumford, C. 2014. *Cosmopolitan Borders*. New York: Palgrave Macmillan.

Rumley, D. and J. V. Minghi. 2014. *The Geography of Border Landscapes*. London: Routledge.

Ratzel, F. 1878. *Aus Mexico: Reiseskizzen Aus Den Jahren 1874 und 1875*. Breslau: Max Mullen.

_____. 1878~1880. *Die Vereinigten Staaten von Nord-Amerika*. 2 vols. Munich: Oldenbourg.

_____. 1879. "Korea, die Liukiu-Inseln und die zwei ostasiatischen Großmächte"(Korea, the Riu-Kiu Islands and the Two

Great East Asiatic Powers). *Globus*, 35, pp.382~383.

_____. 1882 & 1891. *Anthropo-Geographie* 2 vols. Stuttgart: Engelhorn.

_____. 1885-1888/1896-1898(영역본). *The History of Mankind*, 3 vols. MacMillan, London.

_____. 1896. "Die Gesetze des Raumlichen Wachstums der Staaten. Ein Beitrag zur wissenschaftlichen politischen Geographie." *Petermanns Mitt.*, 42, pp.97~107.

_____. 1897a. *Politische-Geographie: Geographie der Staaten, des Verkehrs und des Krieges*. Munich and Berlin: Oldenbourg.

_____. 1897b. "The territorial growth of state." translated by E. C. Semple. *The Scottish Geographical Magazine*, vol.12, pp.351~361.

_____. 1897-8, 1898-9: Studies in political areas (1, 2, 3), *The American Journal of Sociology*, Vol.3, 297~313, 449~463, vol.4, pp.366~379.

_____. 1969. "The laws of the spatial growth of states," in Kasperson, R. and J. Minghi(eds). 1969. *The Structure of Political Geography*. Aldine, Chicago, pp.17~28.

Said, E. 1993. *Culture and Imperialism*. New York: Alfred Knopf.

Saunders, P. 1985. *Social Theory and the Urban Question*. London: Routledge.

Seversky, A. P. de. 1950. *Air Power: Key to Survival*. New York.

Sharpe, L. J. 1970. "Theories and values of local government." *Political Studies*, 18(2), pp.153~174.

Short, J. R. 2021. *Geopolitics: Making Sense of a Changing World*. Rowman and Littlefield Publisher.

_____. 1994(2nd ed.). *An Introduction to Political Geography*. London and New York: Routledge.

SIPRI(Stockholm International Peace Research Institute). 2023. Yearbook 2023: Armaments, Disarmament and International Security (Summary). https://www.sipri.org/sites/default/files/2023-06/yb23_summary_en_1.pdf.

Smith, S. 2020. *Political Geography*. Chapel Hill: Univ. of North Carolina.

Sparke, M. 2007. "Geopolitical Fear, Geoeconomic Hope and the Responsibilities of Geography." *Annals of the Association of American Geographers* 97(2), pp.338~349.

_____. 2018. "Globalizing Capitalism and the Dialectics of Geopolitics and Geoeconomics." *Environment and Planning A.*, 50(2), pp.484~489.

Spykman, N. 1944. *Geography of the Peace*. Harcourt, New York.

Stone, C. N. 1989. *Regime Politics: Governing Atlanta, 1946-1988*. Univ. Press of Kansas, Lawrence.

Sum, N-L. 2019. "The Intertwined Geopolitics and Geoeconomics of hopes/fears: China's Triple Economic Bubbles and the 'One Belt One Road' imaginary." *Territory, Politics, Governance*, 7(4), pp.528~552

Swyngedouw, E. 2005. "Governance Innovation and the Citizen: the Janus Face of Governance Beyond-the-state." *Urban Studies*, 42, pp.1991~2006.

Taylor, P. 1982. "A Materialist Framework for Political Geography." *Transactions of the Institute of British Geographers*, 7(1), pp.15~34.

_____. 1985(1st ed.). *Political Geography: World-Economy, Nation-state and Locality*. Harlow: Longman.

Taylor, P. J. and R. J. Johnston. 1979. *Geography of Elections*. Harmondsworth: Penguin.

Taylor, P. J. et al. 1979. *Geography of Elections*. Harmondsworth.

Terlouw, K. 1992. *The Regional Geography of the World-System: External Arena, Periphery, Semi- periphery, Core*. Utrecht: KNAG.

UNDP(the United Nations Development Programme), 1994, *Human Development Report 1994*. New York and Oxford:

    Oxford Univ. Press.

Valkenburg, S. V. 1939. *Elements of Political Geography*. New York: Prentice-Hall.

_____. 1943. *Elements of Political Geography*. New York: Prentice-Hall

Vradis, A., E. Papada, J. Painter and A. Papoutsi. 2019. *New Borders: Hotspots and the European Migration Regime*.
    Pluto Press.

Wallerstein, I. 1991. *Geopolitics and Geoculture: Essays on the Changing World-System*. Cambridge univ. Press.

Weigert, H. W. et al. 1957. *Principles of Political Geography*. New York: Appleton-Century-Crofts.

Whilltesey, D. 1939. *The Earth and the State: A Study of Political Geography*. New York: Henry Holt.

Winter, T. 2021. "Geocultural Power: China's belt and Road Initiative." *Geopolitics*, 26(5), pp.1376~1399.

지은이

/

최병두

서울대학교 지리학과를 졸업하고, 같은 학교 대학원에서 석사학위를, 영국 리즈대학교 지리학과에서
박사학위를 받았다. 대구대학교 지리교육과 명예교수이며, 한국도시연구소 이사장이다. 미국 존스
홉킨스대학교와 영국 옥스퍼드대학교의 방문교수, 한국공간환경학회 회장 등을 역임했다. 자본주의
도시 공간환경에서 발생하는 다양한 문제들에 관심을 가지고 연구해 왔다. 최근 출간한 저서로『초국
적 이주와 환대의 지리학』(2018),『인문지리학의 새로운 지평』(2018),『인류세와 코로나 팬데믹』
(2021),『도시 소외와 공간 정의』(2023) 등이 있으며, 역서로는『데이비드 하비의 세계를 보는 눈』
(2017) 등이 있다.

한울아카데미 2536

정치지리학

ⓒ 최병두, 2024

지은이 ㅣ 최병두
펴낸이 ㅣ 김종수
펴낸곳 ㅣ 한울엠플러스(주)
편집 ㅣ 최진희

초판 1쇄 인쇄 ㅣ 2024년 9월 27일
초판 1쇄 발행 ㅣ 2024년 10월 10일

주소 ㅣ 10881 경기도 파주시 광인사길 153 한울시소빌딩 3층
전화 ㅣ 031-955-0655
팩스 ㅣ 031-955-0656
홈페이지 ㅣ www.hanulmplus.kr
등록 ㅣ 제406-2015-000143호

Printed in Korea.
ISBN 978-89-460-7536-8 93980 (양장)
      978-89-460-8329-5 93980 (무선)

* 책값은 겉표지에 있습니다.
* 무선제본 책을 교재로 사용하시려면 본사로 연락해 주시기 바랍니다.